普通高等教育"十一五"国家级规划教材

制药分离工程

李淑芬　白　鹏　主编

化学工业出版社

·北京·

内容简介

本书是教育部立项的普通高等教育"十一五"国家级规划教材。适用于制药工程专业本科教学。

制药分离过程主要是利用待分离物系中的有效活性成分与共存杂质之间在物理、化学及生物学性质上的差异进行分离，是制药工业产品产业化的关键环节。本书主要介绍制药工程领域常用分离技术及近年发展的新型分离技术的原理、方法、工艺计算及其应用。本书共 15 章，主要包括：绪论，固液萃取（浸取），液液萃取，超临界流体萃取，反胶团萃取与双水相萃取，非均相分离，精馏技术，膜分离，吸附，离子交换，色谱分离过程，结晶过程，电泳技术，手性分离，干燥和造粒。书后列有习题供学生复习。

为方便教学，本书配有教学课件。

本书可作为各高等院校相关专业本科生教材，亦适用于从事制药工程领域的科研和工程技术人员阅读。

图书在版编目（CIP）数据

制药分离工程/李淑芬，白鹏主编 . —北京：化学工业
出版社，2009.8（2024.8重印）
普通高等教育"十一五"国家级规划教材
ISBN 978-7-122-06059-4

Ⅰ. 制…　Ⅱ.①李…②白…　Ⅲ. 药物-化学成分-分
离-生产工艺-高等学校-教材　Ⅳ. TQ460.6

中国版本图书馆 CIP 数据核字（2009）第 110144 号

责任编辑：何　丽　徐雅妮　　　　　　　　　文字编辑：李　瑾
责任校对：宋　玮　　　　　　　　　　　　　装帧设计：刘丽华

出版发行：化学工业出版社（北京市东城区青年湖南街 13 号　邮政编码 100011）
印　　装：大厂聚鑫印刷有限责任公司
787mm×1092mm　1/16　印张 18¼　字数 483 千字　2024 年 8 月北京第 1 版第 16 次印刷

购书咨询：010-64518888　　　　　　　　　售后服务：010-64518899
网　　址：http://www.cip.com.cn
凡购买本书，如有缺损质量问题，本社销售中心负责调换。

序

　　人类社会发展的永恒目标是不断地提高人类的健康水平与生活质量，20世纪以来，国际制药工业作为国民经济的支柱产业，一直持续蓬勃发展。为了加速提升我国制药工业的水平，1998年以来我国教育部在化学工程与技术一级学科中特别设立了制药工程本科专业，以及硕士和博士点。这个举措不但受到学术界的热烈响应，而且为我国制药产业的进步作出了可喜的贡献。制药生产属于广义的过程工程，既具有大化工过程工程的共性；又极具高新技术的个性特征，这不仅因为药物品种的多样性、药物分子空间结构的复杂性、功能新药不断递增性，而且因为人类对药物质量的要求愈来愈严格，也就是说药物合成与分离工程面临新世纪严峻的挑战，必须实现不断的技术创新。

　　制药分离工程是制药工程专业基础，其主要任务是研究药物提取、分离与纯化理论与技术，鉴于现代药物包括了化学合成药物、生物工程药物和天然药物，所以药物分离工程也涉及了化学与生物交叉的领域，它集成了化学分离与生物分离原理与技术。随着制药分离工程学理论与技术的发展，必将进一步提高新药开发成功率，提高临床治疗水平。对我国来说，制药分离工程学还肩负着中药提取、实现中药现代化的光荣使命。

　　我国社会主义建设现代化事业的发展，需要培养大批高级人才，其中包括制药分离工程教学与研究人才。天津大学在给工程硕士研究生讲授分离工程的基础上，曾编写《高等制药分离工程》。为促进本科教学改革工作的深入开展和不断提高本科教学水平和教育质量，在国家教育部的支持下，又组织撰写了这本《制药分离工程》，并列为普通高等教育"十一五"国家级规划教材。本书主要介绍了制药工程领域常用分离技术及近年发展的新型分离技术的相关理论与技术；传统分离技术与现代分离技术并重，内容丰富新颖、学科交叉，侧重了工程性和实用性，能帮助制药工程专业的学生对制药分离工程获得较为全面和系统的了解。同时，对制药工程专业的研究生、工程技术人员和其他从事制药的工作者，也均是一本好的参考书。谨作序推笃。

中国工程院院士　天津大学教授

王静康

2009 年 6 月于天津

前　　言

制药分离过程主要是利用待分离的物系中的有效活性成分与共存杂质之间在物理、化学及生物学性质上的差异进行分离。根据热力学第二定律，混合过程属于自发过程，而分离则需要外界能量。因所用分离方法、设备和投入能量方式不同，使得分离产品的纯度、消耗能量的大小以及过程的绿色化程度有很大差别。制药工程涵盖化学制药、中药制药和生物制药，由于药物的纯度和杂质含量与其药效、毒副作用、价格等息息相关，使得分离过程在制药行业中的地位和作用非常重要。

随着人类社会文明的不断进步和医疗保健需求的日益增长，制药工业得到了迅速的发展。国际上，制药工业同信息、生物技术、新材料、微电子等产业均被誉为"朝阳产业"。20 世纪 90 年代以来，中国制药业每年以 20％左右的速度增长，使得制药工业逐渐成为国民经济的支柱产业之一。21 世纪，由于人口增长、人口老龄化、经济增长等原因，制药工业将继续保持稳定增长的势头。

教育部 1998 年公布新专业目录以来，全国已有约 180 所各类理工科院校和医药院校相继设立了"制药工程"专业。面对 21 世纪世界范围内市场经济的激烈竞争和高科技飞速发展的激烈挑战，需要培养和造就高级制药工程专门人才。"制药分离工程"是专业主干课之一，多数院校将其作为必修课教学。为此，天津大学曾编写《高等制药分离工程》（李淑芬、姜忠义主编，化学工业出版社，2004 年）教材。但该教材主要为工程硕士研究生编写，部分内容不适于本科生教学使用。为促进本科教学改革工作的深入开展和不断提高本科教学水平和教育质量，在教育部教材建设的支持下，《制药分离工程》获得立项，列为普通高等教育"十一五"国家级规划教材。

本书编写从章节确定到内容取舍均对原书进行了更新，并增加了新技术，如手性分离的介绍。另外，书后附有习题集以便于学生复习使用，本教材还将提供教学课件，力求使新编教材能更加适应制药工程专业的本科教学。

全书共分 15 章，主要介绍制药工程领域常用分离技术及近年来发展的新型分离技术的原理、方法、工艺计算及其应用。

第 1 章绪论，简要介绍了制药工业中生物制药、化学制药和中药制药三个分领域的发展史、现状及进展；同时概述了制药分离技术的作用、分离原理与分类、以及制药分离技术的进展。

第 2 章浸取，介绍了浸取过程的基本原理、影响因素、过程（包括单级浸取和多级错流浸取、多级逆流浸取）计算、浸取工艺及设备。还对浸取强化新技术中的超声波协助浸取和微波协助浸取进行了介绍。

第 3 章液液萃取，主要介绍了液液萃取过程的基本原理、过程的影响因素、萃取过程（单级萃取、多级错流萃取、多级逆流萃取和微分接触萃取）计算、萃取设备的分类和典型萃取设备；并讨论了萃取设备内流体的传质特性。

第 4 章超临界流体萃取，主要介绍了该新型萃取技术的基本原理、特点、萃取剂、工艺类型及夹带剂作用；也介绍了溶质在超临界流体中溶解度及传质计算方法以及在中药和天然产物加工中的应用、局限性与发展前景。

第 5 章反胶团萃取与双水相萃取，对这两种新型分离技术的原理、特点、应用实例进行了介绍，阐述了它们的技术优势和应用前景。

第 6 章非均相物系的分离，主要介绍了过程基本原理和特点、过滤介质、常用的分离设备等，并介绍了非均相分离技术的新进展。

第 7 章精馏技术，主要介绍蒸馏技术的原理、工艺流程和应用实例等，包括间歇精馏、水蒸气蒸馏、分子蒸馏等。

第 8 章膜分离，重点介绍了以超滤为代表的膜分离技术，说明了膜分离的特点、优势及不足，分析了浓差极化产生的原因及对膜分离的影响。较详细介绍了膜污染的起因、清洗方法以及膜分离的应用状况。

第 9 章吸附，阐述了吸附过程原理、吸附的成因、吸附平衡。分析了吸附过程的主要影响因素、吸附操作与基本计算，并对固定床吸附等设备、操作以及相关的理论及吸附在制药工业中的应用进行了介绍。

第 10 章离子交换，阐述了 Donnan 理论、选择性、热力学平衡、动力学等基本理论与概念，详细讨论了离子交换过程进行的重要条件——树脂的分类、性能参数、选择等问题，以及间歇、连续式包括半连续移动床式等离子交换设备及其有关的计算等问题。并实例说明了离子交换在制药工业中的应用。

第 11 章色谱分离过程，介绍色谱分离过程的一些基本概念、色谱的模型理论，着重介绍了 van Deemter 方程中的 3 个阻力项；气相色谱和高效液相色谱的一些基本原理及装置的主要结构和分析分离特点，气相色谱和高效液相色谱的典型应用，还介绍了模拟移动床色谱等一些新型制备型色谱的应用现状。

第 12 章结晶过程，介绍了结晶技术的特点，结晶过程的基本原理、概念和晶体形成的机理。同时重点介绍了常用的结晶设备。

第 13 章电泳技术，主要介绍电泳分离技术的基本原理、基础理论、研究开发进展及其应用实例等。

第 14 章手性分离，阐述了手性药物的概念、制备方法。重点讨论了手性药物的色谱分离方法的类型、拆分原理、应用等。还介绍了手性药物的毛细管电泳分离、膜技术拆分法的研究进展。

第 15 章干燥和造粒，重点阐述干燥过程的基本原理、干燥动力学、造粒机理、干燥方法和设备等。

本书由天津大学李淑芬教授、白鹏教授主编。第 1~5 章由李淑芬编写，第 6 章由谭蔚、朱宏吉和白鹏编写，第 7 章由白鹏编写，第 8 章由朱宏吉、许松林编写，第 9、第 10、第 14 章由曲红梅编写，第 11 章由韩金玉、许松林编写，第 12 章由尹秋响、许松林编写，第 13 章由高瑞昶编写，第 15 章由康仕芳、陈松编写。

天津大学王静康院士在百忙中审阅了本书稿，并为本书作序，充分体现了老一代科学家对本书出版的热情支持与鼓励。作者在此谨向王院士表示崇高的敬意和诚挚的感谢。

本书作者的部分研究生参与了部分书稿的文字、图表加工处理等工作，在此谨向他们表示衷心的谢意。本书编写过程中参考了同仁与学者的工作成果，在此深表谢意。

本书能够得以顺利出版，还得到了化学工业出版社、天津大学及化工学院的支持、鼓励和帮助，在此一并表示衷心的谢意。同时，作者也借此机会向制药工程界给予过关心、支持和帮助的各位同仁表示感谢。

制药工程是融化学、生命科学、药学、工程科学等多学科于一体的蓬勃发展的新学科，由于编者知识水平有限，书中疏漏、不妥之处在所难免，敬请同仁和读者指正。

编　者
2009 年 4 月于天津大学

目 录

第 1 章　绪　　论

1.1　制药工业

　　制药工业包括生物制药、化学合成制药与中药制药。生物药物、化学药物与中药构成人类防病、治病的三大药源。

　　生物药物是利用生物体、生物组织或其成分，综合应用生物学、生物化学、微生物学、免疫学、物理化学和药学等的原理与方法进行加工、制造而成的一大类预防、诊断、治疗制品。广义的生物药物包括从动物、植物、微生物等生物体中制取的各种天然生物活性物质及其人工合成或半合成的天然物质类似物。

　　化学合成药物一般由化学结构比较简单的化工原料经过一系列化学合成和物理处理过程制得（称全合成）；或由已知具有一定基本结构的天然产物经对化学结构进行改造和物理处理过程制得（称半合成）。

　　"中药"一词，在我国传统医药典籍中并无记载，而只有"药"。但由于在 20 世纪初西药传入我国，人们为了同传入的西医、西药相区分，于是将我国传统医药分别称为中医、中药。西药主要系指"人工合成药"或从"天然药物"提取得到的化合物。中药则以天然植物药、动物药和矿物药为主，但自古以来也有一部分中药来自人工合成（如无机合成中药汞、铅、铁，有机合成中药冰片等）和加工制成（如利用生物发酵生产的六神曲、豆豉、醋、酒等，近年来亦采用密环菌固体发酵、冬虫夏草菌丝体培养、灵芝和银耳发酵等）。显然，仅从药物来源来划分中药和西药，是不能完全符合中药历史和发展实际的。因为中药具有明显的特点，其形、色、气、味，寒、热、温、凉，升、降、沉、浮是中医几千年来解释中药药性的依据，并受阴阳五行学说的支配，形成独特的理论和实践体系，这和一般天然药物的概念是完全不同的。

　　制药工业既是国民经济的一个部门，又是一项治病、防病、保健、计划生育的社会福利事业。由于制药工业生产的医药产品是直接保护人民健康和生命的特殊商品，世界许多国家的制药工业发展速度多年来都高于其他工业的发展速度。在中国也是如此，特别是 20 世纪 90 年代以来我国每年以 20％左右的速度增长，使得制药工业逐渐成为国民经济的一个支柱产业。在 21 世纪，人类社会文明的进步和人们对健康需求的日益提高将会使制药工业取得更大发展。

1.1.1　生物制药

　　生物药物是一类既古老又年轻的新型药物。早期的生物药物多数来自动物脏器，有效成分也不明确，曾有脏器制剂之称。到 20 世纪 20 年代，对动物脏器的有效成分逐渐有所了解。纯化胰岛素、甲状腺素、各种必需氨基酸、必需脂肪酸以及多种维生素开始用于临床或保健。20 世纪 40～50 年代相继发现和提纯了肾上腺皮质激素和脑垂体激素，使这类药物的品种日益增加。50 年代起开始应用发酵法生产氨基酸类药物；60 年代以来，从生物体分离、纯化酶制剂的技术日趋成熟，酶类药物很快获得应用。尿激酶、链激酶、溶菌酶、天冬酰胺酶、激肽释放酶等已成为具有独特疗效的常规药物。近 20 年来，世界生物药物中的生化产品品种迅速增加，60 年代生化药物有 100 种余种，到 80 年代已有 350 多种。到 90 年代初，已有生化药物 500 多种，还有 100 多种临床诊断试剂。我国生化药物近年发展也十分迅速，已有产品 150 多种，其中出口产品 20 多种。

自 1982 年人胰岛素成为用重组 DNA 技术生产的第一个生物医药产品以来，以基因重组为核心的生物技术所开发研究的新药数目一直居首位。目前，应用酶工程技术、细胞工程技术和基因工程技术生产抗生素、氨基酸和植物次生代谢产物也已步入产业化阶段。世界各国纷纷把现代生物技术的研究开发目标瞄准医药和特殊化学品领域的产业化，生物制药工业正在发生另一次飞跃，世界生物技术药物的销售额将以年均 10%～15% 的速度增加。今后制药工业将更广泛地应用现代生物技术，促进产品结构更新换代的大发展和大规模实用化。在肿瘤防治、老年保健、免疫性疾病、心血管疾病和人口控制等疑难病的防治中，生物药物将起到独特作用。

1.1.2 化学制药

化学制药工业发源于西欧。19 世纪初至 60 年代，科学家先后从传统的药用植物中分离得到纯的化学成分，如那可丁（1803 年）、吗啡（1805 年）、吐根碱（1817 年）、番木鳖碱（1818 年）、奎宁（1820 年）、烟碱（1828 年）、阿托品（1831 年）、可卡因（1855 年）和毒扁豆碱（1867 年）等。这些有效成分的分离为化学药品的发展奠定了基础，因为从此开始有准确剂量的药品用于治疗，并且使植物中的杂质所引起的毒副作用可以消除。更重要的是，在研究天然药物化学结构的基础上，通过人工合成和结构改造，可以得到新的化学药品。例如通过可卡因的化学结构改造的研究，发明了一系列结构简单的局部麻醉药（苯佐卡因、普鲁卡因、丁卡因等）。

在 19 世纪还先后出现了一批化学合成药，如麻醉药乙醚（1842 年）和氯仿（1847 年），外科消毒药石炭酸（1865 年），催眠药水合氯醛（1869 年）、索佛那（1888 年）和巴比妥类，血管扩张剂有机亚硝酸酯（1874 年），解热镇痛药退热冰（1886 年）、非那西丁（1887 年）、阿司匹林（1889 年）等。同时，制剂学也逐步发展成为一门独立的学科。到 19 世纪末，化学制药工业已初具雏形。

化学制药工业的发展可分为如下几个重要阶段。

(1) 有机砷制剂的发明　1910 年有机砷制剂胂凡纳明（即 "606"）和 1912 年新胂凡纳明（"914"）的发明，开创了化学治疗的新纪元。从此人们认识到，药物治疗可以针对病因，药物可以做到专属性地对付某一种病原体，而化学结构的微小变化对于药物的疗效有重大的影响。

(2) 磺胺药的发明　20 世纪 30 年代一系列磺胺药的发明是化学治疗的又一新的里程碑，从此人类有了对付细菌感染的有效武器。在此之前每年夺走数以万计生命的许多细菌性传染病，如产褥热、流行性脑膜炎、肝炎等都得到了有效的控制。在第二次世界大战中，美国磺胺药的产量曾达到 4500t 的高峰。

(3) 青霉素的发现　青霉素的发现（1928 年）和分离提纯（1941 年）以及不久实现的深层发酵生产，使人类有了对付细菌性感染更为有效的武器。接着许多其他抗生素，如链霉素、土霉素、氯霉素、四环素等相继出现，并投入生产和应用，更丰富了人类对细菌性疾病作战的武库。1959 年 6-氨基青霉烷酸（6APA）的分离成功，为一系列半合成青霉素的开发创造了有利条件。头孢菌素 C 的发现（1961 年）推动了头孢菌素类药物的开发。

(4) 其他一些重要进展　对于化学制药工业曾作出贡献的还有：①胰岛素（1921 年）及其他生物化学药的提取和精制；②抗疟药的研究和生产始于 20 世纪 20 年代，于第二次世界大战中达到高峰；③维生素的人工合成始于 20 世纪 30 年代，其产量在整个化学制药工业中一直占有重要的份额；④激素（包括性激素和皮质激素）的人工合成和生产也始于 20 世纪 30 年代，最后发展到计划生育药物的生产和应用。

其后，各种抗结核药、降血压药、抗心绞痛药、抗精神失常药、合成降血糖药、安定药、抗肿瘤药、抗病毒药和非甾体消炎药等相继出现，进一步推动了制药工业的发展。

自 20 世纪以来，上述化学合成药物发展迅速和各种类型的化学治疗药物不断涌现，对化学制药工业发展有着深远的影响。1961～1990 年 30 年间，世界 20 个主要国家一共批准上市的受专利保护的创新药物有 2000 多种，其中大部分是化学合成药物，而 80 年代生物技术兴起，更促进了化学制药工业的发展，使有机创新药物向疗效高、毒副作用小、剂量小的方向发展。

在我国，20 世纪 50 年代的化学制药工业主要是通过仿制，解决一些常用的大宗药品的国产化问题。60 年代以后，化学制药工业的科研工作主要转向仿制国外近期出现的新药，同时，也开展新药创制工作。先后已试制和投产了约 1300 多种新化学原料药，基本上能够满足我国医疗保健事业发展的需要。化学合成原料药，如氯霉素、磺胺嘧啶、咖啡因、维生素 B_1、维生素 B_6 等不断改进生产工艺，技术指标显著提高；萘普生、扑热息痛、诺氟沙星等新工艺均已接近国际先进水平。

20 世纪 80 年代以来，我国化学制药工业以年平均 17.5％的速度持续高速增长，化学制药工业企业逐步向大型化、专业化发展。一批跨国公司正在筹建中，我国化学制药工业中原料生产在国际市场上已有了一定位置。但与经济发达国家存在一定的差距，还达不到国际同类产品的水平。

国际上，化学制药工业是一个以新药研究与开发为基础的工业。它的发展速度不仅高于整个工业或化学工业的速度，而且世界制药工业产品销售额已占化学工业各类产品的第二位或第三位，并已成为许多经济发达国家的大产业。

1.1.3　中药制药

中药是中华民族的瑰宝，中国传统医药源远流长。初时采用新鲜植物捣碎使用，商代开始应用汤剂，公元前中国最早的医药经典著作《黄帝内经》已有方剂、丸、散、膏、丹、药酒以及药材加工的记载。汉代张仲景（150—219 年）的《伤寒论》记载方剂加工技术甚详，为中药方剂和中成药发展奠定了基础。晋代葛洪（281—341 年）的《肘后方》第一次提出成药剂的概念，主张成批生产，加以贮备，供急时之需。唐代孙思邈（581—682 年）的《千金方》中，有制药总论专章，叙述了制药理论、工艺和质量问题。659 年唐朝颁布第一部国家药典《新修本草》，共载录 844 种药物。宋熙宁 9 年（1076 年）设立太平惠民药局，制备丸、散、膏、丹等成药出售，是商业性成药的开始。1080 年又编印和颁发了《太平惠民和济局方》，使药剂制造有了统一的规范和准则，对中成药的生产和发展有深远的影响。明代李时珍（1518—1593 年）于 1578 年著成的《本草纲目》总结了明代以前的医药实践经验，共收载 1892 种药材和近 40 种成药剂型。

我国中药资源丰富，种类繁多，已查明的现有中药资源种类达 12807 种，其中药用植物 11146 种，药用动物 1581 种，药用矿物 80 种。尽管中药为中华民族的繁衍昌盛作出了积极贡献，但由于现代医学的发展，近 200 年来传统医学在许多国家受到不同程度的排挤，中医药在中国也同样处于从属地位。新中国成立后，特别是 20 世纪 80 年代以后，随着中医药的发展取得的显著成绩，中医药的科学原理和地位得到充分肯定，1982 年“发展现代医药和我国传统医药”被写入我国宪法，1992 年全国卫生工作会议又提出“中西医并重”的方针，为中医药事业的发展开创了新的局面。中药生产改变了“前堂后坊”的传统模式，具备了工业化规模，具 1996 年统计，全国中药工业企业达 1059 家。

在日本，流行的汉方医学来源于中国，已有 1000 多年的历史，并逐步形成了以张仲景

《伤寒论》、《金匮要略》为核心的日本汉方医学。自1976年以来，日本政府已将210个汉方制剂纳入医疗保险，大大促进了以汉方药为主的天然药物的研究开发。

韩国长期以来现代医学与传统医学并存，其传统医药主要由中医药传入韩国后与当地传统医药结合后形成。韩国从20世纪70年代初开始建立中药工业，到90年代已建成中药厂80余家。

随着人类文明的发展和疾病谱的改变以及人们对化学药物毒副作用的认识和了解，在人类"回归自然"的潮流中人们更倾向于采用天然植物药物，从而为中医药发挥其特长提供了前所未有的机遇。为改变目前中药在西方草药市场上还不能以治疗药物为国际社会所接受的现状，目前，中药现代化作为国家发展战略被明确提出，其战略目标是继承创新、跨越发展、形成具有市场竞争优势的现代中药产业。

1.2 制药分离技术

1.2.1 制药分离技术的作用

制药工程涵盖化学制药、中药制药和生物制药，由于药物的纯度和杂质含量与其药效、毒副作用、价格等息息相关，使得分离过程在制药行业中的地位和作用非常重要。

无论生物制药、化学合成制药与中药制药，其制药过程均包括原料药的生产和制剂生产两个阶段。原料药属于制药工业的中间产品，是药品生产的物质基础，但必须加工制成适合于服用的药物制剂，才能成为制药工业的终端产品。在制药分离工程中，将主要研究原料药生产过程中的分离技术。

原料药的生产一般包括两个阶段。第一阶段为将基本的原材料通过化学合成（合成制药）、微生物发酵或酶催化反应（生物制药）或提取（中药制药）而获得含有目标药物成分的混合物。在化学合成或生物合成制药中，该阶段以制药工艺学为理论基础，针对所需合成的药物成分的分子结构、光学构象等要求，制定合理的化学合成或生化合成工艺路线和步骤，确定出适当的反应条件，设计或选用适当的反应器，完成合成反应操作以获得含药物成分的反应产物。而对于中药制药，该阶段是根据中药提取工艺对中药材进行初步提取，获得含有药物成分的粗品。因此第一阶段是原料药制造过程的开端和基础。原料药生产中的反应合成与化工生产、特别是精细化学品生产基本上没有差别。

原料药生产的第二阶段常称为生产的下游加工过程。该过程主要是采用适当的分离技术，将反应产物或中草药粗品中的药物成分进行分离纯化，使其成为高纯度的、符合药品标准的原料药。一般而言，化学合成制药的分离技术与精细化工分离技术基本相同；而生物制药和中草药的药物的分离纯化技术相对特殊一些。就分离纯化而言，原料药生产（尤其生物制药和中药制药）与化工生产存在明显的三大差别。第一，制药合成产物或中草药粗品中的药物成分含量很低，例如抗生素质量百分含量为1%～3%，酶为0.1%～0.5%，维生素 B_{12} 为0.002%～0.003%，胰岛素不超过0.01%，单克隆抗体不超过0.0001%等，而杂质的含量却很高，并且杂质往往与目的产物有相似的结构，很难分离。第二，药物成分的稳定性通常较差，特别是生物活性物质对温度、酸碱度都十分敏感，遇热或使用某些化学试剂会造成失活或分解，使分离纯化方法的选择受到很大限制。例如，蛋白质只在很窄的温度和 pH 值变化范围内保持稳定，超过该范围将会发生功能的变性与失活，对其分离都有严格的工艺参数要求，并需要在较快的速度下操作。第三，由于药品是直接涉及人类健康和生命的特殊商品，原料药的产品质量必须达到药典要求，特别是对产品所含杂质的种类及其含量均有严格的规定。例如，青霉素产品对其中一种杂质强过敏原——青霉噻唑蛋白类就必须控制在 RIA 值（放射免疫分析值）小于100（相当于 1.5×10^{-6}）。因此，对原料药的分离要求要比一般有机化工产品严格得多。由于制药分离技术必须适应原料药生产中原料含量低、药物成分稳定性差和产品质量要求高的特点，因此，药物分离纯化的技术往往需要对化工分离技术加以改进和发展，然后应用于制药生产。

在原料药生产的下游加工过程中，将反应产物或中草药粗品中的药物成分纯化成为符合药品标准的原料药一般常须经过复杂的多级加工程序，即多个分离纯化技术的集成。例如，生物发酵液经过初步纯化（或称产物的提取）、高度纯化（或称产物的精制）后还需根据产物的最终用途和要求采用浓缩、结晶、干燥等成品加工。对于中药制药工程而言，通常第一阶段多用浸取方法得到粗提物，然后一般都需要通过浓缩、沉淀、萃取、结晶、干燥等多个纯化步骤才能将粗提物中含有的大量溶剂、无效成分或杂质分离除去，使最终获得的中药原料药产品的纯度和杂质含量符合中药制剂加工的要求。

基于上述原因，原料药生产的下游加工过程一般分离纯化处理步骤多、要求严，其费用占产品生产总成本的比例一般在 $50\% \sim 70\%$ 之间。化学合成药的分离纯化成本一般是合成反应成本费用的 $1 \sim 2$ 倍；抗生素分离纯化的成本费用约为发酵部分的 $3 \sim 4$ 倍；有机酸或氨基酸生产则约为 $1.5 \sim 2$ 倍；特别是基因工程药物，其分离纯化费用可占总生产成本的 $80\% \sim 90\%$。由于分离纯化技术是生产获得合格原料药的重要保证，研究和开发分离纯化技术，对提高药品质量和降低生产成本具有举足轻重的作用。

1.2.2　制药分离原理与分类

制药分离过程主要是利用待分离的物系中的有效活性成分与共存杂质之间在物理、化学及生物学性质上的差异进行分离。根据热力学第二定律，混合过程属于自发过程，而分离则需要外界能量。因所用分离方法、设备和投入能量方式的不同，使得分离产品的纯度、消耗的能量的大小以及过程的绿色化程度有很大差别。

分离操作通常分为机械分离和传质分离两大类。机械分离过程的分离对象是非均相混合物，可根据物质的大小、密度的差异进行分离，例如，过滤、重力沉降、离心分离、旋风分离和静电除尘等。这类过程在工业上是重要的，本课程将在第四章中对其中制药工业常用的非均相物系的分离技术——过滤、沉降等进行介绍。另一大类为传质分离，主要用于各种均相混合物的分离，其特点是有质量传递现象发生。依据物理化学原理的不同，工业上常用的传质分离过程又分为平衡分离过程和速率分离过程。

（1）平衡分离过程　该过程是借助分离媒介（如热能、溶剂或吸附剂）使均相混合物系变为两相系统，再以混合物中各组分在处于相平衡的两相中分配关系的差异为依据而实现分离。其传质推动力为偏离平衡态的浓度差。根据两相状态的不同，平衡分离可分为：①气体传质过程（如吸收、气体的增湿和减湿等）；②气液传质过程（如精馏等）；③液液传质过程（如液液萃取等）；④液固传质过程（如浸取、结晶、吸附、离子交换、色谱分离等）；⑤气固传质过程（如固体干燥、吸附等）。

上述固体干燥、气体的增湿和减湿、结晶等操作同时遵循热量传递和质量传递的规律，一般将其列入传质单元操作。

由于相际的传质过程都以其达到相平衡为极限，因此，需要研究相平衡以便决定物质传递过程进行的极限，为选择合适的分离方法提供依据。另一方面，由于两相的平衡需要经过相当长的接触时间后才能建立，而实际操作中，相际的接触时间一般是有限的，因此需要研究物质在一定接触时间内由一相迁移到另一相的量，即传质速率。传递速率与物系性质、操作条件等诸多因素有关。例如，精馏是利用各组分挥发度的差别实现分离目的，液-液萃取则利用萃取剂与被萃取物分子之间溶解度的差异将萃取组分从混合物中分开。

（2）速率分离过程　该过程是在某种推动力（如浓度差、压力差、温度差、电位梯度和磁场梯度等）的作用下，有时在选择性透过膜的配合下，利用各组分扩散速率的差异实现组分的分离。这类过程的特点是所处理的物料和产品通常属于同一相态，仅有组成差别。速率分离过程可分为两大类：①膜分离（如超滤、反渗透、电渗析等）；②场分离（如电泳、磁泳、高梯度磁力分离等）。

膜分离是利用流体中各组分对膜的渗透速率的差别而实现组分分离的单元操作。膜可以是固态或液态，所处理的流体可以是液体或气体，过程的推动力可以是压力差、浓度差或电位差。膜分离技术派生出的种类很多，如纳滤、超滤、微滤、反渗透、透析、电渗析、渗透气化等，其中在制药过程中纳滤、超滤与微滤等过程的应用最为广泛。它们之间没有明确的分界线，均属压力驱动型液相膜分离过程，是典型的膜过滤。膜分离技术与传统的分离过程相比，具有无相变、设备简单、操作容易、能耗低和对所处理物料无污染等优点，已在工业上得到广泛应用。其应用也不限于化工与制药工业。

电泳是指带电荷的供试品（蛋白质、核苷酸等）在惰性支持介质中（如纸、醋酸纤维素、琼脂糖凝胶、聚丙烯酰胺凝胶等），于电场作用下向其对应的电极方向按各自的速度进行泳动，使组分分离成狭窄区带，用适宜的检测方法记录其电泳区带图谱或计算其百分含量的方法。近20年来，随着生物技术的发展，电泳技术在生物技术产品的检测、鉴定、分析和分离上的应用受到高度重视，在稀溶液、生化产品及热敏性物料分离方面有广阔的应用前景。

从上述可知，传质分离过程所含单元操作种类多，它们在化工领域应用广泛；而在制药工业领域的下游加工过程中，浸取、液液萃取、精馏、膜分离、吸附、离子交换、色谱分离、电泳、结晶、干燥与造粒等传质分离单元操作也会经常使用，是制药工程领域重要的分离技术。因此，本课程将分章节对上述分离单元操作的原理及应用进行介绍。

表1-1归纳了部分制药分离技术的分离机理。其中也包括萃取技术和近年来发展迅速的一些新技术。

表 1-1　制药分离技术及其分离机理

单元操作		分离机理	单元操作		分离机理
膜分离	微滤	压力差、筛分	萃取	反胶团萃取	液液相平衡
	超滤	压力差、筛分		双水相萃取	液液相平衡
	反渗透	压力差、筛分		超临界流体萃取	超临界流体相平衡
	透析	浓度差、筛分	电泳	凝胶电泳	筛分、电荷
	电渗析	电荷、筛分		等电点聚焦	筛分、电荷、浓度差
	渗透气化	气液相平衡、筛分		等速电泳	筛分、电荷、浓度差
萃取	浸取	固液相平衡		区带电泳	筛分、电荷、浓度差
	超声波协助浸取	固液相平衡	离心	离心过滤	离心力、筛分
	微波协助浸取	固液相平衡		离心沉降	离心力
	有机溶剂萃取	液液相平衡		超离心	离心力

1.2.3　制药分离技术的进展

在化工与制药工业的发展过程中，由于精馏、吸收、萃取、吸附、离子交换、结晶等一些具有较长历史的单元操作已经应用很广，对这些技术的理论基础与工程计算方法等不断成熟。近年来，随着生物技术的发展以及人们对天然产品的青睐，在传统分离技术基础上也派生出一些新技术以适应生物加工或天然产物加工的特殊需求。例如，萃取技术派生出了超临界流体萃取、反胶团萃取、双水相萃取等。

超临界流体萃取技术是利用超临界区溶剂的高溶解性和高选择性将溶质进行萃取，再通过调节压力或温度使溶剂的密度大大降低，从而降低其萃取能力，使溶剂与萃取物得到有效分离。超临界流体萃取技术被认为是萃取速度快、效率高、能耗少的先进工艺，其中超临界二氧化碳萃取特别适合于分离热敏性物质，且能实现无溶剂残留，这一特点使超临界萃取技术用于天然产物、中草药的提取分离成为研究热点。

随着生物制药的发展，适用于分离提纯含量微小的生物活性物质的新型分离技术的反胶团萃取、双水相萃取也应运而生。反胶团萃取是利用表面活性剂在有机相中形成的反胶团进行萃取，即反胶团在有机相内形成一个亲水微环境，使蛋白质类生物活性物质溶解于其中，从而避免在有机相中发生不可逆变性的现象。而双水相萃取是由于亲水高聚物溶液之间或高聚物与无机盐溶液之间的不相容性，形成了双水相体系，依据待分离物质在两个水相中分配的差异，而实现分离提纯。

此外，在利用外场强化技术改善浸出效率的探索中，超声波与微波协助浸取由于快速、高效等优点在浸取单元操作中也受到重视。

精馏是石油和化工过程中应用最广、成熟度最高的一种分离技术。近年来，分子蒸馏技术在精馏技术基础上得到发展。分子蒸馏技术是在极高真空度（设备绝对压力一般低于1Pa）下进行的，从而使被分离混合物能在远低于常压沸点的温度下实现分离，因此适用于高沸点、热敏性药物和生物活性物质的提取和分离。

手性制药是国际医药行业的前沿领域。现代研究发现，手性药物在药物中占有很大的比例。据报道，天然或半合成药物几乎都有手性，其中98%以上为光学活性物质；全合成药物的40%为手性药物。深入探讨手性药物的两个对映异构体各自的生理和药理作用及临床应用，研究对映异构体的拆分和测定近年来已迅速发展为现代药学研究的重要领域。

上述新型分离技术，在制药工业，尤其在生物合成药和天然药物的分离、纯化中发挥着独特的作用，在提高产品分离质量、节约能耗和环保等方面已显示出传统分离方法无可比拟的优越性和广阔的应用前景。但不同分离过程的技术成熟度和应用成熟度是有差异的，对此，F. J. Zuiderweg 概括了各分离过程的现状（见图 1-1），可以看出各种单元操作目前的"技术成熟度"（横坐标）与"工业应用度"（纵坐标）之间的近似关系。值得注意的是，尽管精馏、吸收等操作已处于"S"形曲线的顶峰附近，但由于它们属于生产领域中量大面广的技术，它们的提高与改善将给生产带来极为可观的经济效益，所以不应忽视对它们做进一步的加深研究，使之更加完善。而曲线中间涉及的操作，如结晶、吸附、萃取、膜分离、离子交换等是分离过程发展历史上基于不同应用场合建立和发展起来的单元操作。它们属于迅速发展中的新兴单元操作或分离技术，需要不断地提高其理论深度并扩展其应用的广度。这些"新"、"老"分离技术的相互交叉、渗透与融合又会促进更新型的分离技术的产生与发展。

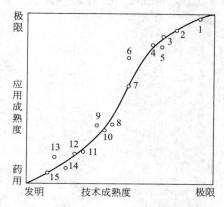

图 1-1　各分离过程的现状

1—精馏；2—吸收；3—结晶；4—萃取；
5—共沸（或萃取）精馏；6—离子交换；
7—吸附（气体进料）；8—吸附（液体进料）；
9—膜（液体进料）；10—膜（气体进料）；
11—色层分离；12—超临界萃取；
13—液膜；14—场感应分离；
15—亲和分离

制药的下游加工过程还必须向减少对环境污染的清洁生产工艺转变，即在保证产品质量的同时还要符合环保要求，保证原材料、能源的高效利用，并尽可能确保未反应的原材料和水的循环利用。因此，在对"老"的分离技术进行深入研究的同时，应高度重视对高效、环境友好的绿色分离新技术的应用基础理论与工业化的研究。

制药分离技术是制药工程不可缺少的重要环节，因此需要掌握各种分离技术的分离原理、理论基础、过程计算、参数优化、工艺与设备选择等。对于特定的目标产物，则要根据其自身的性质以及与其共存的杂质的特性，选择合适的分离方法，以获得技术上先进、经济上合理，符合环保、安全等法规要求的最佳分离方案，即在保证目标产物的生物活性不受或少受损伤的同时，达到所需的纯度和对回收率的要求，并使回收过程成本最小，以适应大规模工业生产的需要。

参 考 文 献

[1] 吴梧桐 . 生物制药工艺学 . 北京：中国医药科技出版社，1998.
[2] 吕圭源，王一涛 . 中药新产品开发学 . 北京：人民卫生出版社，1997.
[3] 计志忠，郭丰文 . 化学制药工艺学 . 北京：中国医药科技出版社，1998.
[4] 成都医学院编 . 中药学 . 上海：上海科学技术出版社，1983.
[5] 陈洪钫，刘家棋 . 化工分离过程 . 北京：化学工业出版社，2001.
[6] 孙彦 . 生物分离工程 . 北京：化学工业出版社，2001.
[7] 甘师俊等 . 中药现代化发展战略 . 科学技术文献出版社，1998.
[8] 严希康 . 生化分离工程 . 北京：化学工业出版社，2001.
[9] 贾绍义，柴诚敬 . 化工传质与分离过程 . 北京：化学工业出版社，2003.

第2章 固液萃取（浸取）

2.1 概述

萃取（extration）是分离液体（或固体）混合物的一种单元操作。它是利用原料中组分在溶剂中溶解度的差异，选择一种溶剂作为萃取剂用来溶解原料混合物中待分离的组分，其余组分则不溶或少溶于萃取剂中，这样在萃取操作中原料混合物中待分离的组分（溶质）从一相转移到另一相中，从而使溶质被分离。所以萃取属于传质过程。

当以液态溶剂为萃取剂，而被处理的原料为固体时，则称此操作为固液萃取，又称浸取或浸出（leaching）。当以液态溶剂为萃取剂，同时被处理的原料混合物也为液体，则称此操作为液液萃取，也常称（有机）溶剂萃取。本章主要介绍浸取，液液萃取在第3章中介绍。

浸取是历史悠久的单元操作之一。该操作在中药有效成分的提取中最常使用，例如，从植物组织中提取生物碱、黄酮类、皂苷等。在浸取操作中，凡用于药材浸出的液体称浸取溶剂（简称溶剂）。浸取药材后得到的液体称浸取（出）液。浸取后的残留物称为药渣。

2.2 浸取过程的基本原理

在制药行业中，浸取操作在中药材的有效成分提取中应用最广泛。因此本节结合对植物性中药材有效成分的浸取加以说明。

2.2.1 药材有效成分的浸取过程

中药材中所含的成分十分复杂，概括：①有效成分，指起主要药效的物质，如生物碱、苷类、挥发油；②辅助成分，指本身没有特殊疗效，但能增强或缓和有效成分作用的物质；③无效成分，指本身无效甚至有害的成分，它们往往影响溶剂浸取的效能、制剂的稳定性、外观以至药效；④组织物，是指构成药材细胞或其他不溶性物质，如纤维素、石细胞、栓皮等。浸取的目的在于选择适宜的溶剂和方法，充分浸出有效成分及辅助成分，尽量减少或除去无效成分。

植物性药材中的有效成分一般存在于植物细胞内，故在浸取过程中，溶剂首先进入药材组织中，溶解有效成分，使药材组织内的溶液浓度增高，而药材外部溶液浓度低，形成传质推动力，这样有效成分从高浓度向低浓度扩散，呈现传质现象。植物性药材的有效成分的分子量一般都比无效成分的分子量小得多，对中药材的浸取过程一般认为由湿润、渗透、解吸、溶解及扩散、置换等几个相互联系的作用综合组成。

2.2.1.1 浸润、渗透阶段

新鲜植物性药材的细胞中，含有多种水溶性物质和水不溶性物质。药材经干燥后，组织内水分被蒸发，细胞逐渐萎缩，细胞液中的物质呈结晶或无定形沉淀于细胞中，从而使细胞内出现空洞，充满了空气。当药材被粉碎时，一部分细胞可能破裂，其中所含成分可直接被溶剂浸出而转入浸出液中；而大部分细胞在粉碎后仍保持完整状态。当它们与溶剂接触时，被溶剂浸润，溶剂渗透进入细胞中。

浸取溶剂在上述过程中是否能有效地附着于粉粒表面使其湿润并进入细胞组织中，与浸

取溶剂与药材的性质及二者之间的界面情况有关。

2.2.1.2 解吸、溶解阶段

由于细胞中各种成分间有一定的亲和力，故溶质溶解前必须克服这种亲和力，才能使这些待浸取的有效成分转入溶剂中，这种作用称为解吸作用。浸出有效成分时，应选用具有解吸作用的溶剂，如乙醇就有很好的解吸作用。有时也在溶剂中加入适量的酸、碱、甘油或表面活性剂以便能有助于解吸，增加有效成分的溶解作用。

浸取溶剂通过毛细管和细胞间隙进入细胞组织后与被解吸的成分接触，使成分转入溶剂中称为溶解阶段。

2.2.1.3 扩散、置换阶段

浸取溶剂溶解有效成分后形成的浓溶液具有较高的渗透压，从而形成扩散点，不停地向周围扩散其溶解的成分以平衡其渗透压，这是浸出的动力。一般在药材表面附有一层很厚的溶液膜，称为扩散"边界层"，浓溶液中的溶质向表面液膜扩散，并通过此边界膜向四周的稀溶液中扩散。在静止条件下，完全由于溶质分子浓度不同而扩散的称为分子扩散。扩散过程中有流体运动而加速扩散的称为对流扩散。浸取过程中两种类型的扩散方式均有，而后者对浸出效率影响更大。

在研究浸取过程时，通常把固体药物看成由可溶物（溶质）和不溶物（载体或基质）组成。而浸取的实质是溶质由复杂的植物基质中通过内外扩散传递到液相溶剂的传质过程。虽然由于药材基质和溶质均很复杂，很难定量研究中药材的浸取速率，但由于固液萃取的传质过程是以扩散原理为基础，因此可借用质量传递理论中的费克定律对植物性中药材的浸取速率进行近似描述。

2.2.2 费克定律与浸取速率方程

2.2.2.1 费克定律

在无主体流动或在静止流体中，因浓度梯度引起的分子扩散，可用费克定律表示如下：

$$J_{AT} = -D \frac{dc_A}{dz} \tag{2-1}$$

式中，J_{AT} 为物质 A 的扩散通量，或称扩散速率，$kmol/(m^2 \cdot s)$；$\frac{dc_A}{dz}$ 为物质 A 在 z 方向上的浓度梯度，$kmol/m^4$；D 为分子扩散系数，m^2/s。

式（2-1）右端的负号表示扩散方向为沿浓度梯度降低的方向。

然而，式（2-1）的费克定律只适用于稳态的分子扩散即液体中物质的浓度梯度不随时间改变的情况。但在许多情况下分子扩散常为不稳态的，即浓度和浓度梯度往往是时间和位置的函数。此时，应采用费克第二定律描述分子扩散过程，有需求时请参考有关专著。

浸取过程实际上包括分子扩散和流体的运动引起的对流扩散，对流传质过程用费克定律表示时应为分子扩散与涡流扩散共同的结果，即：

$$J_{AT} = -(D + D_E) \frac{dc_A}{dz} \tag{2-2}$$

式中，D_E 为涡流扩散系数，m^2/s。

D_E 不仅与流体物性有关，而且还主要受流体湍动程度的影响，随位置而变，难以测定计算。

2.2.2.2 由费克定律推导出的浸取速率方程

对于罐内浸泡的浸取过程，可近似认为是分子扩散，涡流扩散系数 D_E 可忽略不计，因此，中药材被浸出时，自药材颗粒单位时间通过单位面积的有效成分量，即扩散通量 J，可由式（2-2）简化为式（2-1），省去下标后，表示如下：

$$J = \frac{\mathrm{d}M}{F\mathrm{d}\tau} = -D\frac{\mathrm{d}c}{\mathrm{d}z} \tag{2-3}$$

如图 2-1 所示，当传递是在液相内扩散距离 Z 进行，有效成分浓度自 c_2 变化到 c_3 时，积分式(2-3) 得到：

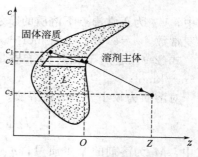

$$J\int_0^Z \mathrm{d}z = -D\int_{c_2}^{c_3}\mathrm{d}c$$

$$J = -\frac{D}{Z}(c_3 - c_2) = k(c_2 - c_3) \tag{2-4}$$

式中，k 为传质分系数，$k = D/Z$。

如果传递是在有孔固体物质中进行，有效成分浓度自 c_1 变化到 c_2 时，同理可得：

$$J = \frac{D}{L}(c_1 - c_2) \tag{2-5}$$

图 2-1　固液浸取示意图

式中，L 为多孔固体物质的扩散距离。

解式(2-4)，并将 c_2 代入式(2-5) 得：

$$c_1 - c_3 = J\left(\frac{1}{k} + \frac{L}{D}\right)$$

于是得到药材浸出过程中的速率方程：

$$J = \frac{1}{\left(\dfrac{1}{k} + \dfrac{L}{D}\right)}(c_1 - c_3) = K\Delta c \tag{2-6}$$

式中，K 为浸出时总传质系数，$K = 1/\left(\dfrac{1}{k} + \dfrac{L}{D}\right)$，m/s；$\Delta c$ 为药材固体与液相主体中有效物质的浓度差，$kmol/m^3$。

实际浸取过程中，中药材固体与液相主体中有效成分的浓度差并非为定值，则 Δc 可用下式表示：

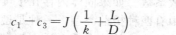

$$\Delta c = \frac{\Delta c_{始} - \Delta c_{终}}{\ln(\Delta c_{始}/\Delta c_{终})} \tag{2-7}$$

式中，$\Delta c_{始}$、$\Delta c_{终}$ 为浸出开始和终结时固、液两相的浓度差，$kmol/m^3$。

2.2.2.3　扩散系数

求解上述药材浸出过程中的速率方程，必须先知道溶质在扩散过程中的扩散系数并求得传质系数。扩散系数是物质的特性常数之一，同一物质的扩散系数会随介质的性质、温度、压力及浓度的不同而异。一些物质的扩散系数可从有关物性手册查到，但对于医药物质，普遍数据缺乏。

(1) 溶质（A）在液相（B）中的扩散系数　溶质在液相中的扩散系数，其量值通常在 $10^{-9} \sim 10^{-10}\ m^2/s$ 之间。由于液相中扩散理论至今不成熟，目前对于溶质在液体中的扩散系数多采用半经验法。

但对稀溶液，当大分子溶质 A 扩散到小分子溶剂 B 中时，假定将溶质分子视为球形颗粒，在连续介质为层流时做缓慢运动，则可理论上用斯托克斯-爱因斯坦（Stockes-Einstein）方法计算：

$$D_{AB} = \frac{BT}{6\pi\mu_B r_A} \tag{2-8}$$

式中，D_{AB} 为扩散系数，m^2/s；r_A 为球形溶质 A 的分子的半径，m；μ_B 为溶剂 B 的黏度，$Pa\cdot s$；B 为波尔兹曼常数，$B = 1.38 \times 10^{-23}\ J/K$；$T$ 为绝对温度，K。

当分子半径 r_A 用分子体积表示时，即 $r_A = \left(\dfrac{3V_A}{4\pi n}\right)^{1/3}$ 代入式(2-8) 得：

$$D_{AB} = \frac{9.96 \times 10^{-17} T}{\mu_B V_A^{1/3}} \qquad (2-9)$$

式中，V_A 为正常沸点下溶质的摩尔体积，$m^3/kmol$；μ_B 为溶剂的黏度，$Pa \cdot s$；n 为阿佛加德罗常数，$n = 6.023 \times 10^{23} mol^{-1}$。

式(2-9) 适用于相对分子质量大于 1000、非水合的大分子溶质，水溶液中 V_A 大于 $0.5m^3/kmol$。

对溶质为较小分子的稀溶液，可用威尔盖（Wike）公式计算：

$$D_{AB} = 4.7 \times 10^{-7} (\varphi M_B)^{1/2} \frac{T}{\mu_B V_A^{0.6}} \qquad (2-10)$$

式中，M_B 为溶剂的摩尔质量；μ_B 为溶剂的黏度，$Pa \cdot s$；V_A 为正常沸点下溶质的摩尔体积，$m^3/kmol$；φ 为溶剂的缔合参数，对于水为 2.6，甲醇为 1.9，乙醇为 1.5，苯、乙醚、庚烷以及其他不缔合溶剂均为 1.0。

(2) 溶质在固体中的扩散系数　如果固体内存在浓度梯度，固体中组分可由某一部分向另一部分扩散。通常在固体中有两种扩散类型：一种是遵从费克定律的、基本上与固体结构无关的扩散；另一种是与固体结构有关的多孔介质内扩散。

由于把固体药物看成由可溶物（溶质）和不溶物（载体或基质）组成，浸取过程实质是溶质由复杂的植物基质中通过内外扩散传递到液相溶剂的传质过程。由于中药材的物质结构中存在孔隙和毛细管及其作用，使分子在毛细管中运动速度很缓慢。

外扩散系数随溶剂对流程度的增加而增加，在带有搅拌的浸取过程中，外扩散系数值很大，计算时可忽略其作用，在此情况下，浸取全过程的决定因素就是内扩散系数。表 2-1 给出了一些植物药材的内扩散系数。

表 2-1　植物药材的内扩散系数

药材名	浸出物质	溶　剂	内扩散系数/(cm²/s)	药材名	浸出物质	溶　剂	内扩散系数/(cm²/s)
百合叶	苷类	70%乙醇	0.45×10^{-8}	花生仁	油脂	苯	2.4×10^{-8}
颠茄叶	生物碱	水	0.9×10^{-8}	芫荽籽	油脂	苯	0.65×10^{-8}
缬草根	缬草酸	70%乙醇	0.82×10^{-7}	五倍子	丹宁	水	1.95×10^{-9}
甘草根	甘草酸	25%氨水	5.1×10^{-7}				

2.2.2.4　总传质系数

植物药材在浸出过程中，总传质系数应由内扩散系数、自由扩散系数和对流扩散系数组成：

总传质系数 H 为：

$$H = \frac{1}{\dfrac{h}{D_{内}} + \dfrac{S}{D_{自}} + \dfrac{L}{D_{对}}} \qquad (2-11)$$

式中，L 为颗粒尺寸；S 为边界层厚度，其值与溶解过程液体流速有关；h 为药材颗粒内边界层厚度。$D_{内}$ 为内扩散系数，表示药材颗粒内部有效成分的传递速率；$D_{自}$ 为自由扩散系数，在药物细胞内有效成分的传递速率；$D_{对}$ 为对流扩散系数，在流动的萃取剂中有效成分的传递速率。

$D_{自}$ 是式(2-9) 和式(2-10) 的 D_{AB}，自由扩散系数与温度有关，还与液体的浓度有关，温度值取操作时的温度，浓度取算术平均值。由于物质结构中存在孔隙和毛细管及其作用，使分子在毛细管中运动速度很缓慢，所以 $D_{内}$ 值比 $D_{自}$ 值小得多。叶类药材 $D_{内}$ 值为 10^{-8} cm^2/s 左右；根茎类 $D_{内}$ 为 $10^{-7} cm^2/s$ 左右；树皮类 $D_{内}$ 为 $10^{-6} cm^2/s$ 左右（见表 2-1）。

内扩散系数与有效成分含量、温度及流体力学条件等有关，故不是固定常数。此外，

$D_内$ 还和浸泡时药材的膨胀、药物细胞组织的变化和扩散物质的浓度变化等有关。

$D_对$ 值大于 $D_自$ 值，而且 $D_对$ 值随溶剂对流程度的增加而增加，在湍流时 $D_对$ 值最大。在带有搅拌的浸取过程中，$D_对$ 值很大，计算时可忽略其作用，在此情况下，浸取全过程的决定因素就是内扩散系数。

2.2.3　浸取过程的影响因素

2.2.3.1　浸取溶剂和辅助剂

（1）浸取溶剂的选择　中药材中可溶性成分异常复杂，如何选择性地充分浸出有效成分及辅助成分，浸取溶剂的选择起关键作用。浸取溶剂选择应考虑以下原则：

① 对溶质的溶解度足够大，以节省溶剂用量；

② 与溶质之间有足够大的沸点差，以便于容易采取蒸馏等方法回收利用；

③ 溶质在溶剂中的扩散系数大和黏度小；

④ 价廉易得，无毒，腐蚀性小等。

浸取溶剂中，水为最常用的浸取溶剂。它作为溶剂经济易得，而且极性大、溶解范围广。药材中的生物碱盐类、苷、苦味质、有机酸盐、鞣质、蛋白质、糖、树胶、色素、多糖类（果胶、黏液质、菊糖、淀粉等），以及酶和少量的挥发油都能被水浸出。其缺点是由于浸出范围广，选择性相对差，容易浸出大量无效成分；而且会引起一些有效成分（如某些苷类）的水解，或促进某些化学变化。乙醇为仅次于水的常用浸取溶剂，是一种半极性溶剂。由于乙醇溶解性能界于极性与非极性之间，所以，乙醇不仅能溶解水中溶解的某些成分，同时也能溶解非极性溶剂所能溶解的一些成分，只是溶解度不同。由于乙醇能与水任意互溶，利用乙醇与水的不同比例的混合物作溶剂时有利于选择成分的浸出。例如乙醇含量在 90% 以上时，适于浸取挥发油、有机酸、树脂、叶绿素等；乙醇含量在 50%～70% 时，适于浸取生物碱、苷类等；乙醇含量在 50% 以下时，适于浸取苦味质、蒽醌类化合物等。

乙醇比热较小，沸点较低，气化潜热不大，故蒸发浓缩等工艺过程耗用的热量较水小。乙醇还有防腐作用。但乙醇具有挥发性和易燃性，生产中应注意安全防护。

（2）浸取辅助剂　为了提高浸取溶剂的浸取效能，增加浸取成分在溶剂中的溶解度，为了增加制品的稳定性以及除去或减少某些杂质，有时需要往溶剂或原料中添加某些被称为辅助剂的物质。一般常用酸（如盐酸、硫酸、冰醋酸、酒石酸）、碱（如氨水、碳酸钠、氢氧化钙、碳酸钙和石灰）调节 pH 值。

利用表面活性剂可提高浸取溶剂的效果，由于浸取方法不同，选用表面活性剂的种类也有异。如用阳离子型表面活性剂的盐酸盐有助于生物碱的浸出；用 70% 乙醇渗漉颠茄草时，若加入 0.2% 吐温-20，则渗漉液中有效成分的含量较用同量的吐温-80 为佳；但若用振荡法浸出颠茄草，则吐温-80 又比吐温-20 的浸取效果好。

2.2.3.2　浸取过程的影响因素

（1）药材的粒度　药材粒度的粗细，对浸出的速度和量均有极大关系。根据扩散理论，药材粉碎得愈细，与浸取溶剂的接触面愈大，扩散面也愈大，故扩散速率愈快，浸出效果愈好。但植物药材粉碎得过细，反而会出现一些不利于浸取的结果。

① 过细的粉末在浸出时虽能提高其浸出效果，但吸附作用亦增加，因而使扩散速率受到影响。故药材的粒度要视所采用的溶剂和药材的性质而有所区别。如以水为溶剂时，药材易膨胀，浸出时药材可粉碎得粗一些，或者切成薄片和小段；若用乙醇为溶剂时，因乙醇对药材的膨胀作用小，可粉碎成粗末（5～20 目，甚至 40 目）。药材不同，要求的粉碎度也不同，通常叶、花、草等疏松药材，宜用较粗的粉末，甚至可以不粉碎；坚硬的根、茎、皮类等药材，宜用较细的粉末。

② 若粉碎过细，药材组织中大量细胞破裂，致使细胞内大量不溶物及较多的树脂、黏液质等混入或浸出，使浸出杂质增加，黏度增大，会使扩散作用缓慢，造成浸提液过滤困难和产品浑浊现象。

就动物药材而论，一般要求绞碎得细一些为宜，细胞结构破坏得愈完全，有效成分就愈易浸取出来。

（2）浸取的温度　因为温度的升高能使植物组织软化，促进膨胀，增加可溶性成分的溶解和扩散速率，促进有效成分的浸出。而且温度适当升高，可使细胞内蛋白质凝固、酶被破坏，有利于浸出和制剂的稳定性。

但浸取温度高，能使药材中某些不耐热的成分或挥发性成分分解、变质或挥发散失。如浸提鞣质时，若温度超过 100℃，部分鞣质分解，浸取量就下降；也有的药材在高温浸取后，放冷时由于胶体凝聚等原因有出现沉淀；另外温度过高，一些无效成分被浸提，影响制剂质量，故浸取时需选择控制适宜的温度，保证制剂质量。

（3）溶剂的用量及提取次数　在定量溶剂条件下，多次提取可提高提取的收率。一般第一次提取要超过药材溶解度所需要的量。对不同药材的溶剂用量和提取次数都需要实验确定。

（4）浸取的时间　一般来说浸取时间与浸取量成正比，即时间愈长，扩散值愈大，愈有利于浸取。但当扩散达到后，时间即不起作用。此外，长时间的浸取往往导致大量杂质溶出，一些有效成分如苷类易被在一起的酶所分解。若以水作为溶剂时，长期浸泡则易霉变，影响浸取液的质量。

（5）浓度差　浓度差越大浸出速率越快，适当地运用和扩大浸取过程的浓度差，有助于加速浸取过程和提高浸取效率。一般连续逆流浸取的平均浓度差比 1 次浸取大些，浸出效率也较高。应用浸渍法时，搅拌或强制浸出液循环等，也有助于扩大浓度差。

（6）溶剂的 pH 值　浸提溶剂的 pH 值与浸提效果有密切关系。在中药材浸提过程中，往往根据需要调整浸提溶剂的 pH 值，以利于某些有效成分的提取，如用酸性溶剂提取生物碱，用碱性溶剂提取皂苷等。

（7）浸取的压力　当药材组织坚实，浸出溶剂较难浸润时，提高浸取压力会加速浸润过程，使药材组织内更快地充满溶剂和形成浓溶液，从而使开始发生溶质扩散过程所需的时间缩短。同时有压力下的渗透尚可能将药材组织内某些细胞壁破坏，亦有利于浸出成分的扩散过程。当药材组织内充满溶剂后，加大压力对扩散速率则没有什么影响，对组织松软、容易湿润的药材的浸出影响也不明显。目前有两种加压方式：一种是密闭升温加压；另一种是通过气压或液压加压不升温。经实验证明，水温在 65～90℃、表压力 $2 \sim 5 kgf/cm^2$ ❶ 时，与常压煮提相比，有效成分浸出率相同，但浸出时间可以缩短一倍以上，固液比也可以提高。因加热、加压条件可能导致某些有效成分破坏，故加压升温浸出工艺需慎重选用。

综上所述，各类参数的相互影响比较复杂，应根据药材特性和目的，实验选择最适宜的条件。

2.3　浸取过程的计算

对植物药材浸取时，将浸取溶剂加到药材中并浸渍一定时间后，浸出液中浸出物质的浓度逐渐增加。当物质从药材中扩散到浸出液的量与物质从浸出液扩散回到药材的量相等时，

---

❶　$1kgf/cm^2 = 98.0665kPa$，全书余同。

浸出液的浓度恒定，即为平衡浓度。此时，可认为药材内部的液体浓度等于药材外部浸出液的浓度，称为平衡状态的浸取。但事实上，药材浸出常没有足够的时间使溶质完全溶解，药材内部液体浓度与浸出液的浓度未达到平衡时，则称非平衡状态浸取。

浸取的操作有三种基本形式：单级浸取、多级错流浸取、多级逆流浸取。对浸取过程的计算一般基于理论级或平衡状态基础上进行物料衡算。计算方法有图解法和解析法，本书重点介绍解析法。对图解法可参考相关手册或专著。

2.3.1　单级浸取和多级错流浸取

2.3.1.1　浸出量

设药材所含待浸取的物质量为 G，当浸出系统达到平衡时，浸出后所放出的溶剂量为 G'，浸出后剩余在药材中的溶剂量为 g'，浸出后残留在药材中的浸出物质量为 g，对待浸取的物质进行物料衡算则得出：

$$\frac{G}{G'+g'}=\frac{g}{g'}$$

$$g=\frac{G}{\alpha+1} \tag{2-12}$$

式中，α 为浸出后所放出的与剩余在药材中的溶剂量之比，$\alpha=\dfrac{G'}{g'}$。

从式(2-12)可知，对一定量的浸出溶剂，α 值愈大，浸出后剩余在药材中的浸出物质量愈少，浸出率愈高。

如果进行重复浸渍（二次浸取），分离出第一次浸出液后，再加入相同数量的新溶剂，依前述方法，可写出：

$$\frac{g}{G_2+g_2'}=\frac{g_2}{g_2'}, \quad g_2=\frac{g}{\alpha+1}$$

将式(2-12)的 g 值代入，得：

$$g_2=\frac{G}{(1+\alpha)^2} \tag{2-13}$$

式中，G_2 为第二次浸取后所放出的溶剂量；g_2' 为第二次浸取后剩余在药材中的溶剂量；g_2 为第二次浸取后剩余在药材中的可浸出物质量。

由此进行 n 级浸取时，第 n 次浸取后，剩余在药材中的浸出物质量为：

$$g_n=\frac{G}{(1+\alpha)^n} \tag{2-14}$$

式(2-13)也适用于平衡状态下的多级错流浸取，假定的条件是各级进料量均相等，各级所用的溶剂量相等且溶剂中不含溶质。

【例 2-1】　含有浸出物质 25％的药材 100kg，第一级溶剂加入量与药材量之比为 5：1，其他各级溶剂新加入量与药材量之比为 4：1，求浸取一次和浸取五次后药材中所剩余的可浸出物质的量为多少？设药材中所剩余的溶液量等于其本身的重量。

解　药材中所含浸出物质总量 $G=25$kg，药材中所剩留的溶剂量 $g'=100$kg，浸取一次后所放出的溶剂量 $G'=500-100=400$kg

由此

$$\alpha=\frac{G'}{g'}=\frac{400}{100}=4$$

第一次浸取后药材中所剩余的可浸出物质 g_1 为：

$$g_1=\frac{25}{1+4}=5\text{kg}$$

第二次浸取后药材中所剩余的可浸出物质 g_2 为：

$$g_2 = \frac{25}{(1+4)^2} = 1\text{kg}$$

同理，浸取五次后药材中所剩余的可浸出的物质量 g_5 为：

$$g_5 = \frac{25}{(1+4)^5} = 0.008\text{kg}$$

由此得，浸取五次后可浸取物质的浸出分率为：

$$\frac{25-0.008}{25} \times 100\% = 99.98\%$$

2.3.1.2 浸出率 $\overline{E}$

浸渍效果可用药材中浸出物质的浸出率 $\overline{E}$ 表示，$\overline{E}$ 代表浸取后所放出的倾出液中所含浸出物质量与原药材中所含浸出物质总量的比值。

如浸渍后药材中所含的溶剂量为 1，此时所加的总剂量为 M，则所出的溶剂量为 $M-1$，在平衡条件下浸取一次的浸出率为：

$$\overline{E_1} = \frac{M-1}{M} \tag{2-15}$$

由浸出率的定义可知，$1-\overline{E_1}$ 为浸取后药材中所剩浸出物质的分率。如重复浸取时，第二次浸取所放出的倾出物质的浸取率 $\overline{E_2}$ 为：

$$\overline{E_2} = \overline{E_1}(1-\overline{E_1}) = \frac{M-1}{M}(1-\overline{E_1}) = \frac{M-1}{M^2}$$

浸取 n 次后，第 n 次浸取所放出的倾出液中浸取物质的浸出率 $\overline{E_n}$ 为：

$$\overline{E_n} = \frac{M}{M^n} \tag{2-16}$$

浸取两次后，浸出物质的总浸出率 $\overline{E}$ 为：

$$\overline{E} = \overline{E_1} + \overline{E_2} = \frac{M-1}{M} + \frac{M-1}{M^2} = \frac{M^2-1}{M^2}$$

如经 n 次浸取，浸出物质的总浸出率为：

$$\overline{E} = \frac{M^n-1}{M^n} \tag{2-17}$$

由式（2-16）可知 $\overline{E_n}$ 与 M^n 成反比，一般取 $n=4\sim5$，n 再大 $\overline{E_n}$ 甚小，经济上不合算。

【例 2-2】 某药材含 20% 无效成分、含 30% 的有效成分，浸出溶剂用量为药材自身重量的 20 倍，药材对溶剂的吸收量为药材自身重量的 4 倍，求 25kg 药材单次浸取所得的有效成分与无效成分量？

解 设药材中所吸收溶剂量为 1，则总溶剂量为 $M=20/4=5$，则浸出率为：

$$\overline{E} = \frac{M-1}{M} \times 100\% = \frac{5-1}{5} \times 100\% = 80\%$$

25kg 药材中无效成分的浸出量为：$25 \times 0.2 \times 0.8 = 4\text{kg}$

有效成分的浸出率为：$25 \times 0.3 \times 0.8 = 6\text{kg}$

若药渣经压榨处理后，药材中所含溶剂量由 4 倍降为 2 倍，则总溶剂量为 $20/2=10$，其浸出率可提高为：

$$\overline{E} = \frac{10-1}{10} \times 100\% = 90\%$$

由此可见，减少药渣中溶剂的含量可提高浸出率。

【例 2-3】 某 200kg 药材有效成分浸出率达 0.963 时，需浸取三次可达到，试求浸出溶剂消耗量为多少？已知药材对溶剂的吸收量为 1.5，并设药材中所剩留的溶剂量等于其本身的重量。

解 $\overline{E}=\dfrac{M^n-1}{M^n}$，其中 $\overline{E}=0.963$，$n=3$，可解得 $M=3$

第一次浸取溶剂消耗量为：$W_1=200\times1.5\times3=900\text{kg}$

第二次浸取溶剂消耗量为：$W_2=200\times1.5\times2=600\text{kg}$

第三次浸取溶剂消耗量为：$W_3=200\times1.5\times2=600\text{kg}$

溶剂总消耗量为：$W=900+600+600=2100\text{kg}$

2.3.2 多级逆流浸取

多次逆流浸取的流程如图 2-2 所示，新溶剂 C 和新药材 S_5 分别从首尾两级加入，加入溶剂的称为第一级，加入新药材的称为末级（图中第 V 级），溶剂与浸出液以相反方向流过各级是为多级逆流浸出。

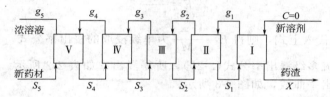

图 2-2 多级逆流浸出流程

设 C 为加到第一级浸出器的溶剂所含溶质量，$C=0$；X 为从第一级浸出器放出的药渣内溶剂中所含的溶质量；α 为浸出器放出的溶剂量与药材中所含溶剂量之比；g_1、g_2、g_3、g_4、g_5 为各级浸出器浸渍后溶剂中所含的溶质量；S_1、S_2、S_3、S_4、S_5 为进入各级浸出器的固体药材内溶剂中所含的溶质量。

由 α 的定义 $\alpha_1=g_1/X$，对第一级浸出器做物料衡算：
$$S_1=g_1+X=\alpha_1X+X=X(1+\alpha_1)$$

同理，对第二级浸出器有如下关系：
$$g_2=\alpha_2S_1=\alpha_2X(1+\alpha_1)=X(\alpha_2+\alpha_1\alpha_2)$$

对第一级、第二级浸出器做物料衡算：
$$S_2=g_2+X=X(\alpha_2+\alpha_1\alpha_2)+X=X(1+\alpha_2+\alpha_1\alpha_2)$$

由此类推，可得下列关系：
$$g_3=X(\alpha_3+\alpha_3\alpha_2+\alpha_3\alpha_2\alpha_1)$$
$$S_3=X(1+\alpha_3+\alpha_3\alpha_2+\alpha_3\alpha_2\alpha_1)$$
$$g_4=X(\alpha_4+\alpha_4\alpha_3+\alpha_4\alpha_3\alpha_2+\alpha_4\alpha_3\alpha_2\alpha_1)$$
$$S_4=X(1+\alpha_4+\alpha_4\alpha_3+\alpha_4\alpha_3\alpha_2+\alpha_4\alpha_3\alpha_2\alpha_1)$$

如为 n 级逆流浸取时，则：
$$g_n=X(\alpha_n+\alpha_n\alpha_{n-1}+\alpha_n\alpha_{n-1}\alpha_{n-2}+\cdots+\alpha_n\alpha_{n-1}+\cdots+\alpha_3\alpha_2\alpha_1)$$
$$S_n=X(1+\alpha_n+\alpha_n\alpha_{n-1}+\alpha_n\alpha_{n-1}\alpha_{n-2}+\cdots+\alpha_n\alpha_{n-1}+\cdots+\alpha_3\alpha_2\alpha_1)$$

式中，S_n 为随药材进入浸出系统的溶质量；X 为随药渣离开浸出系统的溶质量。

药材中所不能倾出的溶质分率（即浸余率）F 为：
$$F=\frac{X}{S_n}=\frac{1}{1+\alpha_n+\alpha_n\alpha_{n-1}+\cdots+\alpha_n\alpha_{n-1}+\cdots+\alpha_3\alpha_2\alpha_1} \tag{2-18}$$

对大多数多级逆流浸出过程，各级浸出器的溶剂比 α 的数值是相同的，但最末一级（即新加入药材的浸出器）可能例外，此时：

$\alpha_1 = \alpha_1 = \alpha_3 = \cdots = \alpha \neq \alpha_n$，则式(2-18) 可简化为：

$$F = \frac{1}{1 + \alpha_n + \alpha_n\alpha + \alpha_n\alpha^2 + \cdots + \alpha_n\alpha^{n-1}} \tag{2-19}$$

如果系统中各级浸出器的溶剂比 α 完全相同，则式(2-19) 简化为：

$$F = \frac{1}{1 + \alpha + \alpha^2 + \alpha^3 + \cdots + \alpha^n} \tag{2-20}$$

式中，F 为浸出物质的浸余率；n 为浸出器的级数。

将式(2-20) 改写为浸出率 $\overline{E}$，由于 $\overline{E} = 1 - F$，故：

$$\overline{E} = 1 - F = \frac{\alpha + \alpha^2 + \alpha^3 + \cdots + \alpha^n}{1 + \alpha + \alpha^2 + \cdots + \alpha^n} \tag{2-21}$$

式中，α 为倾出的溶剂量和剩余在药材中的溶剂量之比；$\overline{E}$ 为浸出率。

当 $n = 1$ 时，由式(2-20) 可得：

$$\overline{E} = \frac{\alpha}{1+\alpha}$$

若以 $\alpha = M - 1$ 代入上式，则得 $\overline{E} = \dfrac{M-1}{M}$ 为单级浸取的浸出率公式。如将 n 由 $1 \sim 5$，M 由 $1.2 \sim 10$ 代入逆流多级浸出率公式(2-20)，所得浸出率如表 2-2 所示。由表 2-2 中的数值可绘出多级逆流浸出率曲线，如图 2-3 所示。

表 2-2 多级逆流浸取的浸出率

α	M	浸取器级数				
		1	2	3	4	5
0.2	1.2	0.1656	0.1953	0.1987	0.1991	0.1996
0.5	1.5	0.3333	0.4286	0.4613	0.4837	0.4919
1	2	0.5000	0.6667	0.7500	0.8000	0.8333
2	3	0.6667	0.8571	0.9300	0.9677	0.9842
3	4	0.7500	0.9231	0.9750	0.9917	0.9973
4	5	0.8000	0.9524	0.9882	0.9971	0.9993
5	6	0.8333	0.9677	0.9936	0.9987	0.9997
6	7	0.8571	0.9767	0.9961	0.9994	
7	8	0.8750	0.9824	0.9975	0.9996	
8	9	0.8889	0.9863	0.9983	0.9998	
9	10	0.9000	0.9890	0.9988	0.9999	

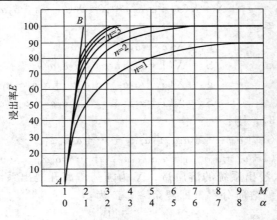

图 2-3 多级浸出图

由图 2-3 可见 M 值由 $1\sim3$ 是多级逆流浸取中浸出率变化较大的区间。再继续增大 M 值，在浸出级数 n 较多的情况下，浸出率的增加缓慢。在 $M<2$ 的区域内增加浸取级数时，浸出率的增加有一极限，当 $n\to\infty$ 时，浸出率趋于 100%，可知当 $M=2$ 时，由 $\alpha=M-1=2-1=1$，其极限为：

$$\lim\overline{E}=\lim\frac{1+1^2+1^3+\cdots+1^{n-1}+1^n}{1+1^2+\cdots+1^n}=\lim\frac{n}{n+1}=1$$

又由表 2-2 得出，当 $\alpha=0.2$ 时，$\lim\overline{E}=0.2$；当 $\alpha=0.5$ 时，$\lim\overline{E}=0.5$。在 $M<2$（即 $\alpha<1$）情况下，增加浸出级数时，浸出率的极限为图 2-3 之直线 AB。

从上面讨论中可知，在生产中若采用 $M<2$ 时，欲将药材中的有效成分完全浸出来是不可能的。例如，当 $\alpha=1$、浸出级数 $n=4$ 时，浸出率 $\overline{E}=80\%\sim85\%$ 左右；在浸出级数 $n=5$ 时，$\overline{E}=83\%\sim88\%$ 左右；而欲得 $\overline{E}=95\%$ 左右，则需要 $n=10\sim15$ 级浸出。可见采用较小的 α 值，欲提高浸出率是很困难的，所以一般宜采用 α 值大于 1.5。

【例 2-4】 用多级逆流浸出器浸取某种药材时，已知所用溶剂量是每一浸出器中药材量的 4 倍，吸收溶剂量是药材量的 2 倍，浸出器共用 6 级，求该多级逆流浸出器的浸出率为多少？

解　由题意可知 $M=4/2=2$，$\alpha=M-1=2-1=1$，代入式（2-21）：

$$\overline{E}=\frac{1+1^2+1^3+1^4+1^5+1^6}{1+1+1^2+1^3+1^4+1^5+1^6}=\frac{6}{7}=0.86=86\%$$

若将浸出率提高到 98%，可采用增加溶剂量或增加浸出级数的方法。若增加浸出级数过多，则增加操作困难，现将 M 提高到 $M=2.5$（$\alpha=1.5$），可得浸出率 $\overline{E}$ 为：

$$\overline{E}=\frac{1.5^1+1.5^2+1.5^3+1.5^4+1.5^5+1.5^6}{1+1.5+1.5^2+1.5^3+1.5^4+1.5^5+1.5^6}=0.97=97\%$$

2.3.3　浸出时间的计算

在植物药材浸取时，浸出过程中浸出物质与时间关系可用浸出曲线表示。以 q_0 代表药材中浸出物质的初始含量，以 q_1 代表经时间 τ 浸取后药材中浸出物质，浸出曲线有两种表示方式：第一种为浸出物质在药材中剩余率 q_1/q_0 与时间 τ 的关系曲线；另一种为药材浸出率 $m=\dfrac{q_0-q_1}{q_0}$ 对时间 τ 的关系曲线，如图 2-4 所示。从图 2-4 可见，浸出曲线分两个区域。区域 I 为浸出的快速阶段，表示药材经粉碎后增大了传质面积，并且使药材结构被破坏，细胞暴露于溶剂之中，从而使药材中部分细胞的物质较易地被溶液浸出，同时还有未被破坏细胞的慢速扩散。快速阶段的浸出率 m 又称为洗脱量 c。区域 II 为慢速阶段，它是浸出物质在药材中的扩散和浸出溶剂对药材的湿润和在细胞内的穿透。如将区域 II 的曲线延长与纵轴分别交于 A、B 点，则直线 AA' 和 BB' 分别表示理想情况下，不破坏药材细胞时的浸出过程。

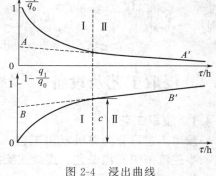

图 2-4　浸出曲线

图 2-4 的两条浸出曲线中直线方程式可写为：

$$\frac{q_1}{q_0}=a-k\tau \tag{2-22}$$

$$\frac{q_0-q_1}{q_0}=k\tau+b;\ b=1-a \tag{2-23}$$

式中，b 为洗脱系数；k 为曲线斜率。

式（2-23）中 b 为直线 BB' 在纵轴上的截距，它是确定洗脱过程的参数，b 称为洗脱系数。药材粉碎度小，细胞破坏少，则浸出过程慢，b 值小；药材粉碎度大，细胞破坏多，则浸出过程快，b 值大。粉碎度要合适，因为粉碎度增加，使无效成分及有害成分浸出量也大，故应适当控制粉碎度。

洗脱系数 b 与洗脱量 c 是药材被浸出时的重要参数。它们之间的关系为：

$$b = c \frac{\upsilon_C}{\upsilon_C + \upsilon_D} \tag{2-24}$$

式中，υ_C 为倾出的溶剂量；υ_D 为药材间所含的溶剂量。

式（2-24）中 υ_D 系指倾出后药材颗粒外部所含的溶剂量，不包含药材组织内部的溶剂量。其测量方法举例如下：称取已知含量药材 50g，加入 200ml 溶剂浸渍至平衡状态，用 50ml 溶剂在搅拌下洗脱药渣三次，洗脱溶剂内的浸出物质量依法进行测定，根据洗脱溶剂内浸出物质量可计算 υ_D。

$$\upsilon_D = \frac{\text{洗脱溶剂内浸出物质量}}{\text{倾出液中浸出物质浓度}}$$

【例 2-5】 100g 中药材，以 250ml 溶剂浸取，药材中所含浸出物质为 15%，经过 1h 浸取所得浸出物质量为 2.5g，经过 8h 后得 10g，求洗脱系数 b。

解 在 100g 药材中浸出物质总量为 $q_0 = 100 \times 0.15 = 15g$

浸出 1h 后药材中所含浸出物质量为 $q_1 = 15 - 2.5 = 12.5g$

浸出 8h 后药材中所含浸出物质量为 $q_2 = 15 - 10 = 5g$

由式（2-22）得：

$$\begin{cases} \dfrac{12.5}{15} = a - k \times 1 \\ \dfrac{5}{15} = a - k \times 8 \end{cases}$$

得　　　　　　　　　　　$a = 0.9047, k = 0.0714$

则　　　　　　　　　　　$b = 1 - a = 0.0953$

2.4　浸取工艺及设备

2.4.1　浸取工艺

浸出工艺可分为单级浸出工艺、单级回流浸出工艺、单级循环浸出工艺、多级浸出工艺、半逆流多级浸出工艺、连续逆流浸出工艺六种。

2.4.1.1　单级浸出工艺

单级浸出是指将药材和溶剂一次加入提取设备中，经一定时间的提取后，放出浸出药液，排出药渣的整个过程。在用水浸出时一般用煎煮法，乙醇浸出时可用浸渍法或渗漉法等，但药渣中乙醇或其他有机溶剂需先经回收，然后再将药渣排出。

1 次浸出的浸出速度，开始大，以后速度逐渐降低，直至到达平衡状态。故常将 1 次浸出称为非稳定过程。

单级浸出工艺比较简单，常用于小批量生产，其缺点是浸出时间长，药渣能吸收一定量的浸出液，可溶性成分的浸出率低，浸出液的浓度亦较低，浓缩时消耗热量大。

2.4.1.2　单级回流浸出工艺

单级回流浸出又称索氏提取（见图 2-5），主要用于酒提或有机溶剂（如醋酸乙酯、氯仿浸出或石油醚脱脂）浸提药材及一些药材脱脂。由于溶剂的回流，使溶剂与药材细胞组织内的有效成分之间始终保持很大的浓度差，加快了提取速度和提高了萃取率，而且最后生产出的提取液已是浓缩液，使提取与浓缩紧密的结合在一起。此法生产周期一般约为 10h。其缺点是，此法使提取液受热时间长，对于热敏性药材是不适宜的。

2.4.1.3　单级循环浸渍浸出工艺

单级循环浸渍浸出系将浸出液循环流动与药材接触浸出，它的特点是固液两相在浸出器中有相对运动，由于摩擦作用，使两相间边界层变薄或边界层表面更新快，从而加速了浸出过程。循环浸渍法的优点是，提取液的澄明度好，这是因为药渣成为自然滤层，提取液经过 14～20 次的循环过滤之故，由于整个过程是密闭提取，温度低，因此在用乙醇循环浸渍时，所损耗乙醇量也比其他工艺低。其缺

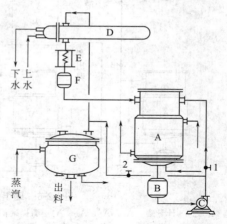

图 2-5　索氏提取法工艺流程示意图
A—酒提罐；B—缓冲罐；C—输送泵；D—冷凝器；E—冷却器；F—凝液受槽；G—浓缩锅；1，2—阀门

点是液固比大，在制备药酒时，其白酒用量较其他提取工艺用得多。因此，此法对于用酒量大，又有高澄明度要求的药酒和酊剂生产是十分适宜的。

2.4.1.4　多级浸出工艺

药材吸液引起的成分损失，是浸渍法的一个缺点。为了提高浸提效果，减少成分损失，可采用多次浸渍法。它是将药材置于浸出罐中，将一定量的溶剂分次加入进行浸出；亦可药材分别装于一组浸出罐中，新的溶剂分别先进入第一个浸罐与药材接触浸出，浸出液放入第 2 浸出罐与药材接触浸出，这样依次通过全部浸出罐成品或浓浸出液由最后 1 个浸出罐流入接受器中。当 1 罐内的药材浸出完全时，则关闭 1 罐的进、出液阀门、卸出药渣，回收溶剂备用。续加的溶剂则先进入第 1 罐，并依次浸出，直至各罐浸出完毕。

浸渍法中药渣所吸收的药液浓度是与浸液相同的，浸出液的浓度愈高，由药渣吸液所引起的损失就愈大，多次浸渍法能大大降低浸出成分的损失量。但浸渍次数过多也并无实用意义。

2.4.1.5　半逆流多级浸出工艺

此工艺是在循环提取法的基础上发展起来的，它主要是为保持循环提取法的优点，同时用母液多次套用克服酒用量大的缺点。罐组式逆流提取法工艺流程见图 2-6。

经粗碎或切片或压片之药材，加入酒提罐 A 中。乙醇由 I_1 计量罐计量后，经阀 1 加入酒提罐 A_1 中。然后开启阀 2 进行循环提取 2h 左右。提取液经循环泵 C_1 和阀 3 打入计量罐 I_1，再由 I_1 将 A_1 的提取液经阀 4 加入酒提罐 A_2 中，进行循环提取 2h 左右（即母液第 1 次套用）。A_2 的提取液经泵 C_2、阀 6、罐 I_2、阀 7 加入酒提罐 A_3 中进行循环提取（即母液经第 2 次套用），如此类推，使提取液与各酒提罐之药材相对逆流而进，每次新鲜乙醇经 4 次提取（即母液第 3 次套用）后即可排出系统，同样每罐药材经 3 次不同浓度的提取外液和最后 1 次新鲜乙醇提取后再排出系统。

在一定范围内，罐组式的酒提罐数越多，相应提取率越高，提取液浓度越大，酒用量越少。但是相应投资增大，周期加长，电耗增加。从操作上看，奇数罐组不及偶数罐组更有规

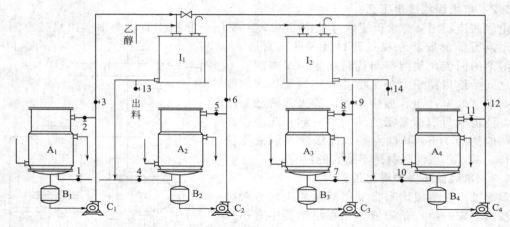

图 2-6　罐组式逆流提取法工艺流程示意图

I₁，I₂—计量罐；A₁，A₂，A₃，A₄—酒提罐；B₁，B₂，B₃，B₄—循环泵；1～14—阀门；C₁～C₄—料液/循环泵

律性。因此一般采用 4 只或 6 只罐为佳。

2.4.1.6　连续逆流浸出工艺

本工艺是药材与溶剂在浸出器中沿反向运动，并连续接触提取。它与 1 次浸出相比具有如下特点：浸出率较高，浸出液浓度亦较高，单位重量浸出液浓缩时消耗的热能少，浸出速度快。连续逆流浸出具有稳定的浓度梯度，且固液两相处于运动状态，使两相界面的边界膜变薄，或边界层更新快，从而加快了浸出速度。

2.4.2　浸取设备

浸取设备按其操作方式可分为间歇式、半连续式和连续式；按固体原料的处理方法，可分为固定床、移动床和分散接触式；按溶剂和固体原料接触方式，可分为多级接触型和微分接触型。

由于中药材的品种多，且其物性差异很大，一般大批量生产的品种不多，多数为中、小批量的品种，形成了"多品种、小批量"的生产特点，因此在选用中药浸取设备时，除了应考虑效率高、经济性好之外，还应考虑更换品种时清洗方便。目前国内中药厂所使用的浸取设备多数为间歇式固定床浸取设备，有些厂也采用效率较高的逆流连续式浸取设备。下面介绍一些中药生产中常用的浸取设备类型供参考。

2.4.2.1　间歇式浸取器

间歇式浸取器的型式较多，其中以多能式提取罐较为典型（见图 2-7）。除提取罐外，还有泡沫捕集器、热交换器、冷却器、油水分离器、气液分离器、管道过滤器等附件，具有多种用途，可供药材的水提取、醇提取或提取挥发油、回收药渣中的溶剂等。药材由加料口加入，浸出液经夹层可以通入蒸汽加热，亦可通水冷却。此器浸出效率较高，消耗能量少，操作简便。

2.4.2.2　连续浸取器

连续浸取器有浸渍式、喷淋渗漉式和混合式三种。

（1）浸渍式连续逆流浸取器　此类浸取器如 U 形螺旋式、U 形拖链式、螺旋推进式、肯尼迪式等。

① U 形螺旋式浸取器。U 形螺旋式浸取器亦称 Hildebran 浸取器，整个浸取器是在一个 U 形组合的浸取器中，分装有三组螺旋输送器来输送物料。在螺旋线表面上开孔，这样溶剂可以通过孔进入另一螺旋中，以达到与固体成逆流流动。螺旋浸取器主要用于浸取轻质

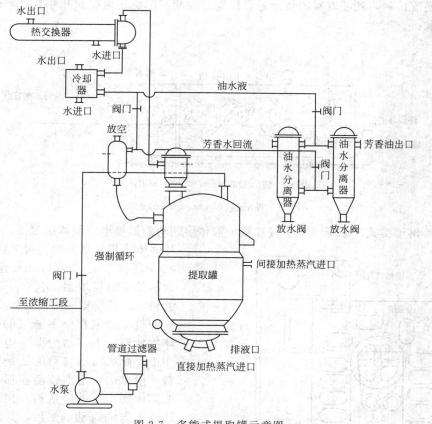

图 2-7　多能式提取罐示意图

的、渗透性强的药材。

②U形拖链式连续逆流浸取器。这种浸取器是一U形外壳，其内有连续移动的拖链，

浸取器内许多链板上有许多小孔。被
浸取的固体物由左上角加入，在拖链
板的推动下由左边移动到右上角而排
出渣物，而溶剂则由右上部加入，与
固体物料呈逆流接触，由左上部排出
浸取液。这种浸取器结构简单，处理
能力大，适应性强，且浸取效果
良好。

③螺旋推进式浸取器。如图 2-8
所示，浸取器上盖可以打开（以便清
洗和维修），下中带有夹套，其内通

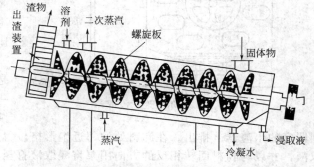

图 2-8　螺旋推进式浸取器

入加热蒸汽进行加热。如果采用煎煮法，其二次蒸汽由排汽口排出。浸取器安装时有一定的
倾斜度，以便液体流动。浸取器内的推进器可以做成多孔螺旋板式，螺旋的头数可以是单头
的或多头的，也可用数十块桨片组成螺旋带式。在螺旋浸取器的基础上，把螺旋板改为桨
叶，则称为旋桨式浸取器，其工作原理和螺旋式相同。

④肯尼迪（Kennedy）式逆流浸取器。如图 2-9 所示，具有半圆断面的槽连续地排列成
水平或倾斜的，各个槽内有带叶片的桨，通过它的旋转，固体物按各槽顺序向前移动，溶剂

和固体物逆流接触，此浸取器的特点是可以通过改变浆的旋转速度和叶片数目来适应各种固体物的浸取。

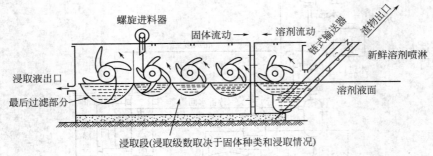

图 2-9　肯尼迪（Kennedy）式浸取器

（2）喷淋渗漉式浸取器　此类浸取器中液体溶剂均匀地喷淋到固体层表面，并过滤而下与固体物相接触浸取其可溶物。

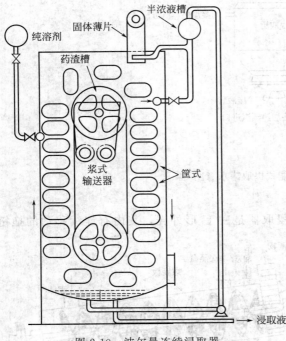

图 2-10　波尔曼连续浸取器

① 波尔曼（Bollman）连续浸取器。波尔曼连续浸取器，包含一连串的带孔的料斗，其安排的方式犹如斗式提升机，这些料斗安装在一不漏气的设备中。固体物加到向下移动的那一边的顶部的料斗中，而从向上移动的那一边的顶部的料斗中排出。溶剂喷洒在那些行将排出的固体物上，并经过料斗向下流动，以达到逆向的流动。然后，又使溶剂最后以并流方式向下流经其余的料斗。典型的浸取器每小时大约转一圈。波尔曼浸取器，一般处理能力大，可以处理物料薄片。但是在设备中只有部分采用逆流流动，且有时发生沟流现象，因而效率比较低（见图 2-10）。

② 平转式连续浸取器。图 2-11 所示是一种平转式连续浸取器，其结构为在一圆形容器内有间隔 18 个扇形格的水平圆盘，每个扇形格的活底打开，物料卸到器底的出渣器上排出。在卸料处的邻近扇形格位置上部喷新鲜的浸取溶剂，由下部收集浸取液，并以与物料回转相反的方向用泵将浸取液打至相邻的扇形格内的物料上，如此反复逆流浸取，最后收集到浓度很高的浸取液。

平转式浸取器结构简单，并且占地较小，适用于大量植物药材的浸取，在中药生产中得到广泛使用。

③ 履带式连续浸取器。固体原料装在螺旋式皮带输送机上一边输送一边在几个地方从上面喷淋溶剂，并用泵将溶剂逆流地输送，进行浸取。被浸取的物料经过回转阀进入装料漏斗，落到带上，成为层状移动，料层厚度通过挡板调节（一般为 800～1200mm）。接受料层的带是铺有合金钢丝网的钢板，在板上开有无数小孔。原料约需 2h 在带上一边浸取一边移动，渣物从带上落下，用漏斗接受后，通过回转阀排出。另一方面新鲜溶剂加入浸取部分，

然后在料层中渗漉浸取，溶液落入带下面的接受槽中，用泵输送使固液两相成逆流接触。

④ 鲁奇式连续浸取器。是由上下配置的两个特殊的钢丝造的皮带输送机和与此机等速移动的循环式无底框箱群所组成。框箱的底由上述皮带输送机构成。从上部送料的固体原料首先放入料斗上，这料层起密闭作用，用螺旋输送机把湿料送入框箱，料层高为0.7～0.8m，上段皮带输送机一边移动一边使框箱内固料层被浸取，浸取方式与平转式相同，接受由上面注入的溶剂并充满框箱，框箱不断移动，溶液下流到接受槽用泵送到下段的料层，当料层移到皮带输送机回转点时，落入下一段皮带输送机上，此时再形成料层，继续进行浸取。这样，即使上段出现浸取不均匀，下段还可继续浸取，最后用新溶剂洗淋，然后螺旋输送机排出药渣。新溶剂进

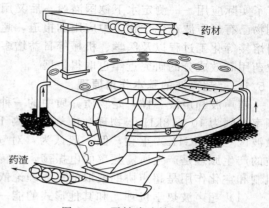

图 2-11　平转式连续浸取器

入第 1、第 2 级主要为洗药渣，由第 1、第 2 级出来的溶液用泵送至第 3 级，第 3 级出来再送入第 4 级等，最后浸取液由第 8 级用泵打出，并用少部分浸取液喷淋第 9 级固体，由此出来的液体再送入此泵与第 8 组长浸取液一起输出。

此浸取器的特点是由于用框箱可以与溶剂充分接触，同时由上段向下一段移动料层时，可以进行料层的转换，因此能进行均匀而高效的浸取。

（3）混合式连续浸取器　所谓混合式就是在浸取器内有浸渍过程，也有喷淋过程。如图 2-12 所示是千代田式 L 形连续浸取器。固体原料加进供料斗中，经调整原

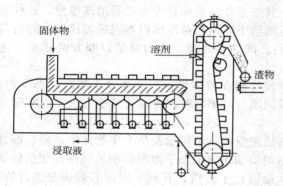

图 2-12　千代田式 L 形连续浸取器

料层高度，横向移动于环状钢网板制的皮带输送上，其间通过浸取液循环泵进行数次溶剂喷淋浸取，当卧式浸取终了时，固料便落入立式部分的底部，并浸渍于溶液中，然后用带有孔可动底板的提篮捞取上来，在此一边受流下溶剂渗漉浸取一边上升，最后在溶剂入口上部加入，积存于底部，经过过滤器进入卧式浸取器，在那里和固体原料成逆流流动，最后作为浸取液排出。此种浸取器的特点是浸取比较充分和均匀。

2.5　浸取强化技术简介

近年来，利用新技术强化和改善浸出效率的探索值得注意。强化的手段主要包括：电磁场强化浸出、电磁振动强化浸出、流化床强化浸出、电场强化浸出、脉冲（液压、气压、机械）强化浸出、挤压强化浸出、超声波强化浸出和微波强化浸出等。其中超声波与微波协助浸取由于快速、高效等优点尤其受到重视。本节重点介绍超声波与微波协助浸取。

2.5.1　超声波协助浸取

超声波应用的研究由来已久。1880 年居里发现了压电现象，1893 年 Galton 发现了超声

哨子，开始了超声波领域的研究。1912～1917年，超声反射技术的出现，使超声波第一次有了实际应用——测定水下德国潜艇，后又用于测定流体系统。自20世纪50年代起，一些刊物已有超声波在化学化工中应用的报道，超声波在各个领域的应用研究，如用于清洗、塑料熔接等化工过程以及医学、机械等日益增多，采用超声协助浸取技术用于从植物药材中提取药用有效成分的研究近年也取得进展。

2.5.1.1 超声波的基本作用原理

超声波和声波一样，是物质介质中的一种弹性机械波，只是频率不同。人们所能听到的频率上限为10～18kHz。物理学中规定，高于20kHz的是超声波，上限可高至与电磁波的微波区（>10GHz）重叠，但一般认为，对气体是50MHz，对液体固体是500MHz。超声波的产生原理是产生所需频率的电振荡，再转换成机械振荡。超声波热学机理、超声波机械机制和空化作用是超声协助浸取的三大理论依据。

(1) 超声波热学机理　和其他形式的能一样，超声能也会转化为热能。生成的热能多少取决于介质对超声波的吸收，所吸收能量大部分或全部转化为热能，从而导致组织温度升高。这种吸收声能而引起温度升高是稳定的，所以超声波用于浸取时可以在瞬间使溶液内部温度升高，加速有效成分的溶解。

(2) 超声波机械机制　超声波的机械作用主要是辐射压强和超声压强引起的。辐射压强可能引起两种效应：其一是简单的骚动效应；其二是在溶剂和悬浮体之间出现摩擦。这种骚动可使蛋白质变性，细胞组织变形。而辐射压将给予溶剂和悬浮体以不同的加速度，即溶剂分子的速度远大于悬浮体的速度，从而在它们之间产生摩擦，这力量足以断开两碳原子之键，使生物分子解聚。

(3) 超声波空化作用　由于大能量的超声波作用在液体里，当液体处于稀疏状态下时，液体会被撕裂成很多小的空穴，这些空穴一瞬间闭合，闭合时产生高达几千大气压的瞬间压力，即称为空化效应。

由于超声波的空化效应产生极大的压力造成被粉碎物细胞壁及整个生物体的破碎，而且整个破碎过程在瞬间完成；同时，超声波产生的振动作用增加了溶剂的湍流强度及相接触面积，加快了胞内物质的释放、扩散及溶解，从而强化了传质，有利于胞内有效成分的提取。萃取效果随声强呈线性地增加，而频率似乎影响不明显。

影响空化作用的因素有超声波的频率、强度、溶剂（张力、黏度、蒸气压）、系统静压及液体中气体种类及含量等。因此需要在超声提取实验中找到合适的参数。超声提取无须加热，选择提取溶剂要结合有效成分的理化性质进行筛选。比如在提取皂苷、多糖类成分时，可利用它们的水溶性特性选择水作提取溶剂；在提取生物碱成分时，可利用其与酸反应生成盐的性质而采用酸提的方法。另外低强度的超声波可以提高酶的活性，促进酶的催化反应。例如研究超声水浴条件下 α-淀粉酶和糖化酶对淀粉和糖原水解活性的变化情况时发现，超声使酶的催化活性速率和转化酶对蔗糖水解活性显著升高。而高强度的超声波会抑制酶的活性，甚至使酶失活。中草药中存在大量的有生物活性的苷类及许多能促进相应的苷酶解的酶。因此，如何在植物有效成分的提取中，利用超声波对酶的双向作用，解决由酶引起的种种问题，有待于今后进一步的研究。

当前超声波强化应用最多的是液-固萃取，高频和低频都能强化萃取。但低频时达到同样的强化程度小于高频。与液-固萃取相比，超声波用于液-液萃取的报道要少一些。

2.5.1.2 超声协助浸取技术在中药提取中的应用

下面列举一些文献报道的采用超声协助浸取技术从植物药材中提取药用有效成分的研究结果。

(1) 提取生物碱类成分　从中草药中用常规方法提取生物碱一般提取时间长，收率低，而经超声波处理后可以获得很好的效果。如从黄柏中提取小檗碱，以饱和石灰水浸泡24h为对照，用20kHz超声波提取30min，提取率比对照组高18.26%，且小檗碱结构未发生变化。当从黄连根中提取黄连素时，实验证明超声法也优于浸泡法。

　　(2) 提取黄酮类成分　黄酮类成分常用加水煎煮法、碱提酸沉法或乙醇、甲醇浸泡提取，费时又费工，提取率也低。有文献报道在从黄芩根茎中提取主要成分黄芩苷时，以水为溶剂，仅超声提取10min就高于加水煎煮3h的提出率，并以20kHz超声波提取40min的黄芩苷的提出率最高。又如从槐米中提取芦丁，超声提取40min的提出率为22.53%，是目前大生产得率的1.7～2倍，经对比实验可知，节约药材30%～40%。

　　(3) 提取蒽醌类成分　蒽醌衍生物在植物体内存在形式复杂，游离态与化合态经常共存于同一种中药中，一般提取都采用乙醇或稀碱性水溶液提取，因长时间受热易破坏其中的有效成分，影响提出率。当从大黄中提取大黄蒽醌类成分时，用超声提取10min比煎煮法提取3h的蒽醌成分高，同时以频率为20kHz的超声波提取的提出率最高。在复方首乌口服液的提取工艺中，对含有大量蒽醌苷类衍生物的何首乌、大黄、番泻叶采用超声提取，可避免蒽醌类物质因久煎破坏有效成分。

　　(4) 提取多糖类成分　从茯苓提取水溶性多糖，以冷浸12h和热浸1h作对照，超声提取1h，其提取率比对照的两种方法高30%。由此看出，超声提取多糖类成分省时，提取率也高。

　　(5) 提取皂苷类部分　从丹参中提取丹参皂苷，以常规浸渍法为对照，丹参细粉经超声处理40min后，丹参皂苷的提出率高于常规法一倍多，时间缩短了98.6%，而且经超声提取的丹参皂苷得到的粗品量是常规法的近两倍，纯度也高。在从穿地龙根茎中提取有效成分薯蓣皂苷时，以70%乙醇浸泡48h为对照，用20kHz的超声波提取30min，其提取率是对照组的12倍，并用1MHz的超声波提取30min，其提取率是对照组的1.34倍，可节约药材23.4%。

　　目前超声技术在提取植物性药材中有效成分的应用研究还处于小试或中试范围，使超声技术向有利于工业化大生产的方向发展还有许多工程与技术问题。但随着对超声波的理论与实际应用研究的深入，其在中药提取工艺中将会有广阔的应用前景。

2.5.2　微波协助浸取

　　微波协助萃取技术（microwave assisted extraction，MAE）是利用微波能来提高提取效率的一种技术。1986年，Ganzler报道了利用微波能从土壤、种子、食品、饲料中萃取分离各种类型化合物的样品制备新方法——微波萃取法。该方法由于快速、高效、安全、节能等优点，受到人们的广泛重视，其应用范围从环境分析一直扩展到食品、化工、农业、医药等领域，表现出良好的发展前景和应用潜力。

2.5.2.1　微波的基本作用原理

　　微波是指波长在1mm到1m范围（相对频率为300～300000MHz）的电磁波，介于红外与无线电波之间。微波以直线方式传播，并具有反射、折射、衍射等光学特性；大多数良导体能够反射微波不吸收，绝缘体可穿透并部分反射微波，通常对微波吸收较少，而介质如水、极性溶剂等则具有吸收、穿透和反射微波的性质。

　　微波有以下三个主要特点。

　　① 体热源瞬时加热。对于极性液体分子用微波加热时可看做球形偶极子在外电场高频作用下，每个极性分子都要克服与周围分子间的摩擦阻力，随外电场方向的高速变化而做高速正反取向的旋转运动，极性分子的平均动能增大，同时，分子间的相互摩擦和碰撞，以及微波透入介质时由于介质损耗而引起介质体的温升，使介质材料内、外部几乎同时生热升

温，形成体热源状态，从而大大缩短了常规加热中热传导时间，且内外加热均匀一致。

② 热惯性小。对介质材料系瞬时加热升温，能耗自然也很低。同时，微波输出功率随时可调，介质材料的温升可无惰性地随之改变，即不存在"余热"现象，有利于自动控制和连续化生产。

③ 反射性和透射性。微波遇到金属会反射回去，犹如光束投向镜子；微波对玻璃、塑料、陶瓷一类绝缘材料如同光束通过玻璃一样透射过去。

介质在微波场中的升温速度由下式确定：

$$\frac{\delta T}{\delta t} = \frac{K\varepsilon'' f E_{rms}^2}{\rho C_p} \tag{2-25}$$

式中，K 为常数；E_{rms} 为电场强度；ρ 为介质的密度；C_p 为介质的热容；f 为微波频率；ε'' 为介质损失因子。

由式(2-25)可知，如果想提高升温速度，可提高 E_{rms}（电场强度）或 f（微波频率），但电场强度过高，电极将会出现击穿现象。而当微波频率加大后，介质的穿透深度下降，不能有效地加热物料。因此，在频率一定的情况下，升温速度主要与介质的损失因子及介质的热容、密度有关。

微波协助萃取植物药材时，一方面是利用微波透过萃取剂到达物料内部，由于物料腺细胞系统含水量高，水分子吸收微波能，产生大量的热量，所以能快速被加热，使胞内温度迅速升高，液态水气化产生的压力将细胞膜和细胞壁冲破，形成微小的孔洞，进一步加热，导致细胞内部和细胞壁水分减少，细胞收缩，表面出现裂纹。孔洞或裂纹的存在使胞外溶剂容易进入细胞内，溶解并释放出胞内有效成分，再扩散到萃取剂中。另一方面，在固液浸取过程中，固体表面的液膜通常是由极性强的萃取剂所组成，在微波辐射作用下，强极性分子将瞬时极化，并以 2.45×10^9 次/s 的速度做极性变换运动，这就可能对液膜层产生一定的微观"扰动"影响，使附在固相周围的液膜变薄，溶剂与溶质之间的结合力受到一定程度的削弱，从而使固液浸取的扩散过程所受的阻力减小，促进扩散过程的进行。

2.5.2.2 微波协助浸取的影响因素

在微波协助浸取过程中，萃取剂种类、微波剂量、物料含水量、温度、萃取时间及 pH 值等都对萃取效果产生影响。其中，萃取剂种类、微波作用时间和温度对萃取效果影响较大。

(1) 萃取剂的选择　在微波协助提取中，萃取溶剂的选择对萃取结果的影响至关重要，直接影响到有效成分的提取率。选择的萃取剂首先应对微波透明或部分透明，溶剂必须有一定的极性以吸收微波能进行内部加热；其次所选萃取溶剂对目标萃取物必须具有较强的溶解能力，这样，微波便可完全或部分透过萃取剂，达到协助萃取的目的。此外，溶剂的沸点及其对后续测定的干扰也是必须考虑的因素。已见报道的用于微波萃取的溶剂有：水、甲醇、乙醇、异丙醇、丙酮、乙酸、二氯甲烷、三氯乙酸、己烷等有机溶剂，硝酸、盐酸、氢氟酸、磷酸等无机溶剂以及己烷-丙酮、二氯甲烷-甲醇、水-甲苯等混合溶剂。对同一种待处理物料，不同的萃取剂，其微波协助萃取效果往往差别很大。萃取剂的用量与物料之比 (L/kg) 一般在 (1:1)～(20:1) 范围内。

(2) pH 值的影响　有文献考察了微波萃取去除植物中除草剂三嗪农药残留时，溶剂 pH 值对去除率的影响，结果表明：当溶剂的 pH 值介于 4.7～9.8 时，除草剂三嗪农残去除率最高。

(3) 物料中水含量的影响　水是介电常数较大的溶剂，可以有效地吸收微波能并转化为热能。物料含水分程度越高，吸收能量越多，物料加热蒸发就越剧烈。这是因为水分子在高频电磁场作用下也发生高频取向振动，分子间产生剧烈摩擦，宏观表现为温度上升，从而完成高频电磁场能向热能的转换。由于植物物料中含水量的多少对萃取回收率的影响很大，对含水量较少的物料，一般采用再湿的方法使之有效地吸收所需的微波能。另外，含水量的多少对萃取时间也有显著影响。

（4）微波剂量的影响　在微波协助萃取过程中，所需要的微波剂量的确定应以最有效地萃取出目标成分为原则。一般选用的微波能功率在 $200 \sim 1000W$，频率（$0.2 \sim 30$）$\times 10^4 MHz$，微波辐射时间不可过长。

（5）萃取时间的影响　一般微波协助萃取辅照时间在 $10 \sim 100s$ 之间。对于不同的物质，最佳萃取时间不同。连续辅照时间也不可太长，否则容易引起溶剂沸腾，不仅造成溶剂的极大浪费，还会带走目标产物，降低产率。

（6）基体物质的影响　基体物质对萃取的效率以及溶剂回收率也有不同程度的影响，如果有效成分不在富含水的部位，那么用微波就难以奏效。例如微波处理银杏叶，溶剂中银杏黄酮的量并不多，而叶绿素大量释放，说明银杏黄酮可能处在较难破壁的叶肉细胞内。另有报道用微波辅助浸取丹参酮已经取得了较为理想的结果，但水溶性成分，尤其是丹参素和原儿茶醛的提取或分析则不宜采用此法。因此，最佳条件的选择应根据处理物料的不同而有所不同。

2.5.2.3　微波协助萃取设备

微波辐射会对人的神经系统、心血管系统、眼、生殖系统等产生危害。因此，微波协助萃取设备一般由专有密闭容器作为提取罐。操作人员操作时必须采取有效的安全防护措施，以减弱或消除微波辐射的不良影响，尤其是要避免微波泄露。目前国内尚没有厂家生产成熟的微波协助萃取设备。一些国外厂家，如加拿大 CWT-TRAN International Inc. 可提供如表2-3 所示型号的微波协助萃取设备用于研究。

表 2-3　微波协助萃取设备

型号	发生器输出最大功率/kW	泵标定容量/(L/min)	最大材料标定量/(L/h)	型号	发生器输出最大功率/kW	泵标定容量/(L/min)	最大材料标定量/(L/h)
MEU-1.2	1.2	1～5	100	MEU-24	24	20～120	3600
MEU-2	2	1～10	300	MEU-36	36	30～180	5400
MEU-3	3	1～15	450	MEU-48	48	40～360	7500
MEU-6	6	5～30	900	MEU-60	60	60～360	10000
MEU-12	12	10～60	1800				

2.5.2.4　微波协助浸取在中药提取中的应用

与传统的浸取方法相比，微波协助浸取具有以下几个特点：①萃取速度快，可以节约萃取时间；②溶剂消耗量少，利于环境改善并减少投资；③对萃取物具有较高的选择性，利于产品质量的改善；④可避免长时间高温引起热不稳定物质的降解；⑤操作简单。

国内近年来开始将微波协助浸取技术应用于多糖类、黄酮类、蒽醌类、有机酸类、生物碱类等中药有效成分的提取中，使微波协助浸取成为研究的热点之一。另外，微波干燥新鲜药材或制作中药饮片也有应用，微波的快速高温处理可以将细胞内的某些降解有效成分的酶类（如苷的水解酶）灭活，从而使这些有效成分在药材保存或提取期间不会遭到破坏。

微波技术应用于提取中药有效成分或生物细胞内耐热物质具有穿透能力强、选择性高、加热效率高等显著特点。但是这种方法也有一定的局限性：一是只适用于对热稳定的产物，如寡糖、多糖、核酸、生物碱、黄酮、苷类等中药成分的提取，对热敏性物质，如蛋白质、多肽、酶等，微波加热容易导致它们变性失活；二是要求被处理的物料具有良好的吸水性，或是说待分离的产物所处的部位容易吸水，否则细胞难以吸收足够的微波能将自己击破，产物也就难以释放出来。微波用于中药提取还刚刚开始，有许多问题有待解决。

参 考 文 献

[1] 单熙滨. 制药工程. 北京：北京医科大学、中国协和医科大学联合出版社，1994.
[2] 曹光明. 中药工程学. 北京：中国医药科技出版社，2001.
[3] 黄泰康. 中成药学. 北京：中国医药科技出版社，1996.
[4] 天津大学等合编. 化工传递过程. 北京：化学工业出版社，1980.
[5] 严伟，李淑芬，田松江. 化工进展，2002，21（9）：649.
[6] Suslick KS. Ultrasound, its Chemical, Physical and Biological Effects. New York：VCH Publishers，1988.
[7] Luque De Castro MD，da Silva MP. Trends Anal. Chem.，1997，16：16.
[8] Hua I，Hoffmann MR. Environ. Sci. Technol.，1997，31：2237.
[9] 郭孝武等. 中国中药杂志，1995，20（11）：673.
[10] 金钦汉. 微波化学. 北京：科学出版社，1999.
[11] 张铃等. 中国中药杂志，1991，16（3）：146.
[12] 元英进等. 中药现代化生产关键技术. 北京：化学工业出版社，2002.

第3章 液液萃取

3.1 概述

液液萃取，也常称（有机）溶剂萃取，是化工和冶金工业常用的分离提取技术，其在医药工业中应用也很广泛，例如，以醋酸戊酯为溶剂从青霉素和水的混合物中提取青霉素。在液液萃取过程中常用有机溶剂作为萃取试剂，溶剂萃取是通过溶质在两个液相之间的不同分配而实现的。

液液萃取的基本过程如图3-1所示。原料液中欲分离的组分为溶质A，组分B为稀释剂（或原溶剂）；所选择的萃取剂S应对溶质A的溶解度愈大愈好，而对稀释剂B的溶解度则愈小愈好。萃取过程在混合器1中进行，原料液和萃取剂充分分散，形成大的相界面积，溶质A从稀释剂向萃取剂相转移。由于稀释剂B和萃取剂S部分互溶或不互溶，因此经过充分传质后的两液相进入分层器2中利用密度差分层，其中以萃取剂为主的液层称萃取相E，以稀释剂为主的液层称萃余相R。当稀释剂B和萃取剂S部分互溶时，萃取相中含有少量B，萃余相中含少量S，通常还需采用蒸馏等方法进行分离。

在溶剂萃取中萃取剂与溶质间不发生化学反应，溶质根据相似相容原理在两相间达到分配平衡的称为物理萃取；而通过萃取剂与溶质之间的化学反应（如离子交换或络合反应等）生成复合分子实现溶质向萃取相的分配，则称化学萃取。

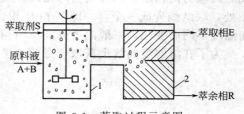

图 3-1 萃取过程示意图
1—混合器；2—分层器

萃取过程，多为物理传质过程，但有的过程伴有化学反应。而伴有化学反应的萃取传质过程在制药生产中也会见到。例如，柠檬酸在酸性条件下，可与萃取剂，如磷酸三丁酯（TBP），形成中性络合物而进入有机相（$C_6H_8O_7 \cdot 3TBP \cdot 2H_2O$）中。物理萃取最常见，故本章做重点介绍。对伴有化学反应的萃取可参考相关专著。

3.2 液液萃取过程的基本原理

3.2.1 液液萃取的平衡关系

3.2.1.1 三角形相图

液-液萃取过程涉及的组分至少有三个，即溶质A、稀释剂B和萃取剂S。平衡的两个相均为液相，即萃取相和萃余相，每个相在S和B部分互溶的情况下均含有三个组分，因此表示平衡关系时可用三角形相图，通常采用等腰直角三角形和正三角形。如图3-2所示，其中采用等腰直角坐标在数学求解时更方便。

（1）相组成表示法 在图3-2中，三个顶点分别代表三个纯组分，点A为纯溶质A，点B为纯稀释剂B和点S为纯萃取剂S。三角形的三条边分别表示相应的两个组分，即边AB表示组分A和B，点F表示组分A的含量为40%和组分B的含量为60%。其他三个边类推之，这里，混合物组成通常用质量分数或质量百分率表示。

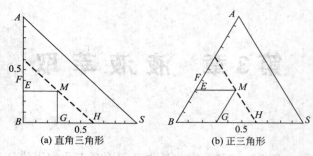

(a) 直角三角形　　　(b) 正三角形

图 3-2　三角形相图的组成

三角形内的任一点 M 表示三组分混合物，过点 M 作边 AB 和 BS 的平行线截得的线段长分别为 $\overline{BG}$ 和 $\overline{BE}$，则线段 $\overline{BG}$ 和 $\overline{BE}$ 的长度分别表示组分 S 和 A 的含量。组分 B 的含量可通过点 M 作边 AS 的平行线截得的线段长 $\overline{HS}$ 表示。显见，三个组分 B 的含量之和应符合：

$$\overline{BE}+\overline{BG}+\overline{HS}=\overline{BS} \tag{3-1}$$

$$w(A)+w(B)+w(S)=100\% \tag{3-2}$$

（2）溶解度曲线、联结线及临界混溶点　若以字母 E 和 R 分别表示平衡的两个相，则在一定温度下改变混合物的组成可以由实验测得各组成条件下的平衡数据，在图 3-3 中分别以点 E_1 和 R_1、E_2 和 R_2 等表示，连接这些点成一平滑曲线，称溶解度曲线。该曲线下所围成的区域为两相区，以外则为均相区。线段 $\overline{E_1 R_1}$、$\overline{E_2 R_2}$ 等称联结线；在溶解度曲线上的点 K 处，联结线变成一个点，即 E 相 R 相合为一个相，此点 K 称为临界混溶点。溶解度曲线随温度不同而变化，一般温度升高，两相区相应缩小。

为了在溶解度曲线上获取任意两个平衡的相，可利用已有的一组平衡数据按下法作图得

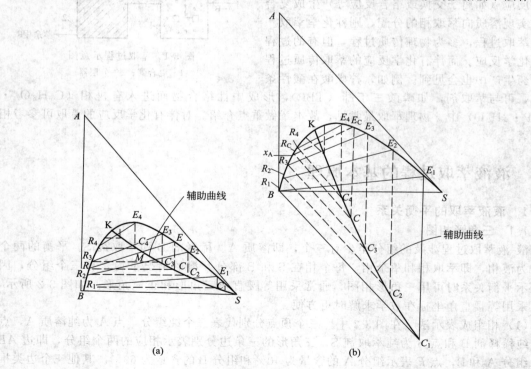

(a)　　　　　　(b)

图 3-3　相平衡图

到一条辅助曲线。在图 3-3 中分别以线段 E_1R_1、E_2R_2 等为一边作三角形，其作图方法有两种：图 3-3（a）是使三角形的另二边分别平行于边 AB 和 BS；图 3-3（b）则是平行边 AB 和 AS，由此得到的顶点 C_1、C_2 等，连接这些点所成的光滑曲线即为辅助曲线。利用辅助曲线可以对任意组成的混合物 M 求得平衡的两个相 E 和 R，即过点 M 作直线段 RE，点 R 和 E 的位置应使按上法所组成的三角形的顶点 C 正好落在辅助线上。

（3）杠杆规则　如图 3-4 所示，混合物 M 分成任意两个相 E 和 R，或由任意两个相 E 和 R 混合成一个混合相 M。则在三角形相图中表示其组成的点 M、E 和 R 必在一直线上，且符合以下比例关系：

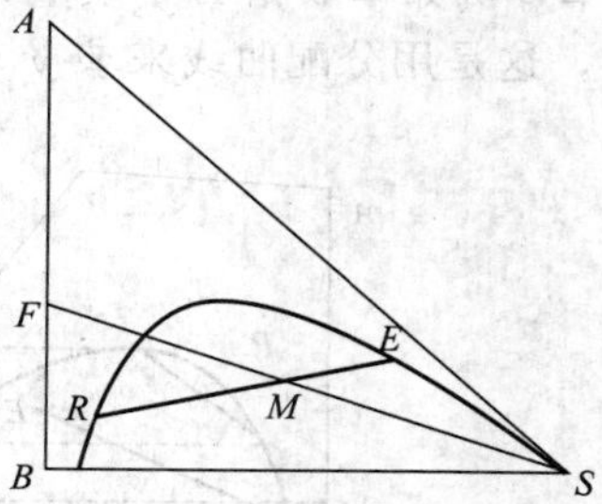

$$\frac{E}{R}=\frac{\overline{MR}}{\overline{ME}} \tag{3-3}$$

或

$$\frac{E}{M}=\frac{\overline{MR}}{\overline{RE}} \tag{3-4}$$

图 3-4　杠杆规则的应用

式中，E、R、M 分别为混合液 E、R 及 M 的量，满足 $E+R=M$，kg 或 kg/s；$\overline{MR}$、$\overline{ME}$、$\overline{ER}$ 分别为线段 $\overline{MR}$、$\overline{ME}$ 及 $\overline{RE}$ 的长度。

这一关系称杠杆规则。称点 M 为点 E 和 R 的"和点"；点 E（或 R）为点 M 与 R（或 E）的"差点"。根据杠杆规则，可以由其中的任意二点求得第三点，这在以后的物料衡算中经常用到。

若于原料液 F 中加入纯溶剂 S，则表示混合液组成的点 M 视溶剂加入量的多少沿 FS 线变化（混合液中 A 与 B 的量的比值不变），点 M 的位置由杠杆规则确定：

$$\frac{\overline{MF}}{\overline{MS}}=\frac{S}{F} \tag{3-5}$$

3.2.2.2　分配系数与分配曲线

在原料液中加入萃取剂后形成平衡的两个液相，溶质 A 在萃取相 E 和萃余相 R 中的分配关系用分配系数 k_A 表示：

$$k_A=\frac{A\text{ 在 E 相中的浓度}}{A\text{ 在 R 相中的浓度}}=\frac{y_A}{x_A} \tag{3-6}$$

同样，对稀释剂 B 有：

$$k_B=\frac{B\text{ 在 E 相中的浓度}}{B\text{ 在 R 相中的浓度}}=\frac{y_B}{x_B} \tag{3-7}$$

式中，y_A、y_B 分别为组分 A、B 在萃取相 E 中的质量分率；x_A、x_B 分别为组分 A、B 在萃余相 R 中的质量分率。

分配系数表达了某一组分在两个平衡液相中的分配关系。在萃取计算中，浓度一般以质量分率表示。显见，k_A 值愈大，表示萃取分离效果愈好。分配系数与溶剂的性质以及温度有关。在一定条件下分配系数是一常数。在较高浓度或溶液中有其他无关组分存在时，应当用溶质在两相中的活度代替式中的浓度才成立。

在三角形相图中，$k_A=1$，联结线的斜率为零；$k_A>1$，联结线的斜率大于零。

将三角形相图上各组对应的平衡液层中溶质 A 的浓度移到 x-y 直角坐标上，所得的曲线为分配曲线。

萃取剂的选择性可用选择性系数 β 表示：

$$\beta=\frac{k_A}{k_B}=\frac{y_A/x_A}{y_B/x_A}=\frac{y_A/y_B}{x_A/x_B}\frac{(A/B)_E}{(A/B)_R} \tag{3-8}$$

图 3-5（b）中的曲线 ONP 为一对组分互溶的分配曲线。

在一定温度下，于原料液中加入萃取剂后，形成的混合液位于两相区内，当达到平衡时，萃取相 E 与萃余相 R 的组成，只能用三角形图上位于溶解曲线上的联结线两个端点表示。因此，当处于平衡状态某一相任一组的质量分率已知，则可确定其共轭相的组成的质量分率，例如萃取相 E 中质量分率 y_A 已知，由图 3-5 所示的方法，求出萃余相 R 的质量分率 x_A，这是用分配曲线来求 y_A 与 x_A 的值。

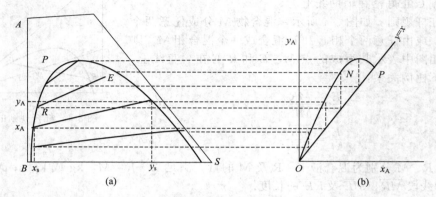

图 3-5 分配曲线与平衡联结线的关系 （$k > 1$）

x—组分在萃余相 R 中的质量分率；y—组分在萃取相 E 中的质量分率；
下标字母表示组分，例如 x_A 表示萃余相 R 中组分 A 的质量分率

3.2.2 液液萃取过程的影响因素

液液萃取受多种因素影响。本节就影响萃取操作的主要因素进行分析。

3.2.2.1 萃取剂的影响与选择原则

（1）萃取剂的选择性与选择性系数 不同溶质在两相中分配平衡的差异是实现萃取分离的主要因素。因此萃取剂的选择至关重要。由于萃取是一种扩散分离操作，萃取剂选择性系数大的对传质分离有利。萃取剂若对溶质 A 的溶解能力较大，而对稀释剂 B 的溶解能力很小，即萃取剂的选择性系数 β 大，此种萃取剂的选择性就好。选择性系数的定义相当于精馏中的相对挥发度。若 $\beta = 1$，表示 E 相中组分 A 和 B 的比值与 R 相中的相同，不能用萃取方法分离。此外，选择的萃取剂还应考虑对溶质有大的萃取容量，即单位体积的萃取溶剂能萃取大量的目的物。

（2）萃取剂与原溶剂的互溶度 如图 3-6 表示两种不同性质的萃取剂 S_1 和 S_2，在相同温度下，对同一种 A 与 B 组成的两组分混合液，构成大小不同的分层区。由 S_1 构成的分层区较 S_2 构成的分层区大，表明萃取剂 S_1 和 B 的互溶度小，而萃取剂 S_2 和 B 的互溶度大。由图可见，分层区大的所得萃取液含溶质 A 的最大浓度 y'_{max} 高，说明分层区大有利于萃取且分层区的大小直接与所选萃取剂的性质有关。

（3）萃取剂的物理性质 为使萃取后形成的萃取相与萃余相这两个液相易于分层，要求萃取剂与稀释剂之间应有较大的密度差，且二者之间的界面张力适中。因为界面张力过小，则分散后的液滴不易凝聚，对分层不利；界面张力过大，则又不易形成细小的液滴，对两相间的传质不利。

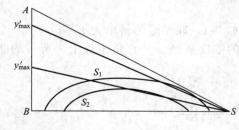

图 3-6 互溶度对萃取过程的影响

（4）萃取剂的化学性质 萃取剂应化学稳定性好，不易分解，闪点高，对人体无毒性或毒性低。

（5）萃取剂的回收　工业上所用的萃取剂一般都需要分离回收，萃取相与萃余相经分层后常用蒸馏方法脱除萃取剂以循环使用，因此，要求萃取剂 S 对其他组分的相对挥发度大，且不形成恒沸物。如果被萃取的溶质不挥发或挥发度很低，而 S 为易挥发组分时，则 S 的气化热要小，以节省能耗。

（6）萃取剂还应经济性好，价廉易得；对设备腐蚀性小和安全性好。

总之，萃取剂的最终选择应全面进行权衡，决定取舍，即要考虑到萃取分离效果，又要使萃取剂的回收较为容易和经济。

3.2.2.2　操作温度的影响

相图上，两相区面积的大小，不仅取决于物系本身的性质，而且与操作温度有关。一般情况下，温度升高溶解度增加，温度降低溶解度减小。图 3-7 所示为二十二烷-二苯基己烷-糠醛系统的三元相图。由图可知，分层区面积随温度升高而缩小。温度特别高时，甚至会使分层区消失，致使萃取分离不能进行。显然，选择较低的操作温度，能够获得较好的分离效果。但温度过低，会使液体黏度过大，扩散系数减小，不利于传质。故应选择适宜的操作温度。

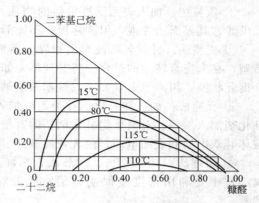

图 3-7　温度对互溶度的影响

温度选择对生化药物尤其重要，因为生化药物更具热敏性，所以一般在室温或低温下进行。

3.2.2.3　原溶剂条件的影响

生物制药发酵液中一般还存在与产物性质相近的杂质、未完全利用的底物、无机盐、供微生物生长代谢的其他营养成分等，因此必须考虑这些物质对萃取过程的影响。下面简要介绍生物制药常见的原溶剂（水相）的 pH、盐析作用及带溶剂的影响等。

（1）pH 值　pH 选择至关重要，因为它影响弱酸或弱碱性药物的分配系数，从而影响到萃取收率以及药物的稳定性。如青霉素的萃取 pH 值一般取 2.0～2.2，红霉素萃取 pH 值为 10～10.2。另外，还应考虑 pH 值选择在使产物稳定的范围内。

（2）盐析　无机盐类如硫酸铵、氯化钠等一般可降低产物在水中的溶解度而使其更易于转入有机溶剂相中，另一方面还能减小有机溶剂在水相中的溶解度。如提取维生素 B_{12} 时，加入硫铵，可促使维生素 B_{12} 自水相转移到有机相中；提取青霉素时加入 NaCl，也有利于青霉素从水相转移到有机溶剂相中。但盐析剂用量要适宜，用量过多也有可能促使杂质一起转入溶剂相，同时还要考虑其经济性，必要时要回收。

（3）带溶剂　为提高溶质 A 的分配系数 K_A，常添加带溶剂。带溶剂是指这样一种物质，它们能和产物形成复合物，使产物更易溶于有机溶剂相中，该复合物在一定条件下又很容易分解。如青霉素作为一种酸，可用脂肪碱作为带溶剂。能和正十二烷胺、四丁胺等形成复合物而溶于氯仿中。这样萃取收率能够提高，且可以在较低有利的 pH 范围内操作。这种正负离子结合成对的萃取，也称为离子萃取。又如，柠檬酸在酸性条件下，可与萃取剂磷酸三丁酯（TBP）形成中性络合物而进入有机相（$C_6H_8O_7 \cdot 3TPB \cdot 2H_2O$），这种形成络合物的萃取称为反应萃取。

3.2.2.4　乳化和破乳

乳化是液-液萃取中常遇到的问题，影响萃取分离操作的进行。防止萃取过程发生乳化和破乳，是溶剂萃取的重要课题。

（1）乳化　一般形成乳状液要有不互溶的两相溶剂、表面活性物质（一些中药成分如皂苷、蛋白质、多种植物胶等）条件。许多中药和生物制药分离时，一般都具备这些条件。乳化的结果可能形成两种形式的乳状液。一种是水包油型（O/W），另一种是油包水型（W/O）。关于乳状液的形成和稳定性有多种学说。概括起来，乳状液的液滴界面上由于表面活性物质或固体粉粒的存在，形成了一层牢固的带有电荷的膜（固体粉粒膜不带电荷），因而阻碍液滴的聚结分层。乳状液虽有一定的稳定性，但乳状液具有高分散度、表面积大、表面自由能高，是一个热力学不稳定体系，它有聚结分层、降低体系能量的趋势。

（2）破乳　削弱和破坏乳状液的稳定性，称为破乳。其原理主要是破坏它的膜和双电层，按其方法分为以下几种。

① 顶替法。加入表面活性更强的物质，把原来的界面活性剂顶替出来，常用低级醇，如戊醇，其界面活性强，但碳链短，不能形成牢固的膜而使乳状液破坏。

② 变型法。针对乳状液类型和界面活性剂类型，加入相反的界面活性剂，促使乳状液转型，在未完全转型的过程中将其破坏，如阳离子表面活性剂溴化十五烷吡啶用于破坏 W/O 型乳状液，阴离子型（如十二烷基磺酸钠）用于破坏 O/W 型乳状液。

③ 反应法。如已知乳化剂种类，可加入能与之反应的试剂，使之破坏、沉淀。如皂类乳化剂加入酸等。对离子型乳化剂，因其稳定性主要是其双电层维持，可加入高价电解质，破坏其双电层和表面电荷，使乳状液破坏。

④ 物理法。如离心法、加热法、稀释法和吸附法等，其中离心和加热是常用的方法。离心法主要利用密度差促使分层，克服双电层的斥力，促进凝聚。加热破乳可有几种解释：

a. 加热使布朗运动加快，增加液滴碰撞概率，加快絮凝速度；

b. 液体黏度与液体绝对温度的倒数成指数关系，即温度升高不多而黏度降低很大，界面膜易破裂；

c. 温度升高，黏度降低，液滴沉降速度加快，导致较快分层。

3.3　萃取过程的计算

在萃取计算中，无论是单级或多级萃取操作，均假设离开每一级萃取器的萃取相与萃余相互成平衡，即假定每一级均为一个理论级。尽管在实际生产中，理论状态较难达到，但理论级是设备操作效率的比较标准，实际所需的级数等于理论级数除以效率。

3.3.1　单级萃取的计算

单级接触萃取流程如图 3-8 所示，为一单级错流接触萃取流程。原料液与萃取剂加入混合槽内，在搅拌器的作用下，使两相进行充分接触。由混合槽排出的两相混合液在澄清槽中分为萃取相与萃余相，然后分别引入回收设备。

图中各股液流 F、S、E、R、E'、R' 分别为原料液、萃取剂、萃取相、萃余相、萃取液、萃余液的量，单位为 kg 或 kg/h；x_F、y_S、y_E、x_R、$y_{E'}$、$x_{R'}$ 分别表示上述各股中溶质 A 的质量分率（为书写方便，上述各组成的下标 A 均省略）。

在计算时，相平衡数据、原料液量 F 及组成 x_F 一般为已知，萃余相溶质 A 的浓度 x_R（或萃余液 $x_{R'}$）为分离任务所规定，通过计算需求出溶剂量 S，萃取相 E 及萃取液 E' 的量及组成。

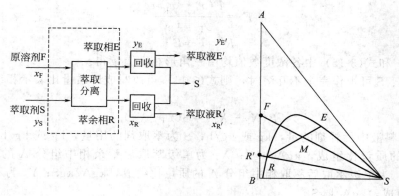

图 3-8 单级萃取流程示意图

下面用图解法计算步骤如下：

① 根据已知平衡数据在直角三角形坐标图中作出溶解度曲线及辅助曲线（图中未画辅助曲线）。

② 由已知原料液组成 x_F 在 AB 边定出 F 点，联 SF 线则代表原料液溶剂的混合液组成点 M 必在 SF 线上。如萃取剂为纯组分，即 $y_S = 0$，则其组成点位于三角形的顶点 S；若是回收的萃取剂，一般会含有少量的组分 A 和 B，则萃取剂的组成点位于三角形内。根据已知 x_R，在图上定出 R(或由 $x_{R'}$ 定出 R'，连 SR' 与溶解度曲线交于一点 R)，再由 R 点利用辅助曲线求出 E 点。联 RE 直线，则 RE 与 FS 线的交点即为混合液的组成点 M。按杠杆规则可求出 S 量，即

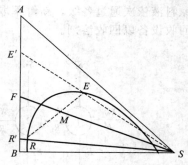

图 3-9 单级接触取操作图解法

$$S = F\frac{\overline{FM}}{\overline{MS}} \tag{3-9}$$

式中，F 的量为已知，$\overline{FM}$ 与 $\overline{MS}$ 线段长度可从图上量出，则 S 的量可由式(3-9) 求出。

③ 联 SE 线并延长与 AB 边相交于 E 点，即为萃取液的组成点。萃取相 E、萃余相 R、萃取液 E′ 及萃余液 R′ 的量也可按物料衡算与杠杆规则求得。

作总物料衡算（见图 3-9）：

$$F + S = R + E = M \tag{3-10}$$

作溶质 A 的物料衡算：

$$Fx_F + Sy_S = Rx_R + Ey_E = Mx_M \tag{3-11}$$

式中，M 为混合液中的量，kg 或 kg/h；x_M 为混合液中溶质 A 的质量分率。

依杠杆规则求 E 与 R 的量：

$$\frac{E}{M} = F\frac{\overline{FM}}{\overline{MS}} \tag{3-12}$$

及

$$R = M - E \tag{3-13}$$

联立式(3-10)、式(3-11) 及式(3-12)，并整理得：

$$E = \frac{M(x_M - x_R)}{y_E - x_R} \tag{3-14}$$

同理，可求得 E′ 与 R′ 的量，即：

$$E' = \frac{F(x_E - x_{R'})}{y_E - x_{R'}} \tag{3-15}$$

$$R' = F - E' \tag{3-16}$$

式(3-14) 和式(3-15) 中各浓度数值均由三角形相图上读得。

当组分 B、S 可视作完全不互溶时，则式(3-11) 可改写成以质量比表示相组成的物料衡算式，即：

$$B(X_F - X_1) = S(Y_1 - Y_S) \tag{3-17}$$

式中，B 为原料液中稀释剂的量，kg 或 kg/h；S 为萃取剂的用量，kg 或 kg/h；X_F 为原料液中组分 A 的质量比组成，kgA/kgB；X_1 为单级萃取后萃余相中组分 A 的质量比组成，kgA/kgB；Y_1 为单级萃取后萃取相中组分 A 的质量比组成，kgA/kgS；Y_S 为萃取剂中组分 A 的质量比组成，kgA/kgS。

3.3.2 多级错流萃取

单级接触萃取中所得萃余相往往还会有可回收的溶质，为了进一步提高提取溶质常采用多级接触萃取。图 3-10 所示为多级错流萃取流程，它是将若干个单级接触萃取设备串联使用。原料液依次通过各级，新鲜萃取剂分别加入各级。萃取相和最后一级的萃余相分别进入溶剂回收设备以回收溶剂。

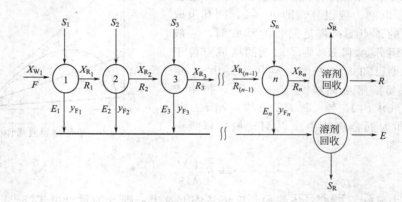

图 3-10 多级错流液-液萃取流程

多级错流萃取流程特点是萃取的推动力较大，萃取效果较好。但所用萃取剂量较大，回收溶剂时能量消耗也较大，工业上较少采用此种流程。下面分别介绍图解法和代数公式法。

3.3.2.1 图解法

如图 3-11 所示，为三级错流萃取过程在三角形相图上的表示法。溶剂 S_0 中含有少量 A 与 B 组分。进行第一级萃取时混合液为 M_1，M_1 必位于 S_0F 直线上，按杠杆规则定出 M_1 点，达到相平衡并经过分层后，得到 E_1 及 R_1。利用已知的一组 R-E 平衡数据作出辅助曲线，通过试差法反过来找出过 M_1 点的联结线 E_1R_1（$E_1 - R_1$ 处于平衡状态）。同理 M_2 必位于 S_0R_1 上，并得到 E_2、R_2。依此类推，直到萃余相中溶质的浓度等于或少于所求的浓度为止，所绘的联结线数目即为所求理论级数。

多级错流萃取的萃取率（η）为：

$$\eta = \frac{\sum\limits_{i=1}^{n} E_i y_i}{F x_F} \tag{3-18}$$

3.3.2.2　代数公式法

若萃取剂 S 与原溶剂 B 完全不互溶或互溶度很小，各级的萃取因子 ε_A 相等，且各级所用的萃取剂 S 量相等，则按下式求取理论级数，即：

$$n=\frac{\ln\left[\left(\overline{X}_F-\dfrac{\overline{Y}_S}{K_A}\right)\Big/\left(\overline{X}_n-\dfrac{\overline{Y}_S}{K_A}\right)\right]}{\ln(1+\varepsilon_A)} \tag{3-19}$$

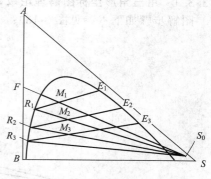

图 3-11　三级错流萃取

式中，n 为多级错流萃取理论级数；$\overline{X}_F$ 为原料液中溶质 A 的比质量浓度，kgA/kgB；$\overline{X}_n$ 为离开第 n 层萃余相中溶质的比质量浓度，kgA/kgS；K_A 为溶质 A 的分配系数，$K_A=\overline{Y}_E/\overline{X}_R$；$\varepsilon_A$ 为萃取因子，$\varepsilon_A=\dfrac{S}{B}K_A$。

若为纯萃取剂，即 $\overline{Y}_S=0$，则式（3-19）写为：

$$n=\frac{\ln\left(\dfrac{\overline{X}_F}{\overline{X}_n}\right)}{\ln(1+\varepsilon_A)} \tag{3-20}$$

各级出来的萃取液相混合后，在总萃取液中溶质 A 的浓度为：

$$\overline{Y}'_E=\frac{\overline{Y}_1+\overline{Y}_2+\cdots+\overline{Y}_n}{n}=\frac{B(\overline{X}_F-\overline{X}_n)}{ns}+\overline{Y}_S \tag{3-21}$$

式中，$\overline{Y}'_E$ 为萃取液中溶质 A 的比质量浓度，kgA/kgB。

3.3.3　多级逆流萃取

如图 3-12 所示，为多级逆流萃取流程，原料液与萃取剂分别从两端加入，萃取相与萃余相逆流流动进行接触传质。最终萃取相从加料一端排出，萃余相从加入萃取剂的一端排出，并分别引入溶剂回收设备中。

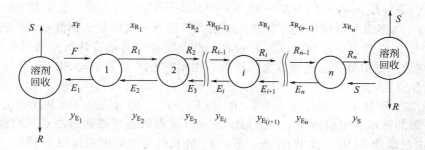

图 3-12　多级逆流液-液萃取流程

在多级逆流萃取流程中，萃取相的溶质浓度逐渐升高，但因在各级中其分别与平衡浓度更高的物料进行接触，所以仍能发生传质过程。萃余相在最末级与纯的萃取剂接触，能使溶质浓度继续减少到最低的程度。此流程萃取效果好且萃取剂消耗小，在生产中广泛应用。

多级逆流萃取的计算：多级逆流萃取流程见图 3-12，其操作是连续进行的，故 F、S、E、R 等的量均应以单位时间的质量流量计算，其单位为 kg/h。一般情况下，计算中的已知条件为：原料液量 F 及组成 x_F；萃取剂用量 S 及其组成 y_S；末级排出的萃余相组成 x_n。通过作图及计算可求得萃取所需的理论级数。

3.3.3.1 用三角形坐标图解理论级数

图解步骤如下（参见图 3-13）：

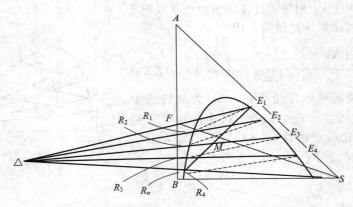

图 3-13 多级逆流接触萃取理论级的图解计算

① 根据平衡数据在直角三角形坐标图上作出溶解度曲线及辅助曲线。若采用纯萃取剂，由 x_F、x_n 在图上定出 F 点及 R_n 点，连 SF 线并依给定的 F 和 S 量，根据杠杆规则确定混合后的总量及其组成点 M。连直线 $R_n M$ 并延长与溶解度曲线交于点 E_1，该点为最终萃取相 E_1 的组成点。

② 依物料衡算图解确定理论级数 总物料衡算：

$$F+S=R_n+E_1=M \tag{3-22}$$

第一级 $F+E_2=R_1+E_1$ 或 $F-E_1=R_1-E_2$

第二级 $R_1+E_3=R_2+E_1$ 或 $R_1-E_2=R_2-E_3$

……

第 n 级：$R_{n-1}+S=E_n+R_n$ 或 $R_{n-1}-E_n=R_n-S$

由以上各式可得：

$$F-E_1=R_1-E_2=R_2-E_3=\cdots=R_{n-1}-E_n=R_n-S=\triangle（常数） \tag{3-23}$$

式(3-23)为多级萃取操作线方程式。说明离开任意一级的萃余相流量 R_i 与进入该级的萃取相流量 E_{i+1} 之差为一常数，以 $\triangle$ 表示之。$\triangle$ 点所表示的量可认为是通过每一级的"净流量"。实则为一虚拟值，$\triangle$ 点也称为操作点。在相图上联 E_1F 线与 SR_n 线并延长之，二线交点即为操作点 $\triangle$。

由式(3-23)可知 F 与 E_1、S 与 R_n、R_1 与 $E_2 \cdots R_{n-1}$ 均与 $\triangle$ 点三点共线，也即在三元相图上，任一级的萃取相组成点与上一级的萃余相组成点的连线必通过 $\triangle$ 点。根据这个特性，可从 E_1 作出联结线 E_1R_1，找出 R_1 点，联 $\triangle R_1$ 并延长与溶解度曲线相交于 E_2，再从 E_2 作联结线 E_2R_2。联 $\triangle R_2$ 线并延长与溶解度曲线相交于 E_3。如此连续作图直到由联结线得出的 R_i 组成等于或小于 x_n 为止。在相图上所作出的联结线数目即为萃取操作所需要的理论级数。在图 3-13 中，当作出第 4 条联结线时，R_4 中溶质 A 的浓度已小于 x_n，说明用四个理论级已可完成萃取的操作要求。

$\triangle$ 点的位置与系统联结线的斜率、原料液组成和数量以及所用萃取剂的量有关，可能位于三角形的左侧，也可能在三角形的右侧。

3.3.3.2 在 x-y 直角坐标图上求解理论级数

当逆流操作所需理论级数较多时，在三角形相图上进行图解不够清晰，可以在直角坐标上用分配曲线图解求取理论级数。图解步骤如下（见图 3-14）。

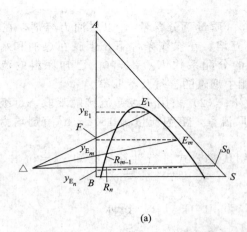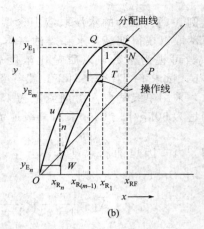

图 3-14 用分配曲线图解理论级数（多级逆流萃取）

① 在直角坐标图上，根据已知相平衡数据绘出分配曲线，如图 OQP 曲线。

② 在三角形坐标图上，按前述多级逆流图解法确定 R_n 及 E_1 点，连 E_1F 与 S_0R_m，两线的延长线相交于操作点△，见图 3-14(a)。

③ 在直线△FE_1 及△R_nS_0 两线之间，过△点作任意操作线，每条操作线均与溶解度曲线相交于两点 R_{m-1} 与 E_m，其组成为 $x_{R(m-1)}$，在直角坐标图上即可获得一个操作点，许多操作点的连线即为直角坐标图中逆流萃取的操作线，见图 3-14(b) 中的 NTW 曲线。

④ 从点 $N(x_F，y_{E_1})$ 开始在分配曲线与操作线之间绘出由水平线及垂直线组成的梯级，直至某一梯级所绘的萃余相组成 x_R 等于或小于 x_n 为止。所绘的梯级数即为萃取所需的理论级数。

3.3.3.3 代数公式法

若萃取剂 S 与原溶剂 B 完全不互溶或互溶度很小时，逆流的两种溶剂流量可认为不随级数变化，且假设各级萃取因子 ε_{A_i} 相等（均为 ε_A），则逆流萃取理论级数的计算公式为：

$$\frac{\ln\left[\left(\dfrac{\overline{X}_F-\dfrac{\overline{Y}_S}{K_A}}{\overline{X}_n-\dfrac{\overline{Y}_S}{K_A}}\right)\left(1-\dfrac{1}{\varepsilon_A}\right)+\dfrac{1}{\varepsilon_A}\right]}{\ln\varepsilon_A} \tag{3-24}$$

式中，n 为多级逆流萃取的理论级数；$\overline{X}_n$ 为离开第 n 级萃余相中溶质 A 的浓度，kgA/kgB；$\overline{Y}_S$ 为萃取剂中溶质 A 的浓度，kgA/kgS；ε_A 为萃取因子。

式(3-24)为著名的 Kremset-Brown-Souders 方程式。

若为纯萃取剂，即 $\overline{Y}_S=0$，式(3-24) 写为：

$$\frac{\ln\left[\left(\dfrac{\overline{X}_F}{\overline{X}_n}\right)\left(1-\dfrac{1}{\varepsilon_A}\right)+\dfrac{1}{\varepsilon_A}\right]}{\ln\varepsilon_A} \tag{3-25}$$

或

$$\frac{\overline{X}_F}{\overline{X}_n}=\frac{\varepsilon_A^{n+1}-1}{\varepsilon_A-1} \tag{3-26}$$

此时萃取率为：

$$\eta=\frac{S}{B}\frac{\overline{Y}_1}{\overline{X}_F}=\frac{\overline{X}_F-\overline{X}_n}{\overline{X}_F}=\frac{\varepsilon_A^{n+1}-\varepsilon_A}{\varepsilon_A^{n+1}-1} \tag{3-27}$$

【**例 3-1**】 烟叶的水浸取液中含烟碱 1%（质量百分含量），以煤油为溶剂，在 20℃下进行萃取以获得烟碱。水和煤油基本上不互溶。在操作条件下，烟碱在煤油和水中的分配系数可视为常数，以质量比浓度表示的分配系数 $K_A = 0.90$。已知原料的流量为 100kg/h，试求下列操作条件下，最终萃余相中烟碱的含量及萃取率。

（1）采用单级萃取，溶剂流量为 150kg/h；（2）采用三级错流接触萃取，每级加入的溶剂量为 50kg/h；（3）采用三级逆流萃取流程，溶剂流量为 150kg/h（溶剂均为纯溶剂）。

解 （1）因煤油和水基本不互溶，可用代数公式进行计算。已知 $x_F = 0.01$，$F = 100$kg/h，$S = 150$kg/h，则：

$$\overline{X}_F = \frac{x_F}{1 - x_F} = \frac{0.01}{1 - 0.01} = 0.0101 \text{kg 烟碱/kg 水}$$

$$B = F(1 - x_F) = 100 \times (1 - 0.01) = 99 \text{kg 水/h}$$

萃取因子
$$\varepsilon_A = \frac{S}{B} K_A = \frac{150}{99} \times 0.90 = 1.364$$

可得最终萃余相溶质浓度为：

$$\overline{X}_1 = \frac{\overline{X}_F}{1 + \varepsilon_A} = \frac{0.0101}{1 + 1.364} = 0.00427$$

$$\overline{X}_{F_1} = \frac{\overline{X}_1}{1 + \overline{X}_1} = \frac{0.00427}{1 + 0.00427} = 0.00425$$

即 $\overline{X}_{F_1} = 0.425\%$（质量分数）

萃取率为： $\eta = \dfrac{\overline{X}_F - \overline{X}_1}{\overline{X}_F} = \dfrac{0.0101 - 0.00427}{0.0101} = 57.5\%$

（2）三级错流萃取时 $S_1 = S_2 = S_3 = S = 50$kg/h，则：

$$\varepsilon_A = \frac{S}{B} K_A = \frac{50}{99} \times 0.90 = 0.455$$

$$\overline{X}_3 = \frac{\overline{X}_F}{(1 + \varepsilon_A)^3} = \frac{0.0101}{(1 + 0.455)^3} = 0.00328$$

即
$$x_{F_1} = \frac{\overline{X}_3}{(1 + \overline{X}_3)^3} = \frac{0.00328}{1 + 0.00328} = 0.00327$$

$$x_{F_1} = 0.327\%$$

萃取率为： $\eta = \dfrac{\overline{X}_F - \overline{X}_3}{\overline{X}_F} = \dfrac{0.0101 - 0.00327}{0.0101} = 67.6\%$

（3）三级逆流萃取，此时 $\varepsilon_A = 1.364$，按式（3-26）求得：

$$\overline{X}_3 = \left(\frac{\varepsilon_A - 1}{\varepsilon_A^4 - 1}\right) \overline{X}_F = \left(\frac{1.364 - 1}{1.364^4 - 1}\right) \times 0.0101 = 0.00149$$

即
$$x_{F_3} = \frac{\overline{X}_3}{1 + \overline{X}_3} = \frac{0.00149}{1 + 0.00149} = 0.00149$$

$$x_{F_3} = 0.149\%$$

萃取率为： $\eta = \dfrac{\overline{X}_F - \overline{X}_3}{\overline{X}_F} = \dfrac{0.0101 - 0.00149}{0.0101} = 85.2\%$

通过上例的计算说明，用一定量的溶剂进行多级萃取，优于使用全部溶剂的一次萃取。萃取的次数越多，萃取率越高，而且多级逆流萃取效率高于多级错流萃取。

3.3.4　微分接触萃取

微分接触萃取通常是在塔式设备中进行操作，萃取相与萃余相中的溶质沿塔高连续地变化。图 3-15 所示为塔式萃取操作流程。原料液由塔的上部进入塔内，萃取剂由塔底进入塔内，此种安排是由于原料液密度大。反之，若原料液的密度比萃取剂的密度小，则原料液应由塔的下部进入塔内。两个液相在塔内经过充分混合后，由于两种液体的密度不同，以及萃取剂与原料液有不互溶或仅部分互溶的性质，故萃取剂沿塔向上流至顶部，原料液沿塔向下流至塔的底部，两液相在塔内呈逆流流动并密切接触进行萃取。离开塔顶的是萃取相，离开塔底的是萃余相。然后分别进入溶剂回收设备，萃取相循环使用。

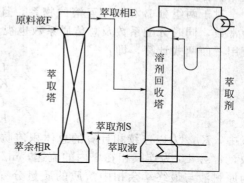

图 3-15　塔式液-液萃取流程

由上述流程可知，萃取操作的完整过程应包括：原料液与萃取剂之间的密切接触，萃取相与萃余相的分离，从两相中分别回收溶剂及得到产品。

微分接触逆流萃取过程通常是在塔内进行，萃取相与萃余相中的溶质沿塔高连续地变化，萃取塔的塔高计算有理论级当量高度法和传质单元数法。

3.3.4.1　理论级当量高度法

在萃取操作中，当两相逆流流过某一高度的萃取段后，其分离效果相当于一个理论级时，则此段萃取塔的高度称为理论级当量高度，以 He(HETS) 表示。应用前述多级逆流萃取理论级的计算方式，求出理论级 N_T，再乘以 He，即可求得萃取段的有效高度，即：

$$Z = N_T He$$

(3-28)

式中，Z 为萃取段的有效高度，m；N_T 为理论级数；He 为理论当量高度，m。

理论级当量高度是测量萃取传质效率的指标，传质速率愈快，塔的效率愈高，相应的 He 数值就愈小。理论级数 N_T 的多少，反映萃取分离要求的高低和分离的难易程度。He 与物系的物性、浓度、流量及塔型面积有关。因此需要在相似条件下进行实验测定 He，其局限性较大。在工程上常用此法进行估算。

3.3.4.2　传质单元法

如图 3-16 所示是一个萃取塔物流的示意图。假定两相在塔内做活塞流流动（前后相邻两个微分截面上的物质不发生质量的传递，即不发生质量返混），即在塔内同一截面上每一相流速都相等，流体均匀地分布在整个横截面上平行地有规则地向前推进，犹如一个"活

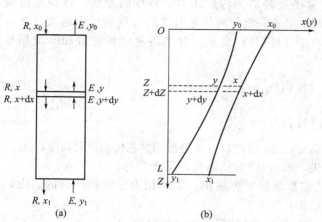

图 3-16　萃取塔的活塞流模型

塞"一样。对于溶质从萃余相向萃取相传递来说，作为重相的萃余相在自上向下流动的过程中浓度不断降低；而作为轻相的萃取相在自下而上流动的过程中浓度不断上升，如图 3-16 (b) 所示。两相间的传质仅在水平方向上发生，而在轴向方向上，每一相内部不产生物质的传递。相界面是在接触过程中形成的，通常是一种液体分散在另一种液体中所形成。分散成滴状称为分散相，另一个呈连续的液体称为连续相。

对于两组分 B 和 S 不互溶的物系，且溶质的浓度又很低时，可以认为塔内二相的流量为常数，同时分配系数及总传质系数也视为常数。此时，以萃余相为连续相的有效萃取高度可用下面两式计算，即：

$$Z = \frac{U_C}{K_C\alpha} \int_{x_1}^{x_0} \frac{\mathrm{d}x}{x - x^*} \tag{3-29}$$

$$Z = \frac{U_D}{K_D\alpha} \int_{y_1}^{y_0} \frac{\mathrm{d}y}{y^* - y} \tag{3-30}$$

式中，$K_C\alpha$ 为以连续相计算的总体积传质系数，$1/s$；$K_D\alpha$ 为以分散相计算的总体积传质系数，$1/s$；U_C 为连续相在塔内的流速，m/s；U_D 为分散相在塔内的流速，m/s；x_0、x_1 分别为原料液与最终萃余相中溶质的质量分率；y_0、y_1 分别为萃取剂与最终萃取相中溶质的质量分率；x^* 为与萃取相成平衡的萃余相中溶质的质量分率；y^* 为与萃余相成平衡的萃取相中溶质的质量分率。

式(3-29) 和式(3-30) 中，显然是假定全塔中的 $K_D\alpha$ 是一个常数。这样，萃取段的有效高度可以根据两部分的乘积来计算。以式(3-29) 为例，积分号内代数式的分母是传质的推动力，所以表示单位传质推动力所能引起的浓度变化，代表了萃取过程的难易程度，而积分上、下限 x_0 和 x_1 表示萃取分离的要求。因此，整个积分式综合表达了分离要求和分离难易两方面的因素，其数值由物系的平衡关系、工艺要求等决定，称为传质单元数，是一个无因次数，以 (NTU) 来表示。对于用萃余相浓度和萃取相浓度进行计算的两种情况分别得到：

$$(NTU)_C = \int_{x_1}^{x_0} \frac{\mathrm{d}x}{x - x^*} \tag{3-31}$$

$$(NTU)_D = \int_{y_1}^{y_0} \frac{\mathrm{d}y}{y - y^*} \tag{3-32}$$

式中，$(NTU)_C$ 为连续相总传质系数；$(NTU)_D$ 为分散相总传质系数。

对萃取分离要求较高或传质推动力较低的物系，所需的传质单元数较多；反之，则所需的传质单元数较少。

式(3-29) 中积分号外的代数式包含了反映塔为传质动力学特性的参数；体积总传质系数 $K_C\alpha$ 越大，传质速率越高；U_C 越大，完成一定分离任务所需的传质质量也越大。通常把积分号外的代数式称为传质单元高度，用 (HTU) 表示。对于用萃余相参数和萃取相参数进行计算的两种情况分别得到：

$$(HTU)_C = \frac{U_C}{K_C\alpha} \tag{3-33}$$

$$(HTU)_D = \frac{U_D}{K_D\alpha} \tag{3-34}$$

式中，$(HTU)_C$ 为连续相的总传质单元高度，m；$(HTU)_D$ 为分散相的总传质单元高度，m。

体积传质系数越大，萃取速度越快，则 (HTU) 越低，反之亦然。

应指出，式(3-29) 至式(3-34) 是按萃余相为连续相、萃取相为分散相计算的。由以上分析可知，萃取段的有效高度可以表示为：

$$Z = (HTU)_C \cdot (NTU)_C = (HTU)_D \cdot (NTU)_D \tag{3-35}$$

因此，只要求得传质单元高度和传质单元数，就可算出所需的有效高度。

式(3-30) 和式(3-32) 可用图解积分求得，但对于两相不互溶及平衡关系线为直线（即 $y = K_A x$）的情况下，可用下述公式计算传质单元数。

$$(NTU)_C = \frac{x_0 - x_1}{\Delta x_m} \tag{3-36}$$

$$(NTU)_D = \frac{y_0 - y_1}{\Delta y_m} \tag{3-37}$$

其中

$$\Delta x_m = \frac{(x_0 - x_0^*) - (x_1 - x_1^*)}{\ln \frac{(x_0 - x_0^*)}{(x_1 - x_1^*)}} \tag{3-38}$$

$$\Delta y_m = \frac{(y_0^* - y_0) - (y_1^* - y_1)}{\ln \frac{(y_0^* - y_0)}{(y_1^* - y_1)}} \tag{3-39}$$

式中，Δx_m、Δy_m 称为对数平均浓度差，也就是萃取塔进、出口传质推动力对数平均值。

从上述公式可进一步理解传质单元数的物理意义。如图 3-17 所示，如果萃取塔进、出口浓度的变化（$x_0 - x_1$）恰好等于对数平均推动力 Δx_m，那么这个塔相当于一个传质单元，其相应的高度也就是一个传质单元高度。因此，从式（3-36）和式（3-37）也就可以看出，(NTU) 在数值上等于萃取塔中浓度变化值为对数平均推动力的倍数。

3.3.5　萃取剂最小用量

在萃取操作中，应合理确定萃取剂的用量。当萃取剂用量少时，可以减少回收溶剂所消耗的能量处理费用，以降低成本。但是，萃取剂用量减少，必然增加萃取设备的费用。所以应从最经济的衡算来确定适宜的萃取剂用量。

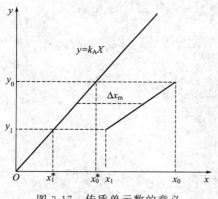

图 3-17　传质单元数的意义

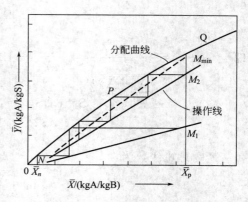

图 3-18　最少萃取剂量

所谓萃取剂最小量（以 S_{min} 表示）是指一种极限情况，即当所用萃取剂的量减少到 S_{min} 时，所需的萃取理论级数已达到无穷多。实际上萃取剂这一用量是一种限度，实际的萃取剂用量必须大于此极限值。

如图 3-18 所示，若用 m 代表操作线和斜率，即 $m = B/S$。S 的用量越小，则 m 值越大。对 B 和 S 基本不互溶的 A、B、S 三元物系，其操作线与分配曲线关系可依质量比浓度 X 及 Y 绘于 X-Y 直角坐标上。图中，OPQ 曲线为分配曲线，NM、NM_2 与 NM_{min} 为使用不同量萃取剂 S_1、S_2 和 S_{min}（$S_1 > S_2 > S_{min}$）时的操作线，斜率分别为 m_1、m_2 和 m_{min}。当萃取剂用量为 S_1 时，理论级将为二级；当萃取剂用量减少为 S_2 时，理论级数为五级。若萃取剂用量继续减少到 S_{min} 时，操作线与分配曲线相交于 M_{min} 点，即出现了尖角区，此时若图解理论级数，则需无穷多级才能达到 M_{min} 点。此情况下所用萃取剂的量即为萃取剂最小量，其值可按下式求得，即：

$$S_{\min} = \frac{B}{m_{\min}} \qquad (3\text{-}40)$$

式中，B 为原料液中带入的原溶剂的量；$m_{\min}$ 为当萃取剂用量为最小时，操作线的斜率。

通常选用萃取剂用量为最小溶剂用量的 $1.1 \sim 2$ 倍。有时还采用溶剂比表示溶剂的相对用量，溶剂比 $\frac{S}{F}$，即处理单位原料液量所用的溶剂量。

【例 3-2】 用煤油作溶剂，在 20℃条件下，从烟叶的水浸液中提取烟碱，若采用多级逆流接触萃取流程，原料液流量为 1000kg/h，含烟碱 1%（质量百分含量，下同）。要求最终萃余相溶液中烟碱含量不高于 0.1%，试求：（1）溶剂最小流量；（2）若溶剂流量为最小溶剂流量的 1.3 倍，所需理论级数为若干？[20℃时，烟碱在煤油和水中的分配系数为 $K_A = 0.90$（以质量比浓度表示），煤油和水可认为基本不互溶]。

解 （1）已知 $F = 1000\text{kg/h}$，$x_F = 0.01$，$x_n = 0.001$，则：

$$B = 1000 \times (1 - 0.01) = 900\text{kg/h}$$

$$\overline{X}_F = \frac{x_F}{1 - x_F} = \frac{0.01}{1 - 0.01} = 0.0101\text{kg 烟碱/kg 水}$$

$$\overline{X}_n = \frac{x_n}{1 - x_n} = \frac{0.001}{1 - 0.001} = 0.01001\text{kg 烟碱/kg 水}$$

与 $\overline{X}_F$ 相平衡的萃取相的浓度 $\overline{Y}^*$ 为：

$$\overline{Y}^* = K_A \overline{X}_F = 0.90 \times 0.0101 = 0.00909\text{kg 烟碱/kg 煤油}$$

最小溶剂量为：

$$\frac{B}{S_{\min}} = \frac{\overline{Y}^*}{\overline{X}_F - \overline{X}_n}$$

即

$$S_{\min} = \frac{B}{\left(\frac{\overline{Y}^*}{\overline{X}_F - \overline{X}_n}\right)} = \left(\frac{\overline{X}_F - \overline{X}_n}{\overline{Y}^*}\right)B = \left(\frac{0.0101 - 0.001001}{0.00909}\right) \times 990 = 991\text{kg/h}$$

（2）

$$S = 1.3 S_{\min} = 1.3 \times 991 = 1288.3\text{kg/h}$$

$$\varepsilon_A = \frac{S}{B} K_A = \frac{1288.3}{990} \times 0.90 = 1.171$$

所需理论级数为：

$$n = \frac{\ln\left[\left(\frac{\overline{X}_F}{\overline{X}_n}\right)\left(1 - \frac{1}{\varepsilon_A}\right) + \frac{1}{\varepsilon_A}\right]}{\ln \varepsilon_A}$$

$$n = \frac{\ln\left[\left(\frac{0.0101}{0.001001}\right) \times \left(1 - \frac{1}{1.171}\right) + \frac{1}{1.171}\right]}{\ln 1.171} = 5.4\text{（取 6 级）}$$

3.4 液液萃取设备

3.4.1 萃取设备的分类

在液-液萃取操作中，为了获得较高的传质速率，所采用的萃取设备应能使两相密切接触并伴有较高程度的湍动，且两相经充分接触后能较快地分离。萃取设备可按分散相与连续相的流动方式不同分为分级接触式和连续微分接触式两大类。目前，工业所采用的各种类型设备已超过 30 种，而且还在不断有更新的设备问世。

分级接触萃取设备的特点是每一级都为两相提供良好的接触及分离，级与级之间每一相的浓度呈梯级式的变化。连续微分接触式萃取设备的特点是分散相和连续相呈逆流流动，每一相的浓度都呈微分式的变化，分散相的聚集及两相的分离是在设备的一端实现的。

在萃取设备中为了强化传质过程，多采用外部输入能量，如搅拌、脉冲、振动和离心力等方法。设备分类情况见表 3-1。本节将介绍其中几种典型的萃取设备。

表 3-1　萃取设备的分类

流体分散的动力		逐级接触式	微分接触式
重力差		筛板塔	喷洒塔
			填料塔
外加能量	脉冲	脉冲混合-澄清器	脉冲填料塔
			液体脉冲筛板塔
	旋转搅拌	混合-澄清器 夏贝尔(Scheibel)塔	转盘塔(RDC) 偏心转盘塔(ARDC) 库尼(Kühni)塔
	往复搅拌		往复筛板塔
	离心力	卢威离心萃取机	POD 离心塔

3.4.2　典型萃取设备简介

3.4.2.1　分级接触式萃取设备

（1）混合澄清器　这类设备无论是单级或多级，每一级都是由一混合器与一澄清器所组成，可连续操作或间歇操作。图 3-19 所示为典型的单级混合澄清器。混合的作用是使两相液体能充分接触进行传质，混合器内通常加有搅拌装置以形成分散相。分散体系在混合器内经过一定时间的停留，然后进入澄清器，在澄清器内可以依靠重力或离心力使分散相凝聚，轻重液得到分离。

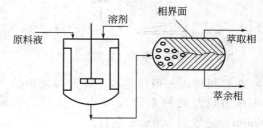

图 3-19　典型单级混合澄清器

当要进行多级连续萃取时，可将若干单级混合澄清器串起来使用，图 3-20 为混合澄清器组合的三级逆流萃取流程，也可将若干个单级组合构成一个整体的多级混合澄清器，这类混合澄清器中，液体逐级流动的推动力可以靠泵提供或者靠液体本身的压差。

混合澄清器的优点是：两相接触良好，级效率高，流速范围广，操作稳定；当萃取相含溶质量要求进一步提高时，可以较方便地增加串联级数；此外，也可以处理含有悬浮固体的物系。此种设备的缺点是动力消耗大，占地面积大，设备费用及维修费也较高。

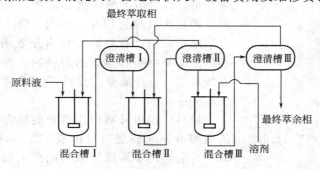

图 3-20　三级逆流混合-澄清器的串联组合

当进行间歇分批操作时，可以在一个萃取罐内分步进行萃取与分离操作；若溶质在一次萃取后还有剩余，可进行多次萃取。若萃取剂的密度小于原溶液，可配置一对萃取罐，以备将上层萃取液与萃余液分离。

（2）筛板萃取塔　筛板萃取是利用重力使液体通过筛孔分散成为液滴的塔式萃取设备。图 3-21 所示是轻液为分散相的筛板塔的操作示意图。操作时轻相通过板上筛孔分成细液向上流动，然后又聚结于上层筛板的下面。连续相由溢流管流到下层，横向流过筛板并与分散相接触。若以重液相为分散相，则应如图 3-22 所示将降液管改为升液管。由升液管上升的连续相轻液横向流过筛板，重液则穿过筛孔被分成液滴，并多次聚结，从而有利于液-液相间的传质。由于有塔板的限制，也减少塔内轴向混合的影响。

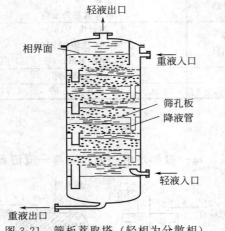

图 3-21　筛板萃取塔（轻相为分散相）

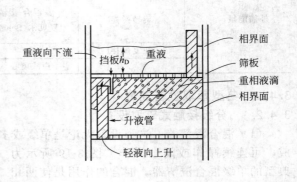

图 3-22　筛板结构示意图（重相为分散相）

在筛板塔内一般应选取不易润湿塔板的一相作为分散相。筛孔径一般为 3～8mm，对于界面张力较大的物系宜取较小的孔径。孔间距可取孔径的 3～4 倍，塔板间距为 150～600mm，一般为 300mm 左右。

筛板萃取塔结构简单，生产能力大，萃取效率较高，常用于较低界面张力物系的萃取。

3.4.2.2　微分接触式萃取设备

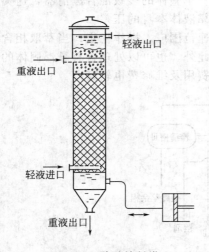

图 3-23　脉动填料塔

（1）填料萃取塔　填料萃取塔与填料精馏塔在构造上并无明显差别，如图 3-23 所示，即在塔体内支撑板上装填一定高度的填料层，操作时连续相充满整塔，分散相以液滴状通过连续相。但为了使液-液萃取过程中某一液相更好地分散于另一液相之中，在入口装置上有所不同，两相入口导管均伸入塔内，管上开有小孔，使液体分散成小液滴，若以轻液相为分散相由塔底进入，分散相的液滴是由喷洒器喷洒形成的。为了避免分散相液滴在填料层入口处凝聚，故将喷洒器装在填料支撑上部约 25～50mm 处。

填料的作用可减少连续相的轴向混合和有助于分散的液滴不停地破裂与再形成，促进液滴表面不断更新，填料材质选用不易被分散相润湿的填料，这样使分散相容易成为液滴状而分散在连续相中，以增加两相接触面积。一般陶瓷填料易为水溶液所润湿。

填料尺寸应小于塔径的 1/8～1/10，以保证有足够的填充密度及降低壁效应的影响。但填料尺寸不应小于填料的临界直径。对于拉西环和鞍形填料，其临界直径可按下式求得，即：

$$d_{FC} = 2.42 \left(\frac{\sigma}{g \Delta \rho} \right)^{0.5} \tag{3-41}$$

式中，d_{FC} 为填料的临界直径，m；σ 为界面张力，N/m；$\Delta \rho$ 为重相和轻相的密度差，kg/m³；g 为重力加速度，m/s²。

填料塔构造和操作均较简单，处理能力小，适合于处理量小的中药生产。

（2）脉冲筛板塔　脉冲筛板塔是靠外加的脉动力作用使液体在塔内产生脉冲的萃取设备。图 3-24 所示的往复活塞型脉冲筛板塔，是在无溢流装置筛板塔底部安装一台往复泵，由此泵的往复作用使塔中液体产生频率较高（30～120 次/min）、振幅较小的（6～25mm）的脉动。凭借此往复脉冲，轻、重液体皆穿过筛板呈逆流接触。分散相在筛板之间不凝聚分层，始终均匀地分布在连续相中。因往复脉冲运动，增强了液体的湍动和相互间的摩擦，并增大了分散度，有效地强化了传质过程。

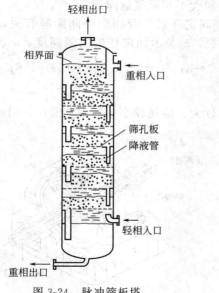

图 3-24　脉冲筛板塔

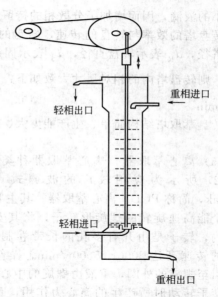

图 3-25　往复筛板萃取塔

产生脉冲运动的方法除上述往复活塞型外，还有脉冲隔膜型、风箱型、脉冲进料型及空气脉冲型等。

脉冲萃取塔传质效率较高，但生产能力低，功率消耗大，一般适用于小塔，因在大塔内要使液体产生脉冲较为困难。

（3）往复振动筛板塔　往复振动筛板塔的结构如图 3-25 所示，是将多层筛板按一定的板间距固定在中心轴上。操作时由塔顶传动机构驱动使塔板随中心轴在塔上做垂直的上下往复运动，塔板与内壁之间有一定的间隙。当液体随轴向上运动时，迫使筛板上面的液体向下穿过筛孔。同理，当筛板向下运动时，迫使下面的液体向上穿过筛孔，从而增大了相际接触面积和湍动程度。

往复振动筛板塔的效率与塔板的往复频率有密切关系。当脉动振幅一定时，效率随频率增大而提高。故只要控制了操作条件使不发生液泛，选用较大的频率可以获得较高的操作频

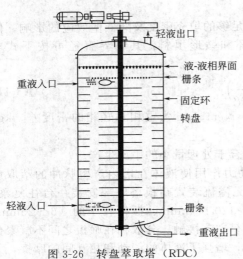

图 3-26 转盘萃取塔（RDC）

率。往复振幅一般为 3～50mm，频率达 100 次/min。

往复振动筛板塔与其他带有搅拌装置的设备相比，其生产能力较大，由于孔直径较大（通常为 6～16mm），流体流动阻力较小，且操作方便，传质效率高。

（4）转盘萃取塔（RDC） 转盘萃取塔结构如图 3-26 所示，塔体内按一定间距装有多层固定在塔体上的环形挡板（称为固定环），它使塔内形成许多分隔开的空间。在每一个分隔空间的中部位置处均有一层固定在中央转轴上的圆盘（称为转盘）。转盘的直径一般比固定环的内孔稍小些，以便于安装。操作时，转盘随中心轴而旋转，所产生的剪应力作用于液体上，对液体产生强烈的搅拌作用使分散相破裂而形成许多小的液滴，因而增加了分散相的持留量，并加大了相际接触面积。

转盘塔的效率与转盘的转速、转盘的直径、固定环尺寸及固定环间距等有关，如以 D 表示塔径，d_R 表示转盘直径，d_S 表示固定环内径，h 表示固定环的间隔高度，n 表示转盘转数，则转盘塔内的相对尺寸大致如下：$\frac{D}{d_R}=1.5\sim3$；$\frac{D}{h}=2\sim8$；$\frac{D}{d_S}=1.3\sim1.6$；$n=80\sim150$r/min。

转盘萃取塔结构简单、生产能力大、操作弹性大、能耗较小且运用范围广，因此被广泛应用。

（5）离心萃取器 离心萃取器种类很多，图 3-27 所示为应用较广的波德式（Podbielniak，简称 POD）离心萃取器。其主要构件为一个能高速旋转的螺旋形转子，将其安装在外壳内，转子是由开有多孔的长带卷制而成，转子的转速高达 2000～5000r/min。操作时轻液被引至螺旋的外圈，重液由螺旋的中心引入。由于转子转动时所产生的离心力作用，重液相由螺旋的中部向外流，轻液相由外圈向中部流动，于是两相在相互逆流过程中，在螺旋形通道内密切接触。重液相从螺旋的最外层经出口通道流到器外，轻液相则由萃取器的中部经出口通道流到器外。

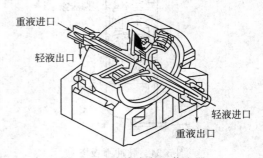

图 3-27 波德式离心萃取器

离心萃取结构紧凑，占地面积小，效率高，特别适用于处理两相密度差小或易乳化的物系。转鼓内容积小，储液量低，物料停留时间短，可避免在萃取条件下化学不稳定的成分分解破坏。

3.5 萃取设备内流体的传质特性

3.5.1 分散相的形成和凝聚

为了有效地进行多级萃取，分散相的形成和凝聚是两个重要的因素。液-液相间传质表面的大小可用单位液体体积所具有的相际接触面积，即比界面积来表示。比界面积可按下式计算，即：

$$a = \frac{6\Phi_d}{d_P}$$ (3-42)

式中，a 为比界面积，m^2/m^3；Φ_d 为分散相在液体中所占的体积分率（又称滞液率），m^3/m^3；d_P 为分散相液滴的平均直径，m。

由式(3-42) 可知，在分散相体积分率一定的情况下，分散度愈高，即液滴的平均直径愈小，传质的比界面积越大，传质速度就越快；而在分散相液滴直径一定的情况下，分散相的体积分数越大，比界面积就越大。

为了增大传质的比界面积，必须使分散相有足够的分散度。对于界面张力不大的物系，借助于重力使液体流动通过喷嘴、筛板、填料等即可获得满意的分散度，且通常两相的相对流速越大，分散相的液滴越小。但对于界面张力大的物系，必须通过搅拌、振动、脉冲或离心装置等施以外加能量，才能克服界面张力，造成适当的分散度。

萃取过程除要求两相充分混合以利于传质外，还要求两相在混合后，能较迅速而完全地澄清和分离。因此，分散相的液滴直径不宜过小，太小则难于凝聚，使轻重相不易分离，增加分层所需的时间，并且还导致液滴为连续相所夹带，造成返混而降低传质效率。

根据热力学原理，小液滴凝成大液滴最后得到澄清分层是一种能自发进行的过程。凝聚速率的快慢受许多因素的影响，如液滴的尺寸和表面形状、两相的密度差、两相间的黏度比值、界面张力、温度、杂质的存在等，很小的液滴凝聚特别困难，有时可使其通过一层填料或滤网，使液滴长大而便于分离。

3.5.2 萃取设备内的传质

在液-液萃取过程，一般应包括相内传质和通过两相界面的传质。有人曾采用双膜型来处理传质，即认为在相界面上没有传质阻力，两相呈平衡状态；紧靠界面两侧是两层滞流液膜；传质总阻力主要由两液膜阻力叠加所构成。但采用这一模型来处理萃取过程的传质，有时并不正确，因另有许多因素影响传质过程的进行。

根据传质理论，并为实践证明，在液滴旧界面破裂、新界面形成的瞬间传质速度最快。所以使分散相液滴做反复的分散和凝聚能促进传质。因此许多萃取设备采用了有多次分散和凝聚的分级接触式，以提高传质效率。

物系的界面张力愈小，愈有利于界面的更新；反之界面张力愈大，液滴愈稳定，不易更新界面，对传质不利。物系的黏度大，不易造成湍动，不利于物质的扩散和界面的更新。

3.5.3 萃取塔内的液泛

分散相和连续相在萃取塔内做逆向流动时，两相之间的流动阻力随两相流速的增加而增加，当流速增加到一定程度时，两流体相互之间会产生严重夹带而发生液泛。液泛是萃取操作负荷的最大极限。由于萃取塔内分散相形成许多有相互干扰的小液，且又由于各种萃取塔内的结构和连续相的运动方式的不同，因此各种萃取塔的液泛点关联式也各不相同。

例如，填料塔正常操作时适宜操作速度一般为液泛速度的 $50\% \sim 60\%$。填料萃取塔的液泛速度可由图 3-28 所示的液泛速度关联图求出。图中，μ_c 为连续相的黏度，$Pa \cdot s$；$\Delta\rho$ 为两相密度之差，kg/m^3；σ 为界面张力，N/m；α 为填料的比表面积，m^2/m^3；ε 为填料层的空隙率；U_{cf} 为连续相的液泛速度，m/s；U_C 为连续相的空塔速度，m/s；U_D 为分散相的空塔速度，m/s；ρ_C 为连续相的密度，kg/m^3。

依所选用填料的特性数据及物性数据，计算图 3-28 中的横坐标 $\frac{\mu_c}{\Delta\rho}\left(\frac{\sigma}{\rho_c}\right)^{0.2}\left(\frac{a}{\varepsilon}\right)^{1.5}$ 的数

值，按此值从图上曲线确定纵坐标 $\dfrac{U_{cf}\left[1+\left(\dfrac{U_D}{U_C}\right)^{0.5}\right]^2 \rho_c}{a\mu_c}$ 的值，从而可求得液泛速度 U_{cf}。

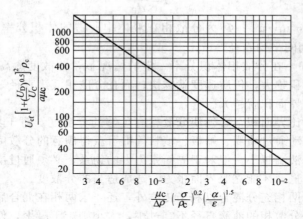

图 3-28 填料萃取塔的泛点关联图

3.5.4 萃取塔内的返混

若塔内有一部分液体的流动滞后于主体流动，或者向相反方向运动，或者产生不规则的旋涡流动，这些现象总称为返混，又称轴向混合。

如果塔内同一截面上的各液体质点速度相等，液体像一个柱塞形平行流动，这种流动为理想的无返混的活塞流流动状态，此时萃取效率最高。但萃取塔内因为液体与塔壁之间有摩擦阻力，使靠近塔壁连续相的液体流速比中心区慢，这种区别是造成液体返混的原因之一；此外，分散相的液滴大小不均匀，再者，塔内所产生的局部旋涡流动也会造成液体的返混。返混是影响塔效率的重要因素，因此工业规模的萃取塔用增加塔板数或高度来弥补轴向混合的作用。

萃取塔内的液体流动和传质比精馏塔等更为复杂，萃取塔的放大设计也因而更为困难，往往需要通过中间试验，但其条件尽量接近生产设备的操作条件，例如生产装置中的溶剂大多是经过回收之后循环使用的，试验装置中所用的溶剂也应经过类似的长期循环，以便与溶剂为杂质所污染的情况相似；另外考虑到分散相对制作萃取设备的材料的润湿性能，试验装置也应采用与生产装置相同的设备材料。

3.5.5 萃取设备的效率

前述理论级的计算是假设每级萃取设备中液-液两相达到平衡。但实际上由于两相接触时间有限不可能达到平衡，因而实际级的效率效能低于理论级，反映这种效能差异的物理量，就是级效率。级效率的表示法有多种，通常采用单级效率和总效率表示。

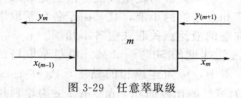

图 3-29 任意萃取级

（1）单级效率　如图 3-29 所示为一任意萃取级。$y_{(m+1)}$ 和 $y_{(m-1)}$ 分别表示自第（$m+1$）级和（$m-1$）级进入第 m 级的萃取相和萃余相的溶质质量分率，y_m 和 x_m 分别表示萃取分离后第 m 级流出的萃取相和萃余相的溶质质量分率。则以萃取相为基准的单级效率为：

$$\eta_E = \frac{y_m - y_{(m+1)}}{y_m^* - y_{(m+1)}} \tag{3-43}$$

式中，y_m^* 为与 x_m 成平衡的萃取相溶质质量分率。

由单级效率定义可知，它和精馏操作中的单板效率的物理意义相同。

（2）总效率　对于多级萃取设备，如各种萃取塔，常以总效率来表示整个设备的分离性能。总效率为完成要求的浓度变化所需理论级数与实际级数之比，即：

$$\eta_0 = \frac{N_T}{N_P} \tag{3-44}$$

式中，η_0 为设备内的总效率；N_T 为设备内相当的理论萃取级数；N_P 为实际的萃取级数或塔板数。

参 考 文 献

[1]　曹光明. 中药工程学. 北京：中国医药科技出版社，2001.

[2]　姚玉英. 化工原理. 天津：天津大学出版社，1999.

[3]　汪家鼎，陈家镛. 溶剂萃取手册. 北京：化学工业出版社，2001.

[4]　孙彦. 生物分离工程. 北京：化学工业出版社，2001.

[5]　王开毅，成本诚，舒万银. 溶剂萃取化学. 湖南：中南工业大学出版社，1991.

[6]　毛忠贵. 生物工业下游技术. 北京：中国轻工业出版社，1999.

[7]　李以圭，李明. 液-液萃取过程和设备. 北京：原子能出版社，1988.

[8]　何潮洪，冯霄. 化工原理. 北京：科学出版社，2001.

[9]　邵锡宸. 医药工程设计，1996，5：1.

[10]　Mishima K，et al. 日本溶剂萃取论文报告会，Ⅱ. 日本：福冈，1995.

[11]　Фомин В. В 著. 萃取动力学. 张帆译. 北京：原子能出版社，1988.

第 4 章　超临界流体萃取

4.1　概述

自 20 世纪 70 年代以来，基于超临界流体（supercritical fluid，简称 SCF 或 SF）的优良特性发展起来的 SCF 技术取得迅速发展。其中发展最早、研究最多并已有工业化产品的技术当属超临界（流体）萃取（supercritical fluid extraction，简称 SFE）。如德国 Zosel 博士成功地利用超临界二氧化碳（SC-CO_2）脱除咖啡豆中的咖啡因工艺成为超临界萃取的第一个工业化项目。自此以后，超临界萃取被视为环境友好且高效节能的新的化工分离技术在很多领域得到广泛重视和开发，如从天然物中提取高附加值的有用成分（天然色素、香精香料、食用或药用成分等），煤的直接液化，烃类中有选择地萃取直链烷烃或芳香烃，共沸物的分离，海水脱盐，活性炭再生，从高聚物中分离单体或残留溶剂，同分异构体的分离，天然产物中有害成分的脱除，有机物的稀浓度水溶液的分离以及超临界流体色谱分析等，上述研究涉及化工、能源、燃料、医药、食品、香料、环保、海洋化工、生物化工、分析化学等众多领域。尤其近年来，在我国实施中药现代化进程中，超临界萃取技术更受到国人的广泛重视，被视为环境友好的、可用于中药高效提取分离的新技术。

化工单元操作中，精馏是利用各组分挥发度的差别实现分离目的的，液-液萃取则利用萃取剂与被萃取物分子之间溶解度的差异将萃取组分从混合物中分开。而超临界流体由于兼有气体和液体的优良特性，由它作为分离介质（即萃取剂）的超临界萃取被认为是在一定程度上综合了精馏和液-液萃取两个单元操作优点的独特的分离工艺，其理论基础是流体混合物在超临界状态下的相平衡关系，其操作属于质量传递过程。

4.2　超临界（流体）萃取的基本原理

4.2.1　超临界流体的特性

一种流体（气体或液体），当其温度和压力均超过其相应临界点值，则称该状态下的流体为超临界流体。图 4-1 为纯组分的温度-压力关系示意图，图中所示的阴影部分是超临界流体的范围。同时，表 4-1 比较了超临界流体与气体和液体的一些物理性质。

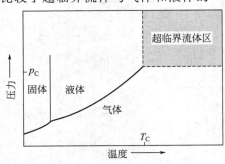

图 4-1　纯流体的压力-温度关系示意图

表 4-1　超临界流体与气体和液体性质的比较

性　　质	相　　态		
	气　体	超临界流体①	液　体
密度/(kg/m³)	1.0	$7.0×10^2$	$1.0×10^3$
黏度/(Pa·s)	$10^{-6}~10^{-5}$	10^{-5}	10^{-4}
扩散系数/(m²/s)	10^{-5}	10^{-7}	10^{-9}

① 在 32℃和 13.78MPa 时的二氧化碳。

结合图 4-1 与表 4-1 可归纳出超临界流体具有如下四个主要特性。

① 超临界流体的密度接近于液体。由于溶质在溶剂中的溶解度一般与溶剂的密度成比例，使超临界流体具有与液体溶剂相当的萃取能力。

② 超临界流体的扩散系数介于气态与液态之间，其黏度接近气体。故总体上，超临界流体的传递性质更类似气体，其在超临界萃取时的传质速率远大于其处于液态下的溶剂的萃取速率。

③ 当流体状态接近临界区时，蒸发热会急剧下降，至临界点处则气-液相界面消失，蒸发焓为零，比热容也变为无限大。因而在临界点附近进行分离操作比在气-液平衡区进行分离操作更有利于传热和节能。

④ 流体在其临界点附近的压力或温度的微小变化都会导致流体密度相当大的变化，从而使溶质在流体中的溶解度也产生相当大的变化。该特性为超临界萃取工艺的设计基础，可以通过图 4-2 所示的二氧化碳的对比压力（$p_r=p/p_c$）与对比密度（$\rho_r=\rho/\rho_c$）的关系加以说明。

图 4-2 中阴影部分为人们最感兴趣的超临界萃取的实际操作区域，大致在对比压力为 $p_r=1~6$，对比温度 T_r（$T_r=T/T_c$）为 0.9 与 1.4 之间。其中温度或压力稍低于临界值时的高压液体，称之为亚临界流体或近临界流体（sub-supercritical fluid 或 near-super-critical fluid）。亚临界流体密度高，其传递性质介于液体和超临

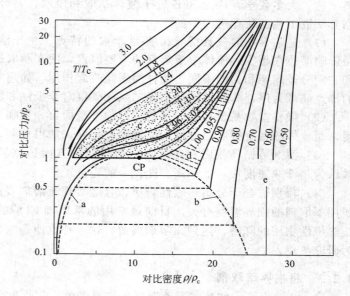

图 4-2　纯二氧化碳的对比压力-对比密度
a—沸点线；b—露点线；c—SCF 萃取区；d—亚临
界萃取区；e—一般液体的密度；CP—临界点

界流体之间。人们也常把这一区域的亚临界流体萃取包括在内而泛称为超临界萃取。在阴影部分所示区域里，超临界流体有极大的可压缩性。溶剂的对比密度可从气体般的对比密度（$\rho_r=0.1$）变化到液体般的对比密度（$\rho_r=2.0$）。例如，在 $1.0<T_r<1.2$ 时，等温线在相当一段密度范围内趋于平坦，即在此区域内微小的压力变化或温度变化都会相当大地改变超临界流体的密度。这样，超临界流体可在较高密度下对待萃取物进行超临界萃取；另一方面，又可通过调节压力或温度使溶剂的密度大大降低，从而降低其萃取能力，使溶剂与萃取物得到有效分离。

4.2.2 超临界萃取的特点

图 4-3 为最基本的超临界萃取工艺流程示意图：首先使溶剂通过升压装置 1（如泵或压缩机）达到超临界状态；而后超临界流体进入萃取器 3 与里面的原料（固体或液体混合物）接触进行超临界萃取；溶解于超临界流体中的萃取物随流体离开萃取器后再通过降压阀 4 进行节流膨胀以便降低超临界流体的密度，从而使萃取物与溶剂能在分离器 5 内得到分离。然后再使溶剂通过泵或压缩机加压到超临界状态并重复上述萃取-分离步骤，流体循环直到达到预定的萃取率。图中的换热器（2、6）主要确保所需流体的温度参数。

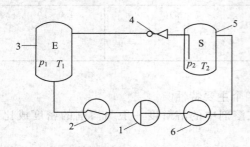

图 4-3 超临界萃取工艺流程示意图

1—升压装置；2,6—换热器；3—萃取器；
4—降压阀；5—分离器

在化工单元操作中，精馏是利用各组分挥发度的差别实现分离目的的，而液相萃取则利用萃取剂与被萃取物分子之间溶解度的差异将萃取组分从混合物中分开。超临界流体作为萃取剂由于兼有气体和液体的优良特性，超临界萃取工艺被认为在一定程度上综合了精馏和液-液萃取两个单元操作的优点，形成了一个独特的分离工艺。大多数学者认为 SFE 近于液体萃取和浸取，是经典萃取工艺的延伸和扩展。故超临界萃取工艺的特点可归纳如下。

（1）超临界萃取兼具精馏和液-液萃取的特点　由于溶质的蒸气压、极性及分子量大小是影响溶质在超临界流体中溶解度的重要因素，使在萃取过程中被分离物质间挥发度的差异和它们分子间亲和力的不同这两种因素同时起作用，如超临界萃取物被萃出的先后常以它们的沸点高低为序，非极性的超临界二氧化碳仅对非极性和弱极性物质具有较高的萃取能力。

（2）操作参数易于控制　仅就萃取剂本身而言，超临界萃取的萃取能力取决于流体的密度，而流体的密度很容易通过调节温度和压强来加以控制，这样易于确保产品质量的稳定。

（3）溶剂可循环使用　在溶剂分离与回收方面超临界萃取优于一般液-液萃取和精馏，被认为是萃取速度快、效率高、能耗少的先进工艺。

（4）特别适合于分离热敏性物质，且能实现无溶剂残留　超临界萃取工艺的操作温度与所用萃取剂的临界温度有关，目前最常用的萃取剂 CO_2 的临界温度由于接近室温，故能防止热敏性物质的降解，达到无溶剂残留。这一特点使超临界萃取技术用于天然产物的提取成为研究热点。

4.2.3 超临界萃取剂

表 4-2 给出了一些超临界萃取剂的临界参数。超临界萃取剂分为非极性和极性两类，它们适用的范围也有区别。

如前所述，在表 4-2 列出的超临界萃取剂中，非极性的二氧化碳是最广泛使用的萃取剂，迄今为止，约 90% 以上的超临界萃取应用研究均使用二氧化碳为萃取剂。这主要是由它的如下几个优异特性决定的。

① CO_2 的临界温度接近于室温（31.1℃），按超临界流体萃取过程中的通常萃取条件选择适宜的对比温度（$T_r = 1.0 \sim 1.4$）区域可知，该操作温度范围适合于分离热敏性物质，可防止热敏性物质的氧化和降解，使高沸点、低挥发度、易热解的物质远在其沸点之下萃取出来。

② CO_2 的临界压力（7.38MPa）处于中等压力，按超临界流体萃取过程中的通常萃取条件选择适宜的对比压力（$p_r = 1 \sim 6$）区域可知，就目前工业水平其超临界状态一般易于达到。

表 4-2 一些超临界流体的临界性质

萃取剂		临界温度/K	临界压力/MPa	临界密度/(kg/m³)
非极性试剂	二氧化碳	304.3	7.38	469
	乙烷	305.4	4.88	203
	乙烯	282.4	5.04	215
	丙烷	369.8	4.25	217
	丙烯	364.9	4.60	232
	丁烷	425.2	3.80	228
	戊烷	569.9	3.38	232
	环己烷	553.5	4.12	273
	苯	562.2	4.96	302
	甲苯	592.8	4.15	292
	对二甲苯	616.2	3.51	280
极性试剂	甲醇	512.6	8.20	272
	乙醇	513.9	6.22	276
	异丙醇	508.3	4.76	273
	丁醇	562.9	4.42	270
	丙酮	508.1	4.70	278
	氨	405.5	11.35	235
	水	647.5	22.12	315

③ CO_2 具有无毒、无味、不燃、不腐蚀、价格便宜、易于精制、易于回收等优点，因而，$SC-CO_2$ 萃取无溶剂残留问题，属于环境无害工艺。故 $SC-CO_2$ 萃取技术被广泛用于对药物、食品等天然产品的提取和纯化研究方面。

④ $SC-CO_2$ 还具有抗氧化灭菌作用，有利于保证和提高天然物产品的质量。

非极性萃取剂也包括低分子烃类溶剂（乙烯、丙烯、乙烷、丙烷、丁烷、戊烷等）及苯、甲苯、对二甲苯等芳烃化合物。它们在超临界状态下是许多溶质的优良萃取剂。但低分子烃类溶剂的缺点是易燃，故需进行防爆处理。文献报道超临界丙烷-丙烯混合物可用于渣油脱沥青工艺。超临界萃取剂乙烷可用于废油的提炼过程。芳烃化合物的临界温度高达300℃左右，故其仅在高温操作下才能用作超临界萃取剂。

对于极性溶剂，水是自然界中应用最广、最安全的溶剂。当水处于超临界流体状态时，能与非极性物质，如烃和其他有机物完全互溶；而无机物特别是盐类在超临界水中的溶解度却很低。超临界水也可与空气、氧气、氮气、氢气、二氧化碳等气体完全互溶。它的上述性质似乎都与其在常温常压下的性质发生了"反转"。由于超临界水的临界压力和临界温度均很高，目前超临界水主要是作为有机物的萃取剂，使有害有机物质和超临界水相中的氧进行氧化反应，达到消除有害有机物质的目的。超临界水氧化法作为新的废水处理技术展示了很强的工业应用前景。但超临界水的较高的临界压力和临界温度对设备材质的耐压、耐温及耐腐蚀性等要求会更苛刻。

虽然早在 1879 年，Hannay 和 Hogarth 就发现超临界乙醇可通过调节压强、温度使某些无机盐溶解或沉淀于其中。但像甲醇、乙醇、丁醇、丙酮等极性有机溶剂的临界温度较高，所以在对天然产物的 SFE 加工过程中限制了它们单独作为超临界萃取剂的实际使用。但它们却常被用作夹带剂成分加入到超临界萃取主溶剂中，以便改进单一组分的超临界溶剂对溶质的溶解度和/或选择性。

4.2.4 超临界萃取工艺类型

超临界萃取工艺设计依分离条件不同，一般分为降压法、变温法和恒温恒压吸附法三种基本类型。它们又依萃取与分离的流体相态的区别进一步划分为更多的模式，表 4-3 给出了常见的七种操作模式。

表 4-3　超临界流体萃取过程的操作模式

模型特点	类型号	参数调节		萃取状态	分离状态
		压力 p	温度 T		
降压	1	$p_1 > p_c > p_2$	$T_1 > T_c > T_2$	SCF	气-液混合物
	2	$p_1 > p_c > p_2$	$T_1 < T_c > T_2$	亚临界流体	气-液混合物
	3	$p_1 > p_c > p_2$	$T_1 \geqslant T_2 > T_c$	SCF	气体
	4	$p_1 > p_2 > p_c$	$T_1 \geqslant T_2 > T_c$	SCF	SCF
变温	5	$p_1 = p_2 > p_c$	$T_1 > T_2 > T_c$	SCF	SCF
	6	$p_1 = p_2 > p_c$	$T_1 < T_2 > T_c$	SCF	SCF
恒温恒压吸附	7	$p_1 = p_2 > p_c$	$T_1 = T_2 > T_c$	SCF	SCF

　　从节能观点分析，模式 1 会由于存在液态溶剂在分离罐的蒸发而消耗大量热能，故将分离压力设定过低一般并非必要。但模式 1 通过液面控制分离条件而更易使操作稳定，因而模式 1 较模式 3 和模式 4 更常被使用。

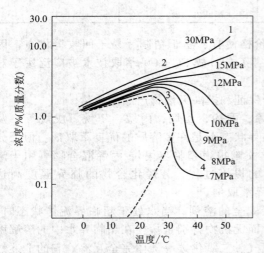

图 4-4　萘在 SC-CO_2 中的溶解度

　　模式 5 和模式 6 属于等压变温操作。其分离温度应大于还是小于萃取温度取决于溶质在超临界流体中的溶解度与温度的关系。温度对溶质溶解度的影响受两个竞争因素制约：提高温度会使液体溶质的蒸气压或固体溶质升华压增大从而使溶质在超临界流体中的溶解度提高；但提高温度也同时使超临界流体的密度下降从而会降低溶质在超临界流体中的溶解度。图 4-4 为萘在 SC-CO_2 中不同温度下的溶解度，可用来说明变温分离的模式 5 和模式 6。

　　如图 4-4 所示，压力在 15MPa 以上时，CO_2 的密度对温度不敏感，溶质的蒸气压（或升华压）对溶质在超临界流体中的溶解度起主导作用。因而此时萘在超临界 CO_2 中的溶解度随温度的提高几乎呈线性增加。而压力在

12MPa 以下时，特别是压力为 7～8MPa，也即临界压力附近时，温度的微小变化导致大幅度的密度下降，此时密度对溶质在超临界流体中的溶解度起主导作用，形成溶质溶解度随温度的提高而下降的所谓"逆向冷凝区"。因而，可采用萃取和分离压力恒定在 30MPa 不变，通过 55℃ 的萃取温度和 32℃ 的分离温度（从 1 到 2）使萘进行超临界萃取与分离；也可在压力为 8MPa 和温度为 32℃ 的条件下萃取，而后再等压升温到 42℃（由 3 到 4）进行分离。

　　模式 7 属于等温等压操作，故流体不需反复升压与降压操作，从而操作简单又节能。但此模式的分离取决于高压下吸附剂的吸附性能和选择性。而超临界状态下吸附热力学和动力学的实验数据缺乏，理论研究也有待深入。另外，若萃取物为目的产品，则还需增加萃取物的脱附操作。

　　上述这些模式各有优缺点，实际应用中常根据具体物系的需要单独或联合使用。

4.2.5　使用夹带剂的超临界 CO_2 萃取

　　单一组分的超临界溶剂对溶质的溶解度和选择性常有较大的局限性，例如，对 CO_2 的

分子结构及分子间力的研究表明，CO_2 分子属于直线型的非极性分子，偶极矩为零。其极化率为 $26.5 \times 10^{-25} cm^3$，该值比除甲烷以外的其他烷烃的极化率均小。同时 CO_2 的极性随压力的变化增大也无明显增加。因此，非极性的 CO_2 只能有效萃取分子量较低的非极性的亲脂性物质，且选择性不高，萃取物常常是混合物。在用 CO_2 萃取极性溶质时，溶解度太小，一次萃取量很低。CO_2 本身的分子结构和物理特性限定了它的溶剂功能，因而单靠大幅度地提高压力和改变温度等方法不能达到明显提高 CO_2 溶解功能的目的。为提高单一组分的超临界溶剂对溶质的萃取能力，依待萃溶质的不同，适量加入适当的非极性或极性溶剂作共同试剂（co-solvent），即夹带剂（entrainer，又称改性剂，modifier，本文统称为夹带剂），是拓宽 SFE 技术应用范围的有效途径。

夹带剂的作用主要有两点：一是可大大增加被分离组分在超临界流体中的溶解度；二是在加入与溶质起特定作用的适宜夹带剂时，可使该溶质的选择性（或分离因子）大大提高。夹带剂可分为两类：一类是混溶的超临界溶剂，其中含量少的被视为夹带剂；另一类是将亚临界态的有机溶剂加入到纯超临界流体中。随加入量的不同，它们可能形成单一相混溶态的超临界混合流体，也可能为由超临界流体夹带部分液相的两相的混合溶剂，但一般不希望出现后一种情况。夹带剂可从两个方面影响溶质在超临界气体中的溶解度和选择性：一是溶剂的密度；二是溶质与夹带剂分子间的相互作用。一般来说，少量夹带剂的加入对溶剂气体的密度影响不大，而影响溶解度与选择性的决定因素就是夹带剂与溶质分子间的范德华作用力或夹带剂与溶质有特定的分子间作用，如形成氢键及其他各种化学作用力等。另外，在溶剂的临界点附近，溶质溶解度对温度、压力的变化最为敏感，加入夹带剂后，混合溶剂的临界点相应改变，如能更接近萃取温度，则可增加溶解度对温度、压力的敏感程度。

夹带剂的选择应考虑三个方面：一是在萃取段需要夹带剂与溶质的相互作用能改善溶质的溶解度和选择性；二是在溶剂分离段，夹带剂与超临界溶剂应能较易分离，同时夹带剂应与目标产物也能容易分离；第三个方面是在食品、医药工业中应用还应考虑夹带剂的毒性等问题，使用的夹带剂不能对原料和药品造成污染。夹带剂与溶质的相互作用可参照液液萃取过程萃取剂的选择方法，或从溶解度参数、Lewis 酸碱解离常数、夹带剂与溶质作用后吸收光谱的变化等方面来考虑。更深入了解可参考相关专著。

与单一组分的超临界萃取-分离过程相似，使用夹带剂的超临界萃取的分离也可通过降压、升温或恒温恒压吸附使溶质与溶剂分离，只是要保证降压或升温的程度足以使混溶态的超临界流体进入其气-液平衡区，以保证夹带剂变为液态后与萃取出的溶质在分离柱内与变成气态的主萃取剂分离。工艺要求变成气态的主萃取剂中几乎不含夹带剂，以避免萃取物不能有效分离而随气态萃取剂循环进入萃取柱。

使用夹带剂 SFE 过程拓宽了超临界萃取技术的应用范围，特别是当被萃取组分在超临界溶剂中溶解度很小或需要高度选择性萃取时，夹带剂的应用是非常有效的。同时由于提高溶质在其中的溶解度而提高了溶剂的萃取能力并减小了所需的溶剂量，也使所需压强大大降低。但夹带剂使溶质与溶剂的分离变得复杂，需要专门的回收系统，如蒸发、精馏等操作单元的使用，远不如使用单一 SCF 的工艺过程来得简单。故在超临界萃取中，只要有可能，应尽量避免使用夹带剂。超临界萃取工艺是否需要夹带剂应权衡利弊而定。

4.3 溶质在超临界流体中的溶解度

4.3.1 溶质在超临界 CO_2 中的溶解度规则

一些学者通过实验研究归纳出各种溶质在超临界 CO_2 中的溶解度规则，为定性地认识溶质在超临界 CO_2 中的溶解度与选择性的规律提供了参考。

① 溶质在亚临界 CO_2 和超临界 CO_2 中的溶解度值一般相差约一个数量级左右，但从未发现过任何一种物质在亚临界状态 CO_2 中不溶解但却在超临界状态下溶解的现象，表明溶质在亚临界状态与超临界状态下的 CO_2 中的溶解度行为具有连续性。

② CO_2 有极强的均一化作用。研究表明至少有 140 种化合物可与 CO_2 在中等压力和室温下形成均相的混溶态，即液态的及超临界态的 CO_2 能与众多非极性、弱极性溶质相混溶。如碳原子数小于 12 的正构烷烃，碳原子数小于 10 的正构烯烃，主链碳原子小于 6 的低碳醇，主链碳原子数小于 10 的低碳脂肪酸，酸主链碳原子数小于或等于 12 和醇主链碳原子数小于或等于 4 所生成的酯类化合物，碳原子数小于 7 的低碳醛，碳原子数小于 8 的低碳酮，碳原子数小于 4 的低碳醚等，它们均可与亚超临界和超临界 CO_2 以任意比例相混溶。

③ 液体及超临界 CO_2 对上述提到的脂肪烃和低极性的亲脂性化合物虽然显现出优异的溶解性能，但随着碳原子数的增加，也即随着链长与分子量的增加，其在液体及超临界 CO_2 中的溶解度会由完全混溶转为部分溶解，溶解度逐渐下降。

④ 强极性官能团（如—OH、—COOH）的引进会使化合物溶解度降低，故多元醇、多元酸及多个羟基、羧基芳香物质均难溶于压缩 CO_2。如乙二醇、甘油和多酚类物质在液体及超临界 CO_2 中溶解度极低。

⑤ 液态及超临界态的 CO_2 对于大多数矿物无机盐、极性较强的物质（如糖、氨基酸以及淀粉、蛋白质等）几乎不溶，在用亚超临界和超临界 CO_2 萃取时它们会留在萃余物中。

⑥ 液态及超临界态 CO_2 对相对分子质量超过 500 的高分子化合物几乎不溶。

4.3.2 溶质在超临界流体中溶解度计算方法

超临界状态下的流体相平衡热力学是研究超临界萃取过程的理论基础。由于人们对超临界流体的性质及高度不对称混合物中各组分分子间的相互作用还缺乏深入了解，目前还不能对超临界系统相平衡作出热力学的定量描述，最多只能对个别体系作半定量的关联和预测。目前处理相平衡和溶解度计算的方法大致有四类。① "压缩气体模型"。即将超临界流体视为"压缩气体"，通过已有的气体理论（如立方型状态方程、扰动硬球方程、对应状态原理、晶格气体模型等）计算溶质在超临界流体中的逸度系数，从而计算出溶质在超临界流体中的溶解度。② "膨胀液体模型"。即将超临界流体视为"膨胀液体"，利用各种溶液理论（如正规溶液理论等）计算溶质在超临界流体中的活度系数，从而可计算出溶质在超临界流体中的溶解度。③实验关联法。利用实验数据关联出一定适应条件的方程。④计算机模拟。

下面以固体-SCF 系统为例，对前三种计算方法进行介绍。而计算机模拟计算超临界流体系统的相平衡是从分子水平根据分子间相互作用势能函数模型，以统计热力学的方法提出，这里不做深入介绍。另外，对于液体-SCF 系统或更复杂的系统需参考相关专著。

4.3.2.1 压缩气体模型

任何用来计算溶质-SCF 系统相平衡的数学模型，一定要满足两个平衡相间的热力学关系式，即：

$$f_i^{\text{I}} = f_i^{\text{II}} \qquad i = 1, 2, 3, \cdots, n \tag{4-1}$$

式中，f_i 是 i 组分的逸度；I 和 II 分别表示不同的相态。

对于固体-SCF 系统的相平衡，式(4-1) 则变成：

$$f_i^{\text{S}} = f_i^{\text{F}} \qquad i = 1, 2, 3, \cdots, n \tag{4-2}$$

式中，S 和 F 分别代表固态溶质和 SCF 相。

对于固相一般看做纯固体，固体溶质 i 的逸度由下式给出：

$$f_i^S = p_i^S \phi_i^S \exp\left(\int_{p_i^{sub}}^p \frac{V_i^S \mathrm{d}p}{RT}\right) \tag{4-3}$$

式中，p_i^S 为纯固体 i 在系统温度 T 下的饱和蒸气压；V_i^S 为固体 i 的固体摩尔体积；ϕ_i^S 为在系统温度 T 和压力 p_i^S 下的固体组分 i 的逸度系数；R 为普适气体常数；T 为系统温度（绝对温度）；p 为系统压力，即总压。

而组分 i 在超临界流体相中的逸度可以表示为：

$$f_i^F = \phi_i^F y_i p \tag{4-4}$$

式中，y_i 为组分 i 在 SCF 相中的摩尔分数，即组分 i 在 SCF 相中的溶解度；ϕ_i^F 为组分 i 在 SCF 相中的逸度系数；p 为系统压力，即总压。

根据式(4-2)、式(4-3) 和式(4-4)，解出 y_i，即固体 i 在 SCF 中的溶解度为：

$$y_i = \frac{p_i^S}{p} E \tag{4-5}$$

其中

$$E = \frac{\phi_i^S}{\phi_i^F} \exp\left(\int_{p_i^{sub}}^p \frac{V_i^S}{RT} \mathrm{d}p\right) \tag{4-6}$$

此外，有

$$\sum_i y_i = 1 \tag{4-7}$$

E 值总是大于 1，故称为增强因子（enhancement factor），E 表征压力对固体溶质在气体中溶解度增强程度的度量。因为当 $E \to 1$，即 $p \to p_i^{sub}$ 时，组分 i 在气体中的溶解度变回到其在理想气体中的溶解度。

对于固体-SCF 系统相平衡，一般可认为：①流体相不溶于固相；②固体摩尔体积 V_i^S 不随压力变化；③ p_i^S 总比 p 小得多；④ ϕ_i^S 表征有纯固体的饱和蒸气压而引起的非理想性，由于 p_i^S 很小，故 $\phi_i^S \to 1$。根据上述约定，可简化增强因子 E 为：

$$E = \frac{1}{\phi_i^F} \exp\left(\frac{V_i^S p}{RT}\right) \tag{4-8}$$

则有

$$y_i = \frac{p_i^S}{p} E = \frac{p_i^S \exp(V_i^S p / RT)}{\phi_i^F p} \tag{4-9}$$

鉴于 p_i^S、V_i^S 都是物性数据，式中至关重要的是 ϕ_i^F 的计算，根据 Prausnitz 导出的计算组分 i 在气体或 SCF 相中的逸度系数的关系式如下：

$$\ln\phi_i = \frac{1}{RT} \int_V^\infty \left[\left(\frac{\partial p}{\partial n_i}\right)_{T,V,n_j \neq n_i} - \frac{RT}{V}\right] \mathrm{d}V - \ln z \tag{4-10}$$

式中，V 是系统的总体积；n_i、n_j 分别是组分 i 和 j 的摩尔数；z 是压缩因子。

式(4-10) 表明，计算逸度系数需要采用适当的状态方程。

"压缩气体模型"是将超临界流体视为"压缩气体"，利用状态方程来计算溶质的逸度系数。由于在流体近临界区 p、T 对 SCF 的密度影响较大，故在选择状态方程时，力求该方程对 SF 的密度计算非常精确。

目前最常用的几个状态方程为 R-K(Redlich-Kwong) 方程、P-R(Peng-Robinson) 方程和 Soave 方程，均为立方型方程，是在 Van der Waals 状态方程基础上的改进，并可用如下方程表示：

$$p = \frac{RT}{V-b} - \frac{a}{V^2 + ubV + wb^2} \tag{4-11}$$

式中，u、w 值和系数 a、b 值见表 4-4。

表 4-4　四个立方型状态方程的常数值

方程	u	w	a	b
Van der Waals	0	0	$\dfrac{27R^2 T_c^2}{64 p_c}$	$\dfrac{RT_c}{8 p_c}$
Redlich-Kwong	1	0	$\dfrac{0.42748 R^2 T_c^{2.5}}{p_c T^{0.5}}$	$\dfrac{0.08664 RT_c}{p_c}$
Soave	1	0	$\dfrac{0.42748 R^2 T_c^{2.5}}{p_c}[1+f(w)(1-T_r^{0.5})]^2$ 其中 $f(w)=0.48+1.574w-0.176w^2$	$\dfrac{0.08664 RT_c}{p_c}$
Peng-Robinson	2	-1	$\dfrac{0.45724 R^2 T_c^{2.5}}{p_c}[1+f(w)(1-T_r^{0.5})]^2$ 其中 $f(w)=0.437464+1.54226w-0.26992w^2$	$\dfrac{0.07780 RT_c}{p_c}$

式中 a 是相互作用因子，b 为尺寸因子，利用纯物质的临界参数和偏心因子可以计算出，而混合物的 a_m 和 b_m 需利用混合规则计算，如：

$$a_m = \sum_i^N \sum_j^N x_x x_j a_{ij} \tag{4-12}$$

其中

$$a_{ij} = (1-k_{ij})(a_i a_j)^{1/2} \tag{4-13}$$

$$b_m = \sum_i^N \sum_j^N x_x x_j b_{ij} \tag{4-14}$$

其中

$$b_{ij} = (1-L_{ij})\left(\frac{b_i+b_j}{2}\right) \tag{4-15}$$

式中，k_{ij} 是组分 i 和 j 的可调相互作用参数；L_{ij} 为组分 i 和 j 的可调尺寸参数，需要通过对实验数据拟合求得。

通过上述方程计算逸度系数后，就可利用式(4-5) 或式(4-9) 计算出固体溶质在超临界流体中的溶解度。

立方型方程简单易用，但很难代表纯超临界流体在其临界区域的相行为，且可调参数 k_{ij} 必须由已有的相平衡数据关联。对于固体-SCF 系统，由于两组分的临界温度相差甚远，故 k_{ij} 缺乏应有的规律性。此外，立方型方程的计算还需要大量的物性数据。

除立方型方程外，人们也开发出了其他方程，如维里方程、微扰硬球模型方程、格子模型方程以及标度律方程等。

4.3.2.2　膨胀液体模型

"膨胀液体模型"将超临界液体视为"膨胀液体"，在给定温度下，二元系统中固体溶质在 SCF 相中的逸度可写为：

$$f_2^F = y_2 \gamma_2 f_2^{OL} \exp\left[\int_{p^0}^{p} \frac{\overline{V_2^L}}{RT} \mathrm{d}p\right] \tag{4-16}$$

式中，γ_2 为在参考压力 p^0 下的活度系数，在 T 和 p^0 时为组成的函数；f_2^{OL} 为组分 2 的参考态逸度，是纯组分 2 在温度 T 和参考压力 p^0 时的逸度；$\overline{V_2^L}$ 为组分 2 在流体相中的偏摩尔体积。

压力的影响由 Poynting 因子来校正。组分 2 在固相中的逸度表示为：

$$f_2^S = f_2^{OS} \exp\left[\frac{V_2^S(p-p^0)}{RT}\right] \tag{4-17}$$

根据在相平衡时，组分 2 在两相中的逸度相等的原理，可得出溶质在 SCF 相中的溶解度为：

$$y_2 = \frac{f_2^{OS} \exp\left[\dfrac{V_2^S(p-p^0)}{RT}\right]}{f_2^{OL} \gamma_2 \exp\left[\displaystyle\int_{p^0}^{p} \dfrac{\overline{V_2^L}}{RT}\,\mathrm{d}p\right]} \tag{4-18}$$

其中 f_2^{OS}/f_2^{OL} 可表达为：

$$\ln \frac{f_2^{OS}}{f_2^{OL}} = \left(\frac{\Delta H_2^f}{R}\right)\left(\frac{1}{T_{m_2}} - \frac{1}{T}\right) - \frac{1}{RT}\int_{T_{m_2}}^{T} \Delta C_{p_2}\,\mathrm{d}T + \int_{T_{m_2}}^{T} \frac{\Delta C_{p_2}}{RT}\,\mathrm{d}T - \int_{p^0}^{p} \frac{\Delta V_2}{RT}\,\mathrm{d}p \tag{4-19}$$

式中，T_{m_2} 为组分 2 的熔点；ΔH_2^f 为组分 2 在熔点温度下的熔融热；$C_{p_2}^L$、$C_{p_2}^S$ 为组分 2 的液相和固相的等压热容。

$$\Delta C_{p_2} = C_{p_2}^L - C_{p_2}^S$$
$$\Delta V = V_2^L - V_2^S$$

式(4-18)是"膨胀液体"模型的工作方程，除了要具备上述有关的物性数据外，尚需知道 γ_2 和 $\overline{V_2^L}$。"膨胀液体模型"的主要优点是通过对参考态的选择，避开了在临界区对固体溶质偏摩尔体积 V_2 的积分，提高了积分精度，而"压缩气体模型"的积分下限为绝对零压，要求状态方程在临界区积分准确，许多状态方程很难达到这一要求。该模型的主要缺点是需要计算两个热力学变量（γ_2，$\overline{V_2^L}$），而有关参考态 γ_2 的计算方法甚少报道。较成功的是 Ziger 和 Eckert 利用正规溶液理论（regular solution theory）和 VDW 方程，推导出有关增强因子 E 的计算表达式如下：

$$\lg E = \eta\{\varepsilon_2^*(\Delta/y_1)[2-(\Delta/y_1)] - \lg(1+\delta_1^2/p)\} + r \tag{4-20}$$

式中，y_1 为流体相中溶剂的摩尔分数；$\varepsilon_2^* = \dfrac{\delta_2^2 V_2^L}{2.3RT}$，无因次能量参数，与纯组分溶质性质和温度有关；$\Delta = \delta_1/\delta_2$；$\delta$ 为溶解度参数（内聚能密度的均方根）；η、r 为经验参数。

式(4-20)中的两个经验参数 η、r 是在理论推导的基础上采用普遍化方法引入的，大括号内的内容作为变量时，则 η 和 r 应为式(4-20)的斜率和截距。该式较成功地关联了一些溶质在超临界 CO_2 和 C_2H_4 等溶剂中的溶解度。

"压缩气体模型"和"膨胀液体模型"计算过程比较繁冗，需要大量溶质的物化参数，如临界参数 T_c、p_c、偏心因子 w、偏摩尔体积 V_2 和饱和蒸气压 p^S 等，而难挥发的固体溶质以及一些未达到熔点就降解的物质的这些参数常不能从文献或参考书中得到，采用估算方法误差会过大，因此限制了它们的使用。

4.3.2.3　实验关联法

实验关联法多利用最小二乘法，对已有实验数据进行关联拟合并要求其误差达到极小值，得到一定使用范围的关联方程。实验关联法常以实验条件如温度、压力为变量，建立与固体在超临界流体的溶解度的函数关系。如式(3-22)和式(3-23)是文献报道的两个 $\ln y_2$ 与压力和温度的关联式。

$$\ln y_2 = D_0 + D_1 p + D_2 p^2 + D_3 pT + D_4 T + D_5 T^2 \tag{4-21}$$

式中，$D_0 \sim D_5$ 为模型参数。

目前也有不少以密度为变量的半经验半理论方程用于实验关联。例如，Chrastil 对溶质的溶解度与 SC-CO₂ 的密度进行了关联。该模型假定 SF-CO₂ 分子与溶质分子缔合形成溶解络合物，经推导得到下列方程：

$$C = \rho^k \exp\left(\frac{a}{T} + b\right) \tag{4-22}$$

式中，C 为溶质在 SCF 中的溶解度，g/L；ρ 为流体的密度，g/L；a、b、k 为经验常数。

式(4-22) 中的经验常数由于是在理论推导中最后引入的，在一定程度上具有某些物理意义。如，k 代表络合物中 SC-CO₂ 分子的平均缔合数；$a = \Delta H/R$，取决于溶质的溶解焓；$b = \ln(M_S + kM_{SF}) + q - k\ln M_{SF}$，取决于溶质分子的摩尔质量、超临界流体的摩尔质量和 k 的大小等，该方程是目前最常用的半经验方程。

实验关联法由于是对一定条件下的实验数据进行关联，故有一定的使用范围。优点是无需使用大量的溶质物化参数，其主要缺点是所得公式的参数物理意义不明确，也不能预测范围以外的溶质溶解度。

4.4 超临界萃取过程的质量传递

超临界流体的相平衡只能说明萃取过程能否进行以及进行的极限，不涉及萃取过程进行的速率，也不涉及萃取过程所需的设备。萃取过程进行的速率决定于质量传递的速率。例如，对于天然产物的超临界 CO₂ 萃取过程通常是在固体物料的填充床层中进行的，不仅流体的流型非常复杂，相应的热力学数据也难以获得，并且天然产物的成分纷繁复杂，在不同的温度和压力下萃取物的组分有很大的不同，因此，相对于超临界流体相平衡及溶解度的研究，对超临界流体传质过程及扩散系数的研究显得薄弱，对超临界萃取传质模型的研究显得薄弱。目前对超临界萃取过程的质量传递主要是基于化工的传递过程原理结合超临界流体的特性，通过适当修正与简化加以应用。

由于超临界流体萃取在医药领域多用于中药脂溶性有效成分的提取，本节重点对超临界流体萃取固体溶质的传质过程进行介绍。

4.4.1 影响超临界萃取过程传质的因素
一般认为固体溶质是以物理、化学或机械的方式固定在多孔的基质上。例如从植物种子中萃取挥发油时，可溶组分（萃取物）必须先从其在基体上的束缚状态解脱下来，再扩散通过多孔结构，最后扩散通过停滞的外流体层进入流体相。在设计和放大到工业规模时需要总过程的传质速率知识，一般来说，该速率是由内扩散和外扩散之和来控制的。

许多学者认为，对超临界萃取天然产品一般认为可用如下四步描述传质过程：①超临界流体扩散进入天然基体的微孔结构；②被萃取成分在天然基体内与超临界流体发生溶剂化作用；③溶解在超临界流体中的溶质随超临界流体经多孔的基体扩散至流动着的超临界流体主体；④萃取物与超临界流体主体在流体萃取区进行质量传递。上述四步中哪一步为控制步骤取决于待萃溶质、基体以及存在于待萃溶质-基体之间作用力的类型和大小。由于超临界流体具有较高的扩散系数，而一般高沸点溶质在超临界流体中的溶解度很低，故上述中③常为控制步骤。

影响超临界流体萃取率的主要因素包括萃取压力、萃取温度、萃取时间、溶剂与物料的流量比和溶剂流速等。从传质角度看：①提高温度可增大溶质蒸气压（或升华压），从而利于提高其挥发度和扩散能力及提供待萃溶质克服其解离时动能势垒所需的热能。但提高温度也会降低超临界流体密度而减小其萃取能力，且过高的萃取温度还会使热敏性物质产生降解，故温度对溶质在超临界流体中溶解度的影响受这两种效果相反的竞争因素制约。②恒定温度下压力的提高会增加超临界流体的密度，从而提高超临界流体的萃取能力，但压力受设备条件的限制。③适当增大流速和超临界流体溶剂与原料比会提高传质速率，但流速过快会使萃取溶剂停留时间过短，造成与被萃取物的接触时间减少。④超临界萃取是一种典型的高的溶剂/进料比、高空速和低黏度下的操作，凡是能增加溶剂扩散系数、减少扩散距离和消除扩散障碍的措施都会增加传质速率。

如果由内部传质机理来构成萃取过程的控制步骤，植物物料的粒度分布将会显著影响达到预定产率所需的萃取时间。在这种情况下，不同尺寸粒子的萃取将在很大程度上与扩散途径有关。而且不同粒子尺寸分布会产生不同形状的提取产率曲线。如果外部传质或溶解度平衡是过程的控制步骤，粒子尺寸就不会对萃取速率有过多的影响。如果施加的平衡条件或外部传质机理是萃取过程的主要阻力因素时，则溶剂流率会控制萃取；相反，如果内部传质阻力控制萃取过程，溶剂流率对萃取过程动力学的影响就可忽略。不同的传质机理可能在超临界萃取的不同阶段中起控制作用。

4.4.2　超临界萃取过程传质模型

建立准确可靠的数学模型对于 SC-CO₂ 萃取过程最佳操作条件的确定有着重要的指导意义。传质模型主要有经验模型和理论模型，根据模型建立的理论依据不同，理论模型又分为类比传热模型以及微分质量守恒模型。

微分传质模型是目前最主要的理论模型，文献中报道的大多数萃取传质模型多是根据萃取过程以及萃取床层中的微分质量平衡关系建立的。将萃取介质分为两相：其一是固体相，即固体物料，溶质的载体；其二为流体相，即溶解有溶质的超临界溶剂相。SC-CO₂ 萃取过程可以认为是固体颗粒填充在圆柱形的萃取床内，溶剂沿轴向通

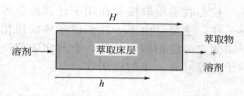

图 4-5　超临界 CO₂ 萃取系统

过床层，从固体表面带走可溶性的溶质，见图 4-5。萃取过程中，两相都充满了整个萃取床层。微分质量平衡模型一般都是基于以下的前提假设而建立的：①萃取物视为单一化合物；②床层中的温度、压力、溶剂密度以及流率都视为恒定不变；③溶剂在萃取釜入口处不含有溶质；④固体床层的粒度以及溶质的初始分散度都是均一的。在这些前提下，按照质量衡算通式：输入＝输出＋累积，可建立固体相和流体相的质量平衡方程。

按上述条件建立的质量平衡方程是较为复杂的偏微分方程，需要知道相平衡关系、初始条件和边界条件等且求解困难。目前文献报道的不同的微分传质模型（如两相模型、核心收缩浸取模型、完整与破碎细胞模型以及解吸附模型等）都是根据不同的物质结构特征，提出不同的假设并对传质过程进行合理简化，以便能进行模拟与计算。

例如，在核心收缩浸取模型（shrinking-core leaching model）中，设想由被萃取物质（溶质）组成的大部分粒子，很可能借助机械力或毛细管力以凝聚态的形式存在于固体基体大孔之中，而且可以预期萃取度将是固体基体中溶剂可利用的孔隙率的函数。对此情况可做如下的简单分析：在核心物体中有许多孔，所有的孔中都充满了要萃取的物质，在核心部分与外界部分间存在着明显的界面，但在孔中充满了部分饱和的溶剂。研究者认为这是一幅近乎真实的 SCF 萃取固体时的物理图像，且认为在固体或液体萃取物中溶剂的扩散系数要比溶剂中萃取物的扩散系数小几个数量级。该模型与非均相流体-固体反应中的核心收缩模型相仿。在此物理图像的基础上，经过推导得出了溶质通过粒子-溶剂界面进入流体的质量通量 n_2 为：

$$n_2 = \frac{\mathrm{Bi}(1-c)\cdot}{\mathrm{Bi}(1/r_c - 1) + 1} \tag{4-23}$$

式中，Bi 为 Biot 数，$Bi=Rk_m/D_{eff}$；R 为粒子的半径；k_m 为粒子-溶剂界面的外传质系数；D_{eff} 为在多孔基质中的有效扩散系数；c 为溶质在流体主体中的浓度；r_c 为未浸取核心物质的无量纲半径，未萃取前 $r_c=1$，完全萃取后 $r_c=0$，此时的时间即为萃取时间。

初始的质量通量（$r_c=1$，$c=0$）为：

$$n_2(t=o)=Bi \tag{4-24}$$

核心物质的半径是时间的函数，有如下方程：

$$N\left[\frac{Bi-1}{3}(r_c^3-1)-\frac{Bi}{2}(r_c^2-1)\right]=Bi(1-c)t \tag{4-25}$$

$$N=\varepsilon\rho\omega_c/(c^*-co)$$

式中，N 为在核心物质中被萃取物质的质量浓度与在平衡时溶剂相中该物质质量浓度之比；ε 为固体基质的孔隙度；ρ 为核心物质（固体基质＋溶质）的密度；ω_c 为在核心物质中溶质的含量；c^* 为在大孔中溶质的平衡浓度。

令 $r_c=0$，则式（4-25）可写为：

$$t_{ex}(r_c=0)=\frac{N}{Bi(1-c)}\left[\frac{1}{3}+\frac{Bi}{6}\right] \tag{4-26}$$

式（4-26）可用来计算完全萃取的时间 t_{ex}。

核心收缩浸取模型在用于计算超临界二氧化碳萃取植物种子油的萃取时间时比实验值要小一些，主要是由于一些假设条件的简化和一些数据的不具备，如其中的空隙率/曲折率由于难测定而使用假定值等，会与实验值产生误差，但该模型对超临界萃取某些固体溶质（如种子油等）有一定的适用性。

4.5 超临界萃取技术的应用

4.5.1 超临界萃取工艺的设计

超临界萃取工艺流程按其输送设备类型可分为使用压缩机和使用高压泵两种形式。使用压缩机的优点在于经分离回收后的萃取剂不需冷凝成液体就可循环利用，但必须配置中间冷却系统以降低压缩过程所产生的大的温升。使用高压泵要求超临界流体在进泵前必须冷凝为液体以避免"气蚀"现象发生。目前大型设备多使用高压泵。

超临界萃取工艺流程按操作方式可分为间歇式和连续并流（或逆流）萃取流程。对于固体物料一般采用前者，为实现半连续流程多采用几个萃取器并联操作，如大型工业装置多采用 3 个萃取器并联方式，当一个操作运行时，另两个可分别装料和卸料。对于液体物料采用连续进料的塔式逆流萃取流程更为方便和经济。为提高萃取物的选择性和得到不同的组分产品，也可串联分离器进行不同参数条件下的多级萃取和多级分离。

萃取操作参数包括萃取压强、温度、萃取时间、溶剂与物料流量比和溶剂流速等；分离操作参数包括分离温度、压强、相分离要求及过程中溶剂的回收和处理等。当使用夹带剂时，还需考虑加入夹带剂的速率、夹带剂与萃取产物的分离方式及回收方式等。

当超临界萃取应用于食品及医药等产品时，对设备部件及管道的表面光滑度、耐腐蚀性、是否易清洗等有更高要求。为保证超临界萃取过程能经济、高效、稳定地运行，还需要装有数据测量与采集及报警等安全控制系统。

图 4-6 给出了用于萃取固体物料的超临界萃取中试规模的工艺流程简图，其中包括 CO_2 加压系统、CO_2 循环系统、夹带剂系统、两个萃取器和一个分离器。

4.5.2 超临界萃取在天然产物加工中的应用

超临界萃取技术最早的应用是天然产物加工，其中天然食品和天然香料被认为是使用超

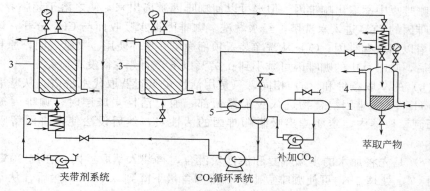

图 4-6　中试规模的超临界萃取工艺流程示意图

1—CO₂ 贮罐；2—加热器；3—萃取器；4—分离器；5—冷凝器

临界萃取技术最有前景的领域。自 20 世纪 80 年代初以来已有大量文献介绍了超临界 CO_2 萃取技术在各种门类天然产品中应用的状况。如从天然植物的花、果实、皮和叶等组织中萃取天然精油和食用香料；烟草香精的提取；天然色素（红辣椒）和天然抗氧化剂（如天然维生素 E）的提取；植物油的提取（如小麦胚芽油、玉米胚芽油、花生油、大豆油、红花籽油、茶籽油等），大豆磷脂和蛋黄磷脂的精制；鱼油精制；烟草脱尼古丁；咖啡脱咖啡因，茶叶脱咖啡因，蛋白质脱脂肪等。

　　以咖啡脱咖啡因为例对超临界萃取在天然产物加工中的应用进行介绍。咖啡是西方国家最畅行的饮料，但咖啡豆中所含咖啡因（含量变化值为 0.9%～2.6%，平均值为 1%）属于兴奋剂，多饮会对人体有害。工业上传统的咖啡脱咖啡因的方法是用二氯乙烷来提取咖啡因，但二氯乙烷会同时把咖啡中的芳香物质提取出来；同时残存的二氯乙烷溶剂很难除尽，从而影响咖啡质量。

　　20 世纪 70 年代，德国的 Zosel 博士最早从事研究用超临界 CO_2 从咖啡豆中脱除咖啡因，并形成第一个有关超临界萃取的专利后，欧美已有多项有关超临界萃取脱除咖啡豆中咖啡因的专利出现，使该工艺日趋完善并在欧美国家达到工业化生产规模，并基本取代了传统的有机溶剂萃取工艺。

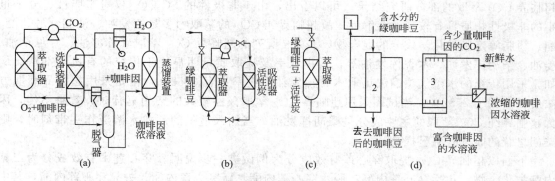

图 4-7　四种用超临界 CO_2 从咖啡中萃取咖啡因的流程

1—CO₂ 气源；2—萃取塔；3—喷淋塔；4—反渗透装置

　　图 4-7 给出了四种超临界 CO_2 萃取咖啡因的典型流程。流程（a）为半连续操作过程。将未烘烤处理的生咖啡豆事先用一定量的水浸渍，然后放在高压容器中通入约 70～90℃和 16～22MPa 的 CO_2 进行萃取，CO_2 循环使用。这里咖啡豆必须是湿润的，因为超临界 CO_2 几乎不

能从干燥的咖啡豆中萃取出咖啡因。但水可以使咖啡因游离出来,使之溶于超临界 CO_2 之中。然后富含咖啡因的 CO_2 进入水洗塔,经水淋洗,咖啡因被水吸收而与 CO_2 分开,该水经脱气后进入蒸馏塔以回收咖啡因。CO_2 从洗净装置顶部逸出并循环使用。文献表明,原料咖啡豆中经上述处理后,咖啡豆中的咖啡因可减小到 0.02% 以下,而芳香物没有损失。

流程(b)的萃取条件和(a)相同,只是用活性炭吸附器取代水洗塔。从萃取器顶部排出的 CO_2+H_2O+咖啡因混合物进入吸附器顶部,通过活性炭床层时,咖啡因被活性炭吸附,CO_2 回到萃取器内。定期排出吸附咖啡因的活性炭,然后设法使咖啡因解吸而与活性炭分离。

流程(c)是先将加水的生咖啡豆和活性炭混合,再装入萃取器内,在约 90℃ 和 22MPa 条件下,用 CO_2 处理 5h,可使咖啡豆中的咖啡因含量下降到 0.08%。然后,从萃取器中排放出所有的固体物料,用振动筛将活性炭和咖啡豆分开,再设法将咖啡因解吸而与活性炭分离。

流程(d)取自 Katz 等的专利,其把技术、经济和环保问题都结合在一起考虑,使之成为一个先进工艺。含水分的生咖啡豆通过线路加到咖啡萃取塔 2 中,用 SC-CO_2 进行脱咖啡因。带有咖啡因的超临界 CO_2 流体从萃取塔上部离开,进入水喷淋塔 3 的底部,并将水从塔的上部喷淋而下吸收咖啡因;从该塔底部流出富含咖啡因的水进入反渗透装置 4,浓缩后的水溶液从反渗透装置 4 中排出。从反渗透装置分离出的水与新鲜补充水合并,重新回到水喷淋塔的上部。从水喷淋塔的顶部排出的 CO_2,咖啡因很少,与 CO_2 气源 1 出来的 CO_2 合并通过管线循环进入咖啡萃取塔。在此流程中,固体物料间歇地进入萃取塔,与连续的气体流相接触。在水喷淋塔内液体和超临界流体逆流连续接触。所谓半连续过程,指的是咖啡豆间歇地加到萃取塔中去,但是在加料过程中循环 CO_2 并不断流,加料在有压力负载的条件下进行,脱咖啡因过程也是在连续不断的条件下得以实现。

4.5.3 超临界萃取在中药制剂中的应用

在我国实施中药现代化进程中,超临界萃取技术被视为环境友好的、可用于中药高效提取分离的新技术。目前国内至少对百余种单味中药材的超临界 CO_2 萃取进行了研究,发现超临界萃取与传统的溶剂法相比,收率高,有效成分高度浓缩,药理效果好,且毒性降低。

表 4-5 和表 4-6 分别列出了国内文献近年报道的采用超临界纯 CO_2 萃取和使用夹带剂的超临界 CO_2 萃取的部分研究结果。可以看出,由于非极性的 SC-CO_2 仅对亲脂性、分子量小的非极性物质具有较高的溶解度,故超临界纯 CO_2 的萃取物多是挥发油、油脂、醇、醚、酯、树脂等亲脂类化学成分的混合物。表 4-5 所列的超临界 CO_2 萃取紫苏籽油、月见草油、姜油、柴胡挥发油、木香挥发油等,其提取率及提取质量明显优于传统的有机溶剂法。例如,采用传统的水蒸气蒸馏法提取木香挥发油,收率只有 0.53%,但是采用超临界萃取方法后提高到了 2.52%。当试图采用超临界 CO_2 萃取极性较大的柴胡皂苷时,效果不佳,因为超临界纯 CO_2 萃取的主要成分是柴胡挥发油;当加入适量的乙醇水溶液作夹带剂时,则柴胡皂苷的收率有明显提高。

下面以超临界 CO_2 提取穿心莲有效成分为例做进一步说明。穿心莲中有效成分为二萜内酯类化合物,包括穿心莲内酯、脱水穿心莲内酯、新穿心莲内酯、去氧穿心莲内酯,其中以穿心莲内酯和脱水穿心莲内酯为主。穿心莲内酯和脱水穿心莲内酯遇热不稳定,在提取和制药工艺过程中极易遭到破坏。常规提取穿心莲有效成分的方法一般有水提法和醇提法。水提法由于穿心莲内酯提出率极低,已在 1990 年版的《中国药典》中被淘汰。醇提法的酒精消耗量较大,该法又分为热浸和冷浸。热浸法浸膏得率较高但穿心莲内酯等有效成分容易分解或聚合,杂质也较多;冷浸法所得浸膏质量较好,但生产周期较长(约 6 天)。

表 4-5　超临界 CO_2 萃取用于中草药有效成分的提取

原　料	主要萃取物	原　料	主要萃取物
紫苏籽	脂肪油	柞蚕蛹	蛹油
苦马豆	脂肪油	姜黄	姜黄油
西青果	脂肪油	新疆孜然	孜然油
蛇床子	挥发油	茴香	精油
当归	挥发油	丁香	丁香精油
草果	挥发油	宽叶缬草	缬草精油
木香	挥发油	肉豆蔻	精油＋树脂
珊瑚姜	挥发油	人参叶	人参皂苷
柴胡	挥发油	薄荷原油	薄荷醇
柴胡	柴胡皂苷	厚朴	厚朴酚
砂仁	挥发油	黄花蒿	青蒿素
月见草	月见草油	银杏叶	银杏黄酮
生姜	姜油	广藿香	广藿香脂溶物
干姜	姜油	川芎	浸膏
杏仁	杏仁油	莪术	莪术醇

表 4-6　使用夹带剂的超临界 CO_2 萃取用于中草药有效成分的提取

原　料	夹带剂	主要萃取物	原　料	夹带剂	主要萃取物
穿心莲	95％乙醇	穿心莲内酯	柴胡	60％乙醇	柴胡皂苷
丹参	95％乙醇	丹参酮	藏雪灵芝	乙醇	皂苷
草珊瑚	95％乙醇	浸膏	甘草	水＋乙醇	甘草素
白芍	95％乙醇	芍药苷	五味子	10％甲醇	五味子甲素
秋水仙根	95％乙醇	秋水仙碱	荜茇	甲醇	胡椒碱
光菇子	76％乙醇	秋水仙碱	补骨脂	氯仿	补骨脂素

　　采用超临界二氧化碳萃取替代醇提法提取穿心莲有效成分,解决了穿心莲内酯等有效成分在传统工艺的提取与烘膏过程中受热分解以及生产周期长的问题。表 4-7 比较了不同萃取方法对中药穿心莲的提取效果。可以看出,不加夹带剂的超临界二氧化碳提取的得率仅为其他提取方法的 1/10。而使用 95％乙醇作夹带剂的超临界二氧化碳提取得到的收膏率与两种有效成分含量都较高,尤其脱水穿心莲内酯含量更是远高于传统的提取方法。当按优化的工艺条件进行操作,即萃取压力为 25MPa、萃取温度为 40℃、提取时间为 4h,夹带剂用量为原料的 0.5 倍时,穿心莲提取物的收膏率为 8.3％,穿心莲内酯含量为 19.79％,脱水穿心莲内酯含量为 12.27％。超声乙醇提取法的提取效果虽然也较好,但溶剂处理量大,溶剂损失大,设备难以工业化。

表 4-7　不同萃取方法对穿心莲的提取效果

萃取方法	提取物收膏率/％	穿心莲内酯含量/％	脱水穿心莲内酯含量/％
乙醇冷浸	6.15	15.72	4.35
超声乙醇提取	5.05	10.17	3.43
SC-CO_2(95％EtOH)	8.30	19.79	12.27
SC-CO_2	0.67	0.93	5.32

表 4-8 比较了使用 95％乙醇作夹带剂的超临界二氧化碳萃取与传统的乙醇浸提法两种工艺所得产品。采用使用夹带剂的超临界 CO_2 提取穿心莲时，原料中总内酯提取率高达 98％，有效成分含量高，杂质少，能保持该药的天然色泽与香味；由于所得浸膏油性成分较高而水分较少，烘膏工序也由原来的 48h 缩短了一半以上。产品质量稳定，药效高，各项指标均优于溶剂法。

表 4-8 不同方法所得穿心莲浸膏的质量比较

项 目	二氧化碳萃取	乙醇浸泡
浸膏含穿心莲内酯/％	19	14
浸膏含脱水穿心莲内酯/％	12	4
原料中总内酯提取率/％	98	60～70
色泽	墨绿色（原药色泽）	深棕色
气味	原药香味	焦味
含水/％	小于 3	小于 11
浸膏得率/％	8	10
脂溶性成分	多	少
提取时间/h	4	144
消耗酒精	原料的 0.5 倍	原料 4～5 倍
杂质	少	多
制药时浸膏干燥时间/h	12～24	48
穿心莲药粉流动性	好	差
穿心莲药粉外观	墨绿色、干爽	棕色、结块
药效	好、稳定	差、不稳定

4.5.4 超临界萃取技术的局限性与发展前景

在对超临界流体萃取技术的研究与应用过程中，充分认识 SFE 技术的优异特性的同时，也需对其局限性有所了解。

SFE 技术的局限性表现为：①超临界 CO_2 萃取技术是高压技术，高压设备的昂贵使工艺设备一次性投资较大，对操作人员素质要求较高，因而投资风险大，在成本上常难以与传统工艺竞争；②人们对超临界流体状态本身尚缺乏透彻理解，故对超临界萃取热力学及传质理论研究远不如传统的分离技术（如溶剂萃取、精馏等）成熟，有关实验和理论的积累离实际的需要有一定的距离；③虽然国内外迄今为止关于此技术至少已有成百上千个专利出现，中试产品或实验室试制品的数目也不少，但商业规模上的工艺和模式运行仅有少数获得成功；④商业利益促使的技术保密等因素也制约着该技术的发展，国内低水平的重复研究或盲目地上马生产时有出现；⑤由于高压技术在大规模的工业生产应用有减少趋势，超临界流体萃取工艺一般也是在传统的精馏和液相萃取应用不利的情况下才被人们予以考虑，主要适合于高附加值、热敏性成分的萃取分离。

另外，由于天然产物组成复杂，近似组分多，单独采用超临界萃取技术常常满足不了对产品纯度的要求，因此，也常需要将超临界萃取技术与其他先进技术合理结合，实现先进技术的集成化。如文献报道的鱼油精制工艺，通过将超临界萃取和精馏技术联用使产品中的二十碳五烯酸（EPA）和二十二碳六烯酸（DHA）纯度达到 90％以上。

在超临界萃取技术用于中药制剂的研究开发中，还需对中药制剂的特殊性有足够的了解。中药材成分复杂，中药单复方起疗效作用的物质基础常为广义的化学成分（如不仅包括挥发油、生物碱、黄酮类、皂苷类小分子化合物，也包括多糖、蛋白、肽等生物大分子等）。由于纯 SC-CO_2 作溶剂的超临界萃取物多是非极性脂肪、挥发油一类的混合成分，要同时提取极性的成分则需加入夹带剂，这会使分离过程复杂化，也使"萃取产品无溶剂残留"的优势削减。另外，有些极性成分，如一些生物碱、皂苷、多酚类，除本身带有极性外，它们与天然母体结合得十分紧密，即使使用大量较强极性的夹带剂，也难以得到有效的提取与分离。Johnson 等的研究发现，氟代醚、氟代酯等表面活性剂与水在 CO_2 中形成稳定透明的胶囊，能使蛋白质溶于 SC-CO_2 中而被萃出，并且不改变螯合的蛋白质构型和生物学活性。这一发现为超临界萃取天然药物中难挥发性亲水性物质提供了一种新的方法，但还没有用于产业化的研究。超临界萃取技术用于生物碱、皂苷、多酚类等极性成分虽有研究报道，但不一定是产业化的最佳工艺。另外，复方中药是先贤临床经验和中医药理论结合的体现，是中医药的精髓和主流，也是中医药与国际接轨难度最大的部分。中药一般通过配伍可以提高与加强疗效，并减低毒性与副作用。SC-CO_2 萃取中药材所得结果常与传统中药提取的成分及其含量有所不同，因而必须结合传统中药所要求的进行药效学考察、安全性及稳定性考察等。目前已有文献报道用 SC-CO_2 萃取技术对复方中药进行提取工艺、药理研究及新药开发的系统研究。

任何新技术的发展与成熟都需要科学的研究与实践，毋庸置疑，超临界萃取技术是一种颇有生命力的环境友好的高效化工分离技术。随着对其研究的深入发展，它将会在多领域的开发和应用上展示光明前景。尤其在中药领域，超临界萃取作为中药现代化的关键技术之一在应用于中药的提取分离，兼顾单方、复方中药的开发应用会显示出更大的开发潜力，成为实现中药现代化的重要途径。

参 考 文 献

[1] McHugh M A, Krukonis V J. Supercritical Fluid Extraction：Principles and Practice. Boston：Butterworth, 1993.

[2] Ziger D H, Eckert C A. Ind. Eng. Chem. Res. Dev., 1983, 22：582.

[3] Stahl E. Schilz W. In：Extraction With Super-Critical Gases. Schneider G M, Wilke G, Stahl E, Eds. Deefield Beach（Florida）. Basel：Verlag Chemie, 1980.

[4] Francis A M. J Phys Chem, 1954, 58：1099.

[5] Li S, Hartland S. JAOCS, 1996, 73：423.

[6] Kumar S K, Johnston K P. J. Supercrit. Fluids, 1988, 1：15.

[7] Johnston K P, Peck D G, Kim S. Ind. Eng. Chem. Res., 1989, 28：1115.

[8] Pawliszyn J. Journal of Chromatographic Science, 1993, 31：31.

[9] Prausnitz J M, Lichtenthaler R N, de. Azevedo E G. Molecular Thermodynamics of Fluid-phase Equilibria. 2nd Edn. New York：Prentice-Hall, Englewood Cliffs, 1986.

[10] Julian M, et al. Ind. Eng. Chem., 2003, 42：1057.

[11] Reverchon E, Donsi G, SestiOssèo L. Ind. Eng. Chem. Res., 1993, 32：2721.

[12] Goto M, Bhupesh C, Roy H T. The Journal of Supercritical Fluids, 1996, 9：128.

[13] Roy B C, Goto M, Hirose T. Ind. Eng. Chem. Res., 1996, 35：607.

[14] 朱自强. 超临界流体技术——原理和应用. 北京：化学工业出版社, 2000.

[15] 陈维枢. 超临界萃取的原理和应用. 北京：化学工业出版社, 1998.

[16] 李淑芬, 陈保良, 韩金玉. 化工进展, 1997, 89（2）：10.

[17] 姚煜东等. 中草药, 2000, 31（增刊）：69.

第 5 章　反胶团萃取与双水相萃取

5.1　反胶团萃取

5.1.1　概述

传统的溶剂萃取技术已在抗生素等物质的生产中广泛应用，并显示出优良的分离性能。但随着生物工程的发展，它却难以应用于一些生物活性物质（如蛋白质）的提取和分离。因为绝大多数蛋白质都不溶于有机溶剂，若使蛋白质与有机溶剂接触，会引起蛋白质的变性；另外，蛋白质分子表面带有许多电荷，普通的离子缔合型萃取剂很难奏效。因此研究和开发易于工业化的、高效的生化物质分离方法已成为当务之急。反胶团萃取（reversed micellar extraceion）就是在这一背景下发展起来的一种新型分离技术。

1977 年，瑞士学者 Luisi 等人首次提出用反胶团萃取蛋白质，但并未引起人们的广泛注意。直到 20 世纪 80 年代生物学家们才开始认识到反胶团萃取的重要性。反胶团萃取的本质仍是液-液有机溶剂萃取，但与一般有机溶剂萃取所不同的是，反胶团萃取是利用表面活性剂在有机相中形成的反胶团进行萃取，即反胶团在有机相内形成一个亲水微环境，使蛋白质类生物活性物质溶解于其中，从而避免在有机相中发生不可逆变性的现象。此外，构成反胶团的表面活性剂往往具有溶解细胞的能力，因此可用于直接从完整细胞中提取蛋白质和酶，省却了细胞破壁。

近年来该项研究已在国内外深入展开，从所得结果来看，反胶团萃取具有成本低、溶剂可反复使用、萃取率和反萃取率都很高等突出的优点，同时具有分离和浓缩的效果。可见，反胶团萃取技术为蛋白质的分离提取开辟了一条具有工业开发前景的新途径。

5.1.2　反胶团的形成及特性
5.1.2.1　胶团和反胶团的形成

胶团或反胶团的形成均是表面活性剂分子自聚集的结果，是热力学稳定体系。

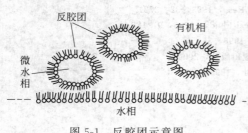

图 5-1　反胶团示意图

将表面活性剂溶于水中，当其浓度超过临界胶团浓度（criticalmicelle concentration，CMC）时，表面活性剂就会在水溶液中聚集在一起形成聚集体，称为胶团（micelles）。水溶液中胶团的表面活性剂极性基团向外与水相接触，而非极性基团在内，形成一个非极性的核心，此核心可以溶解非极性物质。若向有机溶剂中加入表面活性剂，当其浓度超过临界胶团浓度时，便会在有机溶剂中也形成聚集体，称为反胶团（见图 5-1）。在反胶团中，表面活性剂的非极性基团在外与有机溶剂接触，而极性基团则排列在内形成一个极性核（polar core）。此极性核具有溶解极性物质的能力，极性核溶解水后，就形成"水池"。由于周围水层和极性基团的保护，保持了蛋白质的天然构型，不会造成失活。

5.1.2.2　常用的表面活性剂

在反胶团萃取蛋白质的研究中，用得最多的是阴离子表面活性剂 AOT（Aerosol OT），

化学名为丁二酸-2-乙基己基酯磺酸钠,结构
式见图 5-2。这种表面活性剂容易获得,其特
点是具有双链,极性基团较小,形成反胶团时
不需加入助表面活性剂,并且形成的反胶团较
大,半径为 170nm,有利于大分子蛋白质进
入。其他常用的阳离子表面活性剂有溴化十六
烷基三甲胺(CTAB)、溴化十二烷基二甲胺
(DDAB)、氯化三辛基甲胺(TOMAC)等。

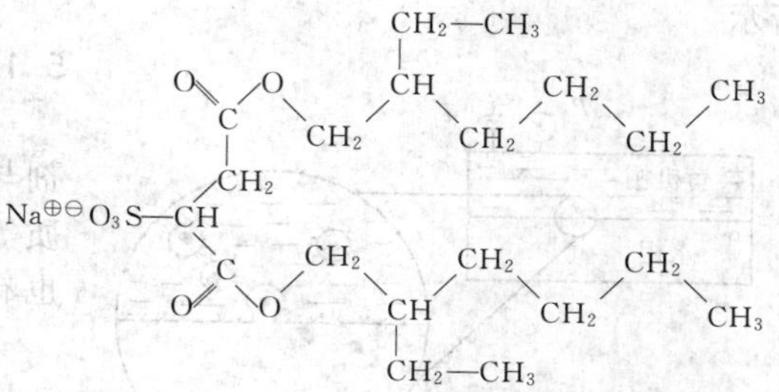

图 5-2　AOT 的结构式

5.1.2.3　反胶团的形状和大小

反胶团的形状多为球形或近似球形,有时
也呈柱状结构。其半径一般为 10~100nm。胶团的大小取决于盐的种类和浓度、溶剂、表
面活性剂的种类和浓度以及温度等。表征胶团大小的较好的参数是 W_o——水与表面活性剂
的摩尔比。反胶团的半径随 W_o 增加而增大。假定表面活性剂全部用于形成反胶团,且有机
溶剂中的水全部存在于反胶团形成的“水池”中,则 W_o 等于有机溶液中水与表面活性剂的
摩尔浓度之比:

$$W_o = [H_2O]/[表面活性剂] \tag{5-1}$$

对于球形反胶团,胶团半径可由下式表示:

$$R = \frac{3W_o V_w}{A_s} \tag{5-2}$$

式中,R 为胶团半径;V_w 为水的分子体积;A_s 为每个表面活性剂分子所占有的面积。

根据蛋白质在反胶团内的加溶结果,在 AOT-异辛烷反胶团的“水池”中,盐的存在会
改变聚集体的平衡尺寸,这是因为离子强度的增加会通过德拜(Debye)屏蔽作用减少表面
活性剂极性头之间的排斥,加溶的水量 W_o 随 KCl 浓度的增加而降低。

盐的种类也影响胶团的大小。由于表面吸附特征的差异,小的离子会拥有较大的水合半
径,形成的 Stern 吸附层较薄,静电相互作用的范围较宽,形成的反胶团较大。

5.1.2.4　水池的性质

表面活性剂分子的聚集使反胶团内形成极性核,反胶团内溶解的水通常称为微水相或
“水池”。由于反胶团内存在“水池”,故可溶解氨基酸、肽、蛋白质等生物分子,为生物分
子提供适宜存在的亲水微环境。因此,“水池”的物理化学性质直接影响到反胶团萃取的适
用范围和效率。

当反胶团的含水率较低时,反胶团“水池”内水的理化性质与正常水相差悬殊。例如,
以 AOT 为表面活性剂,当 $W_o < 6 \sim 8$ 时,反胶团内微水相的水分子受表面活性剂亲水基团
的强烈束缚,表观黏度上升 50 倍,疏水性也极高。随着 W_o 的增大,这些现象逐渐减弱,
当 $W_o > 16$ 时,微水相的水与正常的水接近,反胶团内可形成双电层。但即使当 W_o 值很大
时,“水池”内水的理化性质也不可能与正常的水完全相同,特别是接近表面活性剂亲水头
的区域内。

反胶团内的水由于表面活性剂分子极性头电离具有很高的电荷浓度,“水池”中水的
pH 值不同于主体水的 pH 值。这一结论对于在反胶团内固定蛋白质的研究尤为重要。

5.1.3　反胶团萃取蛋白质的过程

蛋白质进入反胶团溶液是一种协同过程,即在宏观两相(有机相和水相)界面间的表面
活性剂层,同邻近的蛋白质发生静电作用而变形,接着在两相界面形成了包含有蛋白质的反
胶团,此反胶团扩散进入有机相中,从而实现了蛋白质的萃取。改变水相条件(如 pH 值和
离子种类及其强度等)又可使蛋白质由有机相重新返回水相,实现反萃取过程。如图 5-3

所示。

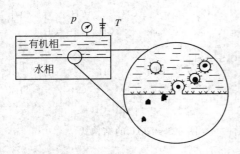

图 5-3　蛋白质溶入反胶团的过程

5.1.3.1　蛋白质溶入反胶团的推动力

蛋白质溶解于反胶团的主要推动力是表面活性剂与蛋白质的静电相互作用。此外，反胶团与蛋白质等生物分子间的空间相互作用对蛋白质的溶解率也有重要影响。

（1）静电作用力　在反胶团萃取体系中，表面活性剂与蛋白质都是带电的分子，因此静电相互作用是萃取过程中的一种主要推动力。其中一个最直接的因素是 pH 值，它决定了蛋白质带电基团的离解速率及蛋白质的净电荷，这与蛋白质等电点 (isolectric point，pI，指使蛋白质所带正负电荷数相等时环境的 pH) 的大小有关。当 pH＝pI 时，蛋白质呈电中性；pH＜pI 时，蛋白质带正电荷；pH＞pI 时，蛋白质带负电荷；即随着 pH 的改变，被萃取蛋白质所带电荷的性质和带电量是不同的。因此，对于阳离子表面活性剂形成的反胶团体系，萃取只发生在水溶液的 pH＞pI 时，此时蛋白质与表面活性剂极性头间相互吸引；而 pH＜pI 时，静电排斥将抑制蛋白质的萃取，对于阴离子表面活性剂形成的反胶团体系，情况正好相反。

此外，离子型表面活性剂的反离子并不都固定在反胶团表面，对于 AOT 反胶团，约有 30% 的反离子处于解离状态，同时，在反胶团"水池"内的离子和主体水相中的离子会进行交换。这样，在萃取时会同蛋白质分子竞争表面活性剂离子，从而降低了蛋白质和表面活性剂的静电作用力。另一种解释则认为离子强度（盐浓度）影响蛋白质与表面活性剂极性头之间的静电作用力是由于离解的反离子在表面活性剂极性头附近建立了双电层，称为德拜（Debye）屏蔽，从而缩短了静电吸引力的作用范围，抑制了蛋白质的萃取，因此在萃取时要尽量避免后者的影响。

（2）空间位阻效应　反胶团"水池"的物理性能（大小、形状等）及其中水的活度是可以用 W_0 的变化来调节的，并且会影响大分子如蛋白质的增溶或排斥，达到选择性萃取的目的，这就是所谓的位阻效应。

许多反胶团萃取的实验研究已经表明，随着 W_0 的降低，反胶团直径减小，空间位阻作用增大，蛋白质的萃取率也减少。如有人用正己醇作助表面活性剂与 CTAB 一起形成混合胶团来萃取牛血清蛋白（BSA），由于正己醇一方面提高了表面活性剂亲油基团的数目，使 HLB 减小；另一方面溶入"水池"的正己醇会使池内溶液的介电常数减小从而使 HLB 减小，因此 W_0 变小，使 BSA 的萃取率降低。由于醇分子不带电荷，所以正己醇含量对萃取率的影响，不可能是静电作用，而只能是位阻效应（W_0 变化）所引起的。

实际上，似乎存在着一个临界水含量 $W_临$，当 $W_0＞W_临$，含水含量对蛋白质萃取率影响很小，蛋白质的反胶团萃取过程的推动力可以认为主要是静电作用力。而当 $W_0＜W_临$ 时萃取率急剧下降。

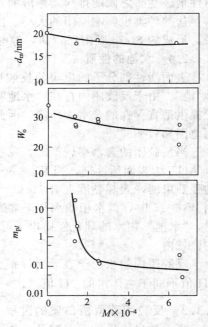

图 5-4　蛋白质分配系数与其
相对分子质量的关系

d_m—反胶团直径；W_0—反胶
团含水量；m_{pI}—分配系数

空间位阻效应也体现在蛋白质分子大小对分配系数的影响上，如图 5-4 所示。在各种蛋白质等电点处的反胶团萃取实验研究表明，随着蛋白质分子量的增大，蛋白质的分配系数（溶解率）下降。当相对分子质量超过 2 万时，分配系数很小。该实验在蛋白质等电点处进行，排除了静电相互作用的影响，表明随相对分子质量增加，空间位阻作用增大，蛋白质萃取率下降。因此，也可以根据相对分子质量的差异利用反胶团萃取实现蛋白质的选择性分离。

5.1.3.2　影响反胶团萃取蛋白质的主要因素

由以上分析可知，任何可以增加蛋白质与反胶团的静电作用或导致形成较大反胶团的因素，都有助于蛋白质的萃取。影响反胶团萃取蛋白质的主要因素，见表 5-1。只要通过对这些因素进行系统的研究，确定最佳操作条件，就可得到合适的目标蛋白质萃取率，从而达到分离纯化的目的。

表 5-1　影响反胶团萃取蛋白质的主要因素

与反胶团有关的因素	与水相有关的因素	与目标蛋白有关因素	与环境有关因素
表面活性剂种类	pH 值	蛋白质的等电点	系统的温度
表面活性剂浓度	离子的种类	蛋白质的大小	系统的压力
有机溶剂种类	离子的强度	蛋白质的浓度	
助表面活性剂及其浓度		蛋白质表面电荷分布	

下面对影响反胶团萃取的几个主要因素进行讨论。

（1）水相 pH 值的影响　水相的 pH 值决定了蛋白质表面电荷的状态，从而对萃取过程造成影响。当蛋白质所带电荷与反胶团内表面电荷，也就是表面活性剂极性基团所带的电荷性质相反时，由于静电引力，可使蛋白质溶于反胶团中。例如，当用阴离子表面活性剂 AOT 构成反胶团时，其内壁带负荷，若水相的 pH 值小于蛋白质的等电点 pI，则蛋白质带正电荷，在静电引力的作用下，使蛋白质进入反胶团而实现了萃取。相反，当 pH＞pI 时，由于静电斥力，使溶入反胶团的蛋白质反向萃取出来，实现了蛋白质的反萃取。若使用的是阳离子表面活性剂，则与上述情况相反。因此，水相的 pH 值是影响反胶团萃取蛋白质的最主要因素。pH 对细胞色素 C、溶菌酶、核糖核酸酶 A 三种蛋白质反胶团萃取的影响见图 5-5。

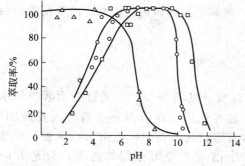

图 5-5　pH 对蛋白质萃取率的影响
○—细胞色素 C（pI＝10.6）；□—溶菌酶（pI＝11.1）；
△—核糖核酸酶 A（pI＝7.8）

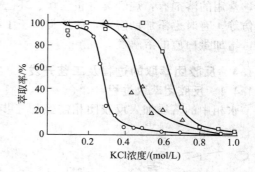

图 5-6　离子强度对蛋白质萃取率的影响
○—细胞色素 C（pI＝10.6）；□—溶菌酶（pI＝11.1）；
△—核糖核酸酶 A（pI＝7.8）

（2）离子的种类和强度的影响　与反胶团相接触的水溶液离子强度以几种不同方式影响着蛋白质的分配：①离子强度增大后，反胶团内表面的双电层变薄，减弱了蛋白质与反胶团内表面之间的静电吸引，从而减少蛋白质的溶解度；②反胶团内表面的双电层变薄后，也减弱了表面活性剂极性基团之间的斥力，使反胶团变小，从而使蛋白质不能进入其中；③离子强度增加时，增大了离子向反胶团内"水池"迁移并取代其中蛋白质的倾向，蛋白质从反胶团内再被盐析出来；④盐与蛋白质或表面活性剂的相互作用，可以改变溶解性能，盐的浓度越高，其影响就越大。如离子强度（KCl 浓度）对萃取核糖酸酶 A、细胞色素 C 和溶菌酶的影响，见图 5-6 所示。由图可知，在较低的 KCl 浓度下，蛋白质几乎全部被萃取，当 KCl 浓度高于一定值时，萃取率就开始下降，直至几乎为零。当然，不同蛋白质开始下降时的 KCl 浓度是不同的。

阳离子的种类如 Mg^{2+}、Na^+、Ca^{2+}、K^+ 对萃取率的影响主要体现在改变反胶团内表面的电荷密度上。通常反胶团中表面活性剂的极性基团不是完全电离的，有很大一部分阳离子仍在胶团的内表面上（相反离子缔合）。极性基团的电离程度愈大，反胶团内表面的电荷密度愈大，产生的反胶团也愈大。表面活性剂电离的程度与离子种类有关，同一离子强度下的四种离子对反胶团的 W_o 的影响见表 5-2。由表可知，极性基团的电荷密度按 K^+、Ca^{2+}、Na^+、Mg^{2+} 的顺序逐渐增大，电离程度也相应地增大。

表 5-2　阳离子种类对 W_o 的影响

离子种类	K^+	Ca^{2+}	Na^+	Mg^{2+}
离子强度	0.3	0.3	0.3	0.3
W_o	9.2	15.4	20.0	43.6

（3）表面活性剂的种类和浓度的影响　阴离子表面活性剂、阳离子表面活性剂和非离子表面活性剂都可用于形成反胶团，关键是应从反胶团萃取蛋白质的机理出发，选用有利于增强蛋白质表面电荷与反胶团内表面电荷间的静电作用和增加反胶团大小的表面活性剂。除此以外，还应考虑形成反胶团及使反胶团变大（由于蛋白质的进入）所需的能量大小、反胶团内表面的电荷密度等因素，这些都会对萃取产生影响。

增大表面活性剂的浓度可增加反胶团的数量，从而增大对蛋白质的溶解能力。但表面活性剂浓度过高时，有可能在溶液中形成比较复杂的聚集体，同时会增加反萃取过程的难度。因此，应选择蛋白质萃取率最大时的表面活性剂浓度为最佳浓度。

（4）溶剂体系的影响　溶剂的性质，尤其是极性，对反胶团的形成和大小都有很大影响，常用的溶剂有：烷烃类（正己烷、环己烷、正辛烷、异辛烷、正十二烷等）、四氯化碳、氯仿等。有时也添加助溶剂，如醇类（正丁醇等）来调节溶剂体系的极性，改变反胶团的大小，增加蛋白质的溶解度。

5.1.4　反胶团萃取的过程及工艺开发

5.1.4.1　反胶团萃取过程

水相中的溶质加入反胶团相需经历三步传质过程（见图 5-7）：①通过表面液膜从水相到达相界面；②在界面处溶质进入反胶团中；③含有溶质的反胶团扩散进入有机相。反萃取操作中溶质亦经历相似的过程，只是方向相反，在界面处溶质从反胶团内释放出来。

5.1.4.2　反胶团萃取工艺的开发

采用连续操作模式，反胶团可以在两个萃取单元之间循环。反胶团萃取本质仍为液液有机溶剂萃取，无需特殊设备。典型的设备有：混合/澄清槽、膜萃取器、离心萃取器、微分

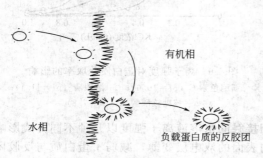

有机相

水相

负载蛋白质的反胶团

图 5-7　反胶团萃取过程

萃取设备（如喷淋塔）等。

（1）混合/澄清槽萃取　混合-澄清槽萃取器是一种常用的液液萃取设备，该设备由料液与萃取剂的混合器和用于两相分离的澄清器组成，可进行间歇或连续的液液萃取。但该设备最大的缺点是反胶团相与水相混合时，混合液易出现乳化现象，从而增加了相分离时间。

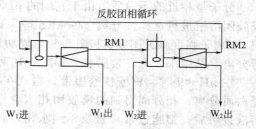

图 5-8　混合-澄清槽反胶团萃取过程
RM1—萃取相（负载溶质）；RM2—反萃相（反胶团）；
W₁—水相（萃取）；W₂—水相（反萃取）

Dekker 等用混合-澄清槽（图 5-8）实现了 AOT-异辛烷反胶团系统对 α-淀粉酶的连续萃取。该装置由两个混合-澄清单元组成，第一个单元用于蛋白质的前萃取，第二个则用于反萃取。试验中，前萃取得到的反胶团相进入第二个混合槽进行反萃取，并在第二个澄清槽中收集反萃取产品，反胶团相则循环返回到第一个单元，从而实现蛋白质的连续萃取。试验结果表明，利用该萃取装置，在稳态条件下，可使蛋白质浓缩 17 倍，收率在 87% 以上。

（2）中空纤维膜萃取　膜萃取器是适用于反胶团萃取蛋白质的设备之一。利用中空纤维膜组件进行酶的反胶团萃取过程如图 5-9 所示。中空纤维膜材料为聚丙烯，孔径约 $0.2\mu m$，保证酶和含有酶的反胶团能够自由透过。膜萃取是一种新型溶剂萃取技术，其优点是：①水相和有机相分别通过膜组件的壳方和腔内，从而保证两相有很高的接触比表面积；②膜起固定两相界面的作用，从而在连续操作的条件下可防止液泛等现象的发生，流速可自由调整。因此，利用中空纤维膜萃取设备有利于提高萃取过程速度及规模放大。

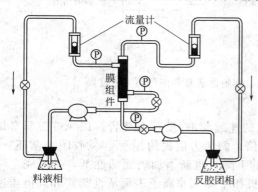

图 5-9　中空纤维膜萃取

（3）离心萃取　利用离心设备有助于萃取过程的分相。在离心萃取器内可以通过温度对平衡分配的影响来实现蛋白质从反胶团中的反萃，该过程无需引入第二水相。

Dekker 等用连续离心萃取器研究了温度对反萃过程的影响。萃取过程由两个离心机组成。萃取于低温下（10℃）在一个静态混合器和一个离心机内进行，实现相分离后，反胶团相经加热（35℃）进入到第二个离心机中进行反萃（蛋白质从反胶团相中被释放出来），然后反胶团相被冷却后再循环利用，含蛋白质的水相则在第二个离心机底部收集。试验结果表明，随温度升高，反胶团相中的水增溶能力下降，故可用温控措施控制蛋白质的溶解和释放。该研究证明连续离心萃取蛋白质的过程是可行的。

（4）喷淋柱萃取　喷淋柱是一种应用广泛的液-液微分萃取设备，具有结构简单和操作弹性大等优点，在反胶团萃取方面受到了人们的关注。尤为重要的是，当用于含有表面活性剂的反胶团体系时，所需输入的能量很低，故不易乳化，从而缩短了相分离时间。但喷淋浴的缺点是连续相易出现轴向返混，从而降低了萃取效率。

有的研究者用直径为 2.54cm、长为 20~40cm 的喷淋萃取柱，用 CTAB 作表面活性剂，从 *Candida utilis* 中实现了胞内蛋白质的萃取和反萃。通过实验发现，最佳循环和流动速率分别为 2m/s 和 0.2m/s，而反萃的流速为 0.2m/s。蛋白质的回收率在 7~9 个循环后显著增加。蛋白质的萃取率与柱高成正比。

5.1.5 反胶团萃取的应用

5.1.5.1 分离蛋白质混合物

分子量相近的蛋白质，由于它们的 pI 及其他因素不同而具有不同的分配系数，可利用反胶团溶液进行选择性分离。Goklen 等人以 AOT/异辛烷反胶团体系为萃取剂，通过调节 pH 和离子强度（见图 5-5 和图 5-6），成功地对核糖核酸酶、细胞色素 C 和溶菌酶混合物进行分离，其结果令人非常满意。如图 5-10 所示。

在 pH=9 时，核糖核酸酶带负电，在有机相中溶解度很小，保留在水相而与其他两种蛋白质分离；相分离得到的反胶团相（含细胞色素 C 和溶菌酶）与 $0.5mol/dm^3$ 的 KCl 水溶液接触后，细胞色素 C 被反萃到水相，而溶菌酶保留在反胶团相；再通过调节 pH 和盐浓度实现溶菌酶的反萃。

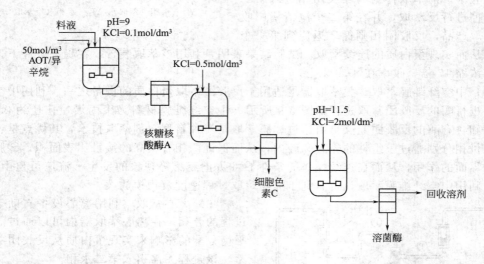

图 5-10 反胶团萃取分离核糖核酸酶 A、细胞色素 C 和溶菌酶工艺过程

5.1.5.2 浓缩 α-淀粉酶

Dekker 等用由 2 个混合槽和 2 个澄清槽组成的连续萃取/反萃取装置，以 AOT/异辛烷反胶团体系为循环萃取剂，将 α-淀粉酶浓缩了 8 倍，酶活力损失约 30%。反胶团相循环 3～5 次后，表面活性剂的缓慢损失造成了萃取效率的下降，重新添加表面活性剂，又可完全恢复。对该过程优化，用高分配系数（在反胶团有机相中加入非离子表面活性剂）和高传质速率（加大搅拌转速），反萃取液中 α-淀粉酶的活力得率达 85%，浓缩了 17 倍，反胶团相中每次循环表面活性剂损失减少到 2.5%。

5.1.5.3 直接提取细胞内酶

Giovenco 等报道了反胶团萃取从全料液中提取和纯化棕色固氮菌的胞内脱氢酶，将全细胞的悬浮液注入十六烷基三甲基溴化铵（CTAB）/己醇-辛烷反胶团溶液中，完整的细胞在表面活性剂的作用下溶解，析出酶进入反胶团的"水池"中，经反萃，可选择性地回收浓度很高的酶。在最优条件下，对分子量较小的 β-羟丁酸脱氢酶（$M_r=63000Da$）和异柠檬酸脱氢酶（$M_r=80000Da$），反萃液中酶活性的回收率超过 100%（相对于用无细胞抽提液），分子量较大的葡萄糖-6-磷酸脱氢酶（$M_r=200000Da$）不能被抽提出来。不利的是细胞碎片留在反胶团相中使得反胶团相不能重复使用，如能便利地回收有机溶剂和表面活性剂，那么这种细胞溶解与蛋白质萃取相结合的工艺方法，将成为从细胞中直接提取蛋白质的重要途径。

5.1.5.4 蛋白质在反胶团内的重折叠

非均匀重组 NDA(heterogeneous recombinant NDA) 蛋白质在细菌中的生产会形成不正确折叠的蛋白质,它们在细菌细胞里沉淀形成夹杂体。为了重新获得这些蛋白质正确的生物活性,需要进行这些夹杂体的下游加工,即蛋白质的重新折叠。传统的步骤包括:通过变性剂和还原剂从夹杂体中开折蛋白质;在低蛋白质浓度下重新折叠蛋白质以防止分子间的相互作用(浓度<1mg/L),最后,从稀溶液中回收蛋白质。

反胶团萃取可以为蛋白质提供一个微环境,在这个微环境内提供适当的条件可以使每一个反胶团内只能有一个蛋白质,这样就可以实现蛋白质的分离。这样的活性蛋白质总浓度可达 1～10g/L,即至少比传统的重折叠过程浓缩倍数高 1000。

反胶团萃取和蛋白质的重折叠可以有机地结合在一起。具体步骤为:提供萃取使加溶后的变性蛋白质从夹杂体中向反胶团相中传递;利用另一水相溶液水洗反胶团相以降低变性物的浓度,并将蛋白质保留在反胶团相内;向反胶团相中加入氧化剂使蛋白质在反胶团相内重折叠;再通过反萃从水相中回收活性蛋白质。上述方法也有其局限性,开折蛋白质与表面活性剂或有机溶剂之间的相互作用不能太强。例如,疏水性蛋白质 α-干扰素不能在反胶团内重折叠。因此,溶剂-表面活性剂体系内 pH 值和离子强度需经优化才能避免不需要的相互作用发生。

5.2 双水相萃取

5.2.1 概述

液-液萃取技术是化学工业中普遍采用的分离技术之一,在生物化工、基因工程中也有其广泛的应用,然而,大部分生物制品的原液是低浓度和有生物活性的,需要在低温或室温条件下进行富集、分离,因而常规的萃取技术在这些领域中的应用受到限制。双水相体系就是考虑到这种现状,基于液-液萃取理论同时考虑保持生物活性所开发的一种新型的液-液萃取分离技术。

双水相萃取技术作为一种新型的分离技术,克服了常规萃取有机溶剂对生物物质的变性作用,提供一个温和的活性环境,在萃取过程中具有保持生物物质活性及构象等明显的技术优势,并且取得了一些阶段性的成果。然而,该技术毕竟还处于起步和发展阶段,在应用和研究过程中不可避免地会碰见一些技术难题:易乳化、相分离时间长,成相聚合物的成本较高,水溶性高聚物大多数黏度较大,不易定量控制;水溶性的高聚物难以挥发,使反萃必不可少,高聚物回收困难等;而且,目前对于双水相体系的双水相动力学研究、双水相萃取设备流程研究、成相聚合物的重复使用以及普通有机物-无机盐双水相体系等方面相关文献报道比较少,有待于进一步的研究和开发。随着对双水相体系研究的深入,以及其他双水相体系的不断开发,其形成机理,热力学模型、动力学模型以及工艺技术等方面的问题最终会被突破和解决,其应用领域将进一步拓宽。

5.2.2 双水相体系

5.2.2.1 双水相体系的形成机理

双水相体系 (aqueous two-phase system,ATPS) 是指某些有机物之间或有机物与无机盐之间,在水中以适当的浓度溶解后形成互不相溶的两相或多相水相体系。如图 5-11 所示,由聚乙二醇 6000(PEG6000) 和葡聚糖 (Dextran500) 两种聚合物形成的双水相体系示意图,浓度为重量百分比。聚乙二醇和葡聚糖以不同的比例分配在上下两相中,两相中水的含量都很高。

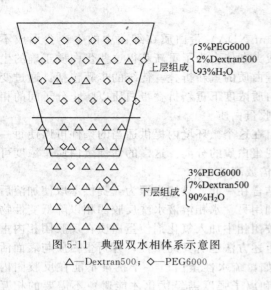

图 5-11 典型双水相体系示意图

△—Dextran500；◇—PEG6000

从溶液理论分析，当两种或多种有机物和水溶液相互混合时，是分层还是混合成一相，取决于混合时熵变和分子间的相互作用力这两个因素。只是双水相体系的熵很难准确计算，分子间的相互作用力也不清楚，因而对于双水相的形成，至今还没有一套完整的理论模型来解释。

两种物质混合时熵的增加与分子数有关，而与分子的大小无关。但分子间作用力可看做是分子中各基团间相互作用力之和，分子越大，作用力就越大。对高聚物分子来讲，如以摩尔为单位，则分子间作用力与分子间混合的熵相比起主要作用。两种高聚物分子间如有斥力存在，即某种分子希望在它周围的分子是同种分子而非异种分子，则在达到平衡后就有可能分成两相，两种高聚物分别富集于不同的两相中，这种现象称为聚合物的不相容性（incompatibility）。两高聚物双水相萃取体系的形成就是依据的这一特性。

但对近几年开发研究的高聚物与盐、低分子量的某些表面活性剂之间，以及很多普通有机物和无机盐之间的双水相体系现象的解释就显得无能为力。对于这些新型体系形成机理的解释可以说各种各样，不过大多数学者认为，高聚物-盐-水体系的形成机理是盐析作用的结果；普通有机物乙醇、异丙醇类形成的双水相机理，是一个盐溶液与有机溶剂争夺水分子形成缔合水合物的结果；对于表面活性剂混合溶液形成双水相体系的机理，以 Blanketern 等为代表的学者认为是由于表面活性剂混合溶液中不同结构和组成的胶束平衡共存的结果。以上的这些机理解释，显然不能趋于统一，对于具体形成机理和溶液理论，有待于进一步探索。

在双水相体系中，两相的水分都占 $85\%\sim95\%$，且成相的高聚物和无机盐一般都是生物相容的，生物活性物质或细胞在这种环境中不仅不会失活，而且还会提高它们的稳定性。因此双水相萃取体系正越来越多地被用于生物技术领域。

5.2.2.2 相图

双水相形成的条件和定量关系可用相图来表示，图 5-12(a) 是两种高聚物和水形成的双水相体系的相图。图中以聚乙二醇（PEG）的含量%（m/m）为纵坐标，以葡聚糖（Dex-

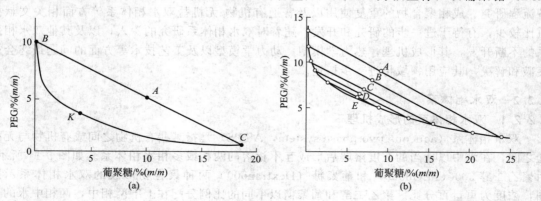

图 5-12 双水相体系相图

tran）的含量％（*m/m*）为横坐标。图中把均匀区与两相区分开的曲线，称为双节线（binodal）。如果体系总组成配比取在双节线下面的区域，两高聚物均匀溶于水中而不分相。如果体系总组成配比取在双节线上方的区域，体系就会形成两相。上相富集了高聚物 PEG，下相富集了高聚物 Dextran。

用 *A* 点代表体系总组成，*B* 点和 *C* 点分别代表互相平衡的上相和下相组成，称为节点。*A*、*B*、*C* 三点在一条直线上，称为系线（tie line）。系线的长度是衡量两相间相对差别的尺度，系线越长，两相间的性质差别越大，反之则越小。若 *A* 向双节线移动，*B*、*C* 两点接近，系线长度趋向于零时，即 *A* 点在双节线 *K* 点时，体系变成一相，*K* 称为临界点（critical point）。在同一系线上不同的点，总组成不同，而上、下两相组成相同，只是两相体积 V_T、V_B 不同，但它们均服从杠杆原理。即 B 相和 C 相质量之比等于系线上 CA 与 AB 的线段长度之比。又由于两相密度相差很小（双水相体系上下相密度常在 $1.0 \sim 1.1 \mathrm{kg/dm^3}$ 之间），故上下相体积之比也近似等于系线上 CA 与 AB 线段长度之比。即：

$$\frac{V_T}{V_B} = \frac{\overline{CA}}{\overline{AB}} \tag{5-3}$$

式中，V_T、V_B 分别为上相和下相体积；$\overline{CA}$ 为 C 点与 A 点之间的距离；$\overline{AB}$ 为 A 点与 C 点之间的距。

5.2.2.3 常用的双水相体系

用于生物分离的双水相体系见表 5-3。许多高聚物都能形成双水相体系，其中最常用的是 PEG/Dextran 和 PEG/无机盐体系。

表 5-3 常用的双水相体系

聚合物 1	聚合物 2 或盐	聚合物 1	聚合物 2 或盐
聚丙二醇	甲基聚丙二醇 聚乙二醇 聚乙烯醇 聚乙烯吡咯烷酮 羟丙基葡聚糖 葡聚糖	聚乙二醇	聚乙烯醇 聚乙烯吡咯烷酮 葡聚糖 聚蔗糖
乙基羟乙基纤维素	葡聚糖	羟丙基葡聚糖	葡聚糖
聚丙二醇	硫酸钾	聚乙二醇	
聚乙二醇 聚乙烯吡咯烷酮 甲氧基聚乙二醇			硫酸镁 硫酸铵 硫酸钠 甲酸钠
聚乙烯醇或聚乙烯吡咯烷酮	甲基纤维素 葡聚糖 羟丙基葡聚糖	甲基纤维素	葡聚糖 羟丙基葡聚糖

5.2.3 双水相萃取原理

5.2.3.1 双水相萃取的基本原理

双水相萃取与水-有机相萃取的原理相似，都是依据物质在两相间的选择性分配，但萃取体系的性质不同。当物质进入双水相体系后，由于表面性质、电荷作用和各种力（如憎水键、氢键和离子键等）的存在和环境因素的影响，在上相和下相间进行选择性分配，这种分配关系与常规的萃取分配关系相比，表现出更大或更小的分配系数。如各种类型的细胞粒子、噬菌体的分配系数都大于 100 或者小于 0.01。

其分配规律服从 Nernst 分配定律，即：

$$K = \frac{c_T}{c_B}$$

(5-4)

式中，c_T、c_B 分别代表上相、下相中溶质的浓度。

研究表明，在相体系固定时，预分离物质在相当大的浓度范围内，分配系数 K 为常数，与溶质的浓度无关，只取决于被分离物质本身的性质和特定的双水相体系。

5.2.3.2 影响物质分配平衡的因素

影响物质在双水相系统中分配的主要因素有：组成双水相体系的高聚物类型；高聚物的平均分子量和分子量分布；高聚物的浓度；成相盐和非成相盐的种类；盐的离子强度；pH值。影响萃取分配的因素如此之多，而且这些因素之间还有相互作用，因此目前还不能定量关联分配系数和各种因素之间的关系。适宜的工艺条件仍主要通过实验方法才能得到。这些因素直接影响被分配物质在两相的界面特性和电位差，并间接影响物质在两相的分配。通过选择合适的萃取条件，可以提高生物物质的收率和纯度。也可以通过改变条件将生物物质从双水相体系中反萃出来。

(1) 高聚物的分子量　在高聚物浓度保持不变的前提下，降低该高聚物的分子量，被分配的可溶性生物大分子如蛋白质或核酸，或颗粒如细胞或细胞碎片和细胞器，将更多地分配于该相。对 PEG-Dextran 体系而言，Dextran 的分子量减小；分配系数会减小；PEG 的分子量减小，物质的分配系数会增大（如表 5-4）。这是一条普遍规律，可用热力学理论进行解释。

表 5-4　葡萄糖相对分子质量对不同蛋白质分配系数的影响

蛋白质	蛋白质相对分子质量	Dextran 相对分子质量/M_w				
		20000	40500	83000	180000	280000
细胞色素 C	12384	0.18	0.14	0.15	0.17	0.21
卵清蛋白	45000	0.58	0.69	0.74	0.78	0.86
牛血清蛋白	69000	0.18	0.23	0.31	0.34	0.41
过氧化氢酶	250000	0.11	0.23	0.40	0.79	1.15
β-葡萄糖苷酶	540000	0.24	0.38	1.38	1.59	1.61
磷酸果糖激酶	800000	<0.01	0.01	0.01	0.02	0.03

(2) 高聚物浓度——界面张力的影响　当成相系统的总浓度增大时，系统远离临界点，系线长度增加，两相性质的差别（疏水性等）增大，界面张力也随着增大，蛋白质分子的分配系数将偏离临界点处的值（$m=1$），即大于 1 或小于 1。图 5-13 清楚地证实了这一点，图中横坐标为葡聚糖在两相中的浓差，此浓差越大，意味着系线越长。因此，成相物质的总浓度越高，系线越长，蛋白质越容易分配于其中的某一相。

对于细胞等颗粒来说，在临界点附近，细胞大多分配于一相中，而不吸附于界面。随着高聚物浓度增加，细胞会越来越多地吸附在界面上，这种现象给萃取操作带来困难。但对于可溶性蛋白质，这种界面吸附现象很少。

(3) 盐类　由于盐的正、负离子在两相间的分配系数不同，两相间形成电势差，从而影响带电生物大分子的分配。例如加入 NaCl 对卵蛋白和溶菌酶分配系数的影响示于图 5-14。pH6.9 时，溶菌酶带正电，卵蛋白带负电，二者分别分配于上相和下相。当加入 NaCl 时，在浓度低于 50mmol/L 时，上相电位低于下相电位，使溶菌酶的分配系数增大，卵蛋白的分配系数减小。可见，加入适当的盐类可大大促进带相反电荷的两种蛋白质的分离。

　　研究还发现，当盐类浓度增加到一定程度，由于盐析作用蛋白质易分配于上相，分配系数几乎随盐浓度成指数增加，且不同的蛋白质增大程度各异。利用此性质可使蛋白质相互分离。KCl 对分配的影响与 NaCl 类似。

　　在双水相体系萃取分配中，磷酸盐的作用非常特殊，既可作为成相盐形成 PEG/盐双水相体系，又可作为缓冲剂调节体系的 pH。由于磷酸不同价态的酸根在双水相体系中有不同的分配系数，因而可通过控制不同磷酸盐的比例和浓度来调节相间电位差，从而影响物质的分配。

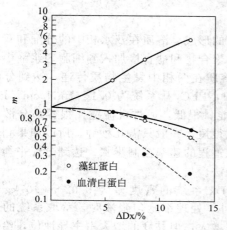

图 5-13　蛋白质在 PEG6000/Dx D-48
双水相系统的分配系数

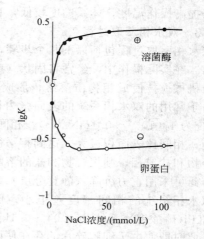

图 5-14　NaCl 对蛋白质分配系数的影响（体系：
8％ PEG4000/8％ Dex D-48，0.5mmol/L
磷酸钠，pH6.9）

　　（4）pH 值　pH 值对分配的影响源于两个方面的原因。第一，pH 会影响蛋白质分子中可离解基团的离解度，因而改变蛋白质所带的电荷的性质和数量，而这是与蛋白质的等电点有关的。第二，pH 影响磷酸盐的离解程度，从而改变 $H_2PO_4^-$ 和 HPO_4^{2-} 之间的比例，进而影响相间电位差。这样蛋白质的分配因 pH 值的变化发生变化。pH 的微小变化会使蛋白质的分配系数改变 2～3 个数量级。

　　在研究分配系数与 pH 的关系时，如加入的盐不同，pH 的影响也不同。图 5-15 所示为在 4.4％ PEG8000/7％ Dex48 体系中各种不同的蛋白分别在两种盐作用下分配系数与 pH

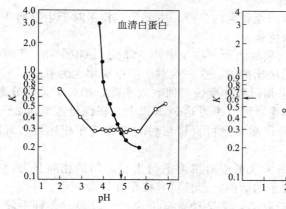

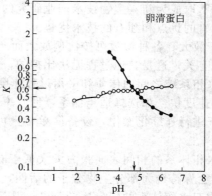

图 5-15　不同盐系统中 pH 对各种蛋白质分配系数的影响及其交错分配
●—0.1mol/L NaCl；○—0.05mol/L NaSO₄

的关系。但是在等电点处，由于蛋白质不带电荷，对不同的盐分配系数应该相同。因此，加入不同的盐所测得的分配系数与 pH 的关系曲线的交点即为该蛋白质的等电点。这种测定蛋白质等电点的方法称为交错分配法（cross partitioning）。

（5）温度 温度影响双水相系统的相图，从而影响蛋白的分配系数。温度越高发生相分离所需的高聚物浓度越高。在临界点附近对双水相体系形成的影响更为明显。但一般来说，当双水相系统离双节线足够远时，1～2℃的温度改变不影响目标产物的萃取分离。由于高聚物对生物活性物质有稳定作用，在大规模生产中多采用常温操作，从而节省冷冻费用。但适当提高操作温度，体系黏度较低，有利于分离。

5.2.3.3 双水相萃取过程

双水相萃取过程包括以下几个步骤，即双水相的形成、溶质在双水相中的分配和双水相的分离。在实际操作中，经常将固状（或浓缩的）聚合物和盐直接加入到细胞匀浆液中，同时进行机械搅拌使成相物质溶解，形成双水相；溶质在两相中发生物质传递，达到分配平衡。由于常用的双水相系统的表面张力很小（例如，PEG/盐系统为 0.1～1mN/cm；PEG/Dx 系统为 $1 \times 10^{-4} \sim 0.1$mN/cm），相间混合所需能量很低，通过机械搅拌很容易分散成微小液滴，相间比表面积极大，达到相平衡所需时间很短，一般只需几秒钟。所以如果利用固状聚合物和盐成相，则聚合物和盐的溶解多为萃取过程的速率控制步骤。达到分配平衡后的两相分离可采用重力沉降（静置分层）或离心沉降法。

双水相系统的相间密度差很小，例如 PEG/Dx 系统的密度差为 0.02～0.07kg/m³，PEG/KPi（磷酸钾）系统为 0.04～0.1kg/m³。另外，处理细胞匀浆液时，萃取系统的黏度很大，此时即使由于细胞碎片的存在使两相密度差增大，但黏度的增大占主导地位，给沉降分离带来困难。一般情况下，利用重力沉降法分离含细胞碎片的萃取系统需要 10h 以上，并且很难使两相完全分离。如果除去细胞碎片后再进行双水相萃取，则相分离将容易得多，利用重力沉降也可达到满意的效果。

利用离心沉降可大大加快相分离速度，并易于连续化操作。常用的离心沉降设备有管式离心机和碟片式离心机，其中用于双水相分离的碟片式离心机的下相出口半径可调。通过调整下相出口半径，可使两相在分界处完全分离。

利用连续离心沉降法可使两相在数秒至数分钟的停留时间内得到完全分离，具体停留时间根据萃取系统和离心机的能力而异。对于含有细胞碎片的萃取系统，停留时间多在 40s 以下。

5.2.3.4 双水相萃取的特点

双水相萃取成为新兴生物技术产业研究的热点，主要是该技术对于生物物质的分离和纯化表现出特有的优点和独有的技术优势。

① 易于放大。各种参数可按比例放大而产物收率并不降低。Albertson 证明分配系数仅与分离体积有关，这是其他过程无法比拟的，这一点对于工业应用尤为有利。

② 双水相系统之间的传质和平衡过程速度快，回收效率高，相对于某些分离过程来说，能耗较小，速度快。如选择适当体系，回收率可达 80% 以上，提纯倍数可达 2～20 倍。

③ 易于进行连续化操作，设备简单，且可直接与后续提纯工序相连接，无需进行特殊处理。

④ 双水相体系的相间表面张力大大低于有机溶剂与水相之间的相间张力，相分离条件温和，因而会保持绝大部分生物分子的活性，而且可直接用在发酵液中。

⑤ 影响双水相体系的因素比较复杂，从某种意义上说，可以采取多种手段来提高选择性或提高收率。

⑥ 操作条件温和，整个操作过程在常温常压下进行。

⑦ 不存在有机溶剂残留问题，高聚物一般是不挥发性物质，因而操作环境对人体无害。

⑧ 亲和双水相萃取技术可以提高分配系数和萃取的专一性。

5.2.4　双水相萃取的应用

5.2.4.1　生物工程技术中物质的提取与纯化

双水相萃取分离技术已应用于蛋白质、生物酶、菌体、细胞、细胞器和亲水性生物大分子以及氨基酸、抗生素等生物小分子物质的分离、纯化。生物酶类在双水相的分离和纯化中，部分已经实现了工业化。如工业化分离甲酸脱氢酶处理量达到 50kg 湿细胞规模，萃取收率在 90％以上，纯化因子为 1～8。在细胞、蛋白质、病毒、抗生素等物质的分离方面，文献陆续报道，如用 PEG/无机盐体系分离含胆碱受体的细胞；用双水相体系从牛奶中纯化蛋白；用 PEG/K_2HPO_4 双水相体系处理青霉素 G 发酵液等的回收率、分配系数均达到较大值。

5.2.4.2　中草药有效成分的提取

中草药是我国的国宝，已有几千年的应用历史，但是有关中草药有效成分的确定和提取技术在国内发展一直比较缓慢，这无疑限制了中药药理学的发展、深化以及中药现代化。近几年来，有关双水相萃取技术提取中草药有效成分的文献开始报道，尽管数量不多，但是已有的实例充分表明其有良好的应用前景。以乙醇（EtOH）-磷酸氢二钾（K_2HPO_4）-水（H_2O）双水相体系萃取甘草有效成分，在最佳条件下，分配系数到达 12.80，收率（Y）高达 98.3％。用双水相萃取体系富集分离银杏叶浸取液的研究也表现出良好的分配系数和分离效果。Mishima 等报道了用 PEG6000-K_2HPO_4-H_2O 的双水相体系对黄芩苷和黄芩素进行萃取实验，由于黄芩苷和黄芩素都有一定的憎水性，被主要分配在富含 PEG 的上相，且两种物质分配系数 K 值最大可达 30 和 35，分配系数随温度升高而降低，且黄芩苷的降幅比黄芩素大。

5.2.4.3　双水相萃取分析

常规的检测生物物质的技术既繁琐又费时，很难及时满足现代生化生产分析的要求，因而开发一种快速、方便、准确的生物活性物质的检测技术是必要的。基于液-液体系或界面性质而开发的分析检测技术是一项潜在的有应用价值的生化检测分析技术。这一技术已成功地应用于免疫分析、生物分子间相互作用力的测定和细胞数的测定。

在免疫分析中，一般利用抗体和抗原（或细胞）之间达到一定的平衡来分析其中之一，而双水相分析法是一种非平衡法，即抗体和抗原之间并没有达到平衡，而是利用分配系数不同进行分析。如强心药物异羟基毛地黄毒苷（简称黄毒苷）的免疫测定，将用 ^{125}I 标记的黄毒苷与含有黄毒苷的血清样品混合，加入一定量的抗体，保温后加入双水相体系［7.5％（质量分数）PEG4000，22.5％（质量分数）$MgSO_4$］分相后，抗体分配在下相，黄毒苷在上相，测定上相的放射性则可测定免疫效果。此法同放射性免疫法比较相关系数为 0.979。

5.2.4.4　稀有金属/贵金属分离

传统的稀有金属/贵金属溶剂萃取方法存在着溶剂污染环境，对人体有害，运行成本高，工艺复杂等缺点。双水相萃取技术引入到该领域，无疑是金属分离的一种新技术。在 PEG2000-硫酸铵-偶氮胂（Ⅲ）双水相体系中，可以实现 Ti（Ⅳ）与 Zr（Ⅳ）的分离；在 PEG2000-硫酸钠-硫氰酸钾双水相体系中，实现了 Co（Ⅱ）、Ni（Ⅱ）、Mo（Ⅵ）等金属离子的定量分离；在 PEG/硫酸钠双水相体系中，能从碱性氰化液中萃取分离金。

5.2.5　双水相萃取技术的进展

5.2.5.1　廉价双水相体系的开发

30 多年来的双水相技术研究绝大多数集中在高聚物-高聚物（PEG-Dextran 系列）

双水相体系系列上。然而该体系的成相聚合物价格昂贵，在工业化大规模生产时，从经济上丧失了该体系技术上的优势，因而寻找廉价的有机物双水相体系是双水相体系的一个重要的发展方向。用变性淀粉（PPT）、乙基羟乙基纤维素（EHEC）、糊精、麦芽糖糊精等有机物代替昂贵的葡聚糖（Dextran），羟基纤维素、聚乙烯醇（PVA）、聚乙烯吡咯烷酮（PVP）等代替 PEG 已取得了阶段性的成果。研究发现由这些聚合物形成的双水相体系相图与 PEG-Dextran 形成的双水相体系相图非常相似，其稳定性比 PEG-Dextran 形成的双水相体系要好，并且具有蛋白质溶解度大、黏度小等优点。用成本只有 PEG-Dextran 体系的 1/8 的聚乙二醇（PEG）/羟丙基淀粉（Reppal PES）双水相体系从黄豆中分离磷酸甘油酸激酶（PGK）和磷酸甘油醛脱氢酶（GAPDH），收率在 80％以上。

5.2.5.2　新的双水相体系探索

随着双水相技术研究的不断深入，新的双水相体系表面活性剂-表面活性剂-水体系、普通有机物-无机盐-水体系、双水相胶束体系等体系相继被发现。现有的研究表明，这些双水相体系各有优势，表面活性剂双水相体系与高聚物双水相体系相比，有更高的含水量，因而条件更为温和，表面活性剂的增溶作用，不仅可以用于可溶性蛋白质的分离，而且可用于水不溶性蛋白质的分离；普通有机物型双水相体系最大的优点是价格便宜，分离后续工作处理简单。另外，特别提到的一种新的体系是只有一种成相聚合物的双水相体系，上相几乎100％是水，聚合物绝大部分集中在下相，该体系不仅操作成本低，萃取效果好，还为生物物质提供了更温和的环境。

5.2.5.3　金属亲和双水相萃取技术

亲和双水相萃取是一种高效生化分离技术，目前亲和双水相萃取亲和配基有抗体、活性染料和凝集素等。这些亲和配基有一个缺点，即不能在高盐浓度下操作，使得廉价的 PEG/盐体系不能用于亲和分配。Amold 提出了金属离子亲和双水相萃取。其利用金属离子和蛋白质中精氨酸、组氨酸的亲和作用，达到分离和纯化蛋白质的目的。目前金属离子亲和双水相萃取已应用于多种酶的分离纯化。金属亲和双水相萃取与普通亲和双水相相比，具有亲和配基价廉、可用于 PEG/盐体系、成本低和亲和配基再生容易等优点。

5.2.5.4　双水相电泳分离蛋白质

过程集成化是指不同的分离技术上互相渗透，实现优势互补，从而达到整体优化的目的。双水相-电泳技术就是电泳技术与萃取技术交叉耦合形成的一种新型的分离技术，该技术是在多液相状态，既可以克服对流（返混）的不利影响，又有利于被分离组分的移出。

黎四芳等提出了一种新型的双水相电泳装置，并进行了双水相电泳分离肌红蛋白、牛血清蛋白和细胞色素 C 及其混合物的实验，研究了电场方向、pH 值、电场强度和电泳时间对双水相萃取分离效果的影响，并与不加电场的双水相萃取结果进行了比较。根据电场方向和 pH 值不同，肌红蛋白能任意地被迁移至上相或下相，肌红蛋白的分配系数和上相收率随电泳时间的延长而增大。电泳 80min 之后，分配系数改变了一个数量级，上相收率已达 90％以上，肌红蛋白的分配系数和上相收率随电场强度的升高而增大。即使电场强度高达 48.1V/cm，界面处也不发生对流和返混，表明双水相界面具有强的抗对流特性。在双水相电泳过程中，蛋白质的迁移速率与电场强度和电泳迁移率成正比。pH 距等电点越远，蛋白质所带的静电荷越多，电泳迁移率越大。但是，带不同电荷的蛋白质分子之间的相互作用使电泳迁移速率变小。这在细胞色素 C 和牛血清蛋白的分离过程中较为明显。

参 考 文 献

［1］ Dekker M．The chemical Engineering Journal，1991，46：B69.
［2］ Dekker M．The chemical Engineering Journal，1986，33：B27.
［3］ Dekker M，et al．Chem．Eng Sci.，1990，45：2949.
［4］ Dekker M，et al．AIChE Journal.，1989，35：321.
［5］ Leser M E，et al．Biotech．Bioeng，1993，41（4）：489.
［6］ Giovenco S．Enzyme Microb．Technol.，1987，（9）：470.
［7］ Leser E M，et al．Biotech．Bioeng，1993，41（4）：489.
［8］ Mishima K，et al．日本溶剂萃取论文报告会，Ⅱ．日本：福冈，1995.
［9］ Modlin R F，Alred P A，Tjemeld F．Chromatogr，1994，668：229.
［10］ 严希康．生化分离工程．北京：化学工业出版社，2001.
［11］ 沈忠耀．日用化学工业，2001，（1）：24.
［12］ 黎四芳，丁富新，袁乃驹．生物工程学报，1996，12（1）：87.
［13］ 林东强等．化工学报，2000，51（1）：1.
［14］ 郭黎平等．东北师范大学学报（自然科学版），2000，32（3）：34.

第6章　非均相分离

6.1　概述

　　制药生产中应用十分广泛的液固分离技术主要包括过滤、离心分离、沉降。在制药过程中，无论原料药、成药及辅料都离不开液相与固相的分离。如从发酵液中提取有效成分，结晶体与母液的分离；中药生产中以动植物为药源经液体浸取后，将浸取液与药源固体的分离；中药药液进一步提纯的精密分离（包括精密过滤与高速离心分离）以至微滤及要求更高的膜滤；中草药注射液的制备、中药营养液、雾化液、口服液、其他中药制剂、注射用水、大输液的制备、抗生素的处理及生物制品的分类、提纯、浓缩、脱盐等。此外，大部分合成药、中草药及制剂辅料生产中采用助滤剂（如活性炭）的药液与助滤剂的分离，药液的除菌与过滤，都离不开固液分离技术。

　　在任何实际的固液分离操作中，无法做到将固相颗粒和液相彻底分开，往往是液相产品中夹带若干细小的固体颗粒，而固相产品中又存有部分液体。这种分离状况用两个参数加以表征：一是分离效率，表示固相的质量回收率（如在过滤操作中可称作截留率），通常以百分数表示；二是含湿量（质量分数），表示回收的固相的干湿程度。有时为了调整或去除固相中积存的液体，还需对固相进行洗涤，用洗液来置换母液。

6.2　物料的性质

　　在固液分离技术中，了解固体颗粒、液体和悬浮液的性质很重要。固体颗粒的形状、尺寸、密度、比表面积、孔隙度，液体的密度、黏度、表面张力和挥发性，以及悬浮液的固相含量、密度与黏度，将会决定固液分离过程中颗粒沉降或过滤速度的快慢、分离效果的好坏及滤饼层的渗透性及滤饼的比阻等性质。

6.2.1　固体颗粒特性

　　颗粒是固态物质的一种形态，通常小于毫米级的固体粒子才称颗粒。由于颗粒几何尺寸微小，所以其物理化学特性不同于一般宏观固态物质，其特性主要包括比表面积、孔隙度、颗粒形状、颗粒尺寸、粒度分布、密度。

　　（1）比表面积　比表面积是单位质量多孔颗粒所具有的表面积，单位是 m^2/m^3 或 m^2/g。由于颗粒尺寸小，单位体积颗粒具有的表面比一般固体物质大 $7\sim8$ 个数量级，从而使颗粒体具有许多特性。

　　（2）孔隙度　孔隙度是颗粒之间的孔隙体积与其表观体积之比，通常用百分数表示。

　　（3）流动性　颗粒体特别是较大的颗粒，自然堆积时，没有团聚效应，孔隙度稳定，表观有明显的流动性，如可依容器形状而改变体积形状。

　　（4）颗粒形状　由于液体具有表面张力，液体颗粒总是成为圆球形，因此液体颗粒的形状是均一的。与此相反，固体颗粒成为圆球形是很稀少的，它的形状也很少是一致的。晶体类的物料，其形成均一的颗粒，例如立方体或菱形体等；但它的形状仍然有可能成为混杂而不均一。这种情况在工业生产中经常发生，这是由于后续处理方式不同，造成晶体的破碎，绝大多数固体颗粒呈不规则形状，以致即使取两个颗粒对比也难说彼此相同。纤维物料也是如此，某些情况下纤维的长度和直径各不相同，但具有光滑表面；而在其他情况下则是由原纤维形成的毛绒状纤维。

由于固体颗粒形状大都是不规则的，在作理论计算时，通常又将颗粒作为球形对待，这是理论计算与实际情况不符的原因之一。

（5）颗粒尺寸——粒径及粒度分布　固液分离过程面对的是固体颗粒群与液体形成的混合物。其中有许多属于悬浮液，有的则是胶体，显然从形成这些混合物的颗粒群中的颗粒尺寸来说，前者所含的大者可达毫米范围，后者一般在微米或亚微米范围。这些液体中的颗粒群的行为又随颗粒尺寸而有很大差异，有的颗粒分散很好能成单个，有的由于颗粒极小极易成聚集状态而很难分散。颗粒尺寸的测定应以完善分散后的单个颗粒为准，所以在湿态条件下测定颗粒尺寸必须注意和一般粉末工艺学中测定干态粉末有所不同。湿态测定时将液体中颗粒群分散成真正的单个，在多数情况下只要注意选用适当的分散剂即能达到目的，但有时则是很困难的工作，甚至可作为一项专题进行研究。

① 粒径定义。颗粒群一般是由尺寸不同、形状不规则的颗粒组成的。对于形状不规则的单个颗粒直径即粒径有各种测定方法，根据所测结果是颗粒的线性尺寸还是它的本身特性，基本上可以用三类粒径，即"当量球径"、"当量圆径"和"统计直径"来描述。

当量球径所测的是与颗粒本身特性（包括体积、投影面积和沉降速度等）成等值的当量球体所具有的直径，详见表 6-1。当量圆径所测的是与颗粒的轮廓投影成等值的当量圆所具有的直径，详见表 6-2。统计直径所测的是对颗粒图像按一定的平行测取（用显微镜）的线性尺寸，详见表 6-3。

表 6-1　当量球径的定义

符　号	名　称	当量球的特性
x_v	体积直径	体积
x_s	表面积直径	表面积
x_{sr}	表面积体积直径	表面积与体积之比
x_f	自由沉降直径	颗粒密度相同时在相同流体中的自由沉降速率
x_{st}	斯托克斯直径	斯托克斯定律范围（$R_i < 0.2$）内的自由沉降速度
x_A	筛分直径	穿过相同方形筛孔

表 6-2　当量圆直径的定义

符　号	名　称	当量圆的特性
x_a	投影面积直径	处于稳定位置静止颗粒的投影面积
x_p	投影面积直径	随意定向下的颗粒所具有的投影面积
x_c	周长直径	轮廓的周长

表 6-3　统计直径定义

符　号	名　称	所测线性尺寸
x_F	费雷特直径	颗粒对侧的切线间距离
x_M	马·丁直径	颗粒图像等分线的长度
x_{SH}	剪切直径	用图像剪切目镜所得颗粒宽度
x_{CH}	最大弦径	在颗粒轮廓限定的范围内所作平行线中最长的弦

不同意义的粒径来自不同的测定方法，即使同一意义下的粒径也有不同的测试方法，不过其繁简大有出入。而选择哪种含义的粒径则主要取决于分离过程的要求。例如对于重力沉降或离心沉降分离过程，由于其控制机理属于固液之间的颗粒运动，因此以采用自由沉降直

径 x_f 或斯托克斯直径 x_{sv} 为宜,两者之间又以后者为常用。对于过滤过程,理论上说,用表面积体积直径 x_{sr} 更符合过滤的分离机理,实际上为方便计算也有采用其他的,如 x_A 等。

② 粒度分布。当单个颗粒的粒径定义后,求出不同尺寸粒径在给定的颗粒群中各自所占比例或百分数即代表该颗粒群的粒度分布。

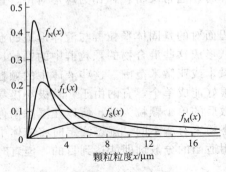

图 6-1　粒度分布的类型

对于一给定的颗粒群物料,粒度分布的表达方式可有四类,见图 6-1,即:

a. 以个数表示的粒度分布 $f_N(x)$;

b. 以长度表示的粒度分布 $f_L(x)$(实际上不采用);

c. 以表面积表示的粒度分布 $f_S(x)$;

d. 以质量(或体积)表示的粒度分布 $f_M(x)$。

上述不同类型的粒度分布,正像不同意义的粒径那样是由不同的颗粒尺寸测定方法给出的。虽然这四种类型的粒度分布能用关系式进行相互换算,但只有当形状系数为常数即颗粒形状与颗粒尺寸无关时,才能由一种分布换算为另一种分布;另外由于换算方法本身有误差,所以实际上对不同类型粒度分布之间的换算是应当尽量避免的。一般都根据过程需要,选用应该采用的粒度分布类型(也即相应的颗粒尺寸测定法)。在大多数的固液分离应用中,以质量表示的粒度分布最有意义,因为一般都对质量效率感兴趣。但对液体澄清(如药液的澄清等)来说,溢流的浊度是重要指标,这时采用表面积或个数表示的粒度分布将更为适用。

在上述四种粒度分布类型中,列出其中任意一种,如图 6-2 所示。从图中颗粒直径与其在颗粒群中出现的频率分布情况分析,有明显的集中倾向进行量度,可定义多种不同的平均粒径,其目的在于用一个数值来代表给定颗粒群的粒度分布,作为过程控制用的指导。在所给的粒度分布图中,有三个很重要的量度,即众值、中值和平均值,或称众径、中径和平均径,这三者都能从不同方面代表这一粒度分布的平均粒径。其中众值是与粒度分布频率曲线峰相应的粒径,某些分布可能有几个峰,通称为多众值分布。中值或 50% 粒径是指一半颗粒粒径大于此值,另一半则小于此值的那种粒径,也就是将粒度分布曲线下的面积等分为二的粒径。根据累积百分数曲线(将图 6-2 所示的频率分布曲线积分即得)很易确定中值,它与 50% 相应。众值或中值粒径一般由粒度分布曲线图即可求得。至于平均值需通过计算求得,由于粒度分布的实测数据可用表格、图或拟合成解析函数来表示,所以其平均值可以通过表格计算、图解积分或带有常用解析函数的专用图纸解决,详细计算方法可参阅有关粒度分析的专著。

(6)颗粒密度　不论在重力或离心力条件下,固体颗粒在其穿过的液体内以什么速度沉降都与固液之间的密度差成正比变化。液体密度较易测定,并能从一般手册中查得。

由于颗粒处于不同情况的液体中,实际颗粒可能包藏、沾附或多或少的液体或空气(或其他气体),因而其有效密度将变小,还由于颗粒之间相互黏结成团,这种成团物料以不正常的密度或浮于液体表面或沉于液下成为不均匀的液层。某些具有网孔结构特征的有机物料能够吸收相当量的液体,尤以水为甚,其量随许多因素例如溶解盐的浓度而变化。根据上述情况,对于液体中的密度值,必须根据实

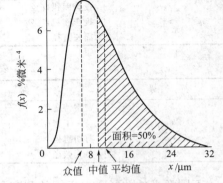

图 6-2　粒度分布的众值、中值和平均值

际情况认真考察，判断理论计算和实测之间的差异。

（7）黏性（黏附）和散粒性 粒子之间或粒子与物体表面之间存在黏性力，由于这种力的作用，使粒子在相互碰撞中导致粒子的凝集。固相颗粒之间可能存在分子力、毛细管黏附力和静电力。在一定条件下其中某种力可能起主要作用。

① 分子力。这是分子间的吸引力。随着分子间距离增大，吸引力下降。分子力的大小与粒子的尺寸、特性及接触面积有关。在几个分子直径的距离内，分子力有重要的影响。

② 毛细管黏附力。在潮湿的环境中，湿分可在粒子与物体之间空隙内架桥，产生毛细管吸附力。粒子的粒径愈大、表面润湿性能愈好，则毛细管黏附力愈大。

③ 静电力。由于各种原因可使粒子载带不同的电荷，因此在载电粒子之间可产生静电力。静电荷使粒子的黏附性增强，但是若粒子和物体表面间空隙潮湿，则电力减弱或消失，可见毛细管力和静电力一般不能同时起作用。

粒子的形状、粗糙度、黏度以及潮湿程度都能影响粒子的黏附性。

（8）电性 在粒子的生成和处理过程中，都可能使粒子荷电。荷电的原因可能是天然辐射、外界离子或电子的附着以及粒子间碰撞摩擦等。粒子的种类、温度和湿度都影响粒子的荷电性。

6.2.2 液体的特性

液体的密度、黏度、表面张力、挥发性等物理性能是直接影响固液分离过程的因素。

（1）密度 液体的密度是指单位体积液体的质量。在沉降分离中，分离推动力与固液两相的密度差成正比，所以液体密度值的大小很重要。一般情况下，升高液体的温度，可以使液体密度下降；如果液体是溶液，可以用改变溶质的浓度来改变溶液的密度，从而改善分离过程。

（2）黏度 液体的黏度是指液体分子间在外力作用下相对摩擦的摩擦阻力的大小。通常温度越高，液体的黏度越小，透过过滤介质的阻力就小，有利于提高过滤速度与沉降速度，并使滤饼或沉渣的含湿量降低。所以常利用加温的方法来提高过滤速度。若能测得液体的黏度-温度曲线，可以作为选择适宜的固液分离操作温度的依据。

（3）表面张力 表面张力也是液体的一个重要性质，它是指通过液体表面上的任一单位长度，并与之相切的表面紧缩力。从热力学角度讲，表面张力说明增加单位表面积所需做的功。表面张力大小会直接影响液体润湿固体表面的程度，并促成颗粒堆聚；对于过滤介质而言，如果液体不易湿润过滤介质，将妨碍过滤过程。例如水不润湿聚四氟乙烯做的过滤介质，因此需要提高过滤压力才可使过滤操作顺利进行。相反不易被液体湿润的疏水性固体颗粒，则滤饼（或滤渣）的残余湿含量将较低。

更确切地说，表面张力应是存在于两相界面之间由分子间吸引力所产生的、出现在分离表面中的一种张力，不是液体单方面所特有的性质。因此，对于存在于界面之间的极少量杂质，就有可能溶解在液体中，也可能存在于固体表面，其厚度非常薄，甚至只有单分子层那样薄，对于润湿度非常敏感。

（4）挥发性 易挥发的液体，在真空下会挥发成气体，不仅会损失有价值的滤液（溶剂）而且会降低真空度，污染真空泵油，所以不宜采用真空过滤。

6.2.3 悬浮液的特性

当固体颗粒不溶于液体且混合在一起时，就构成悬浮液。悬浮液的特性与两相自身的特性有关，同时还有两相共存所产生的新的特性。这些特性均不同程度地影响着固液分离操作。

（1）密度 由于固体颗粒的掺入，悬浮液的密度不再是原来液体的密度。悬浮液的密度可以根据悬浮液的固相含量，固相和液相的密度，用下式计算：

$$\rho = \frac{100}{\frac{100-C}{\rho_L} + \frac{C}{\rho_S}}$$ (6-1)

式中，ρ 为悬浮液密度，g/ml；C 为悬浮液中固相质量浓度，%；ρ_L 为悬浮液中液相密度，g/ml；ρ_S 为悬浮液中固相密度，g/ml。

由于悬浮液中固体颗粒不能完全均匀地与液体混合，如静置一段时间，密度较大的固体颗粒会下沉，颗粒越大下沉越快，悬浮液密度不再是常量。因此用直接测量的办法测取悬浮液的密度误差是很大的。

（2）黏度　若液体中存在分散的固体颗粒，就增大了液体抗剪切变形的能力，悬浮液的黏度随液体中固相浓度的增大而增加，悬浮液的黏度可以根据下式计算：

$$\mu_s = \frac{1+0.5\phi}{(1-\phi)^4}\mu_L$$ (6-2)

式中，μ_s 为悬浮液黏度，Pa·s；μ_L 为液相黏度，Pa·s；ϕ 为悬浮液中固相容积浓度，以分数表示。

应用上述公式必须注意，当 ϕ 值低时，如 $\phi=0.1$，式（6-2）会出现计算值比实际值偏低的误差，特别是对不能自由流动的非牛顿流体，更是如此。

（3）固含量　在悬浮液中固体颗粒与液体是以怎样的比例混合，对其分离过程的影响是十分重要的，为此常需对悬浮液标明其固含量多少。固含量的大小可用固体颗粒的质量占悬浮液总质量的百分数来表示，称做质量百分含量。这在工程应用中最普遍，因为测量质量百分含量的方法最简便精确。再者也可以用体积百分含量来表达固体颗粒在悬浮液中所占的体积百分比，由于颗粒的有效体积不易直接测量，所以不便在工程上应用。但是工程上常常知道的是单位体积的悬浮液中含有固体颗粒的质量是多少，如 g/mL 或 g/L 等。这时如知道液体的密度，进行质量的换算是很容易的。

前面已经提到固含量对悬浮液黏度的影响，因此固含量对固液分离的操作影响是不可忽视的。比如悬浮液的固含量达到一定值后，颗粒间距小，互相制约，将在沉降分离中出现干涉沉降的现象，进而影响沉降速度。

（4）电动现象及 ζ 电位　当固体颗粒晶格不完整时，会使晶体表面有剩余离子，或是一些低溶解度的离子型晶体，在水中就会由于水的极性使周围有一层电荷所环绕，形成双电子层。双电子层围绕着颗粒，并延伸到含有电解质的分散介质中，双电子层与分散介质之间的电势差称为 ζ 电位，颗粒自身荷有的剩余电荷还会造成荷有相同电荷的颗粒之间相互排斥，当对分散介质施以外加电场时，荷电颗粒也会产生相应的定方向的运动。这些现象既影响着颗粒间的团聚长大，也影响着过滤介质的堵塞性能，因此也是固液分离技术中应以关注的问题。

6.3　过滤

6.3.1　过滤的基本概念

过滤是使悬浮液通过能截留固体颗粒的并具有渗透性的介质（多孔介质或筛网）来完成固-液分离的过程。过滤操作在化工、轻工、食品及医药工业、环境保护工程中都有广泛的应用。

通常，过滤中所用的可渗透性介质称为过滤介质，需要分离的悬浮液称为滤浆，滤浆中的固体粒子称为滤渣，被过滤介质截留的固体颗粒层称为滤饼，过滤后的液体称为滤液。

由于滤浆中固体粒子的大小往往并不一致，而所用过滤介质的孔径往往比一部分颗粒要大，因而在过滤开始的时候，会有一部分细小的粒子从介质中通过，得到的滤液往往是比较浑浊的，但随着操作的继续进行，细小的粒子便可能在孔道上及孔道中构成图 6-3 所示的"架桥"现象，使后来的颗粒不能通过。同时，由于滤饼中的孔道通常比过滤介质的孔道要小，滤饼本身更能起到截留粒子的作用，因此，只有在滤饼形成之后才能得到澄清的液体，即过滤操作才真正有效，而且过程中逐渐增厚的滤饼才真正起到主要过滤介质的作用。

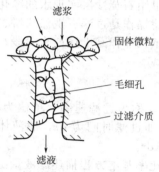

图 6-3 "架桥"现象示意

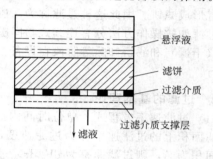

图 6-4 过滤原理示意

典型的过滤操作如图 6-4 所示。过滤时，滤饼和过滤介质对滤液的流动具有阻力，要克服这种阻力，就需要一定的推动力，即在滤饼和介质两侧之间保持一定的压力差（或称压力降），过滤系统示意如图 6-5 所示。其中推动力有下述四种类型，即重力、压力、真空度、离心力。

如果过滤的推动力是利用悬浮液本身液柱的压力，则称为常压过滤；如果是在悬浮液上面通加压空气，则称为加压过滤；如果是在过滤介质下面抽真空，则称为减压过滤；如果推动力是离心力，则称为离心过滤。离心过滤将在下节中介绍。

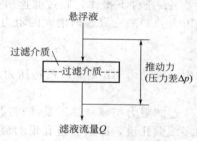

图 6-5 过滤系统示意

在选择过滤机及过滤操作条件时应考虑以下几点主要因素：
① 流体的特性，尤其是流体黏度、密度及腐蚀性；
② 固体的特性，颗粒的大小、形状、粒径分布以及可压缩性；
③ 悬浮液中固体颗粒的浓度；
④ 处理量及所处理的物料的价值；
⑤ 有价值的产品是固体、液体、还是二者都是；
⑥ 是否有必要洗涤滤饼；
⑦ 设备构件对与其接触的悬浮液或滤液的轻微沾污是否会对产品产生不利的影响；
⑧ 料液是否需要加热；
⑨ 料液所要采用的预处理方式。

图 6-4 所示的典型的过滤过程中，假定过滤介质为滤布。开始的压力降比较小，随着滤饼的逐渐增厚，流动阻力逐渐增加。在初始流动状态下，沉积在滤布表面上的颗粒，即初始滤饼层，起到了真正的过滤介质的作用。有时可借助人为地提高初始进料浓度的方法，尤其是以加助滤剂作为"掺浆"（body feed）来形成初始滤饼层。由于助滤剂具有很多小孔，所以增强了滤饼的渗透性，从而使低浓度的和一般难以过滤的浆液能够进行滤饼过滤。因此，影响过滤速率的主要因素有：①从进料侧至过滤介质另一侧的压力降；②过滤面积；③滤液

黏度；④滤饼阻力；⑤过滤介质和初始滤饼层的阻力。

以上所描述的过滤过程为滤饼过滤。它适用于滤液中含颗粒较多的悬浮液，其中的固体颗粒尺寸较大，固体颗粒以滤饼形式沉积在比较薄的过滤介质的进液面上，聚集的滤饼可从过滤介质上除去。

当悬浮液中含颗粒很小而且含量也很少时，采用粒状床层作过滤介质进行过滤，这时颗粒随液体进入床层内细长而弯曲的孔道，依靠静电及分子力而附着于孔道上，在过滤介质上面没有形成滤饼。因此这种过滤称为深层过滤。如工厂里用石英沙层实现水的净化。

过滤如按操作方法分有连续式与间歇式。连续式过滤操作是过滤、洗涤滤饼、滤饼机械去湿（干燥）和滤饼卸除等阶段在设备上同时进行。间歇式操作是上述四个阶段在设备上依次进行。

6.3.2 过滤的基本理论

（1）过滤速率方程式　单位时间内滤过的滤液体积，称为过滤速率，单位为 m^3/s。单位过滤面积上的过滤速率称为过滤速度，单位为 m/s。如过滤时间为 $d\tau$，滤液体积为 dV，过滤面积为 A，则过滤速率为 $dV/d\tau$，过滤速度为 $dV/Ad\tau$。

过滤是液体通过滤饼与过滤介质的流动过程，过滤速率基本方程描述滤液量随过滤时间变化的关系，用它来计算获得一定量滤液所需要的过滤时间。

过滤过程中，由于滤饼厚度的逐渐增加，于是过滤的阻力也随之增大。如果在一定的压力差 Δp 条件下操作，则过滤速率必将逐渐减小；如果要保持过滤速率不变，则必须逐渐增大压力差，来克服逐渐增大的阻力。过滤速率、推动力和阻力三者的关系如下：

$$过滤速度 = \frac{过滤推动力}{过滤阻力}$$

其中，推动力 Δp 是滤饼两边压力差 Δp_c 和过滤介质两边压力差 Δp_m 之和，即：

$$\Delta p = \Delta p_c + \Delta p_m$$

过滤阻力与滤液性质及滤饼层性质有关。由于形成滤饼的颗粒通常是小的，滤饼层内有很多细微孔道，滤液流过孔道的流速（u）也低，所以在滤饼层流动一般是层流，于是流体的流动在过程中任何瞬间可用哈根-泊谡叶公式表示：

$$u = \frac{d^2 \Delta p_c}{32\mu l} = \frac{\Delta p_c}{32\mu l d^2} \qquad (6-3)$$

式中，u 为液体的黏度；d 为各通道的平均直径；l 为通道的平均长度。

式（6-3）u 乘以滤渣层里全部微小通道的截面积，就是滤液的流量。所以 u 与过滤速度成正比，即：

$$u \infty \frac{dV}{A d\tau} \qquad (6-4)$$

式（6-3）中的 l 与 d 无法直接测出，而 l 与滤饼厚度 L 成一定比例关系，故用 L 代替 l，其比例系数和 d 都并入常数项 r 中，则式（6-3）可以写为：

$$\frac{dV}{A d\tau} = \frac{\Delta p_c}{r\mu L} \qquad (6-5)$$

常数项 r 包含了许多因素，只有由实验结果来定。式（6-5）又可写为：

$$\frac{dV}{d\tau} = \frac{\Delta p_c}{r\mu L/A} \qquad (6-6)$$

式（6-5）表示任一瞬间过滤速度与滤饼层两侧的压力差 Δp_c 成正比，与滤饼厚度 L 及滤液黏度成反比。而 $r\mu L$ 项为滤饼阻力，由于滤饼厚度与单位过滤面积上的滤饼质量 $\omega V/A$ 成正比，即：

$$L \infty \frac{\omega V}{A}$$

式中，ω 为单位体积滤液可得干滤饼质量，所以滤饼阻力可改写为：

$$滤饼阻力 = r'\mu\omega V/A$$

式中，V 为滤液体积，单位面积上干滤饼质量为 $\omega V/A$ 时的滤饼阻力；r' 为比例系数，表示单位过滤面积的干滤饼质量为 $1kg/m^2$ 时的阻力，称为滤饼的比阻，m/kg。

过滤阻力除滤饼阻力外，还应加上过滤介质阻力。把过滤介质也看做滤液量，称为当量滤液量 V_e，这时过滤介质所形成的滤饼层阻力为：

$$过滤介质阻力 = r'\mu\omega V_e/A$$

所以过滤阻力为滤饼阻力与过滤介质阻力之和，可表示为：

$$过滤介质阻力 = r'\mu\omega(V+V_e)/A$$

过滤速度为：

$$\frac{dV}{A\,d\tau} = \frac{\Delta p}{r'\mu\omega(V+V_e)/A} \tag{6-7}$$

或

$$\frac{dV}{A\,d\tau} = \frac{\Delta p}{r'\mu\omega(V+V_e)} \tag{6-8}$$

此式即为过滤速率方程式。它表示过滤操作中某一瞬间的过滤速率与物系性质、压力差、该时间以前的滤液量及过滤介质的当量滤液量之间的关系。

连续过滤操作是在恒压下的操作，间歇过滤操作（如板框过滤机）可在恒压、恒速或先恒速后恒压下操作。实际操作中，恒压操作用得较多。

(2) 恒压过滤

① 过滤体积与过滤时间的关系。求恒压过滤时体积与时间 τ 的关系，对式(6-8)积分，可得 V 与 τ 的关系。恒压过滤 Δp 为常数，对一定的悬浮液，r、μ、ω 及 V_e 皆可视为常数，故有：

$$\int_0^V (V+V_e)dV = \frac{A^2 \Delta p}{\mu r' \omega}\int_0^t d\tau$$

$$\frac{V^2}{2} + V_e V = \frac{A^2 \Delta p \tau}{\mu r' \omega}$$

令 $K = 2\Delta p/(\mu r \omega)$，称为过滤常数。可知，$K$ 是表示过滤物料特性的，可由实验测出。则上式改写为：

$$V^2 + 2V_e V = KA^2 \tau \tag{6-9}$$

$$q = V/A \qquad q_e = V_e/A$$

则式(6-9)变化为：

$$q^2 + 2q_e q = K\tau \tag{6-10}$$

从式(6-10)可知恒压过滤时滤液体积与过滤时间的关系为一抛物线关系，如图 6-6 所示。曲线 OB 表示实际过滤操作的 V 与 τ 的关系，曲线 $O'O$ 表示过滤介质阻力对应虚拟滤液体积 V_e 与虚拟过滤时间 τ 的关系。

② 过滤常数的测定。在式(6-10)计算 τ 时，需知 q_e 和 K。而各种悬浮液的性质及浓度不同，其过滤常数差别很大，为此需要从实验中测出。式(6-10)改写为：

$$\frac{\tau}{q} = \frac{1}{K}q + \frac{2}{K}q_e \tag{6-11}$$

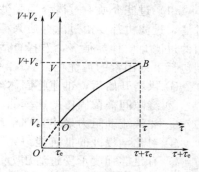

图 6-6　恒压过滤的 V-τ 关系

式(6-11) 表明恒压过滤时 τ/q 与 q 有线性关系。直线的斜率为 $1/K$，截距为 $2q_e/K$，测出不同过滤时间 τ 所获得的单位过滤面积的过滤体积 q 的值，作 τ/q 与 q 的直线图，则可得 K 与 q_e。K 值与悬浮液性质、温度及压力差有关，使用 K 值要注意此点。

【例 6-1】 制中药水丸粉末的水悬浮液，用板框压滤机 20℃ 下进行过滤实验。过滤面积为 0.2m^2，实验数据列于表 6-4（表中表压是压差），试计算过滤常数 K 与 q_e。

表 6-4　例题 6-1 的板框压滤机过滤实验结果

表压/(N/m²)	滤液量 V/dm³	过滤时间 τ/s	表压/(N/m²)	滤液量 V/dm³	过滤时间 τ/s
3.4×10^4	1.98 12.4	132 902	11×10^4	3.2 14.1	50 700

解 （1）表压为 $3.4\times10^4\text{N/m}^2$ 时

$$q_1=\frac{1.98}{0.2\times10^3}=0.99\times10^{-2}\,\text{m}^3/\text{m}^2$$

$$\frac{\tau_1}{q_1}=\frac{132}{0.99\times10^{-2}}=1.33\times10^3\,\text{m}^2\cdot\text{s}/\text{m}^3$$

$$q_2=\frac{12.4}{0.2\times10^3}=6.2\times10^{-2}\,\text{m}^3/\text{m}^2$$

$$\frac{\tau_2}{q_2}=\frac{902}{6.2\times10^{-2}}=14.5\times10^3\,\text{m}^2\cdot\text{s}/\text{m}^3$$

利用式(6-11) 解 K 和 q_e，联合求解方程式

$$13.3\times10^3=\frac{0.99\times10^{-2}}{K}+\frac{2q_e}{K}$$

$$14.5\times10^3=\frac{6.2\times10^{-2}}{K}+\frac{2q_e}{K}$$

$$K=4.34\times10^{-6}\,\text{m}^2/\text{s}$$

$$q_e=2.82\times10^{-3}\,\text{m}^3/\text{m}^2$$

（2）表压为 $11\times10^4\text{N/m}^2$ 时采用同样方法可得

$$K=7.68\times10^{-6}\,\text{m}^2/\text{s}$$

$$q_e=2.3\times10^{-3}\,\text{m}^3/\text{m}^2$$

由此例题可知，不同压力下其 K 值不同，当生产所用的压力与实验压力相等时，则实验测得过滤常数可直接用于生产中。

6.3.3　过滤的基本操作

（1）过滤介质　过滤介质是滤饼的支撑物。不论是滤饼过滤、过滤介质过滤，还是深层过滤，过滤机都要由过滤介质来截留固体。化学实验室中常用滤纸作为过滤介质。工业上使用的过滤介质种类很多，选择合适的过滤介质是过滤操作中的一个重要问题。过滤介质的选型包括下列因素的最优化：

① 供料开始后，迅速将固体架于过滤介质孔隙中的能力（即穿透的倾向最小）；

② 缝隙间截留固体的速率低（即堵死的倾向最小）；

③ 滤液流动阻力最小（即生产率倾向最高）；

④ 对化学侵蚀的抵抗能力；

⑤ 有足够强度承受过滤压力；

⑥ 抗机械磨损的能力；

⑦ 能容易而干净地卸去滤饼；

⑧ 能在机械上顺应与之配合使用的过滤机品种；

⑨ 价格最低。

常用的过滤介质有如下几种。

a. 织物介质。是工业上使用最广泛的一种过滤介质，又称滤布。由棉、毛、丝、麻等天然纤维和各种合成纤维制成的织物，以及玻璃丝和金属丝织成的网。滤布的选择视所过滤粒子的大小、液体的腐蚀性、操作温度以及对强度和耐磨性的要求等条件而定。有时还需将多层滤布叠合使用。

b. 粒状介质。由细砂、石砾、玻璃碴、木炭屑、骨炭以及酸性白土等细小坚硬的颗粒状物料作堆积层，多用于城市和工厂给水设备中的滤池以及过滤含滤渣较少的悬浮液的场合。多用于深层过滤。

c. 多孔固体介质。由具有很多微细孔道的固体材料，如多孔陶瓷、多孔塑料或多孔金属制成的板状或管状介质。此类介质多耐腐蚀，且孔道细微，适用于处理只含少量细小颗粒的腐蚀性悬浮液及其他特殊场合。另如聚合物薄膜，由多种材料制成，最普通的是醋酸纤维与聚酰胺。应用此种介质的过滤为小颗粒分离，诸如精密过滤与超滤（除去 $1\mu m$ 或更小的颗粒的澄清）等。

（2）过滤中的阻塞现象　在滤饼过滤中，过滤过程的阻力随着滤饼厚度的增加而变化，滤渣愈厚、颗粒愈细，阻力愈大。此时，为了获得较高的过滤速度，就需要提供高的压力差。当滤饼增到一定厚度以后，过滤速度将变得很慢，或为了维持过滤速度使所需的压力差很大，再继续进行下去是不经济的，这时只有将滤饼除去重新开始过滤才是合理的。

（3）延迟滤饼过滤　图 6-4 所示为传统的滤饼过滤，是一种常规的间歇滤饼过滤模型。固体颗粒和液体均以 90°的角度流向过滤介质，过程中不对滤饼进行扰动，允许在过滤介质上形成滤饼。而这样会使滤液流动的阻力逐渐增大，当要求过滤一定量的料浆时，必定增加过滤时间，或者要提高过滤推动力。

如果在过滤介质上不形成滤饼或只形成少量的滤饼，那么液体通过过滤介质的过滤速率可以保持很高，即所谓的“延迟滤饼过滤”（delayed cake filtration）。

利用水力机械的方法来防止滤饼形成或保持一层薄的滤饼，这样，使固体颗粒不断被扰动并返回到悬浮液中去，从而使悬浮液逐渐变得浓密。此刻，颗粒的运动方向平行于过滤介质表面，而液体以一定的角度朝过滤介质运动。根据这个原理所制造的连续过滤增浓装置已经证明，借助机械搅拌装置能够明显提高过滤速率，并且能够获得较低的滤饼孔隙率。

限制滤饼增长的方法随其在工业上的利用范围而定，其一般分类如下：

① 通过与过滤介质相切的或断离的质量力（重力或离心力）或电泳力使滤饼移走；

② 用刷子、液体喷射或刮刀使滤饼做机械的排除；

③ 靠间歇的逆向流动除去滤饼；

④ 靠振动作用阻止滤饼沉积；

⑤ 利用十字流过滤（又称横流过滤）法，让料浆与过滤介质做切向运动，从而使滤饼受到连续地剪除。

（4）十字流过滤　这是应用最为普遍的限制滤饼增长的方法。在这种方法中悬浮液相对于过滤介质做高速并与其成平行的流动，如图 6-7 所示。操作中的料浆迫使其流动紧靠过滤介质从而不断地除去介质表面形成的部分或全部滤饼，并将落下的滤渣和剩余的料浆混合。由于越来越多的滤液从料浆中排出，因此料浆逐渐地增稠。在最后的料浆中含固量有时有可能比传统压滤机中得到的要高得多（超过 10%或 20%）。

十字流过滤也是超滤膜分离的基本操作形式。在这样的过程中，如不采用具有十字流流

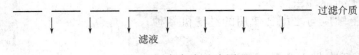

图 6-7 十字流过滤原理

动特性的设计，则会在滤膜上形成滤饼层或凝胶层，而使过滤速率迅速下降；在十字流流动设计方式下，可以使悬浮液高速流过膜表面，从而防止在膜面上形成滤饼层。

十字流过滤作为单元操作，在固液分离中尚在探索开发中。它的优点是由于过滤介质上的颗粒沉积为最小，因此颗粒大小对操作性能不再具有强大影响，从而获得高的过滤速率，另外在产品中不会出现化学添加剂或助滤剂。

(5) 助滤剂 滤渣可以分成不可压缩的和可压缩的两种。不可压缩的滤渣由不变形的颗粒组成，因而在过滤操作中，其颗粒的大小和形状，以及滤渣中孔道的大小均保持不变，许多晶体物料都属这一种。可压缩滤渣则不同，其颗粒的大小、形状和滤渣孔道的大小均因压力的增加而变化。胶体粒子都是可压缩的滤渣。

过滤中，由于可压缩滤渣大小、形状的变化，孔道将变得越来越小，以至堵塞，致使过程无法继续进行。为了避免发生这种情况，可以在滤布上预涂一层质地坚硬、颗粒均匀的不可压缩的粒状物料，如硅藻土、活性炭等物质，也可用纤维性的助滤剂，如滤纸浆等，以防滤孔堵塞，有时也可以将这种物质按一定的比例加入到滤浆中，然后一起过滤。由于它构成了滤饼的骨架，形成比较疏松的滤饼，使滤液得以畅快地通过，这种物质称之为助滤剂。

助滤剂一般用于滤渣弃去不用的场合。在某些情况下，也可以将滤浆加以稀释后再进行过滤，这样可以减小滤液的黏度，加快过滤速率。但这样会使过滤容积增加，只有在稀释不影响滤液价值时采用。

常用的助滤剂有硅藻土、珍珠岩、石棉、活性炭、纸粕等。

(6) 滤饼洗涤 在除去滤饼之前，滤饼空隙中还存有滤液，为了充分回收这部分滤液，或者是因为滤饼是有价值的产品不允许被滤液所沾污时，都必须将这部分滤液从滤饼中分离出来。因此，常利用水或其他溶剂对滤饼进行洗涤，洗涤后所得到的溶液称为洗涤液或洗液。

洗涤时，水或其他洗涤剂均匀而平稳地流过滤饼中毛细孔道，由于毛细孔道很小，所以开始时清水并不与滤液混合，而只是将孔道中的滤液置换出来。当滤液大部分被置换之后，吸附在滤饼上的滤液再逐渐被冲稀排出。由此可见，要大致洗干净只消耗少量的水，如要求完全洗净必须消耗大量的水。

当洗液与滤液可以互相混溶并且具有相似的物理性质时，则在相同压力差下洗涤速度会与过滤的最终速度相接近。如果洗液的黏度较小，则得到的速度会稍大一些。但有时会发生沟流现象 (channelling)，因流体优先通过了沟道，而沟道又由于流体不断地通过再逐渐扩大，其结果是使滤饼的大部分未被完全洗涤。在过滤时，这种现象并不会发生，因为沟道靠滤浆中固体物的沉积而自动被填塞。沟流现象对可压缩的滤饼最为严重，此时如采用比过滤时低的压力差来洗涤，可将沟流现象减至最小程度。

洗涤可以看做是分两个阶段进行的。首先，在"置换洗涤" (displacement washing) 期间，滤液被洗液从滤饼中置换出去，这种方法可以将高达 90% 的滤液除去。在第二阶段，"扩散洗涤" (diffusional washing) 时，溶剂从较难出入的空隙扩散到洗液中，并且可以应用下述关系式来表示：

$$\frac{\text{通过的洗液体积}}{\text{过滤厚度}} = \text{常数} \times \lg \frac{\text{溶质的原始浓度}}{\text{在某一时间的浓度}} \tag{6-12}$$

洗涤之后往往还要进行滤饼的去湿，即用压缩空气吹干，或用减压吸干滤饼中的水分，使孔隙中存留的水分尽可能地减少，这样可以减少以后干燥滤饼时热能的消耗。最后将滤饼从滤布上卸下来，卸料应尽可能彻底干净，以最大限度地得到滤饼，并清洗滤布，减少下次过滤时的阻力，洗涤时要注意防止滤饼开裂而发生沟流现象，否则会导致洗涤水短路，使滤饼很多部分洗涤不彻底。

(7) 影响过滤的因素　过滤操作的原理虽然比较简单，但影响过滤的因素很多。

① 悬浮液的性质。悬浮液的黏度会影响过滤的速率，悬浮液温度增高、黏度减少，对过滤有利，故一般料液应趁热过滤。若料液冷却后再过滤，如果料液浓度很大，还可能在过滤时析出结晶，堵塞滤布使过滤发生困难。一般采用抽真空以提高过滤速度，但真空过滤时，提高温度会使真空度下降，反而降低过滤效率。

② 过滤推动力。过滤推动力有重力、真空、加压及离心力。以重力作为推动力的操作，设备最为简单，但过滤速度慢，一般仅用来处理含固量少而且容易过滤的悬浮液。真空过滤的速率比较高，能适应很多过滤过程的要求，但它受到溶液沸点和大气压力的限制，而且要求设置一套抽真空的设备。加压过滤可以在较高的压力差下操作，可加大过滤速率，但对设备的强度、紧密性要求较高。此外，还受到滤布强度和堵塞、滤饼的可压缩性以及滤液澄清程度的限制。

③ 过滤介质与滤饼的性质。过滤介质及滤饼对过滤产生阻力，所以过滤介质的性质对过滤速率的影响很大。例如金属筛网与棉毛织品的空隙大小相差很大，滤液的澄清度和生产能力的差别也就很大，因此要根据悬浮液中颗粒的大小来选择合适的介质。一般来说，对不可压缩性的滤饼，提高过程的推动力可以加大过程的速率；而对可压缩性滤饼，压差的增加使粒子与粒子间的孔隙减小，故用增加压差来提高过滤速率有时反而不利。另外，滤渣颗粒的形状、大小、结构紧密与否等，对过程也有明显的影响。如扁平的或胶状的固体，滤孔常可发生阻塞，采用加入助滤剂的办法，可以提高过滤速率，从而提高生产能力。

此外，生产工艺及经济要求，例如是否要最大限度地回收滤渣，对滤饼中含液量的大小以及对滤饼层厚度的限制等，均将影响到过滤设备的结构和过滤机的生产能力。

6.3.4　过滤设备

对于任何一定的操作，最适宜的过滤设备是在最小的总费用下能满足要求的过滤器。此外，由于设备的费用与过滤面积密切相关，通常还希望得到一个较高的过滤速度。这就需要采用相对高的压力。但是，最高操作压力经常受到机械设计考虑的限制。虽然对于一定的过滤面积，连续过滤器要比间歇操作的过滤器的生产能力高，但有时因需要而采用间歇式过滤器，特别是当滤饼阻力高时。这是因为大多数连续过滤器在减压下操作，因而最大的过滤压力是有限的。过滤器所需要的其他性能还包括：易于将滤饼卸出；可从设备的每个部分观察所得到滤液的质量。

过滤器选择的最重要因素是滤饼的比阻力、要过滤的物料量和固体粒子浓度。

制药生产上目前大多数都采用间歇式过滤机，因为它具有结构简单、价格低廉、适宜于腐蚀性介质中操作、生产强度高等优点，同时由于制药生产大多是间歇的，故间歇式过滤机已能满足生产的一般要求。近年来，制药工业已向综合化联合化发展，集原料、中间体、药品、副产品利用于一体，生产规模越来越大，故连续过滤设备也被广泛地采用。以下仅介绍药厂中较为常用的几种过滤设备。

(1) 真空吸滤器　把能够承受负压的重力过滤器的滤液收集罐接入真空系统即组成为真空吸滤器。虽然由于真空的作用增加了过滤推动力，但其缺点仍与重力过滤器相似。

吸滤缸是在真空操作下最简单的过滤设备，是陶质制品或搪瓷制品，如图 6-8 所示。缸体是圆筒形，上部敞口，中部有一块过滤隔板，下部为滤室，装有真空接口和放滤液口。在

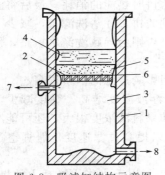

图 6-8 吸滤缸结构示意图
1—缸体；2—隔板；3—滤室；4—悬
浮液；5—滤渣层；6—滤布；7—接
真空；8—滤液出口

隔板上铺滤布，悬浮液从上部敞口放入，在真空抽滤下滤液通过滤布和过滤隔板的孔眼，进入滤室，滤渣留在滤布上。过滤后滤渣可以洗涤，滤干后滤渣从敞口取出。

吸滤缸的优点是结构简单、使用可靠、价格低廉、耐腐蚀，其滤渣可以洗涤。缺点是过滤面积小、速度慢、人工间歇操作、滤渣中含液量也较多。适用于悬浮液中含固相量较少的场合。

(2) 转筒真空过滤机　是一种连续操作过滤机。其特点是将过滤、洗涤、吹干、卸渣和清洗滤布等几个阶段的操作在转筒的旋转过程中完成，转筒每旋转一周，过滤机完成一个循环，其操作如图 6-9 所示。设备主体为一可转动水平圆筒，其表面有一层金属网，网上覆盖滤布，筒的下部浸入滤液中，圆筒沿径向分若干小过滤室，每室分别有单独孔道至转动盘，此盘随圆筒旋转。转动盘与安装在支架上的固定盘之间的接触面，用弹簧压紧密切配合，保持密封。在固定盘内侧面的凹槽，分别与滤液排出管（真空管）、洗涤排出管（真空管）及空气吸进管相接。所以转动盘上的小孔有部分与固定盘上连接滤液管的凹槽相通，有几部分与连接洗涤管的凹槽相通，其余的与连接空气吸进管的凹槽相通。由于转动盘与固定盘如此配合，使圆筒的各小过滤管分配到固定盘的三个凹槽上，故转动盘与固定盘合称为分配头。转筒旋转一周时，由分配头的作用，使各小过滤室依次分别与滤液排出管、洗涤排出管及空气吸进管相通。所以每个小过滤室可依次进行过滤、洗涤、吸干、吹松卸渣等项操作。固定盘上三个槽有一定距离，所以可使各操作不会相遇。

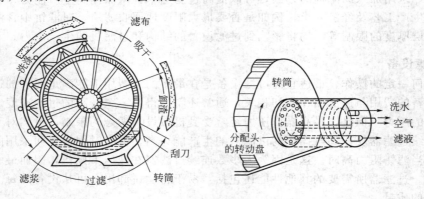

图 6-9 转筒真空过滤机操作示意

转筒真空过滤机的最大优点是操作自动化，单位过滤面积的生产能力大，只要改变过滤机的转速便可以调节滤饼的厚度。缺点是过滤面积远小于板框压滤机，设备结构比较复杂，滤渣的含湿量比较高，一般为 10%～30%，洗涤也不够彻底等。

转筒真空过滤机适用于颗粒不太细、黏性不太大的悬浮液。不宜用于温度太高的悬浮液，以免滤液的蒸气压过大而使真空失效。

(3) 板框压滤机　属加压过滤机，主要由固定板、滤框、滤板、压紧板和压紧装置组成。制造板和框的材料有金属材料、木材、工程塑料和橡胶等。并有各种形式的滤板表面槽作为排液通路，滤框是中空的，板和框间夹着滤布。在过滤过程中，滤饼在框内集聚。

滤板和滤框成矩形或圆形，垂直悬挂在两根横梁上，固定板于一端，另一端的压紧板前后移动的方式有手动、机械、液压、自动操作四种，可把滤板和滤框压紧在两板之间使其紧固而不漏液，如图 6-10 所示。

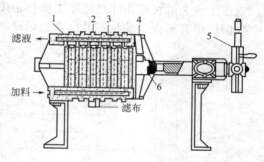

图 6-10　板框压滤机
1—固定板；2—滤框；3—滤板；4—压紧
板；5—压紧手轮；6—滑轨

板框压滤机通过在板和框角上的通道，或板与框两侧伸出的挂耳通道加料和排出滤液。滤液的排出方式分为明流和暗流两种。明流是通过滤板上的滤液阀排到压滤机下部的敞口槽，滤液是可见的，可用于需检查滤液质量的过滤。

暗流压滤机的滤液在机内汇集后由总管排出机外，用于滤液易挥发或有毒气体的悬浮液过滤。允许选用不同的加料和卸料方法。如底部加料和顶部排液则能够快速排除空气，并且对于一般的固体颗粒能生成厚度非常均匀的滤饼。顶部加料和底部排液，可得到最多的回收液和最干的滤饼。这对于含有大量的固体颗粒有堵塞底部进料口趋势的物料非常适宜；双进料和双排液可适应高过滤速率、高黏度的物料，并且特别适于预敷层过滤机和在操作过程中从一端排放产品的过滤机。板框压滤机采用两种洗涤方法，如图 6-11 所示。

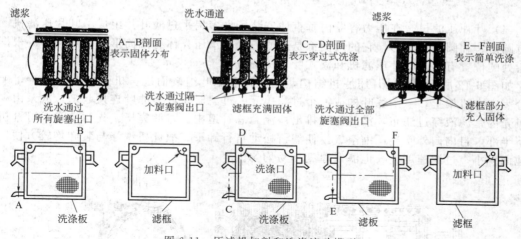

图 6-11　压滤机加料和洗涤流动模型

板框压滤机的优点是结构简单、价格便宜、生产能力弹性大；能够在高压力下操作，滤饼中含液量较一般过滤机的低，单位产量所占地面和空间小。缺点是，由于滤饼的密实性和变形，洗涤不完全；由于排渣和洗滤布易发生对过滤介质的磨损，过滤介质的寿命短，手动拆框劳动强度大，工作条件不好，保压性能差，增加了善后处理工作量。

板框压滤机适用于过滤黏度较大的悬浮液、腐蚀性物料和可压缩性物料。其改进措施着重于板框的拆装和除渣的机械化、自动化，以减轻劳动强度，提高过滤效率。近年来出现了自动（操作式）板框压滤机。

自动板框压滤机是连续循环操作而过程间歇的板框压滤机。这类机器装有专门的机构分别完成自动压紧、自动开框、自动卸饼、自动冲洗滤布等操作步骤。由电器控制可使各个操作步骤按预先安排的程序自动完成，使整个生产过程实现了半自动控制和远距离操纵。因此，克服了古老的板框压滤机用手工操作带来的各种缺点。

我国已编有板框压滤机产品的系列标准及规定代号，如：

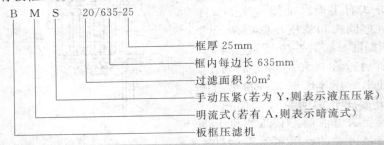

```
B M S   20/635-25
```

- 框厚 25mm
- 框内每边长 635mm
- 过滤面积 20m²
- 手动压紧（若为 Y，则表示液压压紧）
- 明流式（若有 A，则表示暗流式）
- 板框压滤机

【例 6-2】 用板框压滤机过滤例 6-1 的悬浮液，在表压 $11\times10^4\,\text{N/m}^2$、20℃ 条件下，1h 过滤 $0.5\,\text{m}^2$ 滤液，所用过滤介质与上例相同，求所需的过滤面积。

解 已知表压 $11\times10^4\,\text{N/m}^2$、20℃ 条件下的 $K=7.68\times10^{-6}\,\text{m}^2/\text{s}$

$$q_e=2.3\times10^{-3}\,\text{m}^3/\text{m}^2$$

$$q^2+2q_eq-K\tau=0$$

$$q=-q_e+\sqrt{q_e^2+K\tau}=-2.3\times10^{-3}+\sqrt{(2.3\times10^{-3})^2+7.67\times10^{-6}\times3600}$$

$$=191.7\times10^{-3}\,\text{m}^3/\text{m}^2$$

$$A=V/q=0.5/0.192=2.6\,\text{m}^2$$

（4）叶片压滤机　在压力容器内垂直地安装了许多扁平过滤叶片组成了叶片压滤机。叶片有圆形、扁圆形和矩形，它的两面都是过滤表面。承压壳体有圆筒形和锥形两种。根据轴线所处的位置有卧式叶片压滤机和立式叶片压滤机。

如图 6-12 所示圆形叶片压滤机结构，是由许多滤叶组装而成。机壳分上下两半，上半部分固定在机架上，一个滤叶构成一个过滤单元。过滤时将许多滤叶连接起来，滤浆由泵打入机壳内，滤液穿过滤布，沿各滤叶排出口流至总管道中。过滤完毕，先行洗涤，打开机壳的下半部，自内向外吹送压缩空气，使滤饼松动自行卸下。故此机洗涤与装卸均较方便，其占地面积小，过滤速度大，但滤饼厚度不易均匀。

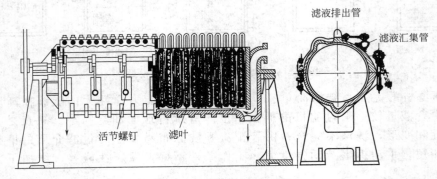

滤液排出管

滤液汇集管

活节螺钉　滤叶

图 6-12　圆形叶片压滤机

（5）管式过滤器　图 6-13 所示为一管式过滤器的结构示意图。在一个多孔的花板上，每孔安装一根管子，管子上有许多缝隙或小圆孔，管上端封闭，许多根这样的管构成一组。在每根管子外面再套上滤纸和滤布，并捆扎好。

管式过滤器在操作时，悬浮液进入密闭容器内，液体由管外通过管壁过滤介质进入管内而流出，滤渣留在管外过滤介质上。过滤完毕后，可以洗涤，洗涤后由反方向通入清水，即由管内到管外，将滤渣冲脱并带走，这叫反冲。反冲完毕后，又可以开始过滤。过滤推动力可用压缩空气或利用真空。

（6）袋式过滤器 对于液体的过滤，袋式过滤器现在已经几乎完全为其他形式的过滤器所替代，袋式过滤器主要大量用于除去气体中的尘粒，并且可以像压滤器或吸滤器一样操作。

袋式过滤器构造比较简单，如图 6-14 所示。在一个带有锥底的矩形金属外壳内，垂直安装着若干个长 2～3.5m、直径约 0.15～0.2m 的滤袋，袋的下端紧套在花板的短管上，上端则悬在一个可以振动的框架上。

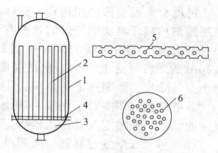

图 6-13 管式过滤器结构示意
1—外壳；2—过滤管；3—滤室；4—花板；5—过滤管；6—花板上圆孔

含尘气体自袋式过滤器的左端进入，向下流动，经花板从袋的下端进入袋内，气体穿过滤袋，而灰尘则被留在袋的内表面上，净制后的气体经过气体出口排出。随着操作的进行，灰尘将越积越厚，过滤的阻力将越来越大，因此在操作一定时间之后，应当用专门的振动装置，将灰尘从袋上抖落到锥底，再由锥底的螺旋输送阀排出。

在喷雾干燥、流化床制粒中也常用袋式过滤器来回收细粒固体产品。

滤袋用的滤布品种较多，目前广泛采用的是合成纤维，如涤纶、尼龙、维纶等。选用时，主要考虑含尘气体的温度、酸碱性、灰尘粒子的大小、静电效应黏附性等。

（7）空气过滤器 在制药生产中常需用洁净的压缩空气。例如抗生素发酵过程，为了避免染菌的出现，净化车间要符合 GMP 要求的空气洁净度等。所需的压缩空气都需经除尘、除菌、净化这一环节，净化的方法是使空气经过空气过滤器，以除去其中的尘埃和细菌。

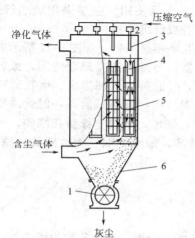

图 6-14 袋式过滤器结构示意图
1—螺旋输送阀；2—电磁阀；3—喷嘴；4—文丘里管；5—滤袋骨架；6—灰斗

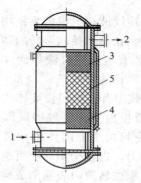

图 6-15 空气总过滤器
1—空气进口；2—净空气出口；
3,4—棉花层；5—活性炭层

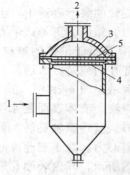

图 6-16 空气分过滤器
1—进口；2—出口；3,4—多孔压板；5—超细玻璃纤维纸

过滤介质过去多沿用棉花、活性炭，通过空气总过滤器与分过滤器进行两级过滤，其后采用超细玻璃纤维滤纸，过滤效率有很大提高。最近采用超细玻璃纤维加入320树脂制成的一种滤纸称为 Ju-滤纸，具有过滤效率高（对于$\geqslant 0.3\mu m$ 的颗粒可达 99.99%，对于$\geqslant 0.5\mu m$ 的颗粒可达 100%）、机械强度高、阻力低、湿韧性好、耐蒸汽灭菌等良好性能，很适于空气除尘、除菌过滤的要求。

设备结构如图 6-15、图 6-16 所示。空气压缩机出来的压缩空气，需经冷却和分离其中夹带的油水，经过空气总过滤器后，再经过 Ju-滤纸为介质的分过滤器。

（8）单元式空气过滤器　所谓单元式空气过滤器是把材料装进金属或木制框架内，组成一个单元过滤器。市场上以单元形式出售，可将单个或几个这种单元过滤器装到通风管或通风柜里面的空气过滤箱内。在使用中如果性能下降，就把单元过滤器拆下来，换上新的或者经再生后安装使用。单元式空气过滤器，一般在干燥状态下直接使用。主要采用玻璃纤维、植物纤维、合成纤维等材料。

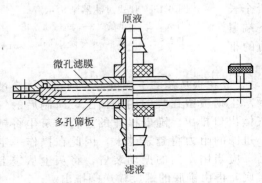

原液

微孔滤膜

多孔筛板

滤液

图 6-17　微过滤膜过滤器

（9）微孔滤膜过滤器　如图 6-17 所示的微孔滤膜过滤器，与微孔滤膜配套使用，原料液由上部进入，过滤后由下部排出。微孔滤膜过滤器为不锈钢结构，可高温消毒，但受滤膜及密封圈耐热性所限，一般不超过 105℃。过滤器内有一多孔筛板，用以支撑微孔滤膜，因滤膜强度较低，故流体不能反向流动。此种过滤器多用于精滤，如水针剂及大输液的过滤等，也可用于无菌空气的净化等。

6.4　离心分离

利用离心力作为推动力分离液相非均一系的过程称为离心分离。其设备称为离心机，有时也称离心设备。用作固液分离的离心机一般可分为两类：①沉降离心机，它要求两相有密度差；②离心过滤装置，固相截留在可渗透隔板表面而允许液相通过。

离心机的适用范围极广，从不同分子量的气体分离到将近 6mm 的碎煤脱水都适宜。

6.4.1　离心分离原理

在一个旋转的筒形容器中，由一种或多种颗粒悬浮在连续液相组成的系统中，所有的颗粒都受离心力的作用。正是这个力使得比液体致密的固体颗粒沿半径向旋转的器壁迁移（称为沉降），而密度低于液体的颗粒则沿半径向旋转的轴迁移直至达到气液界面（称为浮选）。如果器壁是开孔的或是可渗透的，则液体穿过沉积的固体颗粒的器壁。

上述原理示于图 6-18 中。其中图 6-18(a)，在静止转鼓中有液体和较液体致密的固体颗粒形成的悬浮液。液体表面是水平的，固体颗粒将或快或慢地沉到转鼓的底部。在图 6-18(b) 中，转鼓绕其垂直轴旋转。此时液体和固体颗粒都受到两个力的作用：向下的重力和水平方向的离心力。对于工业离心机，其离心力远大于重力，以至于实际上可忽略重力。液体的位置如图所示，其内表面几乎垂直。固体颗粒水平沉积在转鼓内表面形成致密层。在图 6-18(c) 中，转鼓壁已经开孔并安装了能阻挡颗粒的过滤介质如金属丝网、滤布等。当转鼓高速旋转时，加入的料浆也随转鼓同时旋转，由于离心力的作用，液体很快滤出并汇集到静止的机壳内，而剩下较干的固体颗粒则被截留在滤布上。

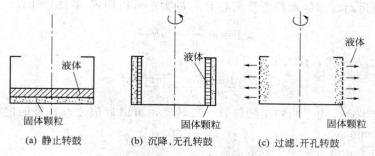

图 6-18 离心分离和过滤原理

6.4.2 离心分离的操作和基本计算

广义而言，离心分离是指在离心惯性力作用下，用沉降方法分离固-液、液-液、气-固、气-液等非均相系物料的操作。

当流体围绕某一中心轴做圆周运动时，便形成了离心力场，在离心力场中颗粒所受离心力较重力场中所受的重力有很大增加，离心力 F 为：

$$F = m\frac{u_{切}^2}{R} = mR\omega^2 \tag{6-13}$$

式中，m 为固体颗粒的质量，kg；R 为旋转半径，m；ω 为旋转角速度，$\omega = u_{切}/R$；$u_{切}$ 为切向速度，m/s。

固体粒子所受离心力 F 与重力 G 的比值称为离心分离因子，用符号 a 表示。

$$a = \frac{F}{G} = \frac{m\dfrac{u_{切}^2}{R}}{mg} = \frac{u_{切}^2}{Rg} \tag{6-14}$$

离心分离因子是离心分离设备的重要性能指标。a 值越大则离心力亦越大，愈有助于颗粒的分离。公式 (6-14) 表明：同一颗粒在同种介质中离心速度要比重力速度大 $u_{切}^2/R$ 倍。重力加速度是定值，而离心力随切向速度而变，增加 $u_{切}$ 可改变该比值，使沉降速度增加。也就是说，影响离心分离的主要因素是离心力的大小。在同样条件下，离心力越大，分离效果越好。在某些高速离心机上分离因子的数值可高达 100000。

用沉降离心机分离悬浮液有 3 种不同的操作方式：①在离心机运转前，装上一定容积的悬浮液后，在分离过程中不再加料也不排出分离液和沉渣，停车后再分别排出，如管式离心机；②分离过程中同时进料和排出分离液，聚集在转鼓内的沉渣在停车后排出，如三足式沉降离心机；③在分离过程中连续进料和连续排出分离液和沉渣，如螺旋卸料沉降离心机和喷嘴排渣碟式分离机。

虽然操作方式不同，但悬浮液在离心机转鼓内进行离心沉降分离的过程和机理是相同的。

离心过滤所形成的滤饼，有固定层状态（如三足式离心机、卧式刮刀卸料离心机、上悬式离心机的滤饼）和移动层状态（如活塞推料离心机、螺旋沉降离心机、离心力卸料离心机和各种振动卸料离心机中的滤饼层）两类，不论滤饼厚薄如何，其分离操作都是以滤饼过滤的方式进行的。

在离心机中进行过滤时，推动力是由液体所产生的离心压力，这一压力并不因器壁上沉积有固体粒子而受影响。推动力必须克服流体流经滤饼、滤布、支撑网及孔眼时所产生的摩擦阻力。滤饼的阻力将随固体物的沉积而增加，但其他阻力在整个过程中大致保持不变。

影响离心分离的主要因素是离心力的大小。在同样条件下，离心力越大，分离效果越好。

物料做旋转运动时固体颗粒所受离心力 F 的大小可以用式（6-13）计算。

$$F = m\frac{u_{切}^2}{R} = mR\omega^2$$

因为 $u_{切} = 2\pi Rn/60$，代入上式可得：

$$F = \frac{4m\pi^2 Rn^2}{3600R} = \frac{m\pi^2 Rn^2}{900} \tag{6-15}$$

式中，R 为旋转半径，由于物料是随转鼓一道转动，可以近似地取转鼓的内半径，m；n 为转鼓的转速，r/min。

离心分离因子 a 可近似用下式表示：

$$a = \frac{F}{G} = \frac{m\pi^2 Rn^2/900}{mg} \approx \frac{Rn^2}{900} \tag{6-16}$$

【例 6-3】 SS-600 离心机转鼓的内径为 600mm，转速为 1600r/min，试计算其分离因数。

解 已知 $R = \dfrac{D}{2} = \dfrac{600}{2} = 0.3\text{m}, n = 1600\text{r/min}$

代入式（6-16）得

$$a = \frac{0.3 \times (1600)^2}{900} = 853$$

显然，离心分离因子数值越大，说明离心力越大，越有利于固体粒子的分离。从式（6-16）可以看出，增大转鼓的直径和转速都能增大 a 值，但增大转速比增大转鼓的直径更为有利。因此，为了增大离心机的离心分离因子，一般是增加机器的转速。考虑到不使转鼓因为转速增加、离心力增大而引起过大的应力，在增大转速的同时，要适当减小转鼓的直径，以保证转鼓有足够的机械强度。因此，高速离心机转鼓的直径通常都是比较小的。

离心分离因子是用来表示离心机特性的重要因素之一，工程上常根据分离因数的大小对离心机进行分类，凡 $a < 3000$ 的，称常速离心机，主要用来分离颗粒不太大的悬浮液和物料的脱水等；凡 $a = 3000 \sim 5000$ 的，称为高速离心机；凡 $a > 5000$ 的称为超高速离心机。高速离心机和超高速离心机能够分离一般离心机难以分离的物料，适用于分离乳浊液和澄清含固体粒子极少而且很细的悬浮液。

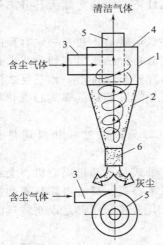

图 6-19　旋风分离器
1—圆筒外壳；2—锥形底；3—气体
入口管；4—盖；5—气体排出管；
6—除尘管

6.4.3　离心沉降设备

（1）旋风分离器　旋风分离器是利用颗粒的离心力来分离气体非均一系的设备，如图 6-19 所示。其主要部分是一个带锥形底 2 的垂直圆筒 1，具有切线方向的气体入口管 3，圆筒顶盖 4 的中央有一气体排出管 5 插在圆筒内，器底装有排出灰尘的除尘管 6 和集尘斗。含尘气体以很大的速度，约 $20 \sim 30\text{m/s}$，沿切线方向进入旋风分离器壳体内进行旋转，悬浮颗粒在离心力的作用下甩向周边，与器壁撞击后，失去动能而沿壁落在灰斗中，由下部除尘管排出。净制后的气体到达底部后，在中心轴附近，又形成自下而上的旋流，最后由顶部排气管排出。

分离时所采用的动力，既可以是加压，也可用减压。旋风分离器构造简单，分离效率可高达 $70\% \sim 90\%$，可以分离

出小到 $5\mu m$ 的粒子，也可分离温度较高的含尘气体。但气体在器内的流动阻力较大，对器壁的磨损也比较大。对小于 $5\mu m$ 的粒子，分离效率较低，气体不能充分净制。对大于 $200\mu m$ 的粒子，为了减小对器壁的磨损，通常用重力沉降器预先处理；对 $5\sim10\mu m$ 以下的微粒，则在分离器的后面用袋滤器或湿式除尘器来捕集。

气体和固体颗粒在旋风分离器中的运动是很复杂的。在器内任一点都有切向、径向和轴向速度，并随沉降过程旋转半径 R 而变化。由于气体中有涡流存在，阻碍尘粒的沉降，甚至可能把已经沉降到器壁的尘粒重新卷起，造成返混现象。而细小的粒子，由于进入分离器时已接近器壁，或因互相结聚成较大颗粒而从气流中分离出来。因此，在实际操作中应控制适当的气速。实验表明，气速过小，分离效率不高；但气速过高，返混现象严重，同样会降低分离效率。

(2) 液相非均相系的离心沉降设备　对于液固系统，离心沉降设备有一个未开孔的转鼓，悬浮液加入后旋转。液体通过撇液管或溢流堰排出，而固体或是停留在转鼓内，或是间歇或连续排出转鼓。

工业用的离心沉降设备按照转鼓结构和固体卸出机构可分为五种主要类型。图 6-20 所示为设备分类示意图，每一类设备都列出了卸料和操作方式。

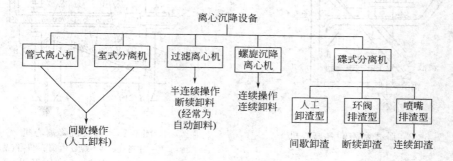

图 6-20　离心沉降设备的分类

① 三足式离心机 (图 6-21)，是使用最多的一种间歇操作离心机。为了减轻加料时造成的冲击，离心机的转鼓支撑在装有缓冲弹簧的杆上，外壳中央有轴承架，主轴辕装有动轴承，卸料方式有上部卸料与下部卸料两种，可做过滤 (转鼓、壁开孔) 与沉降 (转鼓壁无孔) 用。三足式离心机构造简单，运行平稳，适用于过滤周期较长、处理量不大的物料，分离因子为 $500\sim1000$。

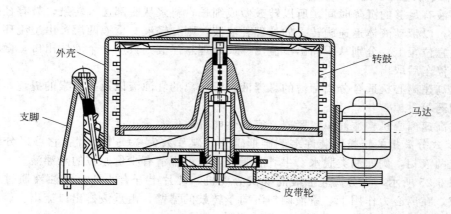

图 6-21　三足式离心机

② 卧式刮刀卸料离心机，如图 6-22 所示，悬浮液加入到鼓底，分离液从转鼓栏液堰溢流入机壳后，由排液管排出。鼓壁上沉渣逐渐增厚后，有效容积减少，液体轴向流速增大，分离液澄清度降低，至不符合要求时，停止加料，并用机械刮刀卸出沉渣。如沉渣具有流动性，可用撇液管排出沉渣。这类离心机转鼓壁无孔，且不需要过滤介质。转鼓直径常用的为 300~1200mm，转鼓的长径比一般为 0.5~0.6。分离因子最大达 1800，最大处理量可达 18m³/h 悬浮液。一般用于处理固体颗粒尺寸 5~40μm，固、液相密度差大于 0.05g/cm³ 和固相浓度小于 10% 的悬浮液。

③ 螺旋沉降离心机有立式和卧式两种结构。常用卧式结构。转鼓可以是锥筒形或锥筒、圆筒组合型，图 6-23 所示为锥筒形转鼓结构。悬浮液经加料管进入螺旋内筒后，再经内筒的加料孔进入转鼓，沉降到鼓壁的沉渣螺旋输送至转鼓小端排渣孔排出。螺旋与转鼓同向回转，但具有一定的转速差。分离液经大端的溢流孔排出。

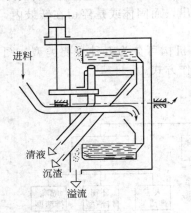

图 6-22　卧式刮刀卸料离心机

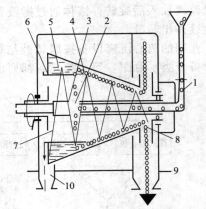

图 6-23　螺旋沉降离心机

1—加料；2—进料孔；3—螺旋内筒；4—沉渣；5—悬浮液；6—溢流；7—螺旋；8—沉渣排出口；9—沉渣收集室；10—分离液收集室

这类沉降离心机是连续操作的，也可用于处理液-液-固三相混合物。密度不同的两种液体混合物分离成轻、重液体层，经大端的轻、重液溢流口分别排出。螺旋沉降离心机的最大分离因子可达 6000，转鼓与螺旋的转速差一般为转鼓转速的 0.5%~4%。这类沉降离心机的分离性能较好，适应性较强，对进料浓度的变化不敏感。

④ 管式高速离心机其转鼓呈圆筒形，如图 6-24 所示，分离因子可达 15000~60000，为保证悬浮液有足够的沉降时间，所以转鼓做成细长，料浆从底部送入转鼓，鼓有径向方向安装的挡板，以带动液体迅速旋转。如处理乳浊液，则分轻液、重液两层，由溢流环来控制两液相于适宜位置上，分别从不同出口流出。如处理悬浮液则只用一个液体出口，微粒附于鼓壁上，待停车后取出。

管式高速离心机适合分离稀薄的悬浮液、难分离的乳浊液以及抗生素的提纯，广泛应用于生物制药等。

管式高速离心机构造简单、紧凑、密封性能好，但容量小。

⑤ 碟式分离机的转鼓内装许多倒锥形碟片，碟片数为 30~100 片。它可以分离乳浊液中轻、重两液相，例如油类脱水、牛乳脱脂等，也可澄清有少量原粒的悬浮液。

如图 6-25 所示，为分离乳浊液的碟式分离机，碟片上开有小孔，乳浊液通过小孔流到碟片间隙。在离心力作用下，重液倾斜沉向于转鼓的器壁，由重液排出口流出。轻液则沿斜面向上移动，汇集后由轻液排出口流出。

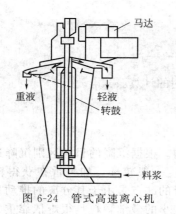

图 6-24 管式高速离心机

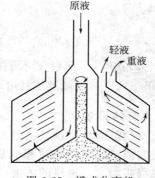

图 6-25 蝶式分离机

6.5 重力沉降分离

6.5.1 重力沉降原理

重力沉降是在质量力作用下，将悬浮液分离为含固量较高的底流和清净的溢流的过程。重力沉降分离得以实现的先决条件是固相和液相间存在密度差。

当不受其他颗粒的干扰及器壁的影响时，颗粒在静止流体中的沉降称为自由沉降。含尘气体中的固体颗粒或较稀混悬液中的固体颗粒沉降可看做自由沉降。

在重力场中质量为 m 的颗粒做自由沉降运动的过程中，颗粒受到三个力的作用：重力（方向向下）、浮力（方向向上）和运动阻力（与运动方向相反，即向上）。颗粒的自由沉降速度也由所受的这三个力决定。由于影响颗粒运动阻力的因素较多，使运动阻力的计算困难，只能由基于实验数据的经验公式来计算。表 6-5 给出了计算颗粒自由沉降速度的经验公式，即斯托克斯公式、艾仑公式和牛顿公式计算。

表 6-5 自由沉降计算公式

公式名称	公 式		适用条件
斯托克斯公式	$u_t = \dfrac{d^2(\rho_S - \rho)g}{18\mu}$	(6-17)	$10^{-4} < Re_t < 1$
艾仑公式	$u_t = 0.27\sqrt{\dfrac{d(\rho_S - \rho)gRe_t^{0.6}}{\rho}}$	(6-18)	$1 < Re_t < 10^3$
牛顿公式	$u_t = 1.74\sqrt{\dfrac{d(\rho_S - \rho)g}{\rho}}$	(6-19)	$10^3 < Re_t < 10^5$

注：d 为粒径；ρ_S 为固相密度；ρ 为液相密度；μ 为液相黏度；g 为重力加速度；Re_t 为以颗粒形状和尺寸为特征量的雷诺数（$Re_t = du_t\rho/\mu$）。

在应用上述公式计算颗粒沉降速度时，需要采用试差法进行求解，因为 u_t 与 Re_t 均为未知。

【例 6-4】 试计算球形固体颗粒在空气中的沉降速度。固体颗粒密度为 3500kg/m³，直径为 25μm，空气密度为 1.205kg/m³，黏度为 1.81×10^{-5} Pa·s。

解 采用试差法计算。假设颗粒运动处于层流区，选用表 6-4 中的斯托克斯公式（6-17）计算得：

$$u_t = \frac{d^2(\rho_S - \rho)g}{18\mu}$$

$$= \frac{(25 \times 10^{-6})^2 \times (3500 - 1.205) \times 9.81}{18 \times 1.81 \times 10^{-5}} = 0.066 \text{m/s}$$

计算 Re_t 为：

$$Re_t = \frac{du_t\rho}{\mu} = \frac{25\times10^{-6}\times0.066\times1.205}{1.81\times10^{-5}} = 0.110$$

由于 $Re_t = 0.110 < 1$，符合在层流区的假设，因此选用的计算公式合适。

颗粒在空气中的沉降速度：$u_t = 0.066\text{m/s}$。

6.5.2 重力沉降设备

几乎所有的沉降生产设备都做成比较简单的沉降槽。根据沉降的目的区别沉降过程。如果注重液流的澄清度，则该过程叫做澄清，进料的浓度一般较稀。如果旨在获得较稠的底流，则该过程叫增浓，进料的浓度一般较浓。重力沉降的缺点是由于其分离的推动力仅靠液固两相密度差，因此时间长，分离效率低。对于密度差小的微细颗粒是很难依靠重力沉降来分离的。添加絮凝剂或凝聚剂可用于强化沉降过程。

为缩短沉降距离，增加沉降面积的斜板沉降器也已有采用。

图 6-26 所示是常用的重力气体除尘室。一定流速的含尘气体从左端进入沉降室，由于室内流道截面积扩大，气流速度大大减慢，悬浮尘粒因自身重力产生垂直向下的分速度，降至室底，与气流分离。室底部距离进气口越远的粉尘颗粒质量越小。

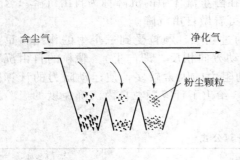

图 6-26 重力除尘室

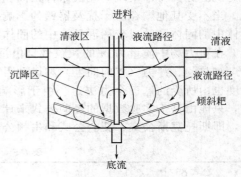

图 6-27 连续沉降器

图 6-27 所示是常用的悬浮液连续沉降器。其主体是一个平底圆柱形罐。悬浮液从顶部中心一伸入罐内液面下 $0.3\sim1\text{m}$ 的管进入，增浓后的底流从底部出口排出。任何沉积在底部的固体物均被缓慢转动的倾斜耙刮动并送入底部出口。澄清液从上部的溢流口排除。

6.6 制药生产中药液的固液分离应用

液固分离是制药工业中经常使用且十分重要的过程与单元设备，无论是原料药、制药乃至辅料，过滤技术的效果将直接影响产品的质量、分离精度、收率、成本以及安全和环境保护。

制药工业中有液固分离工序的很多，可选用的过滤与分离装置种类多，过滤与分离的难度大，对产品的要求差别也很大。

6.6.1 中药的过滤分离特性

中医中药是我国医药宝库，大多数中药是以动植物为药源的，化学成分十分复杂。按药的作用可以分为有效成分、辅助成分、无效成分等。现代化中药制取工艺，绝大多数制剂都需要通过浸提得到药用成分，减少用量，提高疗效，方便服用，更好地达到制剂要求。现代化中药制取工艺中的第一步操作绝大多数是采用液体浸取法，然后将液体与固体残渣分离。

中药浸取后的药液与药源（固体）的分离呈以下特性。

① 大多数中药是以动植物为药源，现代化中药制取工艺中绝大多数还是采用液体浸取，然后再将浸取后的液体与药源固体分开。如对药源浸取后的液体进行精密过滤，由于药源为动植物，所以浸取液中必然含有动植物蛋白、多糖等胶体与胶状体物质。

② 由动植物药源浸取后，药源固体所形成的滤饼比阻较大，而且具有较高的可压缩性，所以在进行过滤分离时，比较困难，加大过滤压力，更易使滤饼比阻大大上升。

③ 药液中存在某些可溶性蛋白质与多糖类会逐渐自然聚合成大分子，呈胶状体的物质是一种非常难以过滤与分离的东西，如果条件合适还会不断析出，使已滤清的液体又出现一些絮状物，药液澄清度下降，产品质量下降。

④ 若采用普通工业滤布为过滤介质，滤液不可能很清，如稍增加过滤压力，一方面会使滤饼阻力加大，减慢过滤速度；另一方面，一些胶状物也极易变形而透过滤布空隙。如改用一次性过滤介质（如 PP 或 PE 滤芯等）又极易堵塞，且消耗大、操作成本高。因此用常规的方法在过滤介质选用上有一定难度。

⑤ 若固相（药渣）含量高，而且液固两相密度差小，如采用高速管式离心机排渣与清洗都不可能理想。采用沉降离心机又只能排出湿的滤渣，损失太大。目前有的厂对中药液的沉降分离还停留在只用重力沉降的方法（即自然沉降），沉降时间很长（2～3 天到 10 多天），也还会有 15%～20% 以上的料液无法回收，收率不高、损失太大。

针对以上特性，采用合理的工艺技术及配套的集成工艺，如采用预过滤或包括加热与冷冻，使之加速析出；或采用加入添加物，使可能聚合的大分子分解成小分子不再析出；或对不同分子量的物质用符合卫生要求的一定孔径的滤芯或膜进行精密膜滤可以解决此类过滤难题，使过滤速度加快，收率提高。这在一些中药及健康食品、滋补品的提纯中得到了应用。在中草药注射剂方面，如丹参、复方丹参注射液和五味消毒饮注射液、益母草等中草药注射液、补骨脂注射液，采用集成工艺技术与不同的精密过滤的方法，提高了产品质量，缩短了工艺流程；除中药注射剂外，对生脉饮和补阳还五汤两种口服液、人参精口服液、四逆汤口服液、海龙蛤蚧精口服液和脑心舒口服液，采用特殊的工艺与相配套的过滤分离方法都可以使口服液有效成分提高，且澄清度、稳定性和除菌效果比原工艺好，有的是流程缩短，节省了乙醇及能耗，设备简单、投资少、效率高。此外，在制备中药浸膏制剂，如片剂、胶囊剂、浓缩丸剂等的生产工艺，除去大分子杂质、胶体、细菌，能较多的保留有效成分，并克服中药服用剂量大等缺点方面的研究也有很大进展。

6.6.2　发酵液的过滤分离

不论西药或中药的原料（如抗生素或中药柴胡等）都可能有发酵液，因此都需要从中提取有效成分，即对发酵液进行过滤分离。发酵液过滤是抗生素制品提取工艺中最重要的操作环节，直接影响抗生素制品的收得率、质量和劳动生产率。发酵液大部分是多种典型的牛顿流体，有菌丝体、多糖类、残留培养基及其代谢产物等，主要成分是蛋白质，其黏度和可压缩性也很大，同一种发酵液，不同罐批其过滤速度变化很大。但由于对欲分离药液性能不甚了解，或过滤介质选择不能同时满足过滤精度与过滤速率的要求，或操作条件（特别是滤饼厚度，进料浓度及操作压力等）不当，因此往往都不能得到理想的分离效果。长期以来，发酵液的过滤一直是制药生产中最不稳定而又量大面广的难题。

目前我国的发酵液过滤设备现状是一般多采用板框压滤机、转鼓真空过滤机和带式真空过滤机。也有采用螺旋离心机、碟式分离机，但由于属于离心沉降分离，滤渣无法洗涤，也不能得到干的滤渣，都不是十分理想。采用在预过滤后再进行深层过滤可得到更清的药液，这可能是个方向，但工艺流程及设备系统相比必然会显得长些。

6.6.3　活性炭与脱色后药液的过滤

大部分合成药的生产及抗生素、辅料、中草药和制剂等的生产，经常需要采用粉末活性炭进行脱色。脱色液与粉末活性炭的过滤成为影响产品质量的很重要的操作。粉末炭很细，最细的仅 1~2μm。目前国内外制药工业过滤粉末活性炭绝大多数是以滤布为过滤介质，过滤机多采用加压过滤器、多层过滤机或管式过滤机。由于滤布的毛细孔径均在 40μm 以上，因此仅对大于 10μm 的炭粒有滤除效果，小于 10μm 的易穿滤。

解决办法是对第一次滤液再进行二次或多次复滤，其复滤介质多采用不再生的纤维黏结过滤管与折叠式微孔膜滤芯。多次复滤可保证滤液的质量，但操作复杂，成本高。另外其第一次过滤所排出的活性炭滤渣，往往不是干渣，而是湿渣，这就导致废水处理负荷增加。目前国内企业多数是使第一次滤液回到原来料液中做循环过滤，以逐渐提高滤液澄清度。这种操作法虽不复杂，但仍难以保证滤液质量。现在活性炭过滤已成为整个医药工业待解决的难题。不采用传统的加压过滤而采用其他精密过滤方法以及采用新开发的专用功能性过滤介质来解决活性炭与脱色后药液的过滤也是当前发展的方向。

6.6.4　药液除菌过滤

在药物生产上，要求对液体进行无菌过滤。我国过去采用硅藻土陶瓷滤芯进行无菌过滤，由于滤芯砂粒易脱落，质地脆而易破裂，后来逐渐被石棉滤板取代。石棉含致癌物质，后被世界卫生组织明令禁止使用。20 世纪 80 年代，不少厂曾用微孔膜片或滤芯滤菌，微孔膜过滤介质的除菌效率很高，但只能一次性使用，成本很高。某些厂采用石棉滤板与微孔膜相重叠，料液的过滤路线为先石棉后膜，这样既能有效除菌，又可防止石棉微粒进入药液。由于石棉滤板的微粒易脱落飘浮在空气中，因此在安装滤板与滤膜时，难以防止石棉微粒不沾污在微孔膜的另一面。所以石棉板与微孔膜重叠的方法也不是一种好的方法。20 世纪 80 年代以后美国发明了一种可取代石棉的带正电荷的介质，能有效去除液体中的细菌，滤速较快，成本较微孔膜滤芯低。其也是一次性使用，但寿命较微孔膜滤芯长得多。

6.6.5　结晶体的过滤

在原料药的生产上，大部分产品是结晶体，结晶体必须先通过过滤机脱水，然后干燥，最后获得最终产品。由于结晶比较粗，因此采用离心式过滤机就可解决脱水问题。

由于药的性质不同，过滤、分离的要求也不一样，如何选择符合过滤分离精度而又是经济有效的技术与设备，并能合理的使用，是当前中医制药行业现代化的一个十分重要的问题。在我国三足式离心过滤机被普遍采用。

参　考　文　献

［1］　Svarovsky L. Solid-Liquid Separation. 3nd. London，1994.
［2］　L 斯瓦罗夫斯基著. 液固分离. 朱企新等译. 第 2 版. 北京：化学工业出版社，1990.
［3］　陈树章主编. 非均相物系分离. 北京：化学工业出版社，1993.
［4］　朱企新，谭蔚等. 过滤分离技术进展. 化学工程，1996（10）.
［5］　丁启圣. 新型现代过滤技术. 北京：冶金工业出版社，2000.
［6］　Svarovsky L. Solid-Liquid Separation. 3rd ed. London：Butterworths，1990.
［7］　Mattesn M S，Orr C. Filtration Principles and Practice 2 nd ed. New York：Marcel Dek ker，1987.
［8］　Zeitsch K. Centrifugal Filtration. London：Butterworths，1981.
［9］　白鹏主编. 制药工程导论. 北京：化学工业出版社，2003.

第7章 精馏技术

7.1 概述

蒸馏技术是利用液体混合物各组分的沸点不同实现分离的技术。就过程的基本原理而言，仅有一次气化和冷凝的过程称为简单蒸馏（或单级蒸馏）；具有多次部分气化和部分冷凝的过程称为精馏。

精馏技术在制药工业中的应用十分广泛。由于药品生产是小批量、分批进行的过程，因此，间歇精馏是制药工业应用的主要形式。表7-1列出了制药生产中常用的精馏技术及其典型特征。

表 7-1　制药常用蒸馏技术的概况

技术种类	基本原理及特征	适用范围	应用举例
简单蒸馏	靠液体混合物组分间沸点差很大实现分离 设备:蒸馏器(无填料层或塔板)	化学合成药物、天然药物的初分离或预处理	反应合成产物的初分离
		部分非共沸物溶酶的回收	甲醇/乙二醇的分离
间歇精馏	靠液体混合物各组分的沸点差实现分离 设备:精馏塔(有填料层或多层塔板)	化学合成药物、天然药物的分离提纯	抗肿瘤药榄香烯的分离提纯
		非共沸物溶酶的回收	丙酮/水的分离
共沸精馏 (间歇或连续)	加入夹带剂与目标组分(产品或杂质)形成新的共沸物使原共沸物得到分离		
萃取精馏 (间歇或连续)	加入溶剂,在其伴随下共沸消失或组分间相对挥发度增大从而实现分离	共沸物溶酶回收	乙醇/水的分离
加盐精馏 (间歇或连续)	溶入盐改变混合物气液平衡形态,使共沸消失或组分间相对挥发度增大而实现分离		
变压精馏 (间歇或连续)	改变操作压力,利用不同压力区域共沸组成的差别实现分离		
水蒸气蒸馏	在分离与水不互溶的高沸点物料的塔中加入过热水蒸气或液态水,以降低蒸馏温度	植物挥发油的提取或挥发油组分间的分离	植物药丁香酚的提取
分子蒸馏	依靠分子运动平均自由程的差别实现分离	高沸点、热敏性药物和生物活性物质的提取和分离	天然维生素 E 的提取

在制药生产的实际应用中，各种精馏技术的操作条件差别巨大。

就间歇精馏而言，用于药物分离时通常需在很高的真空度（塔内绝对压力一般低于 $500 \sim 1000 Pa$）下进行，而用于溶酶回收的间歇精馏塔通常为常压操作。

主要适用于共沸物溶酶回收的共沸精馏、萃取精馏、加盐精馏和变压精馏按照经典的精馏理论体系被称为特殊精馏，为进一步提高产品纯度和降低能耗，通常与其他分离技术集成或偶合应用，例如吸附-精馏耦合过程、膜渗透气化-精馏偶合过程等。

水蒸气蒸馏主要应用于中药生产中植物挥发油的提取和精制；分子蒸馏是在极高真空度（设备绝对压力一般低于 $1Pa$）下进行的，从而使被分离混合物能在远低于常压沸点的温度下实现分离，因此适用于高沸点、热敏性药物和生物活性物质的提取和分离。

7.2 间歇精馏

间歇精馏是将待分离混合物一次性投料到塔釜，然后进行精馏分离，并从塔顶按照沸点从低到高的顺序逐一采出获得各纯组分产品的过程。

在间歇精馏的操作过程中，塔设备内部各点的浓度和温度随时间而变，因此，间歇精馏是非稳态过程。由于间歇精馏采用分批操作方式，待分离原料的种类和组成以及产品的要求均可以根据市场需求和生产任务要求随意变动，所以，间歇精馏被广泛应用于以小批量、多品种、高附加值产品为特点的制药工业和精细化工行业。

间歇精馏在制药生产中主要应用于化学合成药物组分的分离提纯、天然药物的分离以及药厂溶剂回收。化学合成药物的分子量通常比一般有机化合物的分子量大，沸点也就较高。天然药物通常具有热敏性，高温下易于分解或变质。因此，应用于化学合成药物和天然药物生产的间歇精馏通常需要在较高的真空度下进行。药厂溶剂绝大多数是共沸混合物，采用普通间歇精馏无法实现分离，必须采用间歇共沸精馏或者间歇萃取精馏进行回收。

与连续精馏相比，间歇精馏的诸多优点是：①可以采用单塔分离多组分混合物，获得各纯组分的产品；②一塔多用，如根据需要处理不同的进料得到不同的产品，或处理同一进料得到不同纯度的产品；③适于特殊场合，如高真空、高凝固点、高纯度、热敏性等；④设备简单，操作灵活，投资少。

7.2.1 间歇精馏操作方式

间歇精馏有两种基本操作方式：精馏式（常用方式）和提馏式。

精馏式间歇精馏如图 7-1(a) 所示。系统由塔釜、精馏塔、冷凝器和接收罐组成。待分离原料一次性投入塔釜，然后由再沸器（一般置于釜内）加热气化，进行精馏操作，适当控制回流比，使各组分的产品按沸点从低到高的顺序，逐一从塔顶采出，并收入相应的产品罐。每个塔顶产品切换之前需采出的中间馏分（或称过渡馏分）收入中间馏分罐，沸点最高的组分（重的组分）作为残液留在塔釜内，至此操作结束。完整的间歇精馏操作过程包括加料、升温和平衡（全回流）、产品采出、中间馏分采出、釜残液排放等步骤。

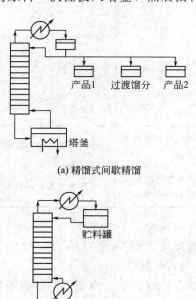

(a) 精馏式间歇精馏

(b) 提馏式间歇精馏

图 7-1 间歇精馏的基本方式

提馏式间歇精馏如图 7-1(b) 所示。被分离物料存于与塔顶相连的贮料罐中，塔顶冷凝液直接流入贮料罐，罐中液体由泵输送从塔顶以回流方式进入塔内，产品从塔底采出，类似于连续精馏的提馏段。各组分的产品按照从高到低的顺序逐一馏出。提馏式间歇精馏法适用于难挥发组分为目标产品或难挥发组分为热敏性物质的情况。

7.2.2 工艺流程

间歇精馏过程分为常压间歇精馏和减压或真空间歇精馏。以下分别介绍这两种间歇精馏过程的工艺流程。

如图 7-2 所示是某制药厂溶剂回收车间用于分离甲醇-乙醇-丙醇的常压间歇精馏装置工艺流程图。塔釜内含U 形列管换热器（再沸器），由蒸汽加热，加热蒸汽流量由进汽阀门调节，使塔顶和塔底的压差稳定于设定值。塔顶冷凝器和捕集器均为固定管板式列管换热器，壳程走物料，管程走冷却水。捕集器（第二级冷凝器）的作用是将冷凝器未冷凝完全所剩余的物料蒸气冷凝成液体，以避免物料从放空口挥发损失。产品采出速率根据塔顶气相温度由阀门或回流分配器调节。不同组分的产品靠切换阀门收入相应的接收罐中。

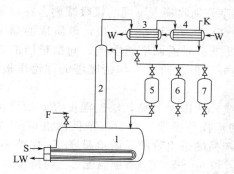

图 7-2　常压间歇精馏工艺流程

1—塔釜；2—精馏塔；3—冷凝器；4—捕集器；5—中间馏分罐；6,7—产品罐；F—进料；S—加热蒸汽；LW—凝水；W—冷却水；K—放空口

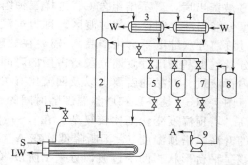

图 7-3　真空间歇精馏工艺流程

1—塔釜；2—精馏塔；3—冷凝器；4—捕集器；5—中间馏分罐；6,7—产品罐；8—真空缓冲罐；9—真空泵；F—进料；S—加热蒸汽；LW—凝水；W—冷却水；A—不凝汽

如图 7-3 所示是常用的真空间歇精馏装置的工艺流程图。它与常压装置不同的是增加了真空泵和真空缓冲罐。捕集器的放空口为塔的抽真空口，直接与真空缓冲罐连通。产品罐和中间馏分罐也与真空缓冲罐连通，使各罐也被抽成真空状态，从而使塔顶馏出液能够流入罐内。

7.2.3　过程的操作

现以组分为 A、B、C 的三组分混合物（A 沸点最低、C 沸点最高、B 沸点介于两者之间）的分离为例来说明间歇精馏操作过程的现象和规律。

对于多组分混合物的间歇精馏过程，塔顶产品是按沸点从低到高的顺序馏出并收入相应的产品罐。由于恒回流比操作比较容易实现，因此工业间歇精馏塔通常采用分段恒回流比控制塔顶产品的采出。在操作过程中，当馏出某一馏分时，回流比保持不变，而馏出物的浓度随时间变化，产品组成等于产品罐内的平均组成。采出不同的产品时通常采用不同的回流比，整个过程则为分段恒回流。

图 7-4(a)、(b)、(c) 所示为三组分混合物间歇精馏分离过程中，塔顶浓度 x_C 和釜液浓度 x_W 以及塔顶和塔釜温度随时间的变化曲线。

图 7-4(a) 和 (b) 是塔顶组成 x_C 和釜液 x_W 随时间的变化曲线。从时间 $0 \sim t_{A1}$ 是全回流操作，低沸点组分 A 的浓度迅速上升，组分 B 和高沸点组分 C 的浓度则迅速下降。在时刻 t_{A1}，由于组

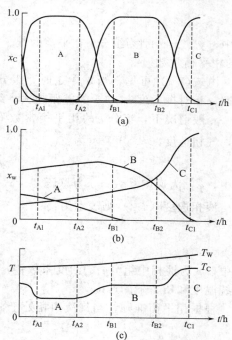

图 7-4　塔顶、塔釜的浓度和温度的变化曲线

(a) 塔顶浓度随时间的变化曲线；

(b) 塔釜浓度随时间的变化曲线；

(c) 塔顶和塔釜温度随时间的变化曲线

分 A 的浓度达到产品采出要求，此时按一定回流比开始采出产品 A。时间 $t_{A1} \sim t_{A2}$ 为产品 A 的馏出阶段，这期间，塔顶采出低沸点组分 A 产品，釜液中组分 A 的浓度逐渐降低，而组分 B 和高沸点组分 C 的浓度则逐渐增加。当组分 A 被蒸出后，组分 B 变成为易挥发组分，为第二阶段的塔顶馏出物。这期间塔釜内组分 B 逐渐下降，同时组分 C 浓度继续升高。组分 B 被蒸出后，再蒸出组分 C。这样三种组分按顺序分别收集入不同的接收罐内。在相邻两纯组分馏出液之间存在的过渡区，称为过渡馏分段（$t_{A2} \sim t_{B1}$ 和 $t_{B2} \sim t_{C1}$），该阶段的馏出物为过渡馏分（纯度不合格产品），需要在处理下一批进料时返回塔釜重蒸。间歇精馏的过渡馏分量越少和采出过渡馏分段所占用的时间越短越好，但这两者均与精馏塔的理论塔板数、塔内存液量、产品纯度要求以及回流比有关。

图 7-4(c) 是塔顶和塔釜温度随时间的变化曲线。从图中可见，塔釜温度 T_W 始终持续升高。塔顶温度变化则比较复杂，在 $0 \sim t_{A1}$ 的全回流操作阶段，随着塔顶低沸点组分 A 浓度的升高，塔顶温度 T_C 不断降低。在 A、B 两个产品的采出阶段，塔顶温度 T_C 保持不变，曲线呈平台形状。两个过渡馏分采出阶段（$t_{A2} \sim t_{B1}$ 和 $t_{B2} \sim t_{C1}$），塔顶温度 T_C 均持续上升。

7.2.4 主要影响因素

间歇精馏是动态过程，其操作结果的好坏不仅取决于设备的性能，如塔分离效率的高低等，还取决于操作过程中的控制调节，如操作中回流比的选取等。影响间歇精馏分离结果的主要因素有相对挥发度、理论塔板数、塔内持液量、回流比、蒸发速率等。以下逐一介绍。

（1）相对挥发度 精馏是利用液体物质挥发度的差别实现分离的。组分间的相对挥发度是反映混合物分离难易程度的物性参数。

对于多组分混合物，组分 i 对组分 j 的相对挥发度 α_{ij} 的定义如下：

$$\alpha_{ij} = \frac{y_i/x_i}{y_j/x_j} = \frac{K_i}{K_j} \tag{7-1}$$

式中，y_i、x_i 分别为组分 i 在平衡的气、液两相中的摩尔分数；K_i、K_j 分别为组分 i 和组分 j 的相平衡常数。

由式(7-1) 可见，当 $\alpha_{ij} = 1$ 时，组分 i 和 j 不能用精馏分离。无论对连续精馏还是间歇精馏，相对挥发度 α_{ij} 与 1 的差距越大，组分 i 和 j 的分离就越容易，反之，就越难。

一般情况下，组分 i 的相平衡常数需由相平衡计算得到。对处于平衡状态的气、液两相，气相逸度（$\hat{f}_i^V$）表示为：

$$\hat{f}_i^V = \hat{\varphi}_i^V y_i p \tag{7-2}$$

式中，$\hat{\varphi}_i^V$ 为逸度系数；p 为总压。

液相逸度（$\hat{f}_i^L$）则表示为：

$$\hat{f}_i^L = \hat{\varphi}_i^L x_i p \tag{7-3}$$

或

$$\hat{f}_i^L = \gamma_i x_i f_i^0 \tag{7-4}$$

式中，γ_i 为液相中组分 i 的活度系数；f_i^0 为组分 i 的标准态逸度，通常取纯组分 i 的液体在系统温度和压力下的逸度。

根据相平衡准则，当气液两相处于平衡时：

$$\hat{f}_i^V = \hat{f}_i^L$$

由式(7-2) 和式(7-3) 可得相平衡常数 K_i 的基本关系为：

$$K_i = \frac{y_i}{x_i} = \frac{\hat{\varphi}_i^L}{\hat{\varphi}_i^V} \tag{7-5}$$

由式(7-2) 和式(7-4) 可得相平衡常数 K_i 的另一个基本关系式为：

$$K_i = \frac{y_i}{x_i} = \frac{\gamma_i f_i^0}{\hat{\varphi}_i^{\mathrm{V}} p} \qquad (7\text{-}6)$$

式（7-5）和式（7-6）中的 $\hat{\varphi}_i^{\mathrm{L}}$ 和 $\hat{\varphi}_i^{\mathrm{V}}$ 可由气液两相的 p-V-T 关系计算得到，γ_i 则按照适当的活度系数关联式求取。

在工程实际应用中，对于操作压力不高的理想溶液，两组分间的相对挥发度往往按下式计算：

$$\alpha_{12} = \frac{p_1^0}{p_2^0} \qquad (7\text{-}7)$$

式中，α_{12} 为组分 1 对 2 的相对挥发度；p_1^0 为纯组分 1 的饱和蒸气压；p_2^0 为纯组分 2 的饱和蒸气压。

式（7-7）中的饱和蒸气压 p_1^0 和 p_2^0 可采用下列 Antoine 方程计算：

$$\ln p^{\mathrm{s}} = A - \frac{B}{(C+T)} \qquad (7\text{-}8)$$

式中，p^{s} 为蒸气压，mmHg；T 为温度，K；A、B、C 为 Antoine 蒸气压方程中的系数。

（2）理论塔板数　具有足够多的理论塔板数，是精馏塔能够实现分离的基本条件。每一套精馏塔，无论是板式塔还是填料塔，当操作压力和上升蒸气流率达到稳定时，其理论塔板数也相应固定。若操作压力和上升蒸气流率改变，则理论塔板数也随之改变。

一般来说，间歇精馏塔的理论塔板数越高，则能达到的产品纯度和收率越高，过渡馏分量越小，但塔设备的高度也越大，设备投资也越大，同时塔底温度越高，能耗越大。所以，实际设计精馏塔时应综合权衡，选取最佳的理论塔板数。

测定精馏塔理论板数的规范方法是这样的：采用国内外惯例的二元物系正庚烷-甲基环己烷或苯-四氯化碳，使精馏塔在规定的压力和上升蒸气流率下全回流操作，稳定运行足够长的时间，当塔顶浓度稳定不变，即全塔达到平衡状态时，同时测定塔顶和塔底浓度，然后代入芬斯克公式 [式（7-9）] 计算所得的塔板数即为所测定条件（压力和上升蒸气流率）下的理论塔板数。

$$N = \ln\left(\frac{x_{\mathrm{C}}}{1-x_{\mathrm{C}}} \times \frac{1-x_{\mathrm{B}}}{x_{\mathrm{B}}}\right)\Big/ \ln\alpha \qquad (7\text{-}9)$$

式中，N 为塔的总理论板数；x_{B} 为达到平衡时塔釜的摩尔分数；x_{C} 为达到平衡时塔顶的摩尔分数；α 为相对挥发度。

（3）塔内持液量　当间歇精馏塔工作时，除了塔釜内存有被分离物料外，塔板上（或填料层内）、塔顶冷凝器内以及回流系统均存在一定量的持液。由于间歇精馏是动态过程，塔内各点的组成均随时间持续改变。各部分持液对组成变化具有阻滞和延缓作用。这一点与稳态过程的连续精馏不同。塔顶和塔身有少量的持液（如达到塔釜存液量的 5%）都对过程有显著的影响。通常情况下间歇精馏塔内持液量往往高于此值，因此，对产品收率和操作时间具有显著影响。

塔内持液有如下三点作用：①由于塔内持液，使得沿塔身建立浓度梯度的过程需要一定时间，即必然需要一定的开工时间，持液量越大，开工时间越长；②由于塔内存在持液，使分离难度加大，由于开始馏出产品时，塔顶、塔身持液含有浓缩的易挥发组分，使釜液浓度比无持液情况降低，因此获得同样纯度产品所需浓缩倍数增加，分离难度加大；③由于塔内持液具有一定质量，具有组分的"吞吐"作用，宛如回转运动的飞轮，起着延缓塔内浓度变化的作用。例如，在馏出产品后期，釜液中易挥发组分（即产品组分）浓度已经很低了，但塔身持液内仍含有较多易挥发组分，使塔顶仍可馏出高浓度产品，这就是所谓的"飞轮效应"。

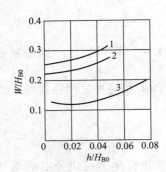

图 7-5　塔内持液对过渡馏
　　　　分段的影响

曲线 1：$\alpha=2.0$，$N=7$，$R=10$；
曲线 2：$\alpha=2.2$，$N=7$，$R=8$；
曲线 3：$\alpha=3.0$，$N=7$，$R=10$；
N—理论塔板数；
α—相对挥发度；
R—回流比

"飞轮效应"的主要影响是使过渡馏分段操作时间大大加长，同时过渡馏分量增加。在馏出下一产品组分之前，必须将塔内持液内残留的前一组分置换干净，塔顶馏出液才能达到下一产品的合格纯度。塔内持液量越大，这一置换过程所需时间越长，则过渡馏分量越大，下一组分产品的收率越低。

图 7-5 是一组反映塔身持液比率（塔身持液与总投料量之比 h/H_{B0}）影响过渡馏分量比率（过渡馏分量与总投料量之比 W/H_{B0}）的曲线。由图可见，随着持液量的增加分离的清晰程度下降，过渡馏分量增加。

（4）操作压力　选择不同的操作压力可以将精馏塔的操作温度控制在适宜的范围。通常情况下，工业装置采用蒸汽锅炉供热的最高加热温度可达 160～180℃，采用导热油锅炉供热的最高加热温度可达 260～280℃，采用电加热或直接燃煤加热则最高加热温度可达 300～400℃。选择操作压力时应根据装置供热条件、待分离物料的沸点范围以及热敏温度限制三个方面综合考虑。一般说来，对于沸点低和沸点适中的物料采用常压操作，而对于沸点较高或易分解的物料则采用真空操作，以降低塔釜温度有利于加热和避免物料热分解。

（5）回流比　回流比是间歇精馏塔最重要的操作控制参数，直接决定着产品纯度、收率、操作时间以及过渡馏分量。

在任何情况下，回流比越大，塔顶易挥发组分浓度越高，同时产品馏出速率越小，操作时间越长。对于每一产品馏分，如果按恒定回流比采出，只要回流比选择适当，则采出过程中前期得到的馏出物浓度比规定值高，后期得到的馏出物浓度比规定值低。这样，虽然塔顶馏出物浓度随时间而变化，但接收罐内产品的平均浓度最终能够符合要求指标。

间歇精馏还有一种恒塔顶浓度变回流比操作方法，但由于回流比始终处于变化之中，实际操作难以准确控制，因此工业生产很少应用，基本上仅作为一种理论方法而存在。

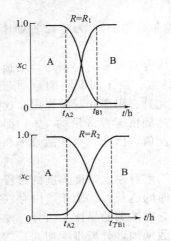

图 7-6　回流比对中间馏分的影响
图中：$R_1 > R_2$

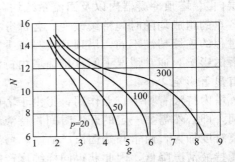

图 7-7　CY 型丝网波纹填料理论板数的变化曲线
p—塔顶压力，单位为 mmHg；
g—单位截面气体负荷，单位为 $t/(m^2 \cdot h)$；
$1mmHg = 133.322Pa$

对于总理论塔板数已定的间歇精馏塔，回流比对过渡馏分段的影响如图 7-6 所示。显然，回流比越高，过渡馏分量越小，分离效果越好。因此，在间歇精馏操作中，通常采用较大的回流比采出过渡馏分。

（6）上升蒸汽流率　由于制药工业广泛应用的间歇精馏塔绝大多数是填料塔，因此上升蒸汽流率对分离也有明显影响。首先，上升蒸汽流率稳定，精馏塔填料层才有稳定的理论塔板数。

图 7-7 是工业生产广泛应用的 CY 型波纹丝网填料理论塔板数随上升单位截面气体负荷的变化曲线。由图可见，增大上升蒸汽流率，即增大单位截面气体负荷，填料的理论塔板数会下降。

此外，在保证精馏塔具有足够理论塔板数的前提下，上升蒸汽流率越大，则相同回流比下产品馏出速率越大，过程操作时间越短。

7.2.5　间歇精馏的基本计算

间歇精馏的基本计算一般包括产品量、产品浓度、操作时间以及产品收率的计算。

由于间歇精馏是动态过程，状态参数随时间持续变化，过程的物料衡算必须使用微分方程组，求解计算比较复杂，因此，对过程的计算往往根据不同的需要，采用简化算法或严格算法。一般在进行设备参数和操作参数的粗略估算时采用简化算法，而进行校核或过程模拟研究时则采用严格算法。

（1）恒回流比操作的计算　间歇精馏的简化算法忽略了塔内持液，但也必须进行图解积分。

如图 7-8 所示的分离二组分间歇精馏塔在恒回流比 R 下操作时，易挥发组分在馏出液中的浓度将持续降低。如果在很小的时间间

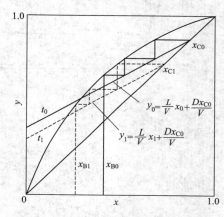

图 7-8　二组分恒回流比间歇精馏图解法

隔 dt 内，馏出液浓度从 x_C 下降至 $x_C - dx_C$，并且在该段时间内所得到的产品量是 dD，则易挥发组分的物料平衡如下：

$$x_c dD = -d(Bx_B) \tag{7-10}$$

因为
$$dD = -dB$$

所以
$$-x_C dB = -B dx_B - x_B dB$$
$$B dx_B = dB(x_C - x_B)$$

积分得
$$\int_{B_0}^{B_1} \frac{dB}{B} = \int_{x_{B0}}^{x_{B1}} \frac{dx_B}{x_C - x_B}$$

$$\ln \frac{B_1}{B_0} = \int_{x_{B0}}^{x_{B1}} \frac{dx_B}{x_C - x_B} \tag{7-11}$$

取若干组 $1/(x_C - x_B) - x_B$ 值进行图解积分，可求出 x_B 任意变化时，釜中最初液量与最终液量之比，由此可求得：

产品量
$$D = B_0 - B_1$$

产品平均浓度
$$x_D = \frac{B_0 x_{B0} - B_1 x_{B1}}{B_0 - B_1}$$

操作时间
$$T = \frac{B_0 - B_1}{V - L} = \frac{R+1}{V}(B_0 - B_1)$$

【例 7-1】 某二元混合的轻组分摩尔分数为 20%，总量为 150kmol，进行间歇精馏，采用恒回流比。二组元的相对挥发度 $\alpha=5.0$，精馏塔理论板数为 3（包括再沸器），回流比 $R=1$，上升蒸汽量为 $V=15$kmol/h。当塔釜轻组分摩尔分数将至 0.04% 时停止操作，求产品量、产品浓度和操作时间。

解 在恒回流比操作过程中，随着塔顶产品的采出，塔顶和塔釜轻组分浓度逐渐降低，根据图解法和气液平衡关系 $y=\dfrac{\alpha x}{1+(\alpha-1)x}$，先算出一系列相关的对应关系，列于表 7-2。

表 7-2　例 7-1 的图解法计算数据

x_C	0.83	0.58	0.48	0.35	0.3
x_B	0.2	0.097	0.073	0.048	0.04
$\dfrac{1}{x_C-x_B}$	1.587	2.07	2.547	3.311	3.846

根据图 7-9 和表 7-2 进行 $x_{B1}=0.04$ 至 $x_{B0}=0.2$ 区间的图解积分，则：

$$\ln\frac{150}{B_1}=\int_{0.04}^{0.2}\frac{dx_B}{x_C-x_B}=\frac{(0.2-0.097)\times(1.587+2.07)}{2}+\frac{(0.097-0.073)\times(2.07+2.547)}{2}+$$

$$\frac{(0.073-0.048)\times(2.547+3.311)}{2}+\frac{(0.048-0.04)\times(3.311+3.846)}{2}=0.345$$

因此　　　　　　　　　　　　$B_1=106.2$kmol

产品量　　　　　　　　　　$D=150-106.2=43.8$kmol

产品浓度

$$x_D=\frac{150\times0.2-106.2\times0.035}{150-106.2}=0.60$$

操作时间

$$T=\frac{1+1}{15}\times(150-106.2)=5.84\text{h}$$

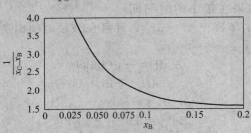

图 7-9　例 7-1 的图解积分

（2）产品收率的计算　间歇精馏过程存在过渡馏分，而且过渡馏分需要在下一批加料时返回塔釜"重蒸"。如图 7-10 和图 7-11 所示分别是二组分和多组分间歇精馏的物料平衡。图 7-10 中各物料流满足如下物料平衡关系：

$$F=P_1+P_2 \tag{7-12}$$

$$Fx_{F1}=P_1\overline{x}_{D1}^{(1)}+P_1\overline{x}_{D1}^{(2)} \tag{7-13}$$

$$Fx_{F2}=P_1\overline{x}_{D2}^{(1)}+P_2\overline{x}_{D2}^{(2)} \tag{7-14}$$

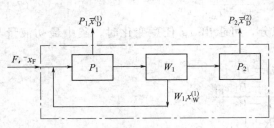

图 7-10　二组分间歇精馏的物料平衡

式中，F、x_{F1}、x_{F2} 分别为投料量和投料浓度；P_1、$\overline{x_{D1}^{(1)}}$、$\overline{x_{D1}^{(2)}}$ 分别为产品 1 的产品量和产品浓度；P_2、$\overline{x_{D2}^{(1)}}$、$\overline{x_{D2}^{(2)}}$ 分别为产品 2 的产品量和产品浓度。

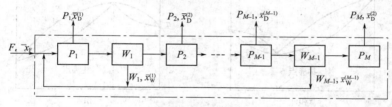

图 7-11　多组分间歇精馏的物料平衡

因此，在计算产品收率时，考虑和不考虑过渡馏分的"重蒸"，就形成了两种产品收率。只计算一次性投料所产出的成品，而不计入过渡馏分的"重蒸"产品收率称为间歇精馏的"一次收率"（e），其计算公式如下：

$$e = \frac{x_D D}{x_0 B_0} \tag{7-15}$$

式中，B_0 为初始投料量，kmol；D 为产品量，kmol；x_0 为初始投料的摩尔分数；x_D 为产品平均的摩尔分数。

当间歇精馏塔经过若干批操作，每次返回塔釜"重蒸"的过渡馏分量趋于恒定的前提下，投入物料仅计入新鲜加料，成品是计入了返回塔釜"重蒸"的过渡馏分量的总产出量，此时的产品收率称为间歇精馏的"总收率"。

设返回塔釜"重蒸"的过渡馏分量为 W，浓度为 x_W，则总收率为 e' 的计算公式如下：

$$e' = \frac{x_D D + e x_W W}{x_0 B_0}$$

整理得：

$$e' = e\left(1 + \frac{x_W W}{x_0 B_0}\right) \tag{7-16}$$

间歇精馏的"一次收率"主要反映塔设备的分离能力，其值随被分离物系相对挥发度的不同而异，一般可达 60％～80％；间歇精馏的"总收率"综合考虑了塔设备的分离能力和操作控制水平，更加接近于生产实际情况，其值一般可达 85％～95％。

7.2.6　特殊间歇精馏过程

7.2.6.1　间歇共沸精馏

制药生产是广泛使用溶剂作为辅助手段的过程。例如在化学制药过程中的大多数合成反应都是在固体反应物间进行，因而必须使固体反应物溶解在溶剂中才能进行反应。在中药和生化制药中几乎所有的分离纯化过程如萃取、层析等均离不开溶剂。所以，溶剂回收复用是制药工业的重要组成部分，即溶酶回收。制药溶酶回收需处理的混合物大多数存在一种或多种共沸物，因此，间歇共沸精馏被广泛应用于溶酶回收。

（1）间歇共沸精馏的基本原理　共沸现象是液体混合物的一种特殊的非理想溶液状态，此时气液两相组成相等。对于由 A、B 两组分构成的二组元混合液，当分子 A-B 间的吸引力小于 A-A 和 B-B 间吸引力时称为对拉乌尔定律有正偏差，如甲醇-水。若分子 A-B 间的吸引力进一步减小，就会出现最低共沸组成和最低共沸点，如乙醇-水；与此相反，当分子 A-B 间的吸引力大于 A-A 和 B-B 间吸引力时称为对拉乌尔定律有负偏差，并且当互吸力达到一定程度时，就会形成最高共沸组成和最高共沸点，如硝酸-水。这两类共沸物的 y-x 图和 t-x-y 图形状如图 7-12 所示。

由于在共沸物的沸点气液组成相同，因此普通精馏无法实现分离。间歇共沸精馏是将足

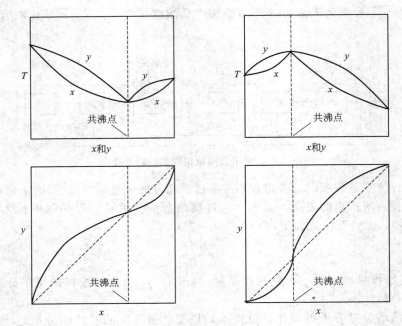

图 7-12 共沸物的类型

够量的共沸剂（也称夹带剂）随待分离原料一次性加入塔釜，在精馏过程中待分离共沸物中的一个组分形成新的一般是最低共沸点共沸物，并且首先从塔顶蒸出，直到塔釜内只剩下待分离共沸物中的另一组分（一般为目标产品组分），然后再从塔顶蒸出产品。与夹带剂形成的新共沸物必须采取适当措施得到分离，以便夹带剂重复使用。

共沸剂的选择是实现间歇共沸精馏的关键。选择共沸剂的原则如下。

① 共沸剂必须与待分离共沸物中的一个组分形成二元或三元最低共沸点共沸物，并且新共沸物最好与待分离共沸物以及混合物中每一组分存在较大的沸点差，这样有利于分离。形成的新共沸物最好是非均相的，以便直接分层，减小共沸物回收的难度。

② 在形成的新共沸物中夹带剂的含量应尽可能小，有利于减少共沸物用量，节省能耗。

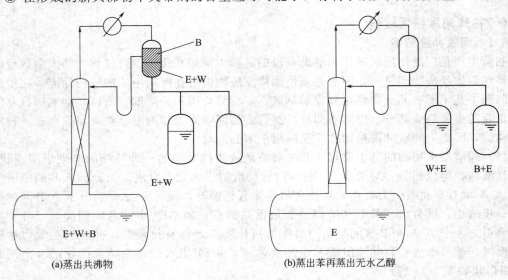

图 7-13 用苯分离乙醇-水的共沸间歇精馏塔的回流系统

③ 共沸剂应易于回收、廉价、低毒、热稳定性好以及腐蚀性小等。

（2）间歇共沸精馏过程　下面以苯为共沸剂分离乙醇-水混合物为例，讨论间歇共沸精馏过程。

如图 7-13 所示，乙醇-水（E-W）混合物和足够量的共沸剂（B）一次性加入塔釜，在精馏前期，首先从塔顶馏出三元共沸物（B-E-W）、二元共沸物（B-E）和二元共沸物（B-W）的混合物，三种共沸物的比例与塔的分离效率和回流比有关，在分层器里分相，上层液富含苯回流进塔，下层液富含水则收入水接收罐。当塔内水蒸净时，塔顶开始馏出苯和乙醇的混合物，通过阀门切换收入苯接收罐。当塔内苯蒸净时，塔顶开始馏出无水乙醇，通过阀门切换收入乙醇产品接收罐。当乙醇产品蒸净后，则进行共沸剂回收操作，即将水接收罐中的苯、醇、水混合物返回釜中，从塔顶蒸出苯和乙醇的混合物（B-E）并收入苯罐备用。塔釜内最终剩下水，排走后则过程结束。

上述过程由共沸精馏和共沸剂回收两个阶段构成，其中共沸精馏阶段又包括蒸出共沸物、蒸出共沸剂和蒸出产品三个步骤。

7.2.6.2　间歇萃取精馏

由于间歇共沸精馏过程比较繁杂、能耗高，因此，自 20 世纪 80 年代中期以来，间歇萃取精馏也作为分离共沸混合物的技术得到了研究和开发，并且开始获得工业应用。

（1）间歇萃取精馏基本原理　间歇萃取精馏是在精馏过程中，从塔上部向塔内持续加入适当选择的溶剂，以增大被分离组分间的相对挥发度，从而实现精馏分离。适合于间歇萃取精馏的混合物有两类：第一类是在全浓度范围内被分离组分间的相对挥发度接近于 1；第二类是共沸物，其相对挥发度仅在共沸点及其邻近区域等于和接近于 1，而在其他区域相对挥发度远离 1，例如丙酮-甲醇系统。

加入溶剂之所以能增大相对挥发度，是由于溶剂的存在使待分离组分的活度系数发生了变化。根据热力学原理，对于接近常压的二组元混合物，在溶剂存在时其相对挥发度有以下关系表示：

$$\frac{\alpha_{12/S}}{\alpha_{12}} = \frac{(\gamma_1/\gamma_2)_S}{(\gamma_1/\gamma_2)} \tag{7-17}$$

式中，α_{12} 为无溶剂存在时的相对挥发度；$\alpha_{12/S}$ 为有溶剂存在时的相对挥发度；(γ_1/γ_2) 为无溶剂存在时两组分比；$(\gamma_1/\gamma_2)_S$ 为有溶剂存在时两组分比。

图 7-14 是具有最低沸点共沸物的丙酮-甲醇系统在不同溶剂（水）浓度下的气液平衡曲线。由图可见，当溶剂含量 $x_S = 20\%$ 时，共沸点已经消失，x_S 继续增大至 40% 和 60% 时，相对挥发度也相应增大。

间歇萃取精馏溶剂选择除了考虑能增大被分离组分的相对挥发度外，还应遵循以下原则：

① 溶剂与待分离混合物中的各组分不会形成共沸物；

② 溶剂的沸点应远高于待分离混合物中各组分的沸点；

③ 共沸剂应易于回收、廉价、低毒、热稳定性好以及腐蚀性小等。

（2）间歇萃取精馏过程　现通过以乙二醇为溶剂分离乙醇-水的例子，简要介绍间歇萃取精馏过程。

如图 7-15 所示，待分离的乙醇-水混合物一次性加入塔釜，溶剂乙二醇的进口在塔上部。在

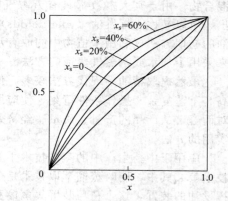

图 7-14　不同溶剂（水）浓度下
丙酮和甲醇的平衡曲线

溶剂进口与塔顶回流口之间有一段距离，其间有若干块塔板（或一段填料层），以阻止溶剂进入塔顶产品。当全回流开工步骤完成后，开始持续加入溶剂。溶剂从进口顺塔而下流经全塔，最终存于塔釜。塔内各点由于溶剂的存在，乙醇-水的共沸点消失并且相对挥发度较大，因此，能够从塔顶直接蒸出合格的无水乙醇，收入乙醇产品罐。当塔内乙醇被蒸净时，釜内存料变为乙二醇-水混合物，此时开始从塔顶蒸出水，并收入水接收罐。当塔内水被蒸净时，塔釜内只剩下乙二醇，此时操作结束。釜内乙二醇送入溶剂贮罐，以备下一批操作使用。

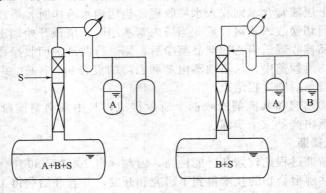

图 7-15　间歇萃取精馏分离乙醇-水

上述过程由萃取精馏和溶剂回收两个阶段构成。

间歇萃取精馏比间歇共沸精馏操作简单、能耗小，但设备比间歇共沸精馏复杂、投资大，而且往往难以选到满意的溶剂。因此，对于共沸物分离应根据实际情况合理选择精馏种类。

7.3　水蒸气蒸馏

水蒸气蒸馏是中药生产中提取和纯化挥发油的主要方法。

水蒸气蒸馏的发明和应用源于人类从植物提取香精油，以用作香料。所谓精油（essential oils）是指广泛存在于植物体内的一类主要由萜类、脂肪族、芳香族化合物组成的油状混合物。由于其大多数都具有芳香气味，在常温下有挥发性，不溶于水，并能随水蒸气蒸出，所以又称为挥发油（volatile oils）或芳香油（aromatic oils）。在远古时代，人类提取精油的初期方法仅利用了植物中的原有水分把精油夹带出来。为了提高产品的产量和质量，后来采用了加水或水蒸气蒸馏的方法。

虽然提取精油的现代方法较多，例如原理先进的超临界萃取、分子蒸馏等，但设备造价高、工艺复杂、操作条件苛刻，使应用受到很大的限制，往往限于少数稀贵物质的提取。相对而言，从产品的产量、质量、经济效益等方面综合考虑，水蒸气蒸馏还是目前提取精油最实用的方法。

应用于中药生产中的蒸馏技术主要有：水蒸气蒸馏法、同时蒸馏萃取技术、水扩散蒸馏技术等。其中，同时蒸馏萃取技术是 Likens 和 Nickerson 在 1966 年开发的一种提取植物易挥发油的装置，这个精巧装置集蒸馏和萃取为一体，对各种香料及中药挥发油都有较高的回收率；水扩散蒸馏过程中水蒸气是在低压下在装置中自上而下地通过植物层，水扩散表示其中的一个物理过程（即渗透过程，指提取时油从植物油腺中向外扩散的过程），然后在重力作用下，水蒸气将油带入冷凝器，蒸汽由上往下做快速补充，目前此技术的应用尚在研究探索阶段。

7.3.1　水蒸气蒸馏的原理

水蒸气蒸馏是基于不互溶液体的独立蒸气压原理。在被分离的混合物中直接通入水蒸气后，当混合物各组分的蒸气分压和水蒸气的分压之和等于操作压力时，系统便开始沸腾。水蒸气和被分离组分的蒸气一起蒸出，在塔顶产品和水几乎不互溶的情况下，馏出液经过冷凝后可以分层，把水除掉即得产品。工业上把这种操作称为水蒸气蒸馏。水蒸气蒸馏的主要优点就是能够降低蒸馏温度。

水蒸气蒸馏有两种基本的形式：过热水蒸气蒸馏和饱和水蒸气蒸馏。

7.3.1.1　过热水蒸气蒸馏

图 7-16 为水蒸气蒸馏的相图。待分离组分 A 的沸点为 t_f^*，当只有 A 的液相存在时，随着水蒸气量的不断增多，A 组分的分压不断减小，系统沸点不断下降［如图中 g＋A(l) 相区］。这即是过热水蒸气蒸馏的原理。

对于三组分系统，根据相律，这时系统的自由度为 2，系统的温度和压力可以独立变化。目前对这种情况的研究和应用较多，既有用于提取的单级操作，也有用于提纯的多级操作。

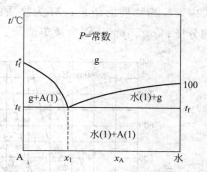

图 7-16　常压下完全不互溶系统
（水-A）的温度-组成图

7.3.1.2　饱和水蒸气蒸馏

当系统中有水相和 A 的液相同时存在时［如图 7-16 中 A(l)＋水(l) 相区］，系统的沸腾温度降至该系统压力下的最低值，即 t_f。这就是饱和水蒸气蒸馏的原理。对于三组分系统，其自由度为 1。此时，如果外压一定，温度也就确定了。因此，在 1atm❶ 下，可以确保水蒸气蒸馏在100℃以下进行。这种情况的降温效果比没有水相存在时要好得多，但它目前主要用于单级操作，即简单蒸馏。

7.3.2　水蒸气量的计算

7.3.2.1　通入饱和水蒸气

这种加热方法必然有部分蒸气冷凝，由于被分离组分一般是与水不相溶的，因而釜内必然有水层存在。然而，水和被分离物质的蒸气分压的大小仅受温度的影响，而与混合液的组成无关。所以从理论上讲，它们的蒸气分压等于该温度下纯水与被分离物质各自单独存在时的蒸气压，蒸气总压是两者蒸气分压之和：

$$p = p_a + p_b$$

式中，p 为系统总压；p_a 为被分离组分的分压，相当于在蒸馏温度下被分离组分单独存在时的蒸气压；p_b 为水蒸气的分压，也就是在蒸馏温度下水的饱和蒸气压。

若外界压力为 1atm，则只要混合液各组分的蒸气压之和达到 1atm 时，该混合液即沸腾。此时，混合液的沸点较任意组分的沸点都低。即当总压一定时，系统的沸腾温度也随之而定。

图 7-17 为用于水蒸气蒸馏计算的有机液体的蒸气压曲线。图中的虚线是用系统总压减去各温度下水的蒸气压而标绘的。其他液体的曲线均为普通的蒸气压与温度的关系曲线。虚线与被蒸馏液体曲线的交点表示水与有机液体组成的系统在该总压下的沸腾温度。例如，在 760mmHg 下，苯与水混合的蒸馏温度为 69.5℃，在 300mmHg 下为 46℃，在 70mmHg 下

---

❶ 1atm＝101325Pa，全书余同。

为 13℃。用于夹带蒸馏液的水蒸气量可根据理想气体分压定律算得：

$$\frac{G_水/M_水}{G_A/M_A}=\frac{y_水}{y_A}=\frac{p_水}{p_A} \tag{7-18}$$

如果被蒸馏物系与水完全不互溶，则：

$$\frac{p_水}{p_A}=\frac{p_水^0}{p_A^0}$$

从而：

$$\frac{G_水}{G_A}=\frac{p_水^0 M_水}{p_A^0 M_A} \tag{7-19}$$

式中，G 为物质的质量；M 为物质的分子量；A 为被蒸馏物；p_A、$p_水$ 分别为被蒸馏物、水的分压；p_A^0、$p_水^0$ 分别为被蒸馏物、水的饱和蒸气压。

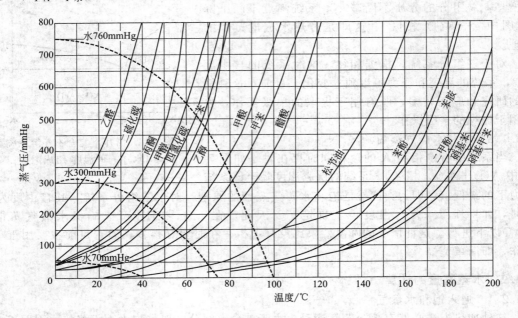

图 7-17 用于水蒸气蒸馏计算的有机液体的蒸气压曲线
1mmHg＝133.322Pa

必须指出，式（7-19）算出的 $G_水$ 仅是带出 G_A 产品所需的水汽量，未将加热混合液和使产品气化以及弥补热损失所消耗的蒸气量计算在内。此外，离开蒸馏釜的水蒸气通常并未被产品蒸气所饱和，故实际蒸气消耗量大于依式（7-19）所求出的理论值；在计算时需将此理论值除以饱和系数 ϕ（$\phi=0.6\sim0.8$），以计算出得到一定产品所需的实际水蒸气量。

7.3.2.2 通入过热水蒸气

此时水蒸气不会冷凝，其结果是釜内只有一层被蒸馏物的液层，而无水层出现。有时在直接通入过热水蒸气的同时，还通过间壁进行加热。

在上述情况下，$p_水$ 不等于 $p_水^0$，随通入水蒸气量变而变，蒸馏温度一般均比有水层出现时的蒸馏温度高。当规定了釜内压力和蒸馏温度后，水蒸气量仍可按式（7-18）计算，但因为：

$$p_水=p_总-p_A^0$$

所以：

$$\frac{G_水}{G_A}=\frac{(p_总-p_A^0)M_水}{p_A^0 M_A} \tag{7-20}$$

由式(7-20) 可知, 如果 $p_{总}$ 逐渐降低, 但被蒸馏液体的蒸气压 (p_A^0) 保持不变, 则水蒸气消耗量 $G_水$ 逐渐减少, 因此水蒸气蒸馏也可以在减压下进行, 以减少水蒸气耗量、降低温度、预防被蒸馏液体的分解。当外压降至等于被蒸馏液体的蒸气压 p_A^0 时, 水蒸气的消耗为零, 此时已经变为真空蒸馏的操作。

7.3.3 水蒸气蒸馏的应用举例

水蒸气蒸馏用于提纯分离的最为典型的例子是松脂加工。即对采集的松脂进行水蒸气蒸馏, 得到液态的松节油和固态的松香。这个工艺在林产工业中大量应用, 并成为必不可少的一个加工过程。应用水蒸气蒸馏时加热方法有二: 一为用直接蒸汽加热, 直接蒸汽又叫开口蒸汽或活汽, 常在蒸汽管上钻很多小孔, 蒸汽喷出后, 除加热外, 还有鼓泡作用; 另一加热方法, 除了直接蒸汽外还用间接蒸汽(习惯上叫闭口蒸汽)加热。单用直接蒸汽加热, 常有一部分蒸汽冷凝, 结果在蒸馏液中出现水层。此时依相律只能规定操作总压或温度二者之一, 不能同时将二者自由度规定, 如规定了操作的总压, 则混合液的沸点也就随之而定, 即限制了蒸馏温度的提高, 故必须同时用闭汽和活汽加热, 使活汽不致冷凝成水, 就可根据需要控制蒸馏温度。

为了提高蒸汽温度和防止蒸汽冷凝成水分, 蒸馏时常将蒸汽过热至 300℃ 左右, 才进入蒸馏设备。使用过热蒸汽有下列优点。

① 蒸汽干度大, 锅内不会形成水层, 有两个自由度, 在蒸馏时可同时规定蒸馏的温度和蒸馏系统的压力。

② 蒸汽温度越高, 比容越大, 一定重量的蒸汽鼓泡越多, 因而随蒸汽带出的松节油就越多, 即效率越高。但是, 温度太高, 在蒸馏过程中也会引起某些物质的聚合。

③ 蒸汽温度高, 锅内无水分存在, 有利于防止松香结晶。

以上阐述的是蒸馏松节油的情况, 蒸馏的最初阶段, 馏出的主要是低沸点的优油, 随着蒸馏过程的进行, 低沸点组分逐步减少, 相应的高沸点组分逐步加多。另一方面, 从溶液的观点看, 脂液是松香溶解在松节油中的混合液, 溶剂(松节油)越少, 沸点越高, 因此在蒸馏末期必须提高蒸馏温度, 加大活气用量, 才能使高沸点松节油蒸出。

关于活汽和闭汽的关系问题, 闭汽主要用于加热脂液, 活汽主要用于降低松节油的沸点, 使松节油尽快蒸发。闭汽可利用其潜热, 而活汽只能利用其显热, 因此在保证一定油水比的前提下, 尽可能发挥闭汽的作用, 以节约蒸汽和冷凝水。

在蒸馏末期, 脂液中的松节油主要是长叶烯(沸点 254~256℃)和沸点更高的石竹烯等, 因此要提高松香软化点就必须开大活汽, 提高蒸馏温度, 但提高蒸馏温度, 将影响松香颜色, 并加深树脂异构化, 引起大量的枞酸结晶。目前已采用减压水蒸气蒸馏来提高松香质量, 降低成本, 并且效果显著。

7.4 分子蒸馏

分子蒸馏也称短程蒸馏, 是一种在高真空度条件下进行非平衡分离操作的连续蒸馏过程。由于在分子蒸馏过程中操作系统的压力很低 ($10^2 \sim 10^{-1}$ Pa), 混合物易挥发组分的分子可以在温度远低于沸腾时挥发, 而且在受热情况下停留时间很短(约 $10^{-1} \sim 10^1$ s), 因此, 该过程已成为分离目的产物最温和的蒸馏方法, 特别适合于分离低挥发度、高沸点、热敏性和具有生物活性的物料。目前, 分子蒸馏已成功地应用于食品、医药和化妆品等行业。

7.4.1 分子蒸馏过程及其特点

7.4.1.1 分子蒸馏过程

如图 7-18 所示, 分子蒸馏过程可分如下四步。

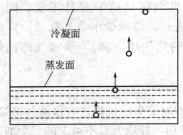

图 7-18　分子蒸馏过程示意图

① 分子从液相主体到蒸发表面。在不同设备中，在降膜式和离心式分子蒸馏器中，分子通过扩散从液相主体进入蒸发表面，液相中的扩散速度是控制分子蒸馏速度的主要因素，因此在设备设计时，应尽量减薄液层的厚度及强化液层的流动（如采用刮膜式分子蒸馏器）。

② 分子在液层表面上的自由蒸发。蒸发速度随着温度的升高而上升，但分离因素有时却随着温度的升高而降低。所以，应以被加工物的热稳定性为前提，选择合理的蒸馏温度。

③ 分子从蒸发表面向冷凝面飞射。蒸汽分子从蒸发面向冷凝面飞射的过程中，可能彼此相互碰撞，也可能和残存于蒸发面与冷凝面之间的空气分子碰撞。由于蒸发分子都具有相同的运动方向，所以它们自身的碰撞对飞射方向和蒸发速度影响不大。而残气分子在蒸发面与冷凝面之间呈杂乱无章的热运动状态，故残气分子数目的多少是影响挥发物质飞射方向和蒸发速度的主要因素。实际上，只要在操作系统建立起足够高的真空度，使得蒸发分子的平均自由程大于或等于蒸发面与冷凝面之间的距离，则飞射过程和蒸发过程就可以很快地进行，若再继续提高真空度就毫无意义了。

④ 分子在冷凝面上冷凝。只要保证蒸发面与冷凝面之间有足够的温度差（一般大于60℃），冷凝面的形状合理且光滑，则冷凝步骤可以在瞬间完成，且冷凝面的蒸发效应对分离过程没有影响。

7.4.1.2　分子蒸馏过程的特点

分子蒸馏与普通减压蒸馏和减压精馏是不同的，区别主要如下。

① 分子蒸馏的蒸发面与冷凝面距离很小，被蒸发的分子从蒸发面向冷凝面飞射的过程中，蒸气分子之间发生碰撞的概率很小，整个系统可在很高的真空度下工作；而普通减压精馏过程，不论是板式塔还是填料塔，蒸气分子要经过很长的距离才能冷凝为液体，在整个过程中，蒸气分子要不断地与塔板（或填料）上的液体以及与其他蒸气分子发生碰撞，整个操作系统存在一定的压差，因此整个过程的真空度远低于分子蒸馏过程。

② 通常减压精馏是蒸发与冷凝的可逆过程，液相和气相间可以形成相平衡状态；分子蒸馏过程中，蒸气分子从蒸发表面逸出后直接飞射到冷凝面上，几乎不与其他分子发生碰撞，理论上没有返回蒸发面的可能性，因而，分子蒸馏过程是不可逆的。

③ 普通蒸馏的分离能力只与分离系统各组分间的相对挥发度有关，而分子蒸馏的分离能力不但与各组分间的相对挥发度有关，而且与各组分的分子量有关。

④ 通常蒸馏有鼓泡、沸腾现象，而分子蒸馏是液膜表面的自由蒸发过程，没有鼓泡、沸腾现象。

7.4.2　分子蒸馏流程和分子蒸发器

一套完整的分子蒸馏装置主要包括：分子蒸发器、脱气系统、进料系统、加热系统、冷却系统、真空系统和控制系统。图 7-19 所示是分子蒸馏装置的工艺流程。

需特别加以注意的是脱气系统。脱气系统是将待处理物料中溶解的各种气体在高真空条件下排出，以防料液在进行分子蒸馏的过程中发生爆沸。常用的脱气设备有降膜式、喷射式、填充式和层板式。

分子蒸馏装置的核心部分是分子蒸发器，其型式主要有四种：静止式蒸发器、降膜式蒸发器、刮膜式蒸发器和离心式蒸发器，下面分别加以介绍。

（1）静止式　静止式分子蒸馏器出现最早，结构最简单，其特点是具有一个静止不动的

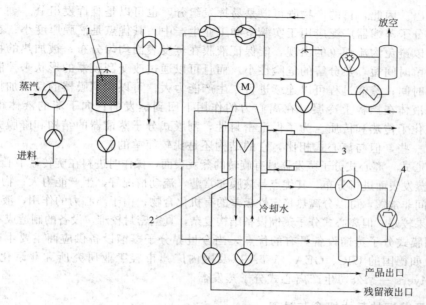

图 7-19 分子蒸馏装置工艺流程
1—脱气系统；2—分子蒸发器；3—加热系统；4—真空系统

水平蒸发表面。静止式设备生产能力低、分离效果差、热分解危险性大，现已基本被淘汰。

（2）降膜式 降膜式分子蒸馏设备的优点是液膜厚度小，液体在重力作用下沿蒸发表面流动，被加热物料在蒸馏温度下的停留时间短，热分解的危险性小，蒸馏过程可以连续进行，生产能力大。缺点是液体分配装置难以完善，很难保证所有的蒸发表面都被液膜均匀的覆盖，即容易出现沟流现象；液体流动时常发生翻滚现象，所产生的雾沫夹带也常溅到冷凝面上，降低了分离效果；由于液体是在重力的作用下沿蒸发表面向下流的，因此降膜式分子蒸馏设备不适合用于分离黏度很大的物料，否则将导致物料在蒸发温度下的停留时间加大。

（3）刮膜式 刮膜式分子蒸发器如图 7-20 所示。刮膜式蒸发器是由同轴的两个圆柱管组成，中间是旋转轴，上下端面各有一块平板。加热蒸发面和冷凝面分别在两个不同的圆柱面上，其中，加热系统是通过热油、蒸汽或热水来进行的。进料喷头在轴的上部，其下是进料分布板和刮膜系统。中间冷凝器是蒸发器的中心部分，固定于底层的平板上。

操作过程是这样的：进料以一定的速率进入到旋转分布板上，在一定的离心力作用下被抛向加热蒸发面，在重力作用下沿蒸发面向下流动的同时在刮膜器的作用下得到均匀分布。低沸点组分首先从薄膜中挥发，径直飞向中间冷凝面，并冷凝成液相，冷凝液流向蒸发器的底部，经馏出口流出；不挥发组分从残留口流出；不凝性气体

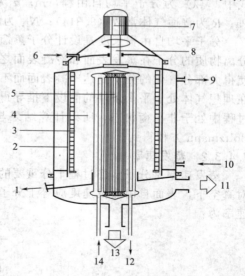

图 7-20 刮膜式蒸发器
1—残留液出口；2—加热套；3—刮膜器；4—蒸发空间；5—内冷凝器；6—进料口；7—转动电机；8—进液分布盘；9—加热介质出口；10—加热介质入口；11—真空口；12—冷却水出口；13—产品馏出口；14—冷却水入口

从真空口排出。因此，目的产物既可以是易挥发组分，也可以是难挥发组分。

刮膜式分子蒸馏器广泛应用于实验室和工业生产中。其优点是液膜厚度小；在刮膜器的作用下，可以避免沟流现象的出现，能保证液膜在蒸发表面均匀分布；被加热的物料在蒸馏温度下的停留时间短，热分解的危险性小，而且可以通过改变刮膜器的形状来控制液膜在蒸发面的停留时间；蒸馏过程可以连续进行，生产能力大；可以在刮膜器的后面加挡板，使得雾沫夹带的液体在挡板上冷凝，在离心力的作用下回到蒸发面；向下流的液体得到充分搅动，从而强化了传热和传质。为了保证密封性，刮膜式分子蒸馏器的结构和降膜式分子蒸馏器相比复杂一些，但与离心式相比，它的结构还是比较简单的。

（4）离心式 离心式分子蒸发器具有旋转的蒸发表面，操作时进料在旋转盘中心，靠离心力的作用，在蒸发表面进行分布，其优点是液膜非常薄，流动情况好，生产能力大；物料在蒸馏温度下停留时间非常短，可以分离热稳定性极差的有机化合物；由于离心力的作用，液膜分布很均匀，分离效果较好。但离心式分子蒸馏设备结构复杂，真空密封较难，设备的制造成本较高。

由于刮膜式分子蒸馏设备具有的优点，当今世界分子蒸馏设备供应商主要生产刮膜式分子蒸发器，如德国的 UIC、GEA、VTA 以及国内广州市轻工业研究所和北京化工大学等，只有美国 Myers 一家公司生产离心式分子蒸发器。

7.4.3 分子蒸馏的基本概念与计算

7.4.3.1 分子平均自由程

分子在两次连续碰撞之间所走的路程的平均值称为分子平均自由程。根据理想气体的动力学理论，分子平均自由程可通过下式计算得到：

$$\langle \lambda \rangle = \frac{RT}{\sqrt{2}\pi d^2 N_{\mathrm{A}} p} \tag{7-21}$$

式中，$\langle \lambda \rangle$ 为分子平均自由程，m；d 为分子直径，m；T 为蒸发温度，K；p 为真空度，Pa；R 为普适气体常数（8.314）；N_{A} 为阿佛加德罗常数（$6.02 \times 10^{23}\,\mathrm{mol}^{-1}$）。

分子平均自由程长度是设计分子蒸馏器的重要参数，一般在设计时要求其设备结构满足分离物质的分子在蒸发表面和冷凝表面之间所经过的路程小于分子的平均自由程，这样才能使得大部分气化的分子到达冷凝表面而不至于与其他气体分子相碰撞而返回。式（7-21）是在理想气体处于平衡条件的假设下推导得到的，然而分子蒸馏器中的实际情况是分子在蒸发过程中处于非平衡状态，所以计算结果与实际情况存在偏差，更加准确的方法可通过求解Boltzmann方程得到。

7.4.3.2 蒸发速率

蒸发速率是分子蒸馏过程十分重要的物理量，是衡量分子蒸馏器生产能力的标志。在绝对真空下，表面自由蒸发速度应等于分子的热运动速度，两组分理想混合物的理论分子蒸发速率为：

$$G_i = p_i^0 \left(\frac{M_i}{2\pi RT} \right)^{1/2} \tag{7-22}$$

$$G = \sum x_i G_i \tag{7-23}$$

式中，G_i 为组分 i 的蒸发处理量，kg/h；p_i^0 为组分 i 的饱和蒸气压，Pa；M_i 为组分 i 的摩尔质量，kg/mol；T 为绝对温度，K；R 为普适气体常数（8.314）；x_i 为组分 i 的摩尔分数；G 为总蒸发处理量，kg/h。

实际上，由于物料性质、设备形状及操作参数等多种因素的影响，分子的蒸馏速度远小于理想值，为此，人们提出了多种理论的或经验的修正参数。Stephan 在进料温度与蒸馏温度相同、对流传热与传导传热相比是可以忽略、分子蒸馏只是表面现象的假设下，对式（7-

22）进行了修正：

$$G_i = p_i^0 \left(\frac{M_i}{2\pi RT}\right)^{1/2} \left[1-(1-f)(1-e^{-\frac{h}{k\lambda}})^n\right] \tag{7-24}$$

其中

$$f = \frac{A_c}{A_c + A_e} \tag{7-25}$$

$$\lg k = 0.2 + 1.38(f+0.1)^4 \tag{7-26}$$

$$G = \sum x_i G_i$$

式中，A_c 为冷凝面积，m^2；A_e 为蒸发面积，m^2；h 为冷凝面与蒸发面之间的距离，m；λ 为蒸发潜热，J/kg；n 为每立方米所含的气体分子数。

在离心式分子蒸馏器中由于液膜的厚度非常小（$0.003\sim0.006cm$），扩散阻力可以忽略，因此假设分子蒸馏只是表面现象是合理的。但是在降膜式分子蒸馏器中，液膜的厚度较大（$0.1\sim0.3cm$），必须考虑扩散阻力。因此上面的模型不适用于降膜式分子蒸馏器，Micov 等人利用 Navier-Stokes 扩散方程建立了两组分的降膜式分子蒸馏器的蒸发速率方程：

$$G_{i1} = X_{i1}p_i^0(T_1)\sqrt{2\pi RM_iT_1} - X_{i2}p_i^0(T_2)\sqrt{2\pi RM_iT_2} \tag{7-27}$$

$$G_{i2} = X_{i2}p_i^0(T_2)\sqrt{2\pi RM_iT_2} - X_{i1}p_i^0(T_1)\sqrt{2\pi RM_iT_1} \tag{7-28}$$

此模型是建立在蒸发温度和冷凝温度均不变、传热和传质在实验过程中是稳定不变的前提下。在工业化应用中由于液膜的表面温度无法测量，一般以壁面温度代替，但是由于液膜的传热阻力总是存在的，因此计算结果与实验结果存在一定的偏差。

7.4.3.3　分离因数

分离因数是衡量液相分子蒸发后进入气相和气液表面捕捉气相分子能力的参数，温度和被分离物质的分子量对分离因数影响很大。下面以二元溶液为例，对分离因数进行说明。在普通蒸馏中，液相与气相能达到动态的相平衡，并以相对挥发度 α 表示其分离能力。

理想溶液

$$\alpha = \frac{p_1}{p_2} \tag{7-29}$$

非理想溶液

$$\alpha = \frac{p_1\gamma_1}{p_2\gamma_2} \tag{7-30}$$

式中，α 为普通蒸馏时的分离因数；p_1、p_2 为组元 1、2 的饱和蒸气压；γ_1、γ_2 为组元 1、2 的活度系数。

对于分子蒸馏来说，由于是不可逆过程，其分离因素 α_M 如下。

理想溶液

$$\alpha_M = \frac{p_1}{p_2}\sqrt{\frac{M_2}{M_1}} \tag{7-31}$$

非理想溶液

$$\alpha_M = \frac{p_1\gamma_1}{p_2\gamma_2}\sqrt{\frac{M_2}{M_1}} \tag{7-32}$$

比较式（7-29）～式（7-32）可得

$$\alpha_M = \alpha\sqrt{\frac{M_2}{M_1}} \tag{7-33}$$

式中，α_M 为分子蒸馏时的分离因数。

分析上述各式可知，分子蒸馏的分离能力与普通蒸馏相差 $\sqrt{\frac{M_2}{M_1}}$ 倍，分子蒸馏可用于蒸气压十分相近而分子量有所差别的化合物。

7.4.4　分子蒸馏在制药领域的应用

在制药领域，分子蒸馏技术主要应用于浓缩或纯化高分子量、高沸点、高黏度及热稳定性较差的药物成分，例如卵磷脂的浓缩；糖溶液的浓缩；酶、维生素、蛋白质的浓缩；生化溶剂的浓缩；挥发油的提纯；天然药物提取后有机溶剂的去除；抗生素发酵后水和溶剂的去除；重金属的脱除；超标残余农药的脱除等。以下介绍分子蒸馏技术的若干典型应用。

7.4.4.1 天然维生素 E 的提纯

维生素 E 具有许多生理功能，是治疗和辅助治疗一系列疾病的有效药物。随着近代医学和营养学的发展，一系列动物试验已经证实，天然维生素 E 无论在生理活性还是在安全性上均优于合成维生素 E。天然维生素 E 主要存在于富含维生素 E 的动植物组织中，如小麦胚芽油、大豆油及油脂加工的副产物脱臭馏分和油渣中，因维生素 E 具有热敏性，它的沸点很高，用普通的真空精馏很容易使其分解；而用萃取法，需要的步骤繁杂，收率较低。用离心型分子蒸馏器在 240℃ 以下和 0.004mmHg 压力下蒸馏经碱精制的豆油（含 0.19％ 维生素 E），维生素 E 馏分即可收集得到。在 -10℃ 从丙酮中通过结晶尽可能地除去胆固醇，并通过皂化作用除去甘油酯后，在不皂化的物质中存在的维生素 E 用分子蒸馏法进一步浓缩得到浓度为 61％ 的维生素 E 混合物。

7.4.4.2 从鱼油中分离 DHA、EPA

二十碳五烯酸（EPA）和二十二碳六烯酸（DHA）具有很高的药用价值和营养价值，对大脑机能有活化作用，在治疗和防治动脉粥样硬化、老年性痴呆症以及抑制肿瘤等方面都有较好疗效。鱼油中 DHA 含量为 5％～36％，EPA 含量为 2％～16％。由于 DHA 和 EPA 是分别含 5 个、6 个不饱和双键的脂肪酸。对其进行分离提纯难度很大，因在高温下很容易聚合。国内外已对 EPA 和 DHA 进行了广泛的研究，为了获取高纯度的 EPA 和 DHA，采用的方法有低温溶剂区分法、酶解浓缩法、分子蒸馏法、尿素沉淀法、超临界萃取法、硝酸银法等。国内实际应用的工业大规模精制方法有真空精馏法和分子蒸馏法。相比较而言，分子蒸馏法具有经济性和易于连续生产的特点。在进行分子蒸馏之前，需要用乙醇将其酯化，然后才可安全地将其分离到需要的纯度。表 7-3 为用多级分子蒸馏器分离提纯 EPA 和 DHA 的结果。

表 7-3　多级分子蒸馏器分离提纯 EPA 和 DHA 的结果

项　目	原料油	酯化原料油	三级分子蒸馏鱼油	四级分子蒸馏鱼油	五级分子蒸馏鱼油
气味	强烈鱼油腥味	强烈鱼油腥味	较淡鱼油腥味	稍有鱼油味	很淡鱼油味
色值	11.33	32.10	2.09	0.11	0.12
水分及挥发物/％	0.2	0.2	0.01	0.01	0.01
酸价/(mgKOH/kg)	6.7	2.1	1.0	0.5	0.2
碘价(以 I 计)/(mg/kg)	157	149	170	294	333
过氧化值/(mg/kg)	14.4	40.1	8.2	4.1	4.3

7.4.4.3 脱除中药制剂中的残留农药和有害重金属

由于目前大宗中药材一般都是人工种植，传统的道地药材越来越少，为防止人工种植过程中病虫害对药材的危害和追求高产量，药农一般都给种植的药材施肥和喷洒农药，这样往往造成药材中残留农药和重金属含量超标现象。当采用这样的药材制成中成药制剂时，一般也存在残留农药和重金属超标的问题。采用分子蒸馏技术对中药制剂中的残留农药和重金属进行脱除，具有比其他传统方法更高效和有效的分离手段。

参 考 文 献

［1］　Billet R. Distillation Enginerring. Heyden and Sons Ltd. ，1979.

［2］　Buckley P. S.，Luyben W. L.，Shunta J. P. Design of Distillation Column Control Systems. New York：Edward Arnold，1985.

［3］　Lockett M. J. Distillation Fundanmentals. Cambridge Univ. Press，1986.

［4］　King C. J. Separation Processes. 2nd. New York：McGraw-Hill Book Co.，1981.

［5］　Wankat P. C. Equilibrium Staged Separations：Separations for Chemical Engineers. New York：Elsevier，1988.

［6］　Seader J. D.，Henley E. J. Separation Process Principles. John Wiley & Sons，Inc.，1998.

［7］　杨云，冯卫生主编. 中药化学成分提取分离手册. 北京：中国中医药出版社，1998.

［8］　吴俊生等主编. 分离工程. 上海：华东化工学院出版社，1992.

第8章 膜分离

8.1 概述

近几十年来，膜分离作为一种新兴的高效的分离、浓缩、提纯及净化技术，发展极为迅速，已得到广泛应用，形成了独特的新兴高科技产业。经过不断的发展，膜技术已成为高效节能的单元操作，对相关产业的发展起到了很大的推动作用。

膜分离技术采用的是具有特定性质的半透膜，它能选择性地透过一种物质，而阻碍另一种物质。早在 19 世纪中叶，用人工方法制备的半透膜业已问世，但由于其透过速度低、选择性差、易于阻塞等原因，未能应用于工业生产。

1960 年 Loeb 和 Sourirajan 制备了一种透过速度较大的膜。这种膜具有不对称结构，称为非对称膜（asymmetric membrane）。而早期的膜，其结构与方向无关，称为对称膜，如图 8-1 所示。

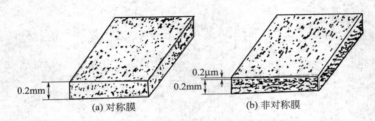

图 8-1 对称膜和非对称膜的示意图

非对称膜表面为活性层，孔隙直径在 10^{-9} m 左右，厚度为 $(2\sim5)\times10^{-7}$ m，起过滤作用；下面是支持层，厚度为 $(0.5\sim1.0)\times10^{-4}$ m，孔隙直径为 $(0.1\sim1.0)\times10^{-6}$ m，起支持活性层作用。活性层很薄，流体阻力小，孔道不易被阻塞，颗粒被截留在膜的表面，如图 8-2 所示。不对称膜的出现是膜制造上的一种突破，它为膜分离技术走向工业化奠定了基础。

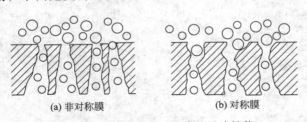

图 8-2 非对称膜和对称膜的过滤性能

膜分离技术与传统的分离过程相比，具有无相变、设备简单、操作容易、能耗低和对所处理物料无污染等优点。许多已经成熟的和不断研发出来的技术，如反渗透、超滤、微滤、纳滤、电渗析、渗析、气体分离、渗透气化、无机膜、膜反应及控制释放等，在化工、电子、医药、食品加工、气体分离和生物工程等各行业的广泛应用，产生了很大的经济效益和社会效益。

其中的反渗透（reverse osmosis，简称 RO）、纳滤（nano filtration，简称 NF）、超滤（ultra filtration，简称 UF）与微孔过滤（macro filtration，简称 MF，微滤）等过程的应用最为广泛。它们之间没有明确的分界线，均属压力驱动型液相膜分离过程，是典型的膜过滤，其特性见表 8-1 所示，溶质或多或少被截留，截留物质的粒径在某些范围内相互重叠。

表 8-1 几种膜过滤过程特性比较

膜分离过程	驱动力(压力差)/MPa	传递机理	透过膜的物质	被膜截留的物质	膜的类型
微 滤(MF)	0.01~0.2	颗粒大小形状	水、溶剂和溶解物	悬浮物、细菌类、微粒子(0.01~10μm)	多孔膜
超 滤(UF)	0.1~0.5	分子特性、大小形状	溶剂、离子和小分子(相对分子质量<1000)	生物制品、胶体和大分子(相对分子质量 1000~300000)	非对称膜
反 渗 透(RO)	1.0~10	溶剂的扩散传递	水、溶剂	全部颗粒物、溶质和盐	非对称膜复合膜
纳 滤(NF)	0.5~2.5	离子大小及电荷	水、溶剂(相对分子质量<200)	溶质、二价盐、糖和染料(相对分子质量 200~1000)	复合膜

膜分离技术在医药科学中具有巨大的应用潜力,其应用随膜的不同类型有所区别。如:反渗透膜主要用于医用纯水、注射用水的制备和生物碱、维生素、抗生素、激素等低分子量物质的浓缩;超滤膜主要用于蛋白质、酶、激素、干扰素、疫苗等的分离、精制、脱盐与浓缩,还可以用于细菌、病毒的浓缩以及热原的去除;微孔滤膜主要用于除菌、澄清和过滤,孔径<0.1μm 的用于超精密过滤,孔径 0.2~0.45μm 的用于除菌过滤,孔径>0.65μm 的则用于澄清过滤。

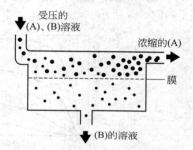

图 8-3 膜分离器工作原理示意图

膜分离过程通常如图 8-3 所示,是以压力为推动力,依靠膜的选择性将液体中的组分进行分离的方法。其实质是物质经过膜的传递速度不同而得到分离。

膜分离理论的研究,是为了科学地阐述复杂的膜过滤现象,解释溶质的分离规律,并且对膜的分离特性进行定量地预测。同时,掌握膜分离理论又有助于膜材料的选择与膜的制备。

8.2 超滤

超滤是介于微滤和纳滤之间的一种膜过程,膜孔径在 0.05μm~1nm 之间,实际应用中一般不以孔径表征超滤膜,而是以截留分子量(MWCO,又称切割分子量)来表征。MWCO 就是指 90% 能被膜截留的物质的分子量。例如,某种膜的截留分子量为 10000,就意味着相对分子质量大于 10000 的所有溶质有 90% 以上能被这种膜截留。一种膜制作好后,就要用实验手段测定其截留相对分子质量和纯水通量,以反映膜的分离能力和透水能力。超滤截留微粒范围大约是 1~20nm,相当于相对分子质量 500~300000 的各种蛋白质分子或相当粒径的胶体微粒,故超滤膜主要用于溶液中的大分子、胶体、蛋白质、微粒等和溶剂的分离。

超滤在许多需将大分子组分与低分子量物质分离的场合得到广泛应用,包括食品和乳品工业、制药工业、纺织工业、化学工业、冶金工业、造纸工业和皮革工业等。需要分离纯化的产物来源按生产方式有发酵、酶反应,细胞培养等过程;产物种类有蛋白质、核酸、抗生素、维生素、激素等生物活性物质,并伴有大量有机和无机的杂质;所含物质的分子大小相差很大,有高分子物质和简单化合物。

8.2.1 超滤过程的基本特性

超滤膜的分离原理可用筛分机理来解释,其截留率取决于溶质的尺寸和形状(相对于膜

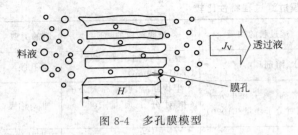

图 8-4　多孔膜模型

孔径而言）。事实上，超滤和微滤是基于相同的分离原理的类似的膜过程，二者主要的差别在于超滤膜具有不对称结构，其皮层要致密得多（孔径小，表面孔隙率低），因此流体阻力比微滤膜要大得多。超滤原理可用图 8-4 所示的多孔膜模型来描述。

超滤膜对大分子溶质较易截留的原因主要是：

① 在膜表面及微孔内的吸附（一次吸附）；
② 在孔中的停留而被去除（阻塞）；
③ 在膜表面的机械截留（筛分）。

由于理想的分离是筛分，因此要尽量避免一次吸附和阻塞的发生。典型的超滤过程如图 8-5 和图 8-6 所示。

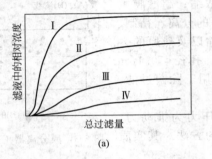
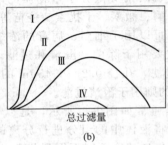

图 8-5　典型的超滤曲线
(a) 正常超滤；(b) 异常超滤

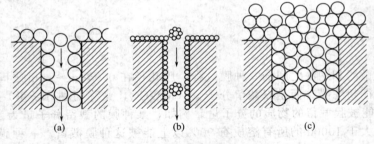

图 8-6　正常和异常超滤示意图
(a) 没有表面活性剂的正常超滤；(b) 有表面活性剂的正常超滤；(c) 异常超滤

一次吸附或阻塞程度主要取决于溶质的浓度、过滤量、膜与溶质间相互作用的程度等因素。当初始浓度高、过滤压力大、膜薄、有表面活性剂存在时，一次吸附量急增。如果孔径比粒径大得多，则得到 I 形曲线；若孔径与粒径为同一数量级，则得到 II～IV 形曲线。在初期阶段，由于溶质在膜和细孔内的一次吸附，所以滤液中溶质浓度低。当膜内外被溶质覆盖，滤液中溶质的浓度与原液中溶质浓度或相同（曲线 I），或适当降低，或缓慢地增加 [图 8-5(a)]。在产生阻塞的异常过滤时，浓度达到最大值，然后下降。在孔径比粒径大得多时，残留液的浓度不会变化，只有发生筛分现象时，残留液的浓度才上升。这种现象在有阻塞时也同样出现，并且当添加其他粒子而产生阻塞时特别明显。阻塞也可能由于溶质在膜与溶液的界面上产生沉淀而引起。

增加过滤压力，会使强烈吸附层外沿的溶质吸附层剥落，结果减少了一次吸附的范围。若添加表面活性剂，则表面活性剂在膜面被选择吸附。于是，如图 8-6(b) 所示，也减少了溶质的一次吸附。图 8-6(c) 表明，阻塞在高浓度和高过滤压力下容易发生，增加膜的厚度，或添加其他粒子阻塞会更严重。但是与一次吸附一样，添加表面活性剂会减少阻塞，使透过速度增加。这是由于超滤的细孔壁被覆盖了，因而相对增大了流动性。

8.2.2　超滤膜的性能

超滤膜多数为非对称膜，由一层极薄（通常仅 $0.1 \sim 1\mu m$）具有一定孔径的表皮层和一层较厚（通常为 $125\mu m$）具有海绵状或指状结构的多孔层组成。前者起筛分作用，后者主要起支撑作用。

超滤膜的基本性能包括孔隙率、孔结构、表面特性、机械强度和化学稳定性等。

孔隙率即滤膜中的微孔总体积与微孔滤膜体积的百分比，可由下述两种方法求得。

（1）干、湿膜重量差法　分别测定湿、干膜的重量 W_1 和 W_2，按下式计算孔隙率(ε)：

$$\varepsilon = \frac{(W_1 - W_2)/\rho_{H_2O}}{V} \times 100\% \tag{8-1}$$

式中，ρ_{H_2O} 为水的密度；V 为膜的表观体积。

（2）按膜表观密度（ρ_0）和膜材料的真密度（ρ_t）求孔隙率：

$$\varepsilon = \left(1 - \frac{\rho_0}{\rho_t}\right) \times 100\% \tag{8-2}$$

孔结构和表面特性对使用过程中的膜污染、膜渗透流率及分离性能（即对不同溶质的截留率）具有很大影响。其他物理、化学性能如膜的耐压性、耐高温性、耐清洗剂性、耐生物降解性等在某些工业应用中也非常重要。

8.2.3　膜性能参数

表征超滤膜性能的参数主要是膜的截留率、截留分子量范围和膜的纯水渗透流率。通过测定具有相似化学性质的不同分子量的一系列化合物的截留率所得的曲线称为截留分子量曲线，根据该曲线求得截留率大于 90% 的分子量即为截留分子量。显然，截留率越高、截留范围越窄的膜越好。截留范围不仅与膜的孔径有关，而且与膜材料和膜材料表面物化性质有关。到目前为止，国内还没有统一的测试切割分子量的方法和基准物质。常用的基准物质有线形聚合物（聚乙二醇和聚丙烯酸）、支链聚合物（葡聚糖）和球蛋白（γ-球蛋白、血清白蛋白、胃蛋白酶、细胞色素 C、胰岛素和杆菌酞等）。超滤膜的纯水渗透流率一般是在 $0.1 \sim 0.3 MPa$ 压力下来测定。当然，在一定截留率下渗透流率越大越好。

（1）纯水渗透流率　膜的纯水渗透流率（又称水通量）是指单位时间、单位膜面积透过的水的体积，它一般采用纯水在 $0.35 MPa$、25℃ 条件下进行试验而得到。通量决定于膜的表面状态，在实际使用过程中，溶质分子会沉积在膜表面上，从而使通量大大降低，如在处理蛋白质溶液时，实际通量为纯水时的 10% 左右。

（2）截留率 δ　超滤膜对溶质的截留能力用截留率 δ 来表示，其定义为：

$$\delta = 1 - c_P/c_B \tag{8-3}$$

式中，c_P 和 c_B 分别表示在某一瞬间透过液和截留液的浓度。

当 $\delta = 1$ 时，表示溶质全部被截留；当 $\delta = 0$ 时，$c_P = c_B$，表示溶质能自由透过膜。

膜通常用已知分子量的各种物质（蛋白质）进行试验，测定其截留率。把能截留 90% 或 95% 分子的分子量作为该膜的截留范围。显然，截留率越高、截留范围越窄的膜越好。截留范围不仅与膜的孔径有关，而且与膜材料和膜材料表面物化性质有关。

由式(8-3)计算膜的截留率时，溶质在膜两侧的浓度为瞬间浓度，若试验在间歇式超滤器中进行，则很难测定同一瞬间的透过液和截留液浓度，此时可按下式计算截留率δ：

$$c_F = c_0(CF)^\delta \tag{8-4}$$

式中，c_F 为最终保留浓度，mol/L；c_0 为起始料液浓度，mol/L；CF 为浓缩倍率。

$$CF = V_0/V_F \tag{8-5}$$

式中，V_F、V_0 分别为最终保留液和起始料体积。

由式(8-4)、式(8-5) 可得截留率计算式：

$$\delta = \frac{\ln(c_F/c_0)}{\ln(CF)} \tag{8-6}$$

设 Y 为溶质的收率，即：

$$Y = \frac{c_F V_F}{c_0 V_0} \tag{8-7}$$

由式(8-4) 得：

$$Y = (CF)^{\delta-1} \tag{8-8}$$

影响截留率的因素很多，主要如下。

① 溶质的分子大小及溶质的分子形状。一般来说，线性分子的截留率低于球形分子。

② 膜对溶质的吸附。溶质分子被吸附在孔道上，会降低孔道的有效直径，因而使截留率增大。如果料液中同时存在两种高分子溶质，一般情况下，两种高分子溶质的分子量只有相差 10 倍以上，它们才能获得较好的分离。

③ 溶液浓度降低、温度升高会使截留率降低，这主要是因为膜的吸附作用减小。

④ 错流速度增大，浓差极化作用减少，截留率降低。

⑤ pH、离子强度会影响蛋白质分子的构象和形状，它们对膜的截留率也有一定影响。

【例 8-1】 某蛋白质溶液 500ml，含溶质浓度为 0.2mol/L；经超滤膜分离后，得到浓缩相 100ml，溶质浓度为 0.5mol/L。求该蛋白质的浓缩倍数？溶质的截流率和收率？

解 蛋白质经膜分离后的浓缩倍数由式(8-5) 计算，得：

$$CF = V_0/V_F = 500/100 = 5$$

溶质的截留率为：$\delta = \dfrac{\ln(c_F/c_0)}{\ln(CF)} = \dfrac{\ln 0.5/0.2}{\ln 5} = 0.5693$

溶质的收率：$Y = (CF)^{\delta-1} = (5)^{0.5693-1} = 0.5$

8.2.4 浓差极化——凝胶层

当溶剂透过膜，而溶质留在膜上时，膜面上溶质浓度增高，这种膜面上溶质浓度高于主体中溶质浓度的现象称为浓差极化。浓差极化可造成膜的通量大大降低，对膜分离过程产生不良影响，因此，实际操作过程尽量减小膜面上溶质的浓差极化作用。为减少浓差极化，通常采用如前所述的错流过滤。

超滤过程中浓差极化是非常严重的，因为该过程通过膜的通量高，大分子的扩散系数又很低，且一般截留率很高。这表明，膜表面的溶质浓度可能达到很高值，对一些大分子溶质则可能到一种最大浓度，即凝胶浓度 c_g。凝胶浓度取决于溶质的大小、形状、化学结构及溶剂比程度，但与主体浓度无关。浓差极化和凝胶形成这两种现象如图 8-7 所示。

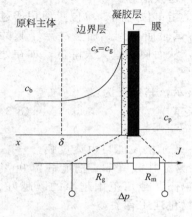

图 8-7 浓差极化和凝胶形成

根据流体力学，在膜面附近始终存在着一层边界，当发生浓差极化后，膜面上浓度 c_s 大于主体浓度 c_b，溶质向主体反扩散。

　　取膜面上一单元层 dx，对此单元薄层作物料衡算，当达到稳态时，溶质因对流进入单元薄层的速度等于透过膜的速度和扩散之和：

$$Jc = Jc_p - D\frac{dc}{dx} \tag{8-9}$$

积分可得

$$J = \frac{D}{\delta}\ln\frac{c_s - c_p}{c_b - c_p} \tag{8-10}$$

式中，D 为溶质的扩散系数；m^2/s；δ 为边界层厚度；m；c_s 为膜面浓度，mol/L；c_b 为主体浓度，mol/L；c_p 为透过液浓度，mol/L。

　　设 $K_m = \dfrac{D}{\delta}$ 为传质系数，由式(8-10) 可得

$$J = K_m\ln\frac{c_s - c_p}{c_b - c_p} \tag{8-11}$$

　　如溶质完全被截留，则 $c_p = 0$，由式(8-11) 可知：

$$J = K_m\ln\frac{c_s}{c_b} \tag{8-12}$$

　　由式(8-12) 可知，当膜面浓度增大时，通量也随之增大，但是，当膜面浓度增大到某一值时，溶质成最紧密排列或析出形成凝胶层，此时膜面浓度达到极大值 c_g，如图 8-8 所示。此时，式(8-12) 变为：

$$J = K_m\ln\frac{c_g}{c_b} \tag{8-13}$$

　　形成凝胶层后，通量 J 随 $\ln c_b$ 增大而线性地减小，然而在形成凝胶层之前，当 c_b 增大时膜面浓度 c_s 也增大，通量 J 降低程度较小，如图 8-8 所示。

　　浓差极化——凝胶层模型在超滤中被广泛使用，它能很好地解释主体浓度、流体力学条件对通量的影响以及通量随压力增大而出现极限等值现象。但也有一些缺点，如由式(8-12) 可知，极限通量只取决于料液性质和流体力学条件，而与膜的种类无关。事实上，不同的膜，其通量可以相差很多倍。又如凝胶层浓度对一定溶质来说也不为常数，它与膜的种类、主体浓度和料液速度等有关。对聚乙二醇等亲水性物质，求得的凝胶层凝胶浓度非常低，仅仅只有 5.3%，而对某些物质超过 100%。

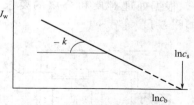

图 8-8　极限通量与原料主体
浓度之间的对数值关系

　　在反渗透中，也存在着浓差极化现象，只是不形成凝胶层，但是，膜面上浓度增加后渗透压也增加，因而使通量降低。

8.2.5　影响超滤速度的因素

　　除了膜的性能以外，影响超滤速度的因素还有很多。

　　(1) 压力的影响　当压力较低时，通量 J 较小，膜面上尚未形成浓差极化层，此时，J 与膜两侧的压力差 Δp 成正比。当压力逐渐增大时，膜面上开始形成浓差极化层，J 随 Δp 增大的速度开始减慢。当压力继续增大时，浓差极化层浓度达到凝胶层浓度，J 不随 Δp 而改变，因为当压力继续增大时，虽暂时可使通量增加，但凝胶层厚度也随之增大，即阻力增大，而使通量回落，如图 8-9 所示。图中还表示出当流速增大、温度升高和料液浓度降低

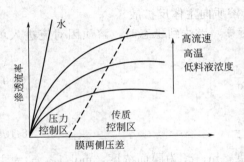

图 8-9　操作压力与渗透流率的关系

时，极限通量增大。

（2）进料浓度的影响　进料浓度对通量也有影响，当形成凝胶层后，由式（8-13）可知，J 应该和 $\ln c_b$ 成线性关系，且当 $J=0$ 时，$c_b=c_g$，即对某一特定溶质的溶液来说，不同温度和膜面流速下的数据应汇集于浓度轴上一点，该点即为凝胶层浓度。

（3）温度的影响　一般来说，温度升高导致通量增大，这是因为温度升高使溶液黏度降低和扩散系数增大。操作温度的选择原则是，在不影响料液和膜的稳定性范围内，尽量选择较高的温度。

（4）流速的影响　在超滤中，为减少浓差极化，通常采用错流操作。增大料液流速会减小浓差极化层厚度，从而使通量增大，或者说，流速增大可使传质系数增大，因而通量增大。

影响反渗透过程的各种因素，与超滤过程类似，也可以用浓差极化层来说明。例如增大流速，也会使通量增大，同时也使盐的截留率增大。

8.2.6　超滤系统设计与应用

超滤技术的特点是：

① 操作过程不需要热处理，故对热敏物质是安全的；

② 没有相变化，能耗低；

③ 浓缩和纯化可以同时完成；

④ 分离过程不需加入化学试剂；

⑤ 设备和工艺较其他分离纯化方法简单，且生产效率高。

根据处理对象和分离的要求，超滤系统可以采用间歇操作（如图 8-10）或连续操作（如图 8-11）。

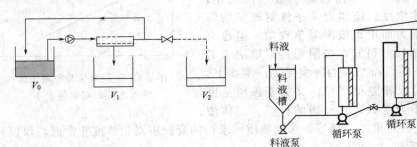

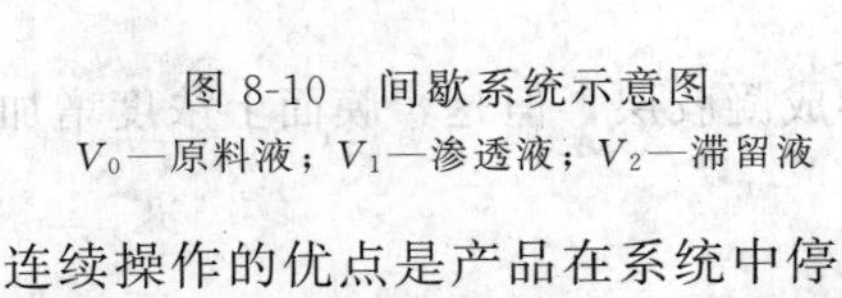

图 8-10　间歇系统示意图
V_0—原料液；V_1—渗透液；V_2—滞留液

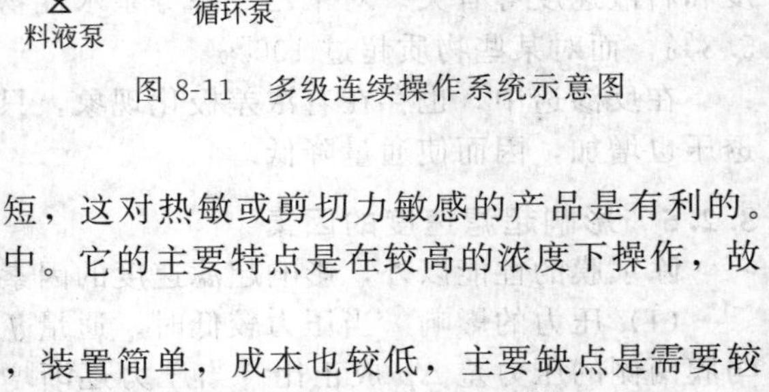

图 8-11　多级连续操作系统示意图

连续操作的优点是产品在系统中停留时间短，这对热敏或剪切力敏感的产品是有利的。连续操作主要用于大规模生产，如乳制品工业中。它的主要特点是在较高的浓度下操作，故通量较低。

间歇操作平均通量较高，所需膜面积较小，装置简单，成本也较低，主要缺点是需要较大的储槽。在药物和生物制品的生产中，由于生产规模和性质，故多采用间歇操作。

操作过程可采取终端操作和十字流操作，如图8-12所示。最简单的设计是终端操作，此时所有原料均被强制通过膜，这表明原料中被截留组分的浓度随时间不断增加，因而渗透物量随时间减少。在微滤中经常使用这种操作方式。

在工业应用中更多地是选用十字流操作,因为此种方式发生污染的趋势比终端过滤低。在十字流操作中,原料以一定组成进入膜器并平行流过膜表面,沿膜器内不同位置,原料组成逐渐变化。原料流被分成两股:渗透物流和截留物流。

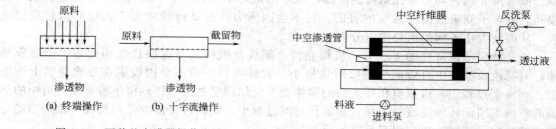

图 8-12　两种基本膜器操作方式　　　　　图 8-13　终端/十字流联合流程

终端过滤的优点是回收率高,但膜污染严重;十字流过滤尽管能减少污染,但回收率较低。综合这两种操作方式的优点,开发出终端/十字流联合流程,又称半终端操作系统,如图 8-13 所示。料液平行流过中空纤维膜内腔,溶剂等小分子物质垂直透过膜后被收集在中心渗透管内,被截留的物质沉积在膜面。随着被截留物质在膜面的不断积累,膜通量降低。经过一段时间后,反洗泵通过中心渗透管对膜进行反洗。反洗结束后,关闭反洗阀,料液又经过进料泵进入膜组件,如此循环反复。采用这种操作方式可以在较高的回收率下维持较高的膜通量。

超滤主要应用于将溶液中的颗粒物、胶体和大分子与溶剂等小分子物质分离,其应用领域非常广泛,参见表 8-2。

表 8-2　超滤的主要应用领域

应用领域	具体应用实例	应用领域	具体应用实例
食品发酵工业	乳品工业中乳清蛋白的回收,脱脂牛奶的浓缩 酒的澄清、除菌和催熟 酱油、醋的除菌、澄清与脱色 发酵液的提纯精制 果汁的澄清 明胶的浓缩 糖汁和糖液的回收	水处理	医药工业用无菌、无热原水及大输液的生产 饮料及化妆品用无菌水的生产 电子工业用纯水、高纯水及反渗透组件进水的预处理 中水回用 饮用水的生产
医药工业	抗生素、干扰素的提纯精制 针剂、针剂用水除热原 血浆、生物高分子处理 腹水浓缩 蛋白质、酶的分离、浓缩和纯化 中草药的精制与提纯	废水处理与回用	与生物反应器结合处理各种废水 淀粉废水的处理与回用 含糖废水的处理与回用 电镀废水的处理 含原油污水的处理 乳化油废水的处理与回用 含油、脱脂废水的处理与回用 纺织工业 PVA、染料及染色废水处理与回用 照相工业废水的处理 印钞擦版废水废液的处理与回用 电泳漆废水的处理与回用 造纸废水的处理 放射性废水的处理
金属加工工业	延长电浸渍涂漆溶液的停留时间 油/水乳浊液的分离 脱脂溶液的处理		
汽车工业	电泳漆回收		

除此,超滤不仅可以单独使用,也可与微滤、超滤或反渗透等膜过程结合,还可以与其他操作单元组合使用。如与生物反应器、活性炭吸附或离子交换等过程联用。

8.3 微滤、纳滤和反渗透简介

微孔过滤（简称微滤）是以静压差为推动力，利用膜的"筛分"作用进行分离的膜过程。微滤的介质为均质多孔结构的滤膜，在静压差的作用下，小于膜孔的粒子通过滤膜，比膜孔大的粒子则被截留在滤膜的表面，且不会因压力差升高而导致大于孔径的微粒穿过滤膜，从而使大小不同的组分得以分离。

微孔滤膜截留微粒的方式有：机械截留、架桥及吸附。与深层过滤相比，由于滤膜极薄，对滤液及滤液中有效成分的吸附量极小，贵重物料一般不会因吸附在过滤介质上而损失。在除菌过程中，被截留在膜表面的菌体也不会像深层过滤那样，由于滞留在孔道中的细菌的双向繁殖而污染滤液。但是，在微孔过滤过程中，滤膜极易被少量与孔径大小相当的微粒或胶体粒子堵塞，也应引起足够的重视。

反渗透是与自然渗透过程相反的膜分离过程。渗透和反渗透是通过半透膜来完成的。在浓溶液一侧施加比自然渗透压更高的压力，迫使浓溶液中的溶剂反向透过膜，流向稀溶液一侧，从而达到分离提纯的目的。渗透压的大小与溶液性质有关而与膜无关。物质迁移过程常用氢键理论、优先吸附-毛细管流动理论、溶解扩散理论来解释。

纳滤又称低压反渗透，是膜分离技术的一个新兴领域，其分离性能介于反渗透与超滤之间，允许一些无机盐和某些溶剂透过膜，从而达到分离目的。纳滤膜所特有的功能是反渗透膜和超滤膜无法取代的，它兼有反渗透和超滤的工作原理。

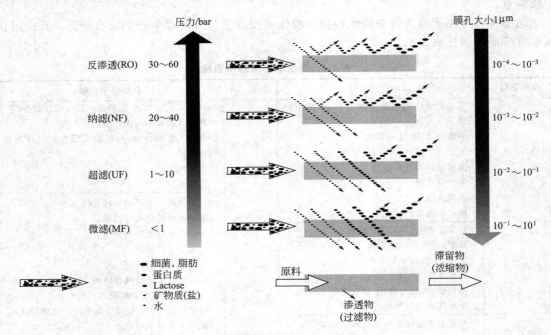

图 8-14　微滤、超滤、纳滤和反渗透的比较

1bar=10^5Pa

图 8-14 在操作压力和膜孔大小两方面比较了微滤、超滤、纳滤和反渗透的不同，并以牛奶为原料说明了各种膜分离的区别。纳滤和反渗透用于将低分子量物质如无机盐或葡萄糖、蔗糖等小分子有机物从溶剂中分离出来。超滤与纳滤和反渗透的差别在于分离溶质的大小，反渗透需要使用对流体阻力大的更致密的膜，从而截留这些小分子，而这些小分子溶质

可自由地通过超滤膜。事实上，纳滤和反渗透膜可视为介于多孔膜（微滤/超滤）与致密无孔膜（全蒸发/气体分离）之间的过程。因为膜阻力较大，所以为使同样量的溶剂通过膜，就需使用较高的压力，而且需克服渗透压（海水的渗透压力大约是 25bar❶）。

原则上反渗透可用于很多领域，可分成溶剂纯化（即以渗透物为产物）和溶质浓缩（即以原料为产物）两大类。大部分应用是水的纯化，主要是半咸水脱盐，特别是由海水生产饮用水（海水淡化）。半咸水中盐的量为 $1000 \sim 5000 \text{mg/kg}$，而海水中盐的浓度为 35000mg/kg。另一个重要应用为制备半导体工业用超纯水。反渗透也用于浓缩过程，特别是食品工业（果汁、糖、咖啡的浓缩）、电镀工业（废液浓缩）和奶品工业（生产干酪前牛奶的浓缩）。

纳滤膜与反渗透膜几乎相同，只是其网络结构较疏松。这意味着纳滤对 Na^+ 和 Cl^- 等单价离子的截留率很低，但对 Ca^{2+} 和 CO_3^{2-} 等二价离子的截留率仍很高。此外，对除草剂、杀虫剂、农药等微污染物或微溶质及染料、单糖、双糖等低分子量组分的截留率也很高。说明纳滤膜和反渗透膜的应用领域是不同的，当需要对浓度较高的 NaCl 进行高强度截留时，最好选择反渗透过滤。当需要对低浓度、二价离子和相对分子质量在 500 到几千的微溶质进行截留时，最好选择纳滤过程。由于纳滤过程中水的渗透性要大得多，所以对一定应用场合其资金耗费较低；表 8-3 对纳滤和反渗透中一些溶质的截留性能进行了比较。

表 8-3　纳滤与反渗透的截留性能比较

溶　　质	反　渗　透	纳　　滤
单价离子(Na^+,K^+,Cl^-,NO^-)等	$>98\%$	$<50\%$
二价离子(Ca^{2+},Mg^{2+},SO_4^{2-},CO_3^{2-})等	$>99\%$	$<90\%$
细菌、病毒	$>99\%$	$<99\%$
相对分子质量>100 的微溶质	$>90\%$	$<50\%$
相对分子质量<100 的微溶质	$0 \sim 99\%$	$0 \sim 50\%$

8.4　膜的污染与清洗

膜污染即是指膜在使用过程中，尽管操作条件保持不变，但其通量仍逐渐降低。膜污染的主要原因是颗粒堵塞和膜表面物理吸附。如料液中的微粒、胶体粒子或溶质分子由于与膜之间存在物理化学作用而在膜表面及膜孔中沉积，使膜孔堵塞或变小，膜阻增大，膜的渗透速率下降。料液中的组分在膜表面沉积形成的污染层即凝胶层将增加膜过程的阻力，该阻力可能远大于膜本身的阻力。

膜污染产生的渗透流率下降常与料液性质的变化或者浓度极化引起的渗透流率下降相混淆。在超滤过程中随着料液中固含量增加，其黏度和密度增加，扩散系数下降，因而渗透流率下降。浓度极化的结果，在膜面上形成溶质浓度的局部增加，由于边界层流体阻力增加，或者由于局部渗透压的升高，减少了传质推动力，使膜渗透流率下降。但是浓度极化产生的作用是"可逆"的，即降低膜两侧压差或降低料液浓度，这种作用的影响在一定程度上可减少。而对膜污染而言，往往具有不可逆性。当膜污染严重时将使超滤过程无法正常进行，故必须对污染膜进行清洗，以确保超滤过程的正常运行。膜的主要污染因素及其影响分述如下。

8.4.1　膜面与料液间分子作用

膜污染现象非常复杂，很难从理论上分析。甚至对一种给定溶液，其污染也是取决于浓

---

❶　$1 \text{bar} = 10^5 \text{Pa}$，全书余同。

度、温度、pH 值、离子强度和具体的相互作用力（氢键、偶极-偶极作用力）等物理和化学参数。

膜的特性，如表面电荷、憎水性、粗糙度等对膜的有机吸附污染及阻塞有重大影响。例如，由极性的、亲水性的聚酰胺聚合材料制成的纳滤膜，其造成膜污染的有机物主要为如脂肪酸的两性有机物。它们都是阴离子表面活性剂，在聚酰胺膜面上的吸附可能由氢键作用、色散力吸附和憎水作用进行。这些表面活性剂吸附层的形成，使水分子要透过膜就必须消耗更高的能量，最终导致产水量的下降。

而非极性的、憎水性的有机物（如高碳烷烃）对膜的污染，是由于憎水性有机物与水间的相互作用使这些扩散慢的有机物富集在膜面上，即表现为憎水性的高分子低扩散性有机物会浓缩在膜面上；而高分子有机物的浓差极化也有利于它们吸附在膜面上；此外，水中离子（主要是 Ca^{2+}）与有机物官能团相互作用，会改变这些有机物分子的憎水性和扩散性。

8.4.2　蛋白质类大溶质吸附

蛋白质是一种两性化合物，有很强的表面活性，极容易吸附在聚合物表面上。蛋白质吸附在膜表面上常是形成污染的原因。据报道，当主体溶液中蛋白质浓度为 1mg/ml 左右，在大气压下的吸附或操作过程中的加压吸附，可使膜的渗透流率下降 40% 左右；当主体溶液的蛋白质浓度为 0.001～0.01mg/ml 时，膜面即可形成足够的吸附，使渗透流率下降 37%。

调节料液的 pH 远离等电点可使吸附作用减弱。但是，如果吸附是由于静电引力，则应将料液的 pH 调节至等电点以达到减少蛋白质污染的目的。

在膜制备时，改变膜的表面极性和电荷，常可减轻污染。也可将膜先用吸附力较强的溶质吸附，则膜就不会再吸附蛋白质。如聚砜膜可用大豆卵磷脂的酒精溶液预先处理，醋酸纤维膜用阳离子表面活性剂处理，可防止污染。

8.4.3　颗粒类大溶质沉积

0.3～5μm 的悬浮颗粒和胶体最易引起膜污染。由于胶体本身的荷电性，在进料液的浓缩过程中，胶体的稳定性受到破坏而凝聚沉积在膜面上，这种沉积改变了组件内流体的流动状态，进而使沉积更加严重。由于胶体粒子很小，用通常的过滤方法无法去除，若使胶体粒子相互凝聚成较大尺寸的粒子，就可以用通常的过滤方法有效地去除。通常胶体粒子带正或负的电荷，因同种电荷具有排斥力，所以胶体粒子在溶液中能稳定存在。若加入一些与胶体粒子电荷相反的荷电粒子作为絮凝剂，胶体粒子的电荷被相反的电荷所中和而成为电中性，则胶体粒子就被凝集成大的胶团而易于去除。常用的絮凝剂有含 Al^{3+}、Fe^{3+} 等高价金属离子的无机电解质，或用量少、效果好的高分子电解质。这些电解质可以在配水管途中连续加入，用通常的过滤方法或混凝沉降分离槽除去凝聚的胶团。一般先进行沉降分离，除去大部分胶粒，然后再用过滤的方法去除。

8.4.4　无机化合物污染

膜分离时，随着膜对溶质的浓缩，可溶性无机化合物在溶液中的浓度会相应升高，当这些无机物的浓度超出其溶解范围时，则这些可溶性无机化合物就很容易从进料液中沉析下来而被截留在膜面上。如碳酸钙、硫酸钙、金属氧化物和金属氢氧化物等就很容易形成沉淀。由此可见，盐类对膜也有很大影响，一般 pH 值高，盐类易沉淀；pH 值低，盐类沉积较小。加入络合剂 EDTA 等可防止钙离子沉淀。

8.4.5　蛋白质与生物污染

由于边界层效应和生物粘垢的形成，进料液在膜面上为非均匀混合，使得进料液中的有机物、无机物更容易浓缩在膜上，膜表面的这种特殊物理化学与营养环境将影响那些最终在膜表面的微生物的生长。

　　微生物的存在会对膜产生侵蚀作用。加氯是去除进料液中细菌、藻类等微生物的廉价而有效的办法。如采用 NaClO 时，浓度控制在 $1\sim5mg/L$，并尽可能在前面的工序中加入。除此以外，还可以在进料液中加入 H_2O_2、O_3 和 $KMnO_4$ 等。

　　有些膜材料如聚酰胺复合膜极易被氧化腐蚀，因此不能采用上述氧化性杀菌剂，而只能采用非氧化性杀菌剂。如异噻唑啉酮，加药浓度为 $0.5mg/L$ 即能杀死水中的细菌、真菌、藻类，以及黏液膜下的微生物；其特点是高效、广谱、低毒和对环境安全等，是较为理想的抑菌剂。尤其是异噻唑啉酮还能穿透黏附在设备、管道、水箱表面的生物黏液膜，抑制和杀灭黏膜下的微生物。

8.4.6　物理清洗与化学清洗

　　超滤过程运转一段时间后，必须对膜进行清洗，除去膜表面的聚集物，以恢复其透过性，这也是膜的再生过程。膜的清洗可分为物理法和化学法或两者结合起来。

　　物理清洗是借助于液体流动所产生的机械力将膜面上的污染物冲刷掉。一般是每运行一个短的周期（如运转 2h）后，关闭超滤液出口，这时空中纤维膜内、外压力相等，压差的消失使得依附于膜面上的凝胶层变得松散，这时由于流液的冲刷作用，使胶层脱落，达到清洗的目的。这种方法一般称为等压清洗。但超滤运转周期不能太长，尤其是截留物成分复杂、含量较高时，运行时间长了会造成膜表面胶层由于压实而"老化"，这时就不易洗脱了。另外，如加大器内的液体流速，改变流动状态对膜面的浓差极化有很大影响，当液体呈湍流时，不易形成凝胶层，也就难以形成严重的污染。同时，改变液体的流动方向，反冲洗等也有积极的意义。

　　物理清洗往往不能把膜面彻底洗净，这时可根据体系的情况适当加一些化学药剂进行化学清洗。如对自来水净化时，每隔一定时间用稀草酸溶液清洗，以除掉表面积累的无机和有机杂质。又如当膜表面被油脂污染以后，其亲水性能下降，透水性恶化，这时可用一定量的表面活性剂的热水溶液做等压清洗。常用的化学清洗剂有：酸、碱、酶（蛋白酶）、螯合剂、表面活性剂、过氧化氢、次氯酸盐、磷酸盐、聚磷酸盐等。膜清洗后，如暂时不用，应储存在清水中，并加少量甲醛以防止细菌生长。

8.4.7　膜的清洗与杀菌

　　膜分离作为一种高新分离技术，具有其独特的优越性，但是在实际应用中，无论是用于实验还是工业化分离过程，膜产生污染而导致过滤性能下降是不可避免的。膜的污染会使通量下降，膜的寿命受影响，因此膜的定期清洗与杀菌是很重要的。但是，由于膜是多孔物质，膜表面极容易受清洗药品的腐蚀和受温度的影响而被破坏，加之膜价格贵，故清洗膜必须特别小心。吸附在膜上的污染物质光使用杀菌剂效果不好，必须采用清洗与杀菌结合的方法才能提高洗涤效果。膜被菌体污染，往往会破坏膜的材质。膜材料多种多样，包括高分子膜和无机膜，所以在设计清洗条件时，必须考虑是否水解或氧化、劣化而使膜材料产生腐蚀。

　　至于哪种杀菌剂适用于膜的杀菌，与膜材料的 pH 适用范围和膜的耐药性有关。如果是不受氧化剂影响的超滤膜，则膜的两侧都可以采用次氯酸钠、双氧水或过醋酸。但是因为膜材料具有多孔性且结构复杂，容易将这些杀菌剂分解，所以使用浓度比一般工业产品洗涤时要高。复合膜中的一部分可用季铵盐，但是几乎所有的合成高分子物质都不能用阳离子表面活性剂或两性表面活性剂清洗。

　　最常用的是次氯酸钠，其杀菌效果见表 8-4。它对大多数超滤膜都很有效，但对反渗透膜来说由于电离态的次氯酸盐透不过膜，因此杀不死透过膜的假单胞菌和形成黏尘状的其他菌。

表 8-4　次氯酸钠的杀菌效果 （20℃时悬浮试验的杀菌时间）/min

活化氯浓度/×10⁻⁶			600	1500	3000	600[①]	1500[①]	3000[①]	600[②]	1500[②]	3000[②]
试验菌	*St. aureus*(金黄色葡萄菌)	初始菌数 /(个/ml)	1.7×10^6	1	1	1	1	1	1	2.5	2.5	1
	Str. faecalis		1×10^5	2.5	1	1	2.5	1	1	2.5	1	1
	Ps. aeruginosa(假铜绿色霉菌)ATCC10442		3.8×10^6	1	1	1	1	1	1	1	1	1
	Enterob. aerogenes(肠癣菌)		1×10^5	1	1	1	1	1	1	1	1	1
	Sacch. cerevisiae(酒曲霉菌)		5×10^5	1	1	1	1	11	1	1	1	1
	Sacch. bailii(拜尔酵母菌)		4×10^5	1	1	1	1	1	1	1	1	1
	Sacch. carlsber gensis(卡尔酵母菌)		3×10^5	1	1	1	1	1	1	1	1	1
	Asp. niger(黑曲霉)		1×10^5	10	10	5	10	10	10	10	10	5
	P. expansum(扩展柄锈菌)		6×10^5	20	20	20	40	40	20	40	20	20

① 负荷 0.5%脱脂乳。

② 0.5%麦芽汁。

在中性或酸性范围内，如果是非电离的次氯酸，则可以透过膜。在这种情况下氧化力强，杀菌效果好，但会损伤膜材料，即便是不锈钢都会腐蚀，同时还会产生带毒性的氯气，因此应该避免使用。过醋酸和双氧水以非电离化的形式就可透过膜，所以很有效。

对于容易发生氧化、劣化的膜，例如聚酰胺，过醋酸类氧化剂就不适用。福尔马林的杀菌范围很宽，常用于新膜保存杀菌，而对于用过的膜由于有蛋白质存在，会使膜树脂化而有堵塞膜孔的可能。

8.5　膜分离的应用与进展

膜分离作为一种新兴的高效的分离、浓缩、提纯及净化技术，获得了极为迅速的发展，已得到广泛应用，形成了独特的新兴高科技产业。各种膜过程具有不同的分离机理，适于不同对象和要求。但有其共同点，如过程较简单，经济性较好，通常没有相变，分离系数较大，节能，高效，无二次污染，可在常温下连续操作，可直接放大，可专一配膜等。

微滤是所有膜过程中应用最普遍、总销售额最大的一项技术。制药行业的过滤除菌是其最大的市场，电子工业用高纯水制备次之。目前，微滤正被引入更广泛的领域：在食品工业领域许多应用已实现了工业化；饮用水生产和城市污水处理是微滤应用潜在的两大市场；用于工业废水处理方面的研究正在大量开展；随着生物技术工业的发展，微滤在这一领域的市场也将越来越大。

超滤和微滤相比，应用规模较大，它多采用十字流操作。超滤已广泛应用于食品、医药、工业废水处理、超纯水制备及生物技术工业。其中最重要的是食品工业，乳清处理是其最大的市场；在工业废水处理方面应用得最普遍的是电泳涂漆过程；在超纯水制备中超滤是重要过程；城市污水处理及其他工业废水处理以及生物技术领域都是超滤未来的发展方向。

随着性能优良的反渗透膜及其膜组件的工业化，反渗透技术的应用范围已从最初的脱盐扩大到化工生产、食品加工和医药环保等部门，其中脱盐及超纯水制造的研究和应用最成熟，规模也最大，其他应用大多处于正在开发中。

纳滤膜由于截留分子量介于超滤与反渗透之间，同时还存在道南效应，因此对低分子量有机物和盐的分离有很好的效果，并具有不影响分离物质生物活性、节能、无公害等特点，在食品工业、发酵工业、制药工业、乳品工业等行业得到越来越广泛的运用。但纳滤膜的应用同时也存在一些问题，如膜污染等，并且食品与医药行业对卫生要求极严，膜需要经常地进行杀菌、清洗等处理，使得该技术的广泛使用受到一定的影响，许多问题尚待研究。由于纳滤膜分离技术有着其众多的优越性，是一个新兴的值得瞩目的领域，必将会有广阔的发展前景。

8.5.1　应用举例

在制药工业中可应用超滤膜分离工艺除去（或降低）注射用药物（药液）中热原含量；应用超滤、纳滤等膜分离技术分离、浓缩、提纯医药制品等方面正得到日益广泛的应用。例如日本、美国药典允许大输液除热原采用反渗透和超滤单元。在连续的酶催化反应制备 6-APA 过程中，采用反渗透膜分离法浓缩青霉素裂解液，随着浓缩倍数的增加，膜通量降低但对 6-APA 截留率基本能维持在 98.5% 以上。在用微滤膜去除青霉素 G 发酵液中的菌丝体中，青霉素 G 的回收率可达 98%。近年来，我国膜技术在抗生素生产中的应用已有一些研究，如选用不同性能的聚酰胺纳滤膜，对药厂提供的螺旋霉素进行了分离和浓缩，在进料流量 55L/h、操作压力 1.5MPa 条件下，所选用的膜对螺旋霉素几乎全部截留，膜的渗透通量可高达 30L/(m² · h)。应用超滤和纳滤的组合分离技术，纯化浓缩林可霉素发酵液，大大节省了溶剂和能源，缩短并优化了传统工艺路线，提高了收率及产品质量。

超滤可用于发酵液的过滤和细胞收集。Merck 公司利用截留分子量为 24000 的 Dorr-oliver 超滤器来过滤头霉素（Cephamycin）发酵液，收率达到 98%，比原先采用的带助滤剂层的真空鼓式过滤器高出 2%，材料费用下降到原来的三分之一，而投资费用减少 20%。

通常超滤膜的截留分子量为 10000～30000，大多数相对分子质量小于 1000 的抗生素能透过超滤膜，而蛋白质、多肽、多糖等杂质被截留，可使抗生素与大部分子杂质达到一定程度的分离，这对后继的提取操作是很有利的。Millipore 公司截留分子量 10000 的膜，以卷式超滤器进行头孢菌素 C 发酵液的实验表明，不仅透过液中蛋白质等大分子含量较低，而且可除去红棕色色素。原因是虽然发酵液中的色素通常为低分子量物质，但因与蛋白质结合在一起，因而能被截留。

经过超滤特别是透析过滤后，常使产物浓度变稀，为便于后道工序的处理，常需浓缩。不仅如此，在目前生产中，很多抗生素经初步提纯后，也常需浓缩。传统上采用蒸发浓缩，这对热敏的抗生素很不利，而且能耗较大。一种有希望取代蒸发的方法是反渗透。如 Merck 公司进行了抗生素的反渗透浓缩，收率可达 99%。操作时要注意膜的消毒，以免抗生素遭破坏。

超滤还可用于蛋白质类物质的浓缩和精制，多糖类物质的精制等。采用截留分子量为 6000 的膜，对硫酸软骨素酶解过滤液进行浓缩，可将体积缩小到原来的 1/3 左右，并可去掉体系因酸碱中和产生的盐分和效价低的小分子量产物，硫酸软骨素损失率约为 17%～18%，该浓缩液用乙醇沉淀，易于析出，且沉淀析出的产品颗粒较大。

热原是多糖类物质，从细菌的细胞壁产生，注入体内会使体温升高。传统的去热原方法是蒸馏、石棉板过滤或活性炭吸附。然而，当产品相对分子质量在 1000 以下时，用截留分子量为 10000 的超滤膜除去热原是很有效的。注射用水和药剂也可按此法去热原。

近年来，超滤膜法已逐渐应用到中药制剂工艺中，取得了良好的效果。例如，用聚砜超滤膜对黄连（根茎）、黄柏（皮）、金银花（花）、五味子（果）、大青叶（叶）等中药提取液的渗透行为的研究，结果表明各中药有效成分的回收率均高于 74%。上述大部分处于实验室研究阶段的膜法分离浓缩药物制剂，将对我国传统医药工业中分离技术的改进，起到一定的促进作用。

8.5.2　膜工艺进展

膜工艺发展多种多样，其目的都是为了提高膜的工作性能。如膜-电极法及膜生物反应器等日益受到重视，特别是膜生物反应器正成为各国研究的热点，并在废水处理中发挥着重要作用。

(1) 动态膜 动态膜是指采用某种固体微粒或反应中形成某种固体微粒，通过循环使其复合在膜表面上，从而改进膜的工作性能。高岭土、石灰、硅藻土均可用于形成动态膜。

处理市政污水厂二级出流的十字流式微滤中，以纺织聚酯为原膜，$KMnO_4$ 和 $HCOONa$ 反应形成 MnO_2 沉淀物能形成动态膜。MnO_2 动态膜能提高过滤通量、延长工作时间、增加对固态污染物的截留，提高工作性能。膜清洗也变得简单有效，只要在原膜表面用刷子刷即可。形成 MnO_2 动态膜时，膜表面电荷改变，颗粒物和 MnO_2 动态膜之间的静电排斥作用有效地改进了膜的工作性能。MnO_2 沉淀能形成氢键，因而具有亲水特性。而大多数适于用作膜的合成材料都是疏水性的，MnO_2 沉淀在原膜上，使控制过滤过程的膜表面由疏水性变为亲水性。由于废水中多数颗粒是亲水性的，因而废水中颗粒物附着在膜表面上的可能性就大大减小。形成的亲水性膜表面减轻了污损问题从而提高了通量。工作性能的改进主要由于原膜孔径变窄和表面性质改变所致；表面性质的改变则是由于改变了表面电荷或是由于原膜亲水性/疏水性的改变所致。

二氧化锆、聚丙烯酸等亦可用于形成动态膜。

(2) 两相流超滤工艺 在中空纤维超滤膜制饮用水中，采用连续切向空气流在膜表面产生气/液两相流，切向气流产生高剪切力和流体不稳定性，阻止颗粒物沉积在膜表面上，即使在很低气速下也明显提高了过滤通量。通量的增加取决于液流速度和膜两侧压差。极限气速下，通量可增加 155%；超过极限气速，通量不再增加。其原理是空气喷射能明显改变滤饼结构，膨松滤饼，增加孔隙度和滤饼厚度，促使通量增加。

(3) 电纳滤 将径向电场叠加于管状纳滤组件上，形成电纳滤工艺。由于选用的膜带负电荷，因而把阳极置于膜内，阴极置于膜外，可对 Na^+ 穿过多孔介质产生"泵效应"。结果表明电场能强烈改变离子透过膜的动力学特性，阳离子透过膜的能力增加，阴离子则被捕集在管件内部；阳离子截留率降低而阴离子截留率增加。电场和膜两侧压差促进离子分离（在透过液中）和离子浓缩（在浓缩液中）的效果与离子化合价有关。该工艺也用于从废水中选择性去除 Cu^{2+} 的研究。

(4) 动力膜滤系统和振动膜滤系统 英国 Pall 公司开发出 Pall 动力膜滤系统，在很接近膜表面的地方用一个旋转盘作用，产生高剪切速率。该系统溶质通透率极高，可用于乳浆蛋白的浓缩；但电机转速受料液黏度和含固率限制。

Pall 公司开发的 PallSep 振动膜滤系统则不受料液黏度和含固率影响，只要能泵动即可。壁剪切速率产生的能量直接传递给膜体，能量利用率极高，"剪切波"从膜表面短距离传播直达边界层。该系统由一根拉杆产生 60Hz 共振频率使滤膜共振，振幅可达 30mm。系统启动时电机荷载最大，达到共振频率后，电机荷载减小到维持共振；把酵母浆液浓缩到 22% 干重糊状物，$40m^2$ 膜系统，维持共振只需 2.5kW 电力。该系统构造可用于微滤、超滤及纳滤操作。该系统能过滤富含蛋白质的产品，处理含腐蚀性颗粒的料液，并已在食品工业中得到广泛应用。

此外，在对中空管状膜充氧器研究中发现，采用膜的轴向振动，传质系数至少可提高 2.65 倍，并能极大减轻膜的污损。

参 考 文 献

[1] 丁启圣，王维一等. 新型实用过滤技术. 北京：冶金工业出版社，2005.
[2] 姜安玺，赵玉鑫，李丽等. 膜分离技术的应用与进展. 黑龙江大学自然科学学报，2002，19 (3)：98.
[3] 任建新. 膜分离技术及其应用. 北京：化学工业出版社，2003.

［4］［德］Rautenbach R 著. 膜工艺—组件和装置设计基础. 王乐夫译. 北京：化学工业出版社，1999.

［5］刘忠洲，续曙光，李锁定. 微滤、超滤中的膜污染与清洗. 水处理技术，1997，23（4）.

［6］［荷兰］Marcel Mulder 著. 膜技术基本原理. 李琳译. 第 2 版，北京：清华大学出版社，1999.

［7］朱长乐，刘末娥. 膜科学技术. 杭州：浙江大学出版社，1992.

［8］邱运仁，张启修. 超滤膜过程膜污染控制技术研究进展. 现代化工，2002，22（2）：18.

［9］Srijaroonrat P，Julien E，Aurelle Y. Unstable secondary oil/water emulsion treatment using ultrafiltration：fouling control by backflushing [J]. J. Membr. Sci.，1999，1：11.

［10］Robert J. Petersen. Composite reverse osmosis and nanofiltration membranes. J. Membrane Sci.，1993，83：81.

［11］王从厚，吴鸣. 国外膜工业发展概况. 膜科学与技术，2002，22（1）：65～72.

［12］Rautenbach R，Grosch L A. Separation potential of nanofiltration membranes. Desalination. 1990，77：73.

［13］Jeantet R. Maubois J L，Boyaval P. Semicontinous production of lactic acid in a bioreactor coupled with nanofiltration membranes. Enzyme microb. Tech.，1996，19：614.

［14］Martin-Orue C，Bouhallab S，Garem A. Nanofiltration of amino and peptide solution：Mechanisms of separation. J. Membrane Sci.，1998，142：225.

［15］郭有智. 中国膜工业发展概况. 膜科学与技术，2002，30（6）：4～8.

［16］郭有智. 用微孔滤膜除去肝复舒口服液中杂质的研究和设计. 膜科学与技术，1994，14（3）：63.

第9章 吸 附

9.1 概述

吸附（adsorption）是指在一定的操作条件下，流体与固体多孔物质接触时，流体中的一种或多种组分传递到多孔物质外表面和微孔内表面并附着在这些表面上的过程。其中被吸附的流体称为吸附质，多孔固体颗粒称为吸附剂。吸附达到平衡时，流体的本体相主体称为吸余相，吸附剂内的流体称为吸附相。

在气-固、液-固、气-液、液-液等不同的相界面上均可以发生吸附作用。此时表面层受到来自内部的拉力，就产生了表面吉布斯能。但是固体表面不能像液体那样，能够通过收缩表面来降低吉布斯能，而只能利用表面的剩余力，从周围捕获其他物质粒子，以补偿不平衡的力场，来降低表面吉布斯能。在一定温度、压力下，吸附量随着吸附面积的增大而增大。因此比表面很大的物质，例如粉末状或多孔的物质，往往具有良好的吸附性能。

吸附法常用于从稀溶液中分离溶质，但是由于受到固体吸附剂的限制，处理能力有限；操作条件温和，适合于热敏性物质的分离；由于吸附对溶质的作用较小，因此在蛋白质的分离中特别重要；可直接从发酵液中分离某些产物，以便消除它们对微生物的抑制作用；可直接与其他分离过程或反应过程偶合，改善过程的动力学和热力学关系；吸附剂和吸附质之间的相互作用以及吸附平衡关系通常是非线性的，因此吸附过程的设计非常复杂。

吸附在生物和制药领域有着广泛的应用，例如酶、蛋白质、抗生素、氨基酸等的分离与精制；发酵行业中空气的净化和除菌；在生化药物的生产中，还常用各类吸附剂进行脱色、去热原、去组胺等。在中药制剂方面，吸附技术可提高中草药有效单体成分或复方中某一单体成分的含量。

9.2 吸附分离原理

固体表面分子或原子所处的状态不同于固体内部分子或原子所处的状态。固体内部分子或原子受到的作用力总和为零，分子处于平衡状态。而界面上的分子同时受到不相等的来自两相的分子的作用力，因此界面分子所受到的力是不对称的，作用力的合力方向指向固体内部，即处于表面层的固相分子始终受到指向固体内部的力的作用，能从外界吸附分子、原子或离子，并在其表面形成多分子层或单分子层。

9.2.1 吸附分离过程分类

（1）根据操作方式的不同，吸附分离过程可分为以下几种。

① 变温吸附分离。吸附剂在常温或低温下吸附吸附质，再通过提高温度使被吸附质从吸附剂解吸下来，吸附剂同时被再生，然后降到吸附温度，进入下一吸附循环操作。变温吸附一般分为三个步骤：吸附、加热再生和冷却。因为吸附床层加热和冷却过程比较慢，所以变温吸附所需的循环时间较长。

② 变压吸附分离。变压吸附就是在较高压力下进行吸附，在较低压力下进行解吸，操作过程一般包括吸附、均压、降压、抽真空、冲洗、置换等步骤。

③ 变浓度吸附分离。用溶剂置换，改变吸附组分的浓度，使吸附剂解吸。热敏性物质在较高温度下易发生聚合现象，因此不宜升温解吸，可用溶剂置换吸附分离。

④ 色谱吸附分离。包括气相、液相、离子交换、凝胶色谱等，是医药工业中常用且高效的分离技术之一。依据所采用的操作方法不同，可以分为迎头分离操作、冲洗分离操作和置换分离操作等。

⑤ 循环吸附分离技术。是一种固定吸附床，经热力学参数和移动相周期性地改变，来分离混合物的技术。影响吸附质在两相间分配系数的热力学参数有温度、压力、浓度、pH以及电场、磁场强度等。这种分离技术包括参数泵和循环区吸附等。

(2) 按照作用力的本质即按照吸附剂和吸附质的吸附作用的不同，吸附过程可分为三类，即物理吸附、化学吸附和交换吸附。

① 物理吸附。吸附剂和吸附质通过分子间范德华力产生的吸附作用称为物理吸附。物理吸附无选择特异性，但随着物系的不同，吸附量有较大差异。物理吸附不需要较高的活化能，在低温条件下也可以进行。物理吸附过程通常是可逆的，在吸附的同时，被吸附的分子由于热运动离开固体表面而被解吸。物理吸附的特点为：吸附区域为自由界面；吸附层为多层；吸附是可逆性的；吸附的选择性较差。物理吸附的一般规律为：易液化的气体易被吸附；过程焓变较小，称为吸附热。例如，298.15K，$H_2O(g)$ 在氧化铝上的吸附焓 $\Delta H_m = -45kJ/mol$，接近水蒸气的冷凝焓（$\Delta H_m = -44kJ/mol$）。多数气体的物理吸附焓 $-\Delta H_m < 25kJ/mol$，不足以使化学键断裂；物理吸附既可以发生单分子层吸附，也可以形成多分子层吸附；吸附作用力较弱，解吸过程较容易进行；物理吸附速率较快，易达到平衡。

② 化学吸附。固体表面原子的价态未完全被饱和，还有剩余的成键能力，导致吸附剂与吸附质之间发生化学反应而产生吸附作用，称为化学吸附。化学吸附的选择性较强，即一种吸附剂只对某一种或特定的几种物质有吸附作用。化学吸附与物理吸附不同，需要一定的活化能。由于化学吸附生成化学键，因而只能是单分子层吸附。化学吸附的特点为：吸附区域为未饱和的原子；吸附层数为单层；吸附过程是不可逆的；吸附的选择性很好。化学吸附的作用力是化学键力，有选择性，只能发生单分子层吸附。化学吸附类似于表面化学反应，吸附焓较大，典型值为 200kJ/mol。化学吸附为放热过程，化学吸附不易解吸。物理吸附与化学吸附的主要差别在于吸附作用力不同。两类吸附又难以截然分开，在一定条件下，二者可以同时发生。在不同的温度下，主导吸附会发生变化。一般规律是：低温易发生物理吸附，高温易发生化学吸附。物理吸附与化学吸附的比较见表 9-1。

表 9-1　物理吸附与化学吸附的比较

理化指标	物理吸附	化学吸附	理化指标	物理吸附	化学吸附
吸附作用力	范德华力	化学键力（多为共价键）	吸附速率	快,易达平衡	慢,不易达平衡
吸附热	近似等于气体凝结热,较小,$\Delta H < 0$	近似等于化学反应热,较大,$\Delta H < 0$	可逆性	可逆	不可逆
选择性	低	高	发生吸附温度	低于吸附质临界温度	远高于吸附质沸点
吸附层	单或多分子层	单分子层			

③ 交换吸附。吸附剂表面如果由极性分子或者离子组成，则会吸引溶液中带相反电荷的离子，形成双电层，同时在吸附剂与溶液间发生离子交换，这种吸附称为交换吸附。交换吸附的能力由离子的电荷决定，离子所带电荷越多，它在吸附剂表面的相反电荷点上的吸附力就越强。静电力的吸附特征包括：吸附区域为极性分子或离子；吸附为单层或多层；吸附过程可逆；吸附的选择性较好。

综上所述，物理吸附在分离过程中的应用最广，化学吸附的应用较少，而交换吸附在生物工程的下游技术中得到越来越广泛的应用。

9.2.2　常用吸附剂

吸附剂是组分吸附分离过程得以实现的支撑。常用的吸附剂主要包括有机吸附剂，例如活性炭、吸附树脂、纤维素、聚酰胺等；以及无机吸附剂，例如硅胶、氧化铝、沸石等。活性炭、大孔树脂等在制药工业中的应用较多。

（1）活性炭　活性炭是最普遍使用的吸附剂，它是一种多孔、含碳物质的颗粒粉末，常用于脱色和除臭等过程。生产活性炭的原料是一些含碳物质，例如木材、泥炭、煤、焦炭、骨、椰子壳、坚果核等，其中无烟煤、烟煤和果壳是主要原料。活性炭具有吸附能力强、分离效果好、来源广泛、价格便宜等优点。但是活性炭的标准较难控制，而且其色黑、质轻，容易造成环境污染。组成结构：由木屑、兽骨、兽血或煤屑等原料高温（800℃）炭化而成的多孔网状结构。种类：粉末活性炭、颗粒活性炭、锦纶活性炭。吸附能力：粉末活性炭＞颗粒活性炭＞锦纶活性炭。吸附特性：为非极性吸附剂，在极性介质中，对非极性物质具有较强的吸附作用。

活性炭主要用于分离水溶性成分，例如氨基酸、糖类及某些苷。活性炭的吸附作用在水溶液中最强，在有机溶剂中则较弱。故水的洗脱能力最弱，而有机溶剂则较强。例如以醇-水进行洗脱时，洗脱力随乙醇浓度的递增而增加。活性炭对芳香族化合物的吸附力大于脂肪族化合物，对大分子化合物的吸附力大于小分子化合物。利用这些差异，可将水溶性芳香族物质与脂肪族物质分开，单糖与多糖分开，氨基酸与多肽分开。

（2）硅胶　即 $SiO_2 \cdot nH_2O$，为多孔、网状结构。硅胶吸附作用的强弱与硅醇基的含量有关。硅醇基吸附水分后能够形成氢键，因此硅胶的吸附力随着所吸附水分的增加而降低。硅胶属于极性吸附剂，因此在非极性介质中，对极性物质具有较强的吸附作用。硅胶有天然和人工合成之分。天然硅胶即多孔 SiO_2，通常称为硅藻土，人工合成的称为硅胶。目前一般都采用人工合成硅胶，因为它们是具有多孔结构的 SiO_2，杂质含量少，质量稳定，耐热耐磨性好，而且可以根据所需要的形状、粒度和表面结构来制备。硅胶也是一种酸性吸附剂，适用于中性或酸性成分的层析。同时硅胶又是一种弱酸性阳离子交换剂，其表面上的硅醇基能够释放弱酸性的质子，当遇到较强的碱性化合物，则可通过离子交换反应而吸附碱性化合物。目前制取硅胶的工艺通常以水玻璃为原料，与 H_2SO_4 等无机酸作用生成沉淀 H_2SiO_3，经老化缩水、成型、洗涤、干燥、焙烧后，即可制得各种成品。

（3）氧化铝　活性氧化铝是常用的吸附剂，广泛应用于生物碱、核苷类、氨基酸、蛋白质以及维生素、抗生素等物质的分离，尤其适用于亲脂性成分的分离。活性氧化铝价格便宜，容易再生，活性易控制；但操作繁琐，处理量有限。活性氧化铝的化学式是 $Al_2O_3 \cdot nH_2O$，是采用无机酸的铝盐与碱反应生成氢氧化铝的溶胶，然后再转变为凝胶。凝胶中的微粒是氢氧化铝的晶体，尺寸为 $60 \sim 400nm$。将凝胶灼烧使之脱水即生成活性氧化铝。将铝土矿加热脱水可以制备天然活性氧化铝。活性氧化铝表面的活性中心是羟基和路易斯酸，极性较强，其吸附特性与硅胶相似。一般的氧化铝带有碱性，对于分离一些碱性中草药成分，如生物碱类较为理想。但是这种氧化铝不宜用于分离醛、酮、酸、内酯等化合物。因为碱性氧化铝可使这些成分发生异构化、氧化、消除等反应。用稀酸处理氧化铝，可以中和其中含有的碱性杂质，并可使氧化铝颗粒表面带有 NO_3^- 或 Cl^- 等阴离子，使其具有离子交换剂的性质，并且能够用于酸性成分的层析，这种氧化铝称为酸性氧化铝。

（4）聚合物吸附剂　在合成大孔网状聚合物吸附剂的过程中没有引入离子交换功能团，只有多孔的骨架，其性质与活性炭、硅胶的性质相似。例如美国 Rohm & Haas 公司生产的

Amberlite XAD1～5(苯乙烯和二乙烯苯的共聚树脂) 和 XAD6～8(聚酯) 等均为大网格聚合物吸附剂。它是一种非离子型多聚物，机械强度高，使用寿命长，吸附选择性好，吸附质容易解吸，常应用于微生物制药行业，如抗生素和维生素等的分离浓缩。我国曾有人采用 D_6 的大孔网状聚合物吸附剂吸附分离赤霉素，用 75% 的丙酮洗脱，一次结晶收率为 40%。组成结构：有机高分子聚合物的多孔网状结构。特点：选择性好、解吸容易、机械强度好、流体阻力较小，但是价格较高。类型：包括非极性吸附剂（苯乙烯等）、中等极性吸附剂（甲基丙烯酸酯等）、极性吸附剂（含硫氧、酰氨、氮氧等基团）。吸附特性：非极性吸附剂在极性介质中，对非极性物质具有较强的吸附；高极性吸附剂，在非极性介质中，对极性物质具有较强的吸附；中等极性吸附剂，则在上述两种情况下都具有一定的吸附能力。

(5) 沸石　沸石分子筛是结晶硅酸金属盐的多水化合物，其化学通式为：

$$M_{m/2}[mAl_2O_3 \cdot nSiO_2] \cdot lH_2O$$

可交换阳离子　阳离子骨架　吸附相

沸石的吸附作用有两个特点：表面上的路易斯酸中心极性很强；沸石中的笼（A 型、X 型、Y 型沸石）或通道（丝光沸石、ZSM5）的尺寸很小，为 0.5～1.3nm，使得其中的引力场很强。因此沸石对外来分子的吸附力远远超过其他吸附剂。即使吸附质的分压（浓度）很低，吸附量仍然很大。

吸附剂的物理性能要求

作为吸附剂，一般对于如下的主要性能有一定的要求。

(1) 比表面积　物理吸附在分离过程中的应用较多，通常只发生在固体表面分子直径级的厚度区域内，单位面积固体表面的吸附量非常小，因此作为工业用的吸附剂，必须有足够大的比表面积。

比表面积是吸附剂最重要的性质之一，可以采用 B. E. T(Brunueer-Emmett-Teller) 法获得比表面积：在液氮温度下（-196℃），用吸附剂吸附氮气，在吸附剂表面形成单分子吸附层，测定氮气的吸附体积 v_m(cm³/g)，计算比表面积 a(cm²/g)：

$$a = Nsv_m/22400$$

式中，N 为阿弗加德罗常数；s 为被吸附分子的横截面积，在 -196℃ 时氮气分子的 $s = 1.62 \times 10^{-15}$ cm²。

(2) 孔径和孔径分布　孔径的大小及其分布对吸附剂的选择性影响很大。通常认为，孔径为 200～10000nm 的孔为大孔，10～200nm 的孔为过滤孔，1～10nm 的孔为微孔。孔径分布是指各种大小的孔体积在总孔体积中所占的比例。如果吸附剂的孔径分布很窄（如沸石分子筛），其选择性吸附性能就强。通常的吸附剂，如活性炭、硅胶等，都具有较宽的孔径分布。

吸附剂的孔径及分布可采用水银压入法，利用汞孔度计测定。当压力升高时，水银可进入到细孔中，压力 p 与孔径 d 的关系为：

$$d = -4\sigma\cos\theta/p$$

式中，σ 为水银的表面张力，$\sigma = 0.48$N/m²；θ 为水银与细孔壁的接触角，$\theta = 140°$。

通过测定水银体积与压力之间的关系即可求出孔径的分布情况。

(3) 颗粒尺寸和分布　吸附剂颗粒的尺寸应尽可能小，以增大外扩散传质表面，缩短粒内扩散的路程。在操作固定床时，考虑到物料通过床层的流动阻力和动力消耗，所处理的液相物料尺寸以 1～2nm 为宜，处理气相物料以 3～5nm 为宜。在用流化床进行吸附操作时，既要保持颗粒悬浮又要不使之流失，因此物料尺寸以 0.5～2nm 为宜。在采用槽式操作时，可用数十微米至数百微米的细粉，太细则不易于过滤。在任何情况下，都要求颗粒尺寸均一。这样可使所有颗粒的粒内扩散时间相同，以达到颗粒群体的最大吸附效能。

常用吸附剂的物理性质见表 9-2。

表 9-2 常用吸附剂的物理性质

吸附剂		粒径范围 /mm	孔隙率/%	干填充密度 /(kg/L)	平均孔径 直径/nm	比表面积 /(km²/kg)	吸附容量 /(kg/kg)
氧化铝		1.00~7.00 等	30~60	0.70~0.90	4~14	0.20~0.40	0.20~0.33
分子筛		各种	30~40	0.60~0.70	0.3~0.1	0.7	0.10~0.36
硅胶		各种	38~48	0.70~0.82	2~5	0.6~0.8	0.35~0.50
硅藻土		各种		0.44~0.50		约 0.002	
活性炭		各种	60~85	0.25~0.70	1~4	0.7~1.8	0.3~0.7
树脂	聚苯乙烯	0.250~0.841	40~50	0.64	4~9	0.3~0.7	
	聚丙烯酯	0.250~0.841	50~55	0.65~0.70	10~25	0.15~0.4	
	酚树脂	0.297~1.17	45	0.42		0.08~0.12	0.45~0.55

另外还要求吸附剂具有一定的吸附分离能力和一定的商业规模及合理的价格。

9.2.3 吸附平衡

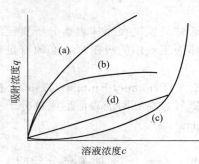

图 9-1 常见的吸附等温线类型

(a) Freundlich（经验型）；(b) Langmuir 等温线型；(c) 凹型；(d) 直线型

当吸附达到平衡时，吸附量 m 与溶液浓度 c 和温度的关系称为吸附平衡关系。其中吸附量是指单位质量的吸附剂所吸附的吸附质的量。吸附平衡是主体相浓度、吸附相浓度和吸附量三者之间的关系。这种关系与物性有关，还与温度有关，是选择吸附性的依据，也是工程设计的基础数据。温度一定时，吸附量只是浓度 c 的函数。此时 m 与 c 的关系曲线称为吸附等温线。由于吸附剂与吸附质之间不同的相互作用，以及不同的吸附剂表面状态，因此会得到相应的不同的吸附等温线。如图 9-1 所示，最普遍的是 Langmuir 等温线（b），为一条双曲型饱和曲线，一般对应于单分子层吸附，一旦吸附达到饱和，就不再继续进行。(c) 是一条渐近于纵坐标的渐近曲线，是一种多分子层吸附。

许多抗生素和激素在溶液中的吸附过程经常用 Freundlich 经验公式来描述：

$$m = Kc^{1/n} \tag{9-1}$$

式中，m 为单位质量的吸附剂所吸附的吸附质的质量，g/g；c 为吸附质的平衡浓度，g/m³；K、n 为经验常数，一般有 $1 < n < 10$。

9.2.3.1 单组分吸附平衡

当吸附剂对混合物中某一组分的吸附力远大于其他组分时，可将其他组分视为惰性物质，因而吸附平衡就成为单组分吸附问题，即吸附量与温度和压力（或浓度）之间的关系。工程上常用的表达式主要有以下四种。

(1) Langmuir 等温线方程　Langmuir 首次建立了单分子层吸附等温方程。他在推导吸附等温线方程时假定：吸附是在活性中心上进行，这些活性中心具有均匀的能量，而且相隔较远，因此吸附质分子间无相互作用力；每一个活性中心只能吸附一个分子，即形成单分子吸附层。认为吸附速率和溶液浓度以及吸附剂表面未被占据的活性中心数目成正比；而解吸速率和吸附剂表面被吸附质占据的活性中心数目成正比。设 m 为每克吸附剂所吸附的吸附质的质量，m_∞ 为每克吸附剂所有活性中心都被分子占据时的吸附量，$(m_\infty - m)$ 为吸附剂表面未被占据的活性中心的量。则有：

$$吸附速率 = K_1(m_\infty - m)c$$

$$解吸速率 = K_2 m$$

当达到平衡时：$K_1(m_\infty - m)c = K_2 m$，令 $b = \dfrac{K_1}{K_2}$

所以

$$m = \frac{m_\infty bc}{1 + bc} \tag{9-2}$$

式(9-2) 称为 Langmuir 方程式。其图示曲线如图 9-1 所示。Langmuir 方程式是迄今为止应用最为广泛的吸附平衡表达式。

（2）Freundlich 等温线方程　Freundlich 提出的经验式：

$$q = Kc^{1/n} \tag{9-3}$$

式中，K 和 n 均为常数，n 大于 1。

这个方程虽然没有理论依据，但用于关联从溶液中吸附的实验数据时效果良好。Freundlich 等温线方程可以描述大多数抗生素、类固醇、甾类激素等在溶液中的吸附过程。

（3）Polanyi 吸附势理论　Polanyi 提出的吸附势理论的要点为：当气相压力为 p 时，固体表面的吸附量为 q，吸附相的体积为 V_a。吸附相的凝聚态为液态，因此，$V_a = q/\rho_L$（ρ_L 为吸附质液态的密度），而且其蒸气压为吸附质在该温度下的蒸气压 p_s。

吸附相的内缘是固体表面，外缘是一个等势面，该面上各点的"吸附势"相等。每个气相压力 p 均有一个相对应的吸附相体积，因而有一个相对应的等势面，该面的吸附势 ε 为 1mol 气体从 p 压缩至 p_s 所需要的功。

$$\varepsilon = RT \ln \frac{p}{p_s} \tag{9-4}$$

式中，ε 为吸附势，kJ/mol；p 和 p_s 分别为气相压力和饱和蒸气压，MPa。

q-p 的函数关系可用 V_a-ε 的关系来代替。实验表明，对于指定的吸附剂-吸附质体系，所有温度下（V_a-ε）标绘点都落在同一条"特征曲线"上，即：

$$\left(\frac{\partial \varepsilon}{\partial T}\right)_{V_a} = 0 \tag{9-5}$$

同一吸附剂吸附各种吸附质的特征可以用一个亲和系数 β 来关联：

$$\beta_{12} = \left(\frac{\varepsilon_1}{\varepsilon_2}\right)_{V_a} = 常数 \tag{9-6}$$

Polanyi 理论没有解析表达式，导致其在应用上的困难，但它能够将某一吸附剂在各个温度下吸附各种物质的数据归纳在一条普遍化的曲线上，因此仍然不失为一种较好的方法。可以由很少的实验数据来标绘出特征曲线，然后推算出各种吸附平衡关系。实验结果表明，Polanyi 理论也适用于描述液相的吸附平衡。

（4）Dubinin 微孔填充理论　Dubinin 微孔吸附表达式为：

$$\frac{q}{q_0} = \exp\left[-\left(\frac{A}{E}\right)^n\right] \tag{9-7}$$

式中，q 为 T、p 下的吸附量，g/g；q_0 为微孔体积充满时的吸附量，g/g；A 等于 $RT \ln(p/p_s)$，kJ/mol；E 为吸附能，kJ/mol；n 为常数。

式(9-7) 可以进一步推导变换为：

$$\ln \frac{q}{q_0} = -\left(\frac{RT}{E}\right)^n \ln(p/p_s) \tag{9-8}$$

由实验得到的 T、p、q 数据，用式(9-8) 关联，可得到 q_0。Dubinin 方程用于均一的微孔材料（例如沸石、某些细孔的活性炭）时的吸附效果较好。

表 9-3 给出了单组分吸附平衡方程。

表 9-3　单组分吸附等温方程

方程名称	方程	符号说明	适用范围
Langmuir 方程	$\theta = K_L p(1+K_L p)$ 或 $p = \dfrac{1}{K_L}\left(\dfrac{\theta}{1-\theta}\right)$ $\theta = q/q_m$	θ 为表面覆盖率;q 为吸附量;q_m 为最大吸附量;p 为吸附压力;K_L 为 Langmuir 常数	表面吸附能均一,被吸附质分子之间没有相互作用力,单分子层吸附,覆盖率为中等程度
Henry 方程	$\theta = K_H p$	K_H 为 Henry 常数	单分子层物理吸附,吸附剂表面覆盖率不足 10%
修正 Langmuir 方程	$p = \dfrac{1}{K_L}\left(\dfrac{\theta}{1-\theta}\right)\exp(2\mu\theta/kT)$ $p = \dfrac{1}{K_L}\left(\dfrac{\theta}{1-\theta}\right)\exp\left(\dfrac{\theta}{1-\theta}+2\mu\theta/kT\right)$	2μ 为分子间相互作用能;k 为 Boltzmann 常数	吸附质分子之间存在相互作用;吸附质分子在吸附剂上自由移动
空位溶液方程	$p = \dfrac{1}{K_D}\dfrac{\theta}{1-\theta}\left[\Lambda_{13}\dfrac{1-(1-\Lambda_{31})\theta}{\Lambda_{13}+(1-\Lambda_{13})\theta}\right]$ $\exp\left[-\dfrac{\Lambda_{31}(1-\Lambda_{31})\theta}{1-(1-\Lambda_{31})\theta}-\dfrac{(1-\Lambda_{13})\theta}{\Lambda_{13}+(1-\Lambda_{13})\theta}\right]$	K_D 为空位溶液方程常数;Λ_{13}、Λ_{31} 为 Wilson 参数	非理想吸附体系
Freundlich 方程	$q = K_F^{1/n_F}$	K_F 为 Freundlich 常数;n_F 为常数,与温度有关	吸附热随吸附量的增加成对数下降的体系
Radke-Prausnitz 方程	$q = 1\left/\left[\dfrac{1}{K_H p}+\dfrac{1}{K_F p^{1/n_F}}\right]\right.$	K_H 为 Henry 常数;K_F 为 Freundlich 常数	可关联较宽浓度范围的等温吸附数据
Totch	$\theta = q/q_m = \left[1/(K_c p)^t+1\right]^{-1/t}$	K_c 为 Totch 常数;t 为吸附等温曲线形状参数	吸附等温曲线为 I 类型的物理吸附
Temkin 方程	$q = K_T \ln(bp)$ $K_T = \dfrac{RT}{E_0}\dfrac{q_m}{\beta}$	K_T 为 Temkin 常数;β 为比例系数	化学吸附
BET 方程	$q/q_m = K_B p_r/[(1-p_r)(1-p_r+K_B p_r)]$ $p_r = p/p_s$ $K_B \approx \exp\left(\dfrac{E_1-E_0}{RT}\right)$	K_B 为 BET 方程参数;q_m 为第一层单分子层的饱和吸附体积;p_s 为吸附温度下吸附质气体的饱和蒸气压;E_1 为第一层吸附热;E_0 为冷凝热	吸附层为不移动的理想均匀表面,各层水平方向的分子之间没有相互作用力

9.2.3.2　多组分吸附

多组分的 Langmuir 吸附等温式为:

$$q_i = \frac{q_m k_{Li} c_i}{1+\sum\limits_{i=1}^{c} k_{Li} c_i} \tag{9-9}$$

式中,q_i、c_i、k_{Li} 分别为组分 i 的吸附量、平衡浓度和 Langmuir 常数。

线性等温式(9-9)既可用于单组分,也可用于多组分吸附。

【例 9-1】 水中少量挥发性有机物（VOCs）可以用吸附法脱除。通常含有两种或两种以上的 VOCs。现有含少量丙酮（1）和丙腈（2）的水溶液用活性炭处理。Radke 和 Praunsnitz 已经利用单个溶质的平衡数据拟合出 Freundlich 和 Langmuir 方程常数。对小于 50mmol/L 的溶质浓度范围，给出公式的绝对平均偏差如下所示。

丙酮水溶液	q 的绝对平均偏差/%	丙腈水溶液（25℃）	q 的绝对平均偏差/%
$q_1 = 0.141c_1^{0.597}$（Ⅰ）	14.2	$q_2 = 0.138c_2^{0.658}$（Ⅲ）	10.2
$q_1 = \dfrac{0.190c_1}{1+0.146c_1}$（Ⅱ）	27.3	$q_2 = \dfrac{0.173c_2}{1+0.096c_2}$（Ⅳ）	26.2

注：公式中 q_i 为溶质吸附量，单位为 mmol/g；c_i 为水溶液中溶质浓度，单位为 mmol/L；i 为 1 或 2。

已知水溶液中含丙酮 40mmol/L，含丙腈 34.4mmol/L，操作温度为 25℃，使用上述方程预测平衡吸附量，并与 Radke 和 Praunsnitz 的实验值进行比较。实验值：$q_1 = 0.715$mmol/g，$q_2 = 0.822$mmol/g，$q_总 = 1.537$mmol/g。

解 用于液相的扩展 Langmuir 方程

$$q_i = \frac{q_{i,m}K_i c_i}{1+\sum\limits_i K_i c_i} \qquad (\text{Ⅴ})$$

从式（Ⅱ）简化得　　$q_{1,m} = 0.190/0.146 = 1.301$mmol/g

从式（Ⅳ）简化得　　$q_{2,m} = 0.173/0.096 = 1.800$mmol/g

从式（Ⅴ）

$$q_1 = \frac{1.301 \times 0.146 \times 40}{1+0.146 \times 40 + 0.096 \times 34.4} = 0.749 \text{mmol/g}$$

$$q_2 = \frac{1.800 \times 0.0961 \times 34.4}{1+0.146 \times 40 + 0.096 \times 34.4} = 0.587 \text{mmol/g}$$

$$q_总 = 1.336 \text{mmol/g}$$

与实验数据比较 q_1、q_2 和 $q_总$ 的偏差分别是 4.8%、-28.6% 和 -13.1%。

9.2.4 吸附传质

吸附速率是指单位质量吸附剂在单位时间内所吸附的吸附质的量。在吸附操作中，吸附速率决定了物料与吸附剂的接触时间。吸附速率越大，所需的接触时间越短，吸附设备体积也可以相应地减小。

吸附速率取决于吸附过程中的传质过程。吸附过程中的物质传递基本上可分为三个阶段：第一阶段称为颗粒外部扩散（简称外扩散，又称膜扩散）阶段，吸附质从主体相中扩散到吸附剂的外表面上；第二阶段称为孔隙扩散阶段（简称内扩散），吸附质从吸附剂外表面通过吸附剂孔隙继续向吸附的活性中心扩散；第三阶段称为吸附反应阶段，吸附质被吸附到吸附剂孔隙内表面的活性中心上。在整个吸附质的传递过程中，在不同的阶段具有不同的阻力，某一阶段的阻力越大，克服此阻力所需要的浓度梯度越大。如果在吸附质的传递过程中，某一阶段的阻力比其他各阶段要大得多，为了简化数学模型，可用控制这一阶段的数学表达式代表整个传递过程。对于物理吸附，吸附质在吸附剂内表面活性中心上的吸附过程（反应阶段）很快，吸附速率主要由前两个阶段——外扩散或者内扩散过程来控制。一般高浓度的流动相系统，其传质速率为内扩散控制，低浓度的流动相系统为外扩散控制。对于某些体系，其中两种过程也可能同时存在。

（1）外扩散传质速率方程　吸附质通过外扩散传递到吸附剂外表面的过程中，传质速率可以表示为：

$$\frac{\partial q}{\partial t} = k_f a_p (c - c_i) \tag{9-10}$$

式中，t 为时间；a_p 为以吸附剂颗粒外表面计的比表面积；c 为流体相中吸附质的平均浓度；c_i 为吸附剂外表面上流体相中吸附质的浓度；k_f 为流体相一侧的传质系数，与流体特性、吸附剂颗粒的几何特性、温度、压力等因素有关。

（2）内扩散传质速率方程 内扩散阶段的传质过程非常复杂，通常与固体颗粒的形状和微孔的结构有关。实际中经常采用简化处理的方法，即将内扩散过程处理成从外表面向颗粒内的拟稳态的传质过程，即：

$$\frac{\partial q}{\partial t} = k_s a_p (q_i - q) \tag{9-11}$$

式中，k_s 为固体相一侧的传质系数，与固体颗粒的微孔结构、吸附质的物性等有关；q_i 为吸附剂外表面上的吸附量，与 c_i 呈平衡关系；q 为吸附剂颗粒中的平均吸附量。

（3）总传质速率方程 实际上，固体颗粒外表面上的浓度 c_i 和 q_i 很难确定，因此，通常采用总传质速率方程来表示吸附速率，即：

$$\frac{\partial q}{\partial t} = K_f a_p (c - c^*) = K_s a_p (q^* - q) \tag{9-12}$$

式中，c^* 为流体相中与 q 呈平衡的吸附质的浓度；q^* 为与 c 呈平衡的吸附量；K_f 为以 $\Delta c = c - c^*$ 为推动力的总传质系数；K_s 为以 $\Delta q = q^* - q$ 为推动力的总传质系数。

若内扩散很快，则过程为外扩散控制，q_i 接近 q，则 $K_f = k_f$；若外扩散过程很快，则吸附过程为内扩散控制，c_i 接近 c，则 $K_s = k_s$。

根据式（9-10），吸附剂颗粒直径越小，比表面积越大，外扩散速度就越快；此外，增加流体相与颗粒之间的相对运动速度可增加 k_f 值，可提高外扩散速度。研究表明，内扩散速度与颗粒直径的较高次方成反比，即吸附剂颗粒越小，内扩散速度越大，因此，采用粉状吸附剂比粒状吸附剂有利于提高吸附速率。其次，吸附剂内孔径增大可使内扩散速率加快，但会降低吸附量，此时要根据实际的具体情况选择合适的吸附剂。

9.3 吸附操作与基本计算

工业上利用固体的吸附特性进行吸附分离的操作方式主要包括：搅拌槽吸附；固定床吸附；移动床和流化床吸附。移动床和流化床吸附主要应用于处理量较大的过程，而相比而言，搅拌槽吸附和固定床吸附在制药工业中的应用较为广泛。

9.3.1 搅拌槽吸附

搅拌槽吸附通常是在带有搅拌器的釜式吸附槽中进行的。在此过程中，吸附剂颗粒悬浮于溶液中，搅拌使溶液呈湍动状态，其颗粒外表面的浓度是均一的。由于槽内溶液处于激烈的湍动状态，吸附剂颗粒表面的液膜阻力减小，有利于液膜扩散控制的传质。这种工艺所需设备简单。但是吸附剂不易再生、不利于自动化工业生产，并且吸附剂寿命较短。

搅拌槽吸附的操作方式有三种，即一次吸附、多次吸附和多级逆流吸附（见图 9-2）。

对于图 9-2 所示的搅拌槽，由物料衡算可得操作线方程：

$$G(Y_1 - Y_{n+1}) = V(c_0 - c_n) \tag{9-13}$$

式中，V 为物料加入量，kg；G 为吸附剂加入量，kg；Y 为溶质在吸附剂中的含量，kg/kg；c 为溶液的浓度，kg/kg。

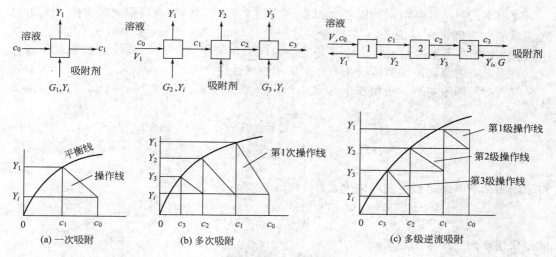

图 9-2 搅拌槽吸附的操作方式

吸附过程所需的接触时间则可通过操作线和吸附平衡等温线由图解积分求得：

$$t = \frac{1}{K_F a_p} \left(\frac{V}{G} \right) \int \frac{\mathrm{d}c}{c - c^*} \tag{9-14}$$

式中，K_F 为以流体浓度差为基准的总传质系数，m/h；a_p 为单位质量吸附剂颗粒的表面积，m^2/kg。

9.3.2 固定床循环操作

固定床吸附循环操作是目前应用最为广泛的一种吸附分离操作方式。固定床吸附操作的主要设备是装有颗粒状吸附剂的塔式设备。在吸附阶段，被处理的物料不断地流过吸附剂床层，被吸附的组分留在床层中，其余组分从塔中流出。当床层的吸附剂达到饱和时，吸附过程停止，进行解吸操作，用升温、减压或置换等方法将被吸附的组分脱附下来，使吸附剂床层完全再生，然后再进行下一循环的吸附操作。为了维持工艺过程的连续性，可以设置两个以上的吸附塔，至少有一个塔处于吸附阶段。固定床吸附的特点是设备简单，吸附操作和床层再生方便，吸附剂寿命较长。

在固定床吸附过程的初期，流出液中没有溶质。随着时间的推移，床层逐渐饱和。靠近进料端的床层首先达到饱和，而靠近出料端的床层最后达到饱和。图 9-3 是固定床层出口浓度随时间的变化曲线。若流出液中出现溶质所需的时间为 t_b，则 t_b 称为穿透时间。

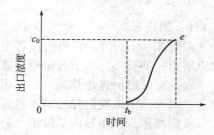

图 9-3 穿透曲线

从 t_b 开始，流出液中溶质的浓度将持续升高，直至达到与进料浓度相等的 e 点，这段曲线称为穿透曲线，e 点称为干点。穿透曲线的预测是固定床吸附过程设计与操作的基础。

恒温固定床低浓度单组分溶液的穿透曲线可用如下的物料恒算方程描述：

$$D_L \frac{\partial^2 c}{\partial Z^2} = \frac{\partial (Vc)}{\partial Z} + \frac{\partial c}{\partial t} + \frac{1-\varepsilon}{\varepsilon} \frac{\partial q}{\partial t} \tag{9-15}$$

解此偏微分方程除了需要进料浓度、流速、孔隙率等初始条件和边界条件之外，还需要根据具体的吸附剂种类以及特性机理，代入相关的相平衡方程、传质速率方程、热量衡算方程进行求解。

【例9-2】 活性炭吸附剂脱色1000kg的淡色溶液，用活性炭吸附剂吸附掉99%的色素。每千克的色素含量为96%。平衡关系符合Freundlich等温线，为$q=275y^{0.60}$，其中，q和y分别为固体和液体浓度。若活性炭原来不含色素，则间歇吸附需要多少活性炭？若固定床的穿透曲线为阶跃函数，则需多少活性炭？

解 对于间歇情形，吸附平衡于贫溶液，含量为进料含量的1%。色素的物料衡算式为：

$$(y_0-y)V=qW$$
$$(0.96-0.0096)\times1000=275\times(0.0096)^{0.60}W$$
$$W=56kg$$

对于固定床，吸附平衡于进料浓度，故：

$$(0.96-0.0096)\times1000kg=275\times(0.96)^{0.60}W$$
$$W=3.5kg$$

固定床仅使用了1/6的吸附剂。

9.3.3 吸附剂的再生

吸附剂的再生是指在吸附剂本身不发生变化或变化很小的情况下，采用适当的方法将吸附质从吸附剂中除去，以恢复吸附剂的吸附能力，从而达到重复使用的目的。

对于性能稳定的大孔聚合物吸附剂，一般用水、稀酸、稀碱或有机溶剂就可以实现再生。大部分吸附剂可以通过加热进行再生，例如硅胶、活性炭、分子筛等。在采用加热法进行再生时，需要注意吸附剂的热稳定性，吸附剂晶体所能承受的温度可由差热分析（DTA）曲线的特征峰测出。吸附剂再生的条件还与吸附质有关。此外，还可以通过化学法、生物降解法将被吸附的吸附质转化或者分解，使得吸附剂得到再生。工业吸附装置的再生大多采用水蒸气（或者惰性气体）吹扫的方法。

9.4 吸附分离设备

9.4.1 固定床

固定床（fixed bed）吸附设备主要是内部填充吸附剂颗粒的柱式吸附塔，料液连续地从吸附塔的一端流入，溶质被吸附剂吸附后，从吸附塔的另一端流出。

固定床吸附的理论基础 固定床吸附设备虽然简单，但要进行该过程的动力学分析却很复杂。因为固定床吸附过程是不稳定的，非线性的，而且，吸附剂粒子是不均匀的。一般固定床吸附操作多采用轴向扩散模型分析。轴向扩散模型是理想的平推流动中叠加一个轴向返混，返混程度用轴向扩散系数表示。该模型的建立基于如下假设：在与流体流动方向相垂直的每一个截面上径向浓度是均匀的；在每一个截面以及流体流动的方向上，流体速率和轴向扩散系数均为恒定值；溶质浓度为流动距离的连续函数。

为了获得相同的结果，人们必须细心操作并按照比例将固定床进行放大。与固定床吸附放大过程有关的动力学方程主要包括四个，第一个是在溶液中溶质的质量平衡方程：

$$\varepsilon\frac{\partial Y}{\partial t}=-v\frac{\partial Y}{\partial z}+E\frac{\partial^2 Y}{\partial z^2}-(1-\varepsilon)\frac{\partial q}{\partial t} \tag{9-16}$$

式中，ε为床层孔隙率；v为液体在柱内的空柱速度（表观速度），等于$\frac{H}{A}$；E为轴向弥散系数；z为入口到微分元的距离，即流体流动方向的距离。

式（9-16）中，等式左边代表液相内溶质的积累量；等式右边第一项相当于流入与流出微元体溶质的量的差，第二项是床层内的轴向弥散，最后一项是被吸附剂吸附的溶质的量。轴向弥散主要是由湍流所引起的，其值比分子扩散系数要大得多，因此在多数情况下可以忽略。

第二个方程，即吸附质的吸附速率可以表示为：

$$(1-\varepsilon)\frac{\partial q}{\partial t}=\gamma \tag{9-17}$$

与前述相同，吸附速率 γ 取决于吸附机理，可能是外扩散控制或内扩散和在吸附剂颗粒内的反应控制。不论是哪一种情况，假定吸附速率符合线性推动力公式：

$$\gamma=K_a(Y-Y^*) \tag{9-18}$$

式中，γ 为单位床层体积内的吸附速率；K_a 为速率常数；Y^* 为与吸附剂上溶质浓度达到平衡的溶液中的溶质浓度。

最后一个关键公式是吸附等温线公式，例如 Freundlich 公式：

$$q=K(Y^*)^n \tag{9-19}$$

该式给出了吸附质在吸附剂和溶液中浓度的平衡关系。

式（9-16）～式（9-19）所表述的固定床吸附过程的动力学过程是非线性的，而且相互关联，所以只能用数值计算的方法求解，求解过程非常复杂，而且常常不能很好地拟合实验数据。这是因为固定床吸附过程中还存在着返混，吸附速率不仅受控于液体内传递速率，而且还受控于吸附剂内的扩散速率。因此常根据固定床操作特征用近似方法按比例放大，一般包括穿透曲线的数学模型法、两参数模型法、线性吸附模型法、微分接触模型法。

9.4.2 流化床

流化床（fluidized bed）中的吸附剂粒子呈流化状态。吸附过程可以是间歇或者连续操作。图 9-4 为间歇式流化床吸附操作示意图。吸附操作时料液从床底以较高的流速循环输入，使固相产生流化，同时料液中的溶质在固相上发生吸附或离子交换过程。连续操作中吸附剂粒子从床上方输入，从床底排出；料液在出口仅少量排出，大部分循环流回流化床，以提高吸附效率。流化床的主要优点是压降小，可处理高黏度或含固体微粒的粗料液。与后述的移动床相比，流化床中固相的连续输入和排出方便，即比较容易实现流化床的连续化操作。其缺点是床内的固相与液相的返混剧烈，特别是高径比较小的流化床。所以，流化床的吸附剂利用效率远低于固定床和扩张床。

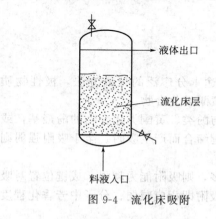

图 9-4 流化床吸附

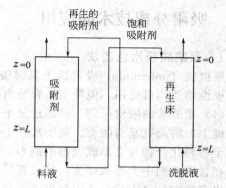

图 9-5 移动床吸附操作

9.4.3 移动床和模拟移动床

如果吸附操作中固相可以连续地输入和排出吸附塔，与料液形成逆流接触流动，则可以实现吸附过程连续、稳态的操作。这种操作法称为移动床（moving bed）操作。图9-5为包括吸附剂再生过程在内的连续循环移动床操作示意图。因为在稳态操作条件下，溶质在液、固两相中的浓度分布不随时间的延长而发生改变，设备和过程的设计与气体吸收塔或液-液萃取塔基本相同。但在实际操作中，需要解决的问题是吸附剂的磨损和如何通畅地排出固体。为了防止固相出口的堵塞，可以采用床层振动或利用球形旋转阀等特殊的装置将固相排出。

这种移动床容易堵塞，使固相移动的操作有一定的难度。因此，使固相本身不移动，而改为移动、切换液相（包括料液和洗脱液）的入口和出口位置，就如同移动固相一样，会产生与移动床相同的效果，这就是模拟移动床（simulated moving bed）。

图9-6为移动床和模拟移动床吸附操作示意图，真正的移动床操作是料液从床层中部连续输入，固相自下向上移动。被吸附（或吸附作用较强）的溶质和不被吸附或吸附作用较弱的溶质从不同的排出口连续排出。溶质的排出口以上部分为吸附剂洗脱回收和吸附剂再生段。模拟移动床操作时，液相的入口和出口分别向下移动了一个床位，相当于液相的进、出口不变，而固相向上移动了一个床位的距离，形成液、固相逆流接触操作。模拟移动床应用实例包括二甲苯混合物的分离，和葡萄糖、果糖的连续分离等，图9-7为该分离过程示意图。

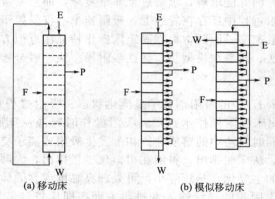

(a) 移动床　　　　　　　　(b) 模拟移动床

图 9-6　移动床和模拟移动床

F—料液；P—吸附质；E—洗脱液；W—非吸附质

9.5　吸附分离技术的应用

9.5.1　聚酰胺吸附色谱法

聚酰胺（poliamide）吸附属于氢键吸附，是一种用途十分广泛的分离方法，极性物质与非极性物质均可适用，但特别适合分离酚类、醌类、黄酮类化合物。

（1）聚酰胺的吸附原理　是通过分子中的酰胺羰基与酚类、黄酮类化合物的酚羟基，或酰胺键上的游离氨基与醌类、脂肪羧酸上的羰基形成氢键缔合而产生吸附。至于吸附强弱则取决于各种化合物与之形成氢键的能力。

在含水溶剂中大致规律为：形成氢键的基团数目越多，则吸附能力越强；成键位置对吸附力也有影响。易形成分子内氢键者，其在聚酰胺上的吸附即相应减弱；分子中芳香化程度高者，则吸附性增强；反之，则减弱。

（2）聚酰胺色谱的应用　聚酰胺对一般酚类、黄酮类化合物的吸附是可逆的（鞣质除外），分离效果好，而且吸附容量又大，故聚酰胺色谱特别适合于该类化合物的制备分离。

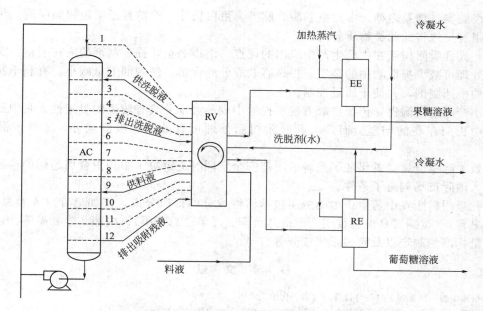

图 9-7　模拟移动床连续分离葡萄糖和果糖流程

AC—模拟移动床；RV—旋转阀；EE—果糖浓缩器；RE—葡萄糖浓缩器

也广泛应用于生物碱、萜类、甾体、糖类、氨基酸等极性与非极性化合物的分离。因为对鞣质的吸附特强，近乎不可逆，故用于植物粗提取物的脱鞣质处理。

9.5.2　大孔吸附树脂

大孔吸附树脂是一种具有多孔立体结构人工合成的聚合物吸附剂，具有较好的吸附性能。它的吸附作用是通过表面吸附、表面电性或形成氢键。大孔树脂吸附分离技术是采用特殊的吸附剂，选择地吸附其中的有效成分，去除无效成分的一种提取精制的新工艺。

（1）大孔吸附树脂的性质　　大孔吸附树脂多为白色的球状颗粒。粒度多为 20～60 目，通常分为非极性和极性两大类，根据极性大小还可分为弱极性、中等极性和强极性。常用的为苯乙烯型和丙烯腈型，在树脂合成时根据需要引入极性基团则成为极性树脂从而增强吸附能力。

大孔吸附树脂的理化性质稳定，不溶于酸、碱及有机溶剂。对有机物的选择性较好，不受无机盐类及强离子低分子化合物存在的影响。

（2）大孔吸附树脂的分离原理　　吸附性：范德华引力或生成氢键的结果。筛选原理：本身多孔性结构所决定。

有机化合物根据吸附力的不同以及分子量的大小，在大孔吸附树脂上经一定的溶剂洗脱而分开。举例如下。

① 有机物与无机物的分离。一般的吸附树脂对溶液中的无机离子没有任何吸附能力，在吸附混合物时，有机物被树脂吸附，无机离子则随水流出，因而很容易将二者分离。在中药成分的提取中，此特征可使提取物中的重金属和灼烧灰分降至要求的范围内。

② 解离物与非解离物的分离。吸附树脂对有机解离物与非解离物的吸附能力有很大差异。因此，可将二者分离。如有机酸在高 pH 值成盐，很难被吸附，因此在碱性条件下可把有机酸分离出来。生物碱在酸性介质中可以成盐，因而能通过调节 pH 值进行分离。

③ 一般有机物与强水溶性物质的分离。一般有机物，包括大多数中药有效成分，是指有一定的水溶性、但溶解度不大的物质，这些物质容易被树脂吸附。强水溶性物质如低级醇

类、低级胺类、糖及多糖、多数氨基酸、肽类、蛋白质等，难被普通吸附树脂吸附。用普通树脂可很容易地将此两类物质分离。

（3）大孔吸附树脂在中药生产中应用的优点　缩小剂量，提高制剂的内在质量：大孔吸附树脂处理可减少提取物中的杂质，提高有效成分的含量，使制剂剂量减小，有利于制成现代剂型的中药制剂，并便于质量控制。

减小产品的吸湿性：传统提取方法所提的中成药大部分具有较强的吸潮性，是中药生产及储藏中长期存在的问题。而经大孔吸附树脂处理可有效去除吸潮成分，增强产品的稳定性。

有效去除重金属：既保证了患者的用药安全，同时也解决了中药重金属超标的难题，为中药进入国际市场创造了条件。

大孔吸附树脂在中药生产中的应用包括活性成分的提取分离，例如皂苷（人参总皂苷、蒺藜总皂苷）、黄酮（葛根总黄酮、山楂总黄酮、淫羊藿总黄酮）、内酯、生物碱等。还可以用于质量标准的制定以及除去干扰成分等。

参 考 文 献

［1］ 郑裕国主编. 生物加工过程与设备. 北京：化学工业出版社，2006.
［2］ 李淑芬、姜忠义主编. 高等制药分离工程. 北京：化学工业出版社，2003.
［3］ 白鹏主编. 制药工程导论. 北京：化学工业出版社，2003.
［4］ 冯孝庭主编. 吸附分离技术. 北京：化学工业出版社，2000.
［5］ 伦世仪主编. 生化工程. 北京：中国轻工业出版社，1993.
［6］ 戚以政、汪叔雄主编. 生化反应动力学与反应器. 北京：化学工业出版社，1996.
［7］ 山根桓夫著. 生化反应工程. 周斌译. 西安：西北大学出版社，1992.
［8］ 梁世中主编. 生物工程设备. 北京：中国轻工业出版社，2002.
［9］ 高孔荣主编. 发酵设备. 北京：中国轻工业出版社，1993.

第 10 章 离 子 交 换

10.1 概述

离子交换法是应用合成的离子交换树脂等离子交换剂作为吸着剂,将溶液中的物质,依靠库仑力吸附在树脂上,发生离子交换过程后,再用合适的洗脱剂将吸附物从树脂上洗脱下来,达到分离、浓缩、提纯的目的,是一种利用离子交换剂与溶液中离子之间所发生的交换反应进行固-液分离的一种方法。

早在古希腊时期,人们就用特定的黏土纯化海水,算是比较早的离子交换法。这些黏土主要是沸石。因此离子交换技术的早期应用是以沸石类天然矿物净化水质开始的。离子交换剂的发展是离子交换技术进步的标志。自然界许多天然产物和人工合成的工业产品,都有一定的离子交换性质。在经历了沸石、磁化煤、酚醛树脂的发展阶段后,至1945 年出现凝胶型苯乙烯合成树脂,近代离子交换技术的发展才进入了全新时期。今天,各种凝胶型聚苯乙烯树脂、聚丙烯酸树脂、大孔树脂以及各种专用树脂,构成了现代商用交换剂琳琅满目的庞大家族,也标志着离子交换技术飞速发展的新阶段。离子交换树脂都是用有机合成方法制成。常用的原料为苯乙烯或丙烯酸(酯),通过聚合反应生成具有三维空间立体网络结构的骨架,再在骨架上导入不同类型的化学活性基团(通常为酸性或碱性基团)而制成。

离子交换剂是一种带有可交换离子(阳离子或阴离子)的不溶性固体。它具有一定的空间网络结构,在与水溶液接触时,与溶液中的离子进行交换,即其具备可交换离子,由溶液中的同符号离子取代。不溶性团体骨架在这一交换过程中不发生任何化学变化。带有阳性可交换离子的交换剂,称阳离子交换剂;带有阴性可交换离子的交换剂,称阴离子交换剂。

离子交换过程一般包括:将原料液进行预处理,使得流动相易于被吸附剂吸附;使原料液和离子交换剂充分接触,以便离子交换过程的进行;淋洗离子交换剂,以去除杂质;把离子交换剂上的有用物质解吸并洗脱下来;离子交换剂进行再生。

离子交换法的特点是树脂无毒性且可反复再生使用,少用或不用有机溶剂,分离效率高,适用于带电荷的离子之间的分离,还可用于带电荷与中性物质的分离制备等。适用于微量组分的富集和高纯物质的制备。具有设备简单、操作方便、劳动条件较好的优点,成为提取抗生素药物的主要方法之一,已在多种抗生素生产中使用。离子交换技术也是分离精制生物产品的主要工业手段之一,例如利用弱酸性阳离子交换树脂精制细胞色素 C;ADP 与ATP 可用强碱性阴离子交换树脂进行分离精制;采用多孔型或大孔型强碱性阴离子交换树脂分离肝素、硫酸软骨素等;利用 DEAE-C(阴离子交换纤维素)分离纯化胰岛素等。

离子交换法的缺点是操作麻烦,周期长。一般只用它解决某些比较复杂的分离问题。此外还包括一次性投资大、产品质量不易保证等缺点。而且,在生产运行中,有些树脂会很快破碎或者衰退,导致工艺效果下降,所有这些均应在采用树脂法时加以注意。所以在小试成功后,进行中试验证是非常必要的。随着新树脂的出现,应用技术的进步,树脂法已广泛应用于脱色、转盐、去盐以及制备软水以及金属冶炼、原子能科学技术、海洋资源开发、化工生产、糖类精制、食品加工、医药卫生、分析化学及环境保护等领域。

10.2 离子交换剂

最常用的交换剂为离子交换树脂。离子交换树脂是指能在溶液中交换离子的固体，可分为三个部分：一是交联的具有三维空间立体结构的网状骨架，通常不溶于酸、碱和有机溶剂，化学稳定性良好；一部分是联结在骨架上的功能基团（活性基团）；另一部分是活性基团所携带的相反电荷的离子，称为可交换离子。惰性不溶的网络骨架和活性基联成一体，不能自由移动。当发生离子交换时，树脂上的活性离子与溶液中的同性离子，由于与树脂的亲和力不同而发生交换。

无机类高分子例如硅酸铝钠，俗称泡沸石，首先在工业上获得了应用，随后发现了磺化酚-醛树脂，以及苯乙烯-二乙烯苯共聚物和铵盐型苯乙烯-二乙烯苯共聚物等。这些树脂的交换量、化学稳定性和物理稳定性都不太理想。至 1945 年出现凝胶型苯乙烯合成树脂后陆续出现聚丙烯酸树脂、大孔树脂以及各种专用树脂，近代离子交换技术的发展才进入全新时期。它们具有良好的稳定性、较高的交换容量，目前被广泛应用于制药等行业。通常带有阳性可交换离子的交换剂称为阳离子交换剂；带有阴性可交换离子的交换剂称为阴离子交换剂。SA、WA 分别代表强酸性（strong acidic）与弱酸性（weak acidic）；SB、WB 分别代表强碱性（strong basic）与弱碱性（weak basic）。

10.2.1 无机离子交换剂

主要是一些具有一定晶体结构的硅铝酸盐。最具代表性的是沸石（zeolite）类。沸石的晶格由 SiO_2、Al_2O_3 的四面体构成。由于 Al 是 3 价，因此晶格中带有负电荷，此负电荷可由晶格骨架中的碱金属、碱土金属离子的电荷来平衡。这些碱金属、碱土金属离子虽然不占据固定位置，却可以在晶格骨架通道中自由运动。

10.2.2 合成无机离子交换剂

（1）合成沸石　将钾、高岭土等的混合物熔融，可制得具有天然沸石行为的人工合成沸石，即熔融型沸石（fusion permutits）。碱与硫酸铝、硅酸钠的酸性溶液反应析出沉淀。沉淀物经过适当干燥，可以制得另一种类似天然沸石的凝胶型沸石（gel permutits）。这两种合成沸石都是无定形结构。

（2）分子筛　将含有硅、铝的碱溶液在较高温度下进行结晶，可制得具有规则晶体结构的分子筛。这种水热法（hydrothermal）制备的分子筛，具有确定的微孔结构与尺寸，主要用作高选择性吸附剂。

10.2.3 离子交换树脂

离子交换树脂是一种具有活性交换基团的不溶性高分子共聚物。失效后，经过再生可以恢复其交换能力，可以重复使用。按照交换的基团划分包括阳离子树脂（含—SO_3H、—COOH等基团）和阴离子树脂（含—N^+R_3、—NR_2 等基团）；按照树脂骨架材料的不同可以分为聚苯乙烯型、酚醛型、丙烯酸型等；按照结构形式的不同可以分为凝胶型、大孔型、载体型等；按照功能的不同可以分为常规树脂、螯合树脂、两性树脂、热再生树脂等。

离子交换树脂的结构如图 10-1 所示。其主体骨架（framework or matrix）是由高分子碳链构成的，是一种三维多孔的海绵状不规则网状结构，不溶于一般的酸、碱以及有机溶剂。离子交换树脂由惰性骨架、固定基团与可交换离子三部分构成。

按照活性基团的不同，离子交换树脂可以分为阳离子交换树脂（cation exchanger）和阴离子交换树脂（anion exchanger）。前者对阳离子具有交换能力，活性基团为酸性；后者

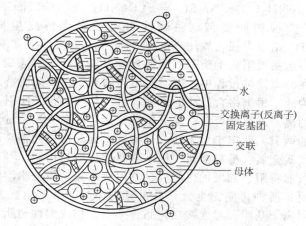

水
交换离子(反离子)
固定基团
交联
母体

图 10-1　离子交换树脂基本结构示意图

对阴离子具有交换能力，活性基团为碱性。又根据其活性基团电离强弱的不同，分为强酸性阳离子交换树脂和弱酸性阳离子交换树脂、强碱性阴离子交换树脂和弱碱性阴离子交换树脂。强离子交换剂的离子化率基本不受 pH 影响，而弱离子交换剂的离子化率受 pH 的影响较大，离子交换作用适宜的 pH 范围较小。

（1）强酸性阳离子树脂　这类树脂通常连有磺酸基（$—SO_3H$），其酸性相当于硫酸，因此类似于固体硫酸。吸水性强，是一种广谱性阳离子交换树脂，可在全 pH 范围内使用。采用过量稀酸进行再生后可重复使用。

以 001×7 型树脂为例，其交换反应如下。

中和反应：$\qquad RSO_3H + NaOH \longrightarrow RSO_3Na + H_2O$

中性盐分解反应：$\quad RSO_3H + NaCl \Longleftrightarrow RSO_3Na + HCl$

复分解反应：$\qquad RSO_3Na + KCl \Longleftrightarrow RSO_3K + NaCl$

应用复分解反应原理，可将青霉素钾盐转化成青霉素钠盐即：

$$RSO_3Na + PenK \longrightarrow RSO_3K + PenNa$$

（2）弱酸性阳离子树脂　带有$—COOH$、$—AsO_3H_2$、$—SeO_3H_2$ 等功能团。带有膦酸基的酸性阳离子树脂，按其酸性强度虽属弱酸类，但也可视为中等强度酸性阳离子树脂。弱酸性阳离子树脂的交换容量，像弱碱性阴离子树脂一样都与溶液的 pH 有关。溶液 pH 越高，弱酸性树脂的交换容量就越高。和强酸性阳离子的交换性质相反，H^+ 与弱酸性阳离子树脂的结合力很强，因此易再生成氢型，耗酸量亦小。常用这类树脂提取链霉素、博莱霉素和链霉素脱色。

（3）强碱性阴离子交换树脂　带有季铵基，即三甲基季铵基 [$—N^+(CH_3)_3$] 的阴离子树脂，属于第一类型的强碱性阴离子树脂；带有二甲基乙醇胺的季铵基则属于第二种类型的强碱性阴离子交换树脂。强碱性阴离子交换树脂与强酸性阳离子交换树脂一样，可以在各种 pH 条件下使用。通常氯型树脂的耐热性较好，因此，商品大多以氯型出售。这类树脂主要用于制备无盐水（除 CO_3^{2-} 等弱酸根），抗生素生产常用的有 201×4(711)，通常应用于中和或者卡那霉素、巴龙霉素、新霉素的精制等。

（4）弱碱性阴离子交换树脂　这类树脂的活性基团有伯胺、仲胺和叔胺等。基团的电离程度弱，和弱酸性阳离子交换树脂一样，交换能力受溶液 pH 的影响较大，通常在 pH 小于 7 的溶液中使用。其交换反应如下：

中和$\qquad\qquad RNH_3OH + HCl \Longleftrightarrow RNH_3Cl + H_2O$

复分解 $$R(NH_2Cl)_2 + Na_2SO_4 \rightleftharpoons R(NH_3)_2SO_4 + 2NaCl$$

与弱酸性阳离子交换树脂类似，弱碱性阴离子交换树脂生成的盐容易水解成 RNH_3OH，亦说明 OH^- 结合力强，故用 NaOH 再生成羟型较容易，耗碱量亦少，甚至可用 Na_2CO_3 进行再生。包括吸附头孢菌素 C 及精制博莱霉素、链霉素的 330(701) 型树脂。

（5）螯合树脂　在分离提纯过程中，有时对不同的离子（或某些特定的离子）需要使用特效、专一的树脂。为此，根据络合反应的原理，可将某种螯合基团引入树脂的结构中，该种螯合基团与待分离的离子间，既可以形成离子键，又可以形成配位键。形成的环状络合物在结构上类似于螃蟹的两只大螯牢牢地夹住一个猎物。因此选择性很高，尤其适用于采用常规方法难以处理的某些贵金属、稀有金属、稀土金属的提取与精制。

（6）两性树脂　虽然将阳、阴两种树脂混合使用可以完全除去水溶液中的阳离子与阴离子，但是，再生时需要将两种树脂完全分开后再分别用酸、碱再生。为了克服分离时的困难，可以将两种阳、阴离子基团一起连接在树脂骨架上，构成两性树脂。两种功能基团发挥各自的作用，分别进行阳离子与阴离子交换。这种同时含有两种或数种不同酸碱度功能基团的树脂，称为多功能基团树脂。

（7）蛇笼树脂（snake cage resin）　与两性树脂类似，即在同一树脂颗粒内含有两种聚合物，分别带有阳、阴离子功能团。例如以交联的阴离子树脂为"笼"，内装有线型聚丙烯酸阳离子树脂，犹如"蛇"在"笼"中；另一类型是交联多元酸阳离子树脂为"笼"，线型多元碱阴离子树脂为"蛇"。该种树脂传质通道短，交换速度快，只需用大量水冲洗即可恢复其交换能力。

（8）氧化-还原树脂　这类树脂带有氧化-还原基团，可与周围的活性物质发生氧化-还原反应。这种树脂可以用作氧化剂、抗氧剂等，以除去水溶液中的氧，或者改变金属离子的价态，以便于进一步处理。

根据构成材料的不同，离子交换剂也可以分为两类：第一类是包含合成树脂骨架的多孔弹性颗粒，通常是苯乙烯和二乙烯苯共聚形成的聚苯乙烯树脂，再采用线型聚苯乙烯交联而成网状结构。如表 10-1 所示，可以利用乙烯基苯磺酸代替某些苯乙烯或者磺化苯乙烯-二乙烯苯的共聚物制得带强酸性基团的树脂。制备的离子交换树脂的聚苯乙烯骨架具有不同的交联度，取决于二乙烯苯的初始进料量。这类树脂常用于分离离子型小分子（如多肽、糖磷酸酯、抗生素等）。第二类离子交换剂是含多糖类骨架的离子交换树脂，见表 10-2，是通过化学改性多糖上的羟基基团而制得的。这些利用纤维素或葡聚糖骨架改性得到的多糖材料，广泛应用于生物大分子的离子交换分离。

表 10-1　聚苯乙烯离子交换树脂

名　称	类　型	功　能　团
732 或 Dowex50	强酸性阳离子交换树脂	—SO$_3^-$
724 或 IRC-50	弱酸性阳离子交换树脂	—CH$_2$—CH—COO$^-$
711 或 Dowex1	强碱 I 型阴离子交换树脂	—CH$_2$—N$^+$(CH$_3$)$_3$
704 或 IR-45	弱碱性阴离子交换树脂	—CH$_2$—NH$_3^+$

表 10-2 多糖类离子交换树脂

名 称	类 型	功 能 团
DEAE-纤维素 DEAE-葡萄糖	阴离子交换纤维素 树脂(弱碱性)或葡聚糖	$-O-CH_2-CH_2-\overset{+}{\underset{H}{N}}\big\langle\begin{matrix}CH_2-CH_3\\CH_2-CH_3\end{matrix}$
CM-纤维素 CM-葡萄糖	阴离子交换纤维素 树脂(弱酸性)或葡聚糖	$-O-CH_2-COO^-$
磷酸-纤维素 磷酸-葡聚糖	阴离子交换纤维素 树脂(强酸性)或葡聚糖	$\begin{matrix}O\\\parallel\\O-P-O^-\\\mid\\O\end{matrix}$

10.2.4 性能指标

离子交换树脂一般不溶于水和酸、碱溶液以及有机溶剂，是一种化学稳定性较好的高分子聚合物。同时，在选择离子交换树脂时必须要考虑其理化性能。

(1) 外观 大多数商品树脂为球形，直径 0.2～1.2mm。球形的优点是可增大比表面积、提高机械强度和减少流体阻力。普通凝胶型树脂是透明的球珠，大孔树脂则呈不透明雾状球珠。合成原料、工艺条件的不同导致树脂的颜色也有所不同，包括黄、白、黄褐、红棕等。

(2) 密度 有湿视密度和湿真密度两种表示法。其中湿视密度又称堆积密度，是指树脂在离子交换柱中堆积时单位体积湿树脂的重量(g/ml)，一般为 0.6～0.85g/ml。交联度高的树脂湿视密度也高。湿真密度是指单位体积湿树脂的重量，一般树脂为 1.1～1.4g/ml，活性基团越多，该值越大。在应用混合床或叠床工艺时，应该尽量选择湿真密度差值比较大的两种树脂，以便于分层和再生。

(3) 膨胀度 (视膨胀率) 干树脂在水或有机溶剂中会发生溶胀，湿树脂在功能基离子转型或再生后洗涤时亦有溶胀现象。当树脂浸入水溶液中后，活性离子可以在树脂空隙内运动，而内、外溶液的浓度差会产生渗透压。使得外部水分渗入内部，导致树脂骨架变形、空隙扩大而使树脂体积膨胀，反之则缩小。渗透压达到平衡时的膨胀度最大。通过测定膨胀前后树脂的体积比，即可算出膨胀率。影响膨胀度的因素包括交联度、活性基团的性质和数量、活性离子的性质、介质的性质及浓度和骨架结构等。

(4) 交联度 交联度 (crosslinkage)，生产时用加入的作为交联剂的 DVB 量作为产品树脂交联度的指标。显然，这是一个间接的、近似的指标。树脂的性质随着 DVB 的含量不同而有所差异。一般说来，交联度越大，树脂越坚固，在水中不易溶胀；而交联度减少，树脂变得柔软，容易溶胀。

(5) 交换容量 交换容量是指一定数量 (质量或体积) 的离子交换树脂所带有的可交换基团或者可交换离子的数量。它是离子交换树脂的重要性能指标之一。在一定条件下、一定量树脂可交换离子的量是一个常数，取决于树脂的种类和交换基团的数量，与树脂颗粒的粒度、形状无关，也与交换离子的性质无关。树脂总容量也称最大容量、理论容量，是指干燥至恒重的单位质量树脂可以交换的离子总量，通常用 mmol/g 表示。聚苯乙烯磺酸平均相对分子质量为 184，每单位有 1 个 H^+，故最大容量为 1000/184 (mmol/g)。苯乙烯基阴离子交换剂的容量计算稍复杂。强阳离子交换树脂容量一般为 2.5～4.0mmol/g。固定基团的数量决定了树脂的最大交换容量，但是交换容量的实际值取决于这些基团的化学特性。弱性树脂的交换容量与溶液的 pH 有关，此时的树脂容量称为表观容量 (apparent capacity) 或有效容量 (effective capacity)。若树脂不能完全离子化，则有效容量低于最大容量。若树脂和溶液间不能达到平衡，则需要引入动力学容量 (dynamic capacity)，此容量取决于接触时间。当设备设计时包含树脂，则可以用单位体积水膨胀树脂 (mol/m³) 表示体积容量，固定床则引入贯穿容量（the capacity at breakpoint），即操作容量，是指操作过程中平均通过整个柱床单位质量的离子交换量。

（6）滴定曲线　滴定曲线的通常测定方法：分别向大试管中加入 1g 氢型（或羟型）离子交换剂，其中一个试管中加入 50ml 0.1mol/L NaCl 溶液，其他试管中也加入相同体积的溶液，但是含有不同量的 0.1mol/L NaOH（或 HCl），使其发生离子交换反应。强酸（碱）性离子交换剂放置 24h，弱酸（碱）性离子交换剂放置 7 日。达到平衡后，测定各试管中溶液的 pH。以每克干离子交换剂加入的 NaOH（或 HCl）为横坐标，以平衡 pH 为纵坐标作图，就可以得到滴定曲线。强酸（或强碱）性离子交换剂的滴定曲线起始是水平的，到达某一点后突然升高（或者降低），表明在该点处，交换剂上的交换基团已经被碱（或酸）完全饱和；弱酸（或弱碱）性离子交换剂的滴定曲线逐渐上升（或下降），无水平部分。利用滴定曲线的转折点，可以估算离子交换剂的交换容量，而根据转折点的数目，可以推算不同离子交换基团的数目。同时，滴定曲线还反映了交换容量随 pH 的变化情况等。因此，滴定曲线是离子交换剂性质的全面表征。

（7）稳定性　化学稳定性：苯乙烯磺酸树脂对各种有机溶剂、强酸、强碱等比较稳定，可长期耐受饱和氨水、0.1mol/L KMnO₄、0.1mol/L HNO₃ 及温热 NaOH 等溶液，且不发生明显破坏。一般聚苯乙烯型的树脂化学稳定性比缩聚型树脂要好；阳树脂比阴树脂要好；阴树脂中弱碱性树脂最差。低交联度的阴树脂在碱液中长期浸泡容易降解而遭到破坏，而羟型阴树脂的稳定性较差，因此通常需要转化为氯型存放。

热稳定性：干燥的树脂受热易降解破坏。强酸、强碱树脂的盐型比游离酸（碱）型要稳定，苯乙烯系比酚羟系树脂更稳定，阳树脂比阴树脂更稳定。

（8）机械强度　测定机械强度时通常将离子交换树脂先经过酸、碱溶液处理后，再将一定量的树脂置于球磨机或振荡筛机中撞击、磨损后取出过筛，以完好树脂的重量百分率来表示机械强度。商品树脂的机械强度通常规定在 90% 以上，处理抗生素时则要求在 95% 以上。

应用离子交换法的关键是选择合适的树脂和操作条件。主要依据被分离物的性质和分离目的。即根据分离要求和分离环境，保证分离目标物与主要杂质对树脂的吸附力有足够的差异。一般来说，宜选用弱酸性树脂来分离强碱性目标产物，用强酸性树脂固然也能吸附，但是解吸较为困难。对弱碱性产物则宜选用强酸性树脂，若选用弱酸性树脂则会因弱酸、弱碱所成的盐易水解而导致不易吸附。宜采用强碱性树脂分离弱酸性目标组分；用弱碱性树脂分离强酸性目标产物。此外还应考虑树脂的交联度，通常在不影响交换容量的前提下，尽量提高交联度。应注意选择合适的操作条件，特别是交换时溶液的 pH。通常需要：①pH 应在产物稳定存在的范围内；②能使产物充分离子化；③能保证树脂的解离。一般说来，对弱酸性和弱碱性树脂，为使树脂能够充分离子化，应该采用钠型或氯型树脂，而对强酸性和强碱性树脂，可以采用任何型式。但是如果产物在酸性、碱性条件下容易被破坏，则不宜采用氢型或者羟型树脂。而选择洗脱条件时应尽量使溶液中被洗脱离子的浓度降低。显然洗脱条件一般和吸附条件相反，如果吸附在酸性条件下进行，则解吸应在碱性下进行。采用缓冲液作为洗脱剂，可使 pH 在解吸过程中保持稳定。

10.3　分离原理

10.3.1　道南（Donnan）理论

道南（Donnan）理论是目前公认的关于离子交换过程的理论。该理论把离子交换剂（通常是树脂）看做是某种弹性凝胶，吸收水分后溶胀，溶胀后的离子交换树脂内部可以看做是一滴浓的电解质溶液；树脂颗粒与外部溶液间的界面可以看做是某种半透膜，膜的一侧是外部溶液主体，另一侧为树脂相，树脂相内活泼基团解离出来的离子和外部溶液主体相中的离子一样，均可以扩散通过半透膜（树脂网状结构骨架上的固定离子以 R、R^- 或 R^+ 表示）。

若将 Na^+ 型的磺酸基阳离子交换树脂浸入 NaCl 溶液中，树脂相中的 Na^+ 和溶液主体相中的 Na^+、Cl^- 可以通过半透膜扩散到达平衡，此时溶液中 NaCl 的浓度不再发生变化，则由外界溶液相主体到树脂相中的透过速度为：

$$V_1 = K[Na^+]_{外}[Cl^-]_{外}$$

从树脂相到外界溶液相主体的透过速度为：

$$V_2 = K[Na^+]_{内}[Cl^-]_{内}$$

因为达到平衡时 $V_1 = V_2$，所以：

$$K[Na^+]_{外}[Cl^-]_{外} = K[Na^+]_{内}[Cl^-]_{内} \tag{10-1}$$

式中，$[Na^+]_{内}$、$[Cl^-]_{内}$ 分别为树脂相中 Na^+、Cl^- 的浓度；$[Na^+]_{外}$、$[Cl^-]_{外}$ 分别为外界溶液主体相中 Na^+、Cl^- 的浓度。

膜两侧的电荷必须遵守电荷守恒：

$$[Na^+]_{外} = [Cl^-]_{外}$$
$$[Cl^-]_{外}^2 = [Cl^-]_{内}([Cl^-]_{内} + [R^-]_{内})$$
$$[Na^+]_{内} = [Cl^-]_{内} + [R^-]_{内}$$

而且有较多固定离子 R^- 存在，于是：

$$[Cl^-]_{外} \gg [Cl^-]_{内}, [Na^+]_{内} \gg [Cl^-]_{内},$$
$$[Na^+]_{内} \gg [Na^+]_{外}$$

由于阳离子树脂相中固定离子 R 的排斥作用，到达平衡后外界溶液中 $[Cl^-]_{外}$ 将大大超过树脂相中的 $[Cl^-]_{内}$，而 $[Na^+]_{外}$ 则远远小于 $[Na^+]_{内}$，即阳离子可以进入阳离子交换树脂中进行交换，阴离子则不能，这就是道南原则。由此可知阴离子树脂只能交换溶液中的阴离子，而不能交换阳离子，极少量扩散进入树脂相的 Cl^- 称道南入侵。显然道南入侵将随着外界溶液浓度的增加而增加，随着树脂交联度的增加而减少，随着树脂交换容量的增加（即固定离子浓度的增加）而减少。若在外界溶液中加入其他离子，例如 K^+，则随着 K^+ 扩散到树脂相中，又将建立起一个新的离子扩散平衡体系。

$$[K^+]_{内}[Cl^-]_{内} = [K^+]_{外}[Cl^-]_{外} \qquad [K^+]_{内} \gg [K^+]_{外} \tag{10-2}$$

结合式(10-1)和式(10-2)得：$\dfrac{[Na^+]_{内}}{[Na^+]_{外}} = \dfrac{[K^+]_{内}}{[K^+]_{外}}$

说明溶液中引入的 K^+ 将与树脂相中的 Na^+ 发生交换作用，这种过程将一直进行到树脂相与外界溶液相中的两种离子浓度之比相等为止。

因此如果以 A、B 代表参加离子交换的两种离子，v_A、v_B 分别代表它们的化合价，则到达平衡时有：

$$\left(\frac{[A]_{内}}{[A]_{外}}\right)^{\frac{1}{v_A}} = \left(\frac{[B]_{内}}{[B]_{外}}\right)^{\frac{1}{v_B}} \tag{10-3}$$

此式即为离子交换达到平衡时，树脂相和外界溶液相中离子浓度的定量关系，也称 Donnan 方程。为了更为精确地表达，应该用活度代替浓度，但是难以测定树脂相中离子的活度，因此为了研究问题的方便，我们通常用浓度来代替活度。

10.3.2 离子交换平衡

离子交换过程的特点包括：①体系总的电中性原则；②很多离子交换过程就是化学反应过程，因此按照化学计量进行，通常交换容量与反离子的性质无关；③离子交换过程几乎都是可逆的；④离子交换是速率控制过程，通常由穿过交换剂外表面液膜的外扩散或在交换剂颗粒内部的内扩散过程来控制。

10.3.2.1 简单二元系统

离子交换平衡遵循质量作用守恒定律。考虑阳离子 A 和 B 在阳离子交换树脂和溶液之间进行的交换反应，假设系统中不含其他的阳离子。假设开始时反离子 A 在溶液中，B 在离子交换树脂中，离子交换反应式为：

$$\upsilon_A B(S) + \upsilon_B A \Longleftrightarrow \upsilon_B A(S) + \upsilon_A B$$

式中，S 表示树脂相；υ_A、υ_B 分别表示反离子 A 和 B 的化合价。

达到平衡后，热力学平衡常数 K 为：

$$K = \frac{(\overline{a}_A)^{\upsilon_B} (a_B)^{\upsilon_A}}{(\overline{a}_B)^{\upsilon_A} (a_A)^{\upsilon_B}} \tag{10-4}$$

式中，a 为活度；"—"表示树脂相。

由于很难估算活度系数，因此通常假设溶液相的活度系数等于 1，对于稀溶液尤其适用。通常将树脂相的活度系数合并到平衡常数 K 中，就得到新的平衡常数，即选择性系数 K_{AB}。

$$K_{AB} = \frac{(\overline{c}_A)^{\upsilon_B} (c_B)^{\upsilon_A}}{(\overline{c}_B)^{\upsilon_A} (c_A)^{\upsilon_B}} \tag{10-5}$$

式中，c 为浓度，"—"表示树脂相。

不同的离子对于同一种离子交换树脂的"选择性系数"或"平衡常数"的大小是不同的，表明不同的离子，进行交换时的亲和力不同。选择性系数易于测定，只要把一定量的树脂 R-A，置于一定量已知浓度的 B 溶液中，交换达到平衡后，分别测定树脂相中和外部溶液中 A^+、B^+ 的浓度后，即可求得。

对于二元系，对浓度进行变换后可得：

$$x_A = c_A / c_0 \tag{10-6}$$

$$y_A = \overline{c}_A / \overline{c}_0 \tag{10-7}$$

式中，x_A、y_A 分别为反离子 A 在液相和在树脂固相中的分率；c_A、c_0 分别为液相中反离子 A 的当量浓度和反离子的总的当量浓度，单位为 eq/L；$\overline{c}_A$、$\overline{c}_0$ 分别为单位质量离子交换树脂相中反离子 A 和全部反离子的当量浓度，eq/kg。

通常习惯用 Q_0 来表示 $\overline{c}_0$，称为树脂的总交换容量。

同理，y_B、x_B、c_B 表示反离子 B 的相应的物理量。将上述定义代入式（10-5）后得：

$$K_{AB} = \frac{(y_A)^{\upsilon_B} (x_B)^{\upsilon_A}}{(y_B)^{\upsilon_A} (x_A)^{\upsilon_B}} \left(\frac{c_0}{Q_0}\right)^{\upsilon_A - \upsilon_B} \tag{10-8}$$

定义分配系数为：

$$m_A = \frac{\overline{c}_A}{c_A} = \frac{y_A Q_0}{x_A c_0} \tag{10-9}$$

定义分离因子 α 为：

$$\alpha_{AB} = \frac{y_A / x_A}{y_B / x_B} = \frac{y_A x_B}{y_B x_A} \tag{10-10}$$

一价离子之间的交换，如果 A、B 均为一价离子，即有 $\upsilon_A = \upsilon_B = 1$，则：

$$K_{AB} = \frac{y_A x_B}{y_B x_A} = \frac{y_A (1 - x_A)}{x_A (1 - y_A)} = \alpha_{AB} \tag{10-11}$$

一价离子交换典型的选择性系数曲线如图 10-2 所示。由图可见，如果 $(K_c)_{AB} > 1$，则反离子 A 优先交换到树脂相中，并且随 K_{AB} 的增大，y_A 显著增加，即 α_{AB} 显著增加。反之

如果 $K_{AB} < 1$，则反离子 B 优先交换到树脂相中。

表 10-3 给出了常见一价离子的选择性系数。以 Li 离子为基准，表中数据均为对 Li 离子的相对选择性系数 K_i。

表 10-3 常见一价离子的相对选择性系数 K_i

物质	4%DVB	8%DVB	16%DVB	物质	4%DVB	8%DVB	16%DVB
Li	1.00	1.00	1.00	Rb	2.46	3.16	4.62
H	1.32	1.27	1.47	Cs	2.67	3.25	4.66
Na	1.58	1.98	2.37	Ag	4.73	8.51	22.9
NH$_4$	1.90	2.55	3.34	Tl	6.71	12.4	28.5
K	2.27	2.90	4.50				

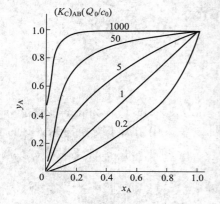

图 10-2 一价离子间交换的平衡曲线

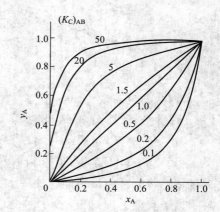

图 10-3 二价/一价离子交换平衡

10.3.2.2 二价离子与一价离子的交换

二价离子与一价离子之间的交换在工业应用中是很重要的，即 $\upsilon_A = 2$，$\upsilon_B = 1$。此时选择性系数可表达为：

$$K_{AB} = \frac{y_A(1-x_A)^2}{x_A(1-y_A)^2}\left(\frac{c_0}{Q_0}\right) \tag{10-12}$$

此时，y_A 与 x_A 之间的关系强烈地依赖于溶液相的浓度 c。其平衡曲线如图 10-3 所示。显然，随着溶液浓度的降低，树脂相中的反离子 A 的当量浓度显著增大。反之，溶液浓度增大导致二价离子对一价离子的选择性系数减小。常见的二价阳离子的选择性系数列于表 10-4。其基准仍然是 Li 离子。

表 10-4 二价离子在磺酸型阳离子交换树脂上的选择性系数

物质	4%DVB	8%DVB	16%DVB	物质	4%DVB	8%DVB	16%DVB
UO$_2$	2.36	2.45	3.34	Ni	3.45	3.93	4.06
Mg	2.95	3.29	3.51	Ca	4.15	5.16	7.27
Zn	3.13	3.47	3.78	Sr	4.70	6.51	10.1
Co	3.23	3.74	3.18	Pd	6.56	9.91	18.0
Cu	3.29	3.85	4.46	Ba	7.47	11.5	20.8
Cd	3.37	3.88	4.95				

【**例 10-1**】 用含 2%（质量分数）$NaNO_3$ 的 HNO_3 溶液再生 H 型强酸性阳离子交换树脂。通入足够多的酸溶液后达到平衡，树脂中反离子的 10% 被 Na^+ 所交换。试求再生用酸溶液中 HNO_3 的浓度是多少？已知溶液的密度为 $1030kg/m^3$，选择性系数 K_{Na^+}，$H^+ = 1.56$。

解 HNO_3 的相对分子质量为 85，所以

再生溶液中 Na^+ 的质量浓度 $= \left(\dfrac{20}{85}\right) \bigg/ \left(\dfrac{1000}{1030}\right) = 0.242 mol/L$

设 HNO_3（相对分子质量为 63）的质量浓度为 $\rho(\%)$，则：

H^+ 的摩尔浓度 $= \left(\dfrac{10\rho}{63}\right) \bigg/ \left(\dfrac{1000}{1030}\right) = 0.163\rho \, mol/L$

溶液中反离子 Na^+ 的摩尔分数为：

$$x_{Na^+} = \frac{0.242}{0.242 + 0.163\rho}$$

因 Na^+、H^+ 为同价离子，因此：

$$K_{Na^+}, H^+ = \frac{y_{Na^+}(1 - x_{Na^+})}{x_{Na^+}(1 - y_{Na^+})}$$

将上述数据代入后即得。

【**例 10-2**】 水质分析结果为：Ca^{2+} 为 68mmol/L，Mg^{2+} 为 20mmol/L，Na^+ 为 30mmol/L，Cl^- 为 42mmol/L，SO_4^{2-} 为 76mmol/L。拟采用阳离子交换树脂处理，要求脱除 SO_4^{2-} 至 2mmol/L，已知树脂的总交换容量为 2mol/L，选择性系数 $K_{SO_4^{2-}, Cl} = 2.55$。试估计每升树脂最多能够处理多少升水？

解 离子交换方程式为：$SO_4^{2-} + 2Cl^- (S) \Longleftrightarrow 2Cl^- + SO_4^{2-} (S)$

设 A 表示 SO_4^{2-}，则 $y_A = \bar{c}_A/Q_0$，$x_A = c_A/c_0$

$$K_{SO_4^{2-}, Cl} = \frac{y_A(1 - x_A)^2 c_0}{x_A(1 - y_A)^2 Q_0}$$

代入数据得

$$2.55 = \frac{y_A(1 - 0.0169)^2}{0.0169(1 - y_A)^2} \times \frac{118 \times 10^{-3}}{2.0}$$

$y_A = 0.335 mmol/L$；$\bar{c} = 0.335 \times 2.0 = 0.670 mmol/L$

每升树脂的最大处理量为：$0.670/[(76 - 2) \times 10^{-3}] = 9.05L$

10.3.2.3 影响选择性系数的因素

交联度对离子交换树脂的影响很大：交联度愈大，同种离子的选择性系数愈大。交联度愈高，树脂的溶胀度愈小，对较小溶剂化当量体积的反离子具有较高的选择性。

反离子的影响：对于等价离子，选择性随着原子序数的增加而增加，对于不同价态的离子，高价反离子优先交换，具有较高的选择性。当反离子能与树脂中固定离子团形成较强的离子对或形成键合作用时，树脂对这些反离子具有较高的选择性。例如弱酸性阳离子交换树脂对 H^+、弱碱性阴离子交换树脂对 OH^- 有特别强的亲和力，因而都具有较高的选择性。其他离子若与被交换的离子发生缔合或络合反应时，将使对该离子的选择性降低。

溶液浓度的影响：高价反离子具有较高的选择性，但是随着溶液浓度的增加而降低。

温度的影响：离子交换平衡与温度的关系符合热力学基本关系。通常温度升高，选择性

系数变小。而压力对离子交换平衡的影响较小。

10.3.2.4 平衡关系表达式

在离子交换过程中，树脂相中离子所能达到的平衡浓度（q）取决于此条件下溶液相中该离子的平衡浓度（c）与操作温度（T），即：

$$q=f(c,T) \tag{10-13}$$

在等温条件下

$$q=f(c) \tag{10-14}$$

如同其他化学过程，离子交换过程虽然也涉及热效应，但是，标准自由焓的变化很小，故温度对离子交换平衡的影响不大。虽然温度对树脂的溶胀、离子的溶剂化以及树脂中离子对或络合物的解离等也会产生一定影响，从而影响选择性，但是总的来说，温度对离子交换平衡的影响不大。在某些情况下，其温度系数甚至为负值，即温度升高不利于离子交换过程的进行。

工程上往往用等温下的 c-q 图来表征离子交换平衡规律。常见的平衡分配曲线如下。

（1）线性平衡关系（Henry 型） 这是一种非常简单的分配平衡关系，如同气-液平衡关系中的 Henry 定律，即：

$$q=mc \tag{10-15}$$

式中系数 m 相当于分配比 λ，为常数。

故平衡线的斜率是定值，且与溶液相的离子浓度 c 无关，即交换离子与树脂间的亲和力与其溶液相的浓度无关。这种线性平衡关系通常只适用于某些特殊情况以及低浓度范围，一般不宜外推。当 $m=1$ 时，表明此种树脂对反离子无选择性。虽然这种线性平衡关系非常简单，但其应用却比较普通。因为在任何平衡条件下，只要是在低浓度的范围内，一般都能够很好地应用这种简单的线性关系，而且数据处理也比较方便。

（2）双曲线型（Langmuir）平衡关系 在离子交换分配处于平衡状态时，树脂相离子浓度 q 随溶液相浓度 c 增加，达到一个极限值。如图 10-4 所示。

在离子交换操作过程达到平衡时，平衡曲线上的点代表平衡条件下两相中的离子浓度 q 与 c。即曲线上的点代表离子在两相中的平衡分配，也表达了分配比 λ 的数值（q/c）。

图 10-4 中，点 M 与原点间的弦 OM，其斜率即分配比 λ，或 M 点处的切线斜率（dq/dc），可用导数形式 $f'(c)$ 表示。

图 10-4 上的平衡曲线包括饱和段 AB 与未饱和段 OA。溶液相离子浓度低时，曲线 OA 段的下部可看做是

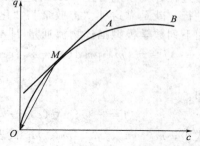

图 10-4 双曲线型（Langmuir）平衡关系

直线，可以用简单的线性平衡关系表征。随着溶液相浓度的增高，平衡曲线的斜率逐渐降低，即交换离子与树脂间的亲和力随着溶液浓度的提高而不断下降。在溶液相离子浓度较高时，树脂相离子浓度可达到一个极限值，即 AB 段。

图 10-4 所示的平衡关系，可用 Langmuir 型方程式表征：

$$q=\frac{nc}{l+mc} \tag{10-16}$$

式中，l、m、n 为常数，可以通过实验数据（c-q）的曲线拟合得到。

用这种双曲线型经验模型描述离子交换平衡规律时，上述方程不再具备原来 Langmuir 单分子层气体吸附的物理意义。也有用三参数 Langmuir 模型来表达平衡关系：

$$q=\frac{ac}{1+bc^{\beta}} \quad (\beta \leqslant 1) \tag{10-17}$$

式中，a、b、β 为等温线常数，可由实验数据拟合得到。

属于 Langmuir 经验模型的还有：

$$\frac{1}{q}=\frac{1}{mc}+\frac{1}{nc^{\alpha}} \tag{10-18}$$

式中，α 为等温线常数，可由实验数据拟合得到。

$$q=\frac{mc}{1+\dfrac{m}{n}c^{1-\alpha}} \tag{10-19}$$

10.3.3 离子交换动力学和质量传递

离子交换动力学研究的内容包括：离子交换过程是按什么机理进行的；其控制步骤；这些控制步骤服从何种速率定律；该速率定律如何进行理论推导。即离子交换动力学是研究如何建立描述离子交换过程行为的物理模型与数学模型，以及如何求解的问题。包括微观动力学与宏观动力学。前者涉及固体离子交换剂与电解质溶液接触时，伴随着交换、平衡、扩散、传递等过程而发生的一系列化学变化、物理化学变化与电化学变化。后者则涉及一系列复杂的流体力学工程行为，固-液非均相传质过程，不可避免地要涉及流动场中两相的流体力学行为。大型工业设备中进行的离子交换分离过程，就涉及不同尺度的动力学问题。离子交换树脂，可以看做是一种具有一定微孔结构的活性凝胶，或无序结构的多孔性网络结构。其交换基团在交联的凝胶骨架中呈无规则的随机均匀分布。因此，离子交换过程不只是在树脂颗粒表面上进行，也在颗粒结构内部进行。

10.3.3.1 推动力模型——唯象方程

按一定要求进行某一个传递过程，必须要有相应的推动力。例如，基于浓度差（Δc）进行的扩散过程；基于化学势差（$\Delta\mu$）进行的化学反应过程；基于压力差（Δp）进行的渗透过程；基于电势差（$\Delta\phi$）进行的电荷运动过程等。形象地说，一个传递过程之所以能够进行，就是靠这种"扩散泵"、"化学泵"、"渗透泵"、"电泵"等实现的。传递过程中，可以用下列数学模型描述物流通量 $J[\mathrm{mol/(m^2 \cdot h)}]$。

$$J=-[m_1 \cdot \mathrm{grad}(c)+m_2 \cdot \mathrm{grad}(\mu)+m_3 \cdot \mathrm{grad}(p)+m_4 \cdot \mathrm{grad}(T)+m_5 \cdot \mathrm{grad}(\phi)] \tag{10-20}$$

即：

$$J=-[m_1 \cdot \nabla(c)+m_2 \cdot \nabla(\mu)+m_3 \cdot \nabla(p)+m_4 \cdot \nabla(T)+m_5 \cdot \nabla(\phi)] \tag{10-21}$$

式中，m_1、m_2、m_3、m_4、m_5 代表系数；grad 表示梯度，可用 ∇ 表示。

式（10-21）还可以写成更简练的形式：

$$J=-\sum_{i=1}^{n} M_i \cdot X_i \tag{10-22}$$

式中，M_i 代表唯象系数，或表象系数；X_i 代表各种推动力，称为广义热力学动力或广义热力学力。

式（10-22）就是不可逆过程热力学中的线性唯象方程（linear phenomenological equation）。它表明，传递过程的物流通量不仅取决于所有的热力学力，而且是各种广义热力学力的线性函数。

因为离子交换过程的化学反应速率通常比较快，式（10-21）中 $\nabla(\mu)$ 的作用可以忽略。稀溶液中进行的离子交换过程中，交换前后两相体积变化不大，且一般为常压操作，故 $\nabla(p)$ 一项也可以忽略。提高温度虽可以提高交换速率，但效果并不显著，而且通常为常温操作，反应热效应也不大，故 $\nabla(T)$ 一项也可以忽略。因此离子交换过程若只考虑 $\nabla(c)$ 一项的作用时，便是 Fick 模型。若同时考虑 $\nabla(c)$ 与 $\nabla(\phi)$ 的影响，把离子交换过程看做是基于浓度梯度 $\nabla(c)$ 与电势梯度 $\nabla(\phi)$ 的作用而进行的传递过程，便是著名的 Nernst-Planck 模型。

$$N_A = (N_A)_{扩散} + (N_A)_{电荷迁移} = -\overline{D_A}\left(\nabla \overline{c}_A + \frac{zA\,\overline{c}_A F}{RT}\nabla\phi\right) \tag{10-23}$$

式（10-23）是对反离子 A 的方程，式中 F 是法拉第常数，ϕ 为电势。由式（10-23）可知，离子交换过程的推动力是离子的浓度梯度与电势梯度。因为没有考虑压力梯度、温度梯度、活度系数等因素对交换过程的影响，而且还假定溶液流速为零，因而仍是一种简化模型。

离子交换过程一般都以一个简单的反应方程式来表示，例如：

$$R—A^+ + B^+ = R—B^+ + A^+$$

离子交换过程一般包含下列步骤：

① 液相中的反离子从溶液主体扩散到树脂颗粒的外表面，称为膜扩散或外扩散；

② 反离子从颗粒外表面经树脂微孔扩散到内表面的活性基团上，称为颗粒扩散或内扩散；

③ 反离子 A 与树脂上离子 B 在活性基团上进行反离子的交换反应；

④ 被解吸的离子 B 自树脂内部扩散到树脂外表面；

⑤ 离子再从树脂外表面扩散到溶液中。

这五个步骤实质上可以看做是三个步骤，即膜扩散、颗粒扩散和交换反应，其中交换反应速度较快，相对而言，膜扩散和颗粒扩散则进行得比较慢，因此整个交换过程的速度就由膜扩散和颗粒扩散的速度来决定。一般而言，液相速度越快或搅拌越剧烈，浓度越稀，颗粒越大，吸附越弱，则越是趋向于内部扩散控制；反之则越是趋向于外部扩散控制。对于溶胀了的树脂，在很稀的外部溶液中（≤0.01mol/L），膜扩散比颗粒扩散慢，此时整个扩散速度取决于膜扩散过程，在溶液较浓时（≥0.01mol/L），情况则正好相反，扩散速度取决于颗粒扩散过程；浓度介于两者之间时，颗粒扩散和膜扩散一起控制交换速度。此外，膜扩散和颗粒扩散的速度也与树脂颗粒以及温度等因素有关。

10.3.3.2　影响膜扩散速度的因素

（1）浓度　增大溶液中离子的浓度，即增大离子的浓度梯度，可增大扩散速度。

（2）温度　温度对膜扩散和颗粒扩散影响大体相同，每升高 1℃，扩散速度将增加 3%～5%。

（3）搅拌速度　搅拌可使膜扩散速度增加。

10.3.3.3　影响颗粒扩散速度的因素

除浓度、温度外还有如下。

（1）电荷的影响　对于阳离子，每增加一个电荷，内扩散速度将降低 10 倍。因为扩散离子是受树脂上固定离子的库仑力的作用，因此，由于离子的电荷增大，导致离子溶剂化程度增加，受到的阻力增大，颗粒扩散速度减小。例如，Na^+、Zn^{2+} 和 Y^{3+} 在交联度为 10% 的聚乙烯型磺酸基的阳离子交换树脂中，25℃时的内扩散速度分别是 2.70×10^{-7}、2.89×10^{-8} 和 3.18×10^{-9}。阴离子电荷的增减对内扩散速度的影响较小，一般每增加一个电荷，内扩散速度大约降低 2～3 倍。离子的大小也是影响内扩散速度的重要因素之一。溶剂化离子半径大的离子通过树脂多孔网状结构的扩散就比较困难。

（2）树脂的交联度　交联度低的树脂内扩散速度大，例如交联度为 5% 的树脂，离子的内扩散速度比交联度为 17% 的树脂大约 6 倍。这是因为交联度低的树脂网眼大，阻力小，便于扩散。树脂的交联度对阴离子内扩散速度的影响不大，但是对阳离子的影响较大。对一价阳离子而言，当交联度由 5% 增大到 15% 时，内扩散速度降低约 10 倍，而在同样条件下，阴离子内扩散速度只降低约 2 倍左右，因此适当地采用交联度较低的树脂可以加快交换过程。

（3）颗粒半径　颗粒越小，外扩散与内扩散都越快。因为小颗粒的总表面积大，单位时间内透过半透膜的离子就越多，膜扩散就越快。颗粒越小，进入树脂相的离子经过较短的距离就能与活泼基团的离子发生交换反应，即颗粒扩散也越快。颗粒扩散速度与树脂颗粒大小的平方成反比，即颗粒半径大小对颗粒扩散速度的影响更为显著。但是颗粒过小，导致离子交换柱的阻力增大，密度增大，从而影响速度。所以需要选择适当大小的交换剂颗粒。

（4）交换容量　离子的内扩散速度随着树脂交换容量的增加而降低。交换容量大，意味着活泼基团多，静电引力大，可供利用的自由空间小，因此内扩散速度降低。

（5）活泼基团的性质　颗粒扩散速度与活泼基团的数目和性质有关。强酸（或碱）性阳（或阴）离子交换树脂的交换速度是非常快的，但是，在 H^+（或 OH^-）式的弱酸性（或弱碱性）阳（或阴）离子交换树脂中，内扩散速度是非常慢的，羧酸型离子交换剂的交换速度也是很慢的。而且外界溶液中离子浓度也会影响外扩散和内扩散的速度。一般来讲，当外界溶液的浓度≤0.003mol/L 时，外扩散速度会很慢，此时外扩散速度便决定了离子交换速度；当外界溶液浓度≥0.1mol/L 时，则内扩散速度决定了整个离子的交换过程。应当结合各种因素综合考虑提高离子交换速度。

对于特定的离子交换过程，可采用一系列判据来确定控制步骤。

Helfferich 数（He）：

$$He = \frac{Q_0 \overline{D}_{AB} \delta}{c_0 r_0 D_{AB}} (5 + 2\alpha_{AB}) \tag{10-24}$$

He=1，表示膜扩散与颗粒扩散两种控制因素同时存在。

He≫1，表示膜扩散控制所需的半交换期远远大于颗粒扩散的半交换期，为膜扩散控制。

He≪1，为颗粒扩散控制。

当分离因子 $\alpha_{AB}=1$ 时，可简化为：

$$\frac{Q_0 \overline{D}_{AB} \delta}{c_0 D_{AB} r_0} > 0.14 \quad \text{膜扩散控制} \tag{10-25}$$

$$\frac{Q_0 \overline{D}_{AB} \delta}{c_0 D_{AB} r_0} < 0.14 \quad \text{颗粒扩散控制} \tag{10-26}$$

【例 10-3】　Na 型磺化苯乙烯阳离子交换树脂，粒度为 0.2mm，树脂交换容量为 2.8mol/m³，水相起始浓度为 1mol/m³，液相与树脂相离子扩散系数之比为 10，液膜厚度 $\delta = 10^{-5}$ m，Na-H 分离因子 α_{Na^+}，$H^+ = 1.8$，搅拌情况良好，试判断属于哪种扩散控制？若将水相浓度稀释至 0.1mol/m³，则属于哪种步骤控制？

解　$He = \dfrac{Q_0 \overline{D} \delta}{c_0 r_0 D}(5 + 2\alpha) = \dfrac{2.8 \times 10^{-5}}{1 \times 10 \times 0.2 \times 10^{-3}} \times (5 + 2 \times 1.8) = 0.12$

此情况下属于颗粒扩散控制。若水相浓度稀释至 0.1mol/m³ 时，则 He 为 1.2，则属于膜扩散控制。

Vermeulen 数（Ve）：Vermeulen 提出以 Ve 数作为确定柱型床中离子交换过程控制机理的判据。

$$Ve = \frac{4.8}{D} \left(\frac{Q_0 \overline{D}}{c_0 \varepsilon_b} + \frac{D \varepsilon_p}{2} \right) Pe^{-1/2} \tag{10-27}$$

式中，ε_b，ε_p 分别代表树脂床层的空隙率与树脂颗粒内部的孔隙率；Pe 为贝克来数。

$$Pe = \frac{\mu r_0}{3(1-\varepsilon_b)D} \qquad (10\text{-}28)$$

式中，μ 为流体相的流速，m/h。

控制原则如下：

$Ve < 0.3$　　　　颗粒扩散控制

$Ve > 0.3$　　　　膜扩散控制

$0.3 < Ve < 3.0$　　两种因素皆起作用的中间状态

10.4　操作方式与设备

离子交换分离过程通常包括：①待分离料液与离子交换剂进行交换反应；②离子交换剂的再生；③再生后离子交换剂的清洗等步骤。在进行离子交换过程的设计和树脂的选择时，既要考虑交换反应过程，又要考虑再生、清洗等过程。

离子交换过程的本质与液-固相间的吸附过程类似，所以它所采用的操作方法、设备以及设计过程等均与吸附过程相类似。离子交换设备按结构型式可分为罐式、塔式、槽式等。按操作方式可以分为间歇式、半连续与连续式。

10.4.1　搅拌槽间歇操作

搅拌槽是带有多孔支撑板的筒形容器，离子交换树脂置于支撑板上间歇操作，过程如下。

（1）交换　将液体置于槽中，通气搅拌，使溶液与树脂充分混合，进行交换，过程接近平衡后，停止搅拌，排出溶液。

（2）再生　放入再生液，通气搅拌，再生，完全后，将再生废液排出。

（3）清洗　通入清水，搅拌，洗去树脂中残存的再生液，然后进入下一个循环操作。

这种设备结构简单，操作方便，但是分离效果较差，只适用于规模小、分离要求不高的场合。根据两相间接触方式的不同，离子交换设备又可分为固定床、移动床、流化床等。

10.4.2　固定床离子交换设备

其中固定床是应用较为广泛的一类离子交换设备，它的构造、操作特性、操作方法和设计等与固定床吸附相似。能够在一定量再生剂的条件下逆流再生获得较高的分离效果，并具有设备结构简单、操作方便、树脂磨损少等优点。在固定床中，离子交换树脂的下部需要用多孔陶土板、石英砂等作为支撑体。通常被处理的料液从树脂的上方加入，经过分布管均匀分布于整个树脂的横截面上。如果是采用压力加料，则要求设备密封。料液与再生剂从树脂上方各自的管道和分布器分别进入交换器，树脂支撑下方的分布管便于水的逆流冲洗。离子交换柱通常用不锈钢等材料制成，管道、阀门等则一般用塑料制成。通常有顺流与逆流两种再生方式。逆流再生效果较好，再生剂用量较少；但是容易造成树脂层的上浮。如果将阳、阴两种树脂混合起来，则可以制成混合离子交换设备。将混合床用于抗生素等产品的精制，可以避免采用单床时溶液变酸（通过阳离子柱时）及变碱（通过阴离子柱时）的问题，从而能够减少目标产物的破坏。单床以及混合床固定式离子交换装置如图 10-5 所示。

有些离子交换器既可用于固定床的操作，也可用于流化床的操作。如图 10-6 所示，主要包括：一个正相计量泵；一个用玻璃制成的柱体，装有一个活塞以调节体积；三个贮槽，分别装有去离子水、HCl 和 NaCl；三个阀门，它们必须同时关闭或者只打开其中的一个；

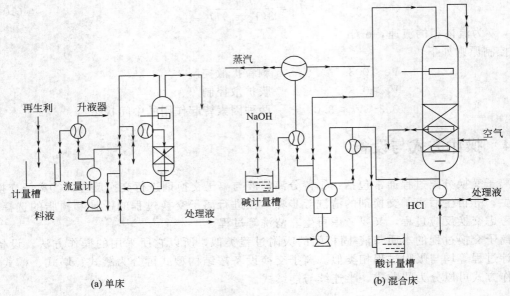

(a) 单床   (b) 混合床

图 10-5　固定式离子交换装置的流程

两个四通阀，如图 10-7 所示，决定了料液向上或向下以及料液通过床层或留在贮槽中；两个 pH 电极，在床进口或出口的位置测量料液的 pH 值；当料液向下流过床层时，则为固定床操作，而当料液由下向上流过床层时，则为流化床的操作。

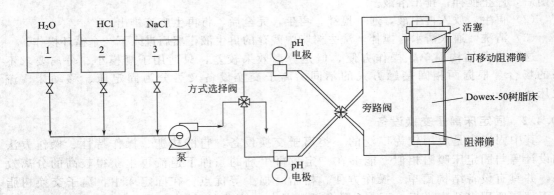

图 10-6　离子交换示意图
1~3—贮槽

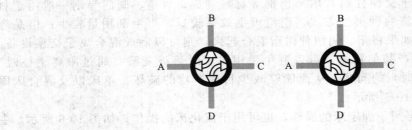

图 10-7　四通阀示意图

【例 10-4】 利用离子交换树脂固定床吸附某氨基酸，树脂粒径为 $d_p=0.01\text{cm}$，床层高度 $L=20\text{cm}$，床内径 $D_0=5\text{cm}$，空隙率 $\varepsilon=0.4$；氨基酸溶液流量为 $Q=47.1\text{cm}^3/\text{min}$，浓度 $c_0=1\text{mg/cm}^3$，吸附等温式为 $q^*=\dfrac{q_m K_b c}{1+K_b c}$，$K_b=4\text{cm}^3/\text{mg}$，$q_m=40\text{mg/cm}^3$。测得传质系数 $K_f=5\times10^{-4}\text{cm/s}$，试计算：①固定床的传质单元数；②达到吸附饱和所需时间；③穿透浓度达到入口浓度 5% 时所需时间。

解 由已知条件可得：

$$H=(1-\varepsilon)/\varepsilon=(1-0.4)/0.4=1.5$$

$$q_0=\frac{q_m K_b c_0}{1+K_b c_0}=40\times4\times1/(1+4\times1)=32.2\text{mg/cm}^3$$

基于吸附剂体积的比表面积：

$$a=6/d_p=6/0.01=600\text{cm}^{-1}$$

料液流动线速度：

$$u=\frac{Q}{\frac{3.14}{4}\times D_0^2}\frac{1}{\varepsilon}=\frac{47.1}{\frac{3.14}{4}\times25}\times\frac{1}{0.4}=6\text{cm/min}=0.1\text{cm/s}$$

① 根据 $\text{NTU}=\dfrac{K_f aLH}{u}$，可得传质单元数为：

$$\text{NTU}=5\times10^{-4}\times600\times20\times1.5/0.1=90$$

② 根据 $t_{1/2}=\dfrac{q_0 HL}{uc_0}$，得吸附达到饱和所需时间为：

$$t_{1/2}=32.2\times1.5\times20/(0.1\times1)=9660\text{s}=2.68\text{h}$$

③ 将 $c=0.05c_0$ 代入式 $\dfrac{1}{K_b c_0}\ln\left(\dfrac{c}{c_0-c}\right)+\ln\left(\dfrac{2c}{c_0}\right)=\dfrac{K_f aLH}{u}\dfrac{t-t_{1/2}}{(q_0 HL)/(\mu c_0)}$

可得，达到 5% 穿透所需时间为：

$$t=9334\text{s}=2.59\text{h}$$

固定床离子交换设备的主要缺点是树脂的利用率较低。因为一般固定床中有效的交换传质区域只占整个床高的一部分，在任一时刻床中饱和区与未用区中的树脂都处于闲置。导致再生剂与洗涤液用量较大。采用连续操作的移动床可以克服这些缺点。但是同时存在设备管线复杂、阀门多、树脂利用率相对较低等弊端。因此固定床日益面临新型设备的挑战。为适应现代化生产的要求，各国学者都将注意力集中在连续式设备的开发及应用研究上，先后研制出多种实用的离子交换设备，将离子交换技术不断推向前进。

10.4.3 半连续移动床式离子交换设备

移动床过程属于半连续式离子交换过程。在此设备中，离子交换、再生、清洗等步骤是连续进行的。但是树脂需要在规定的时间内流动一部分，而在树脂的移动期间没有产物流出，所以从整个过程来看只是半连续的。既保留了固定床操作的高效率，简化了阀门与管线，又将吸附、冲洗与洗脱等步骤分开进行。

(1) Higgins 环形移动床 该设备是把交换、再生、清洗等几个步骤串联起来，树脂与溶液交替地按照规定的周期移动（见图 10-8），溶液流动期间，树脂为固定床操作。泵推动溶液使树脂脉冲移动。该设备的优点是所需树脂少于固定床，占用面积仅为固定床的 20%～50%；树脂利用率高，设备生产能力大，是一般连续离子交换设备线速度的 5～10 倍，特别适于处理低浓度的水溶液。再生液的消耗也比固定床少，并且废液少、费用低。因此，目前在水处理（脱盐、脱碱）、制药工业等方面得到了一定的应用。

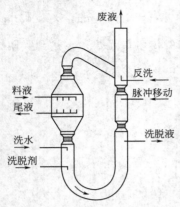

图 10-8 Higgins 环形移动床

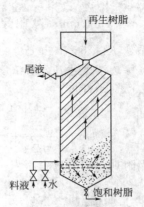

图 10-9 Asahi 移动床

（2）Asahi 移动床 树脂在柱内向下流动时和向上的原料液逆流接触。柱内流出的树脂被压力推动，经过自动控制阀门进入再生柱。再生过程也是逆流操作，再生后的树脂转移至清洗柱内逆流冲洗，干净的树脂再循环回到交换柱上方的贮槽重复使用（见图 10-9）。该设备能够克服普通固定床操作中存在的料液浓度高时树脂用量大和周期性运行中的不连续操作等问题。

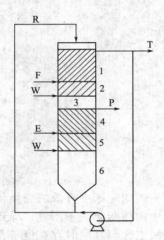

图 10-10 Avco 连续移动床

（3）Avco 连续移动床 如图 10-10 所示，Avco 连续移动床分为若干段。第 1 段是交换段，第 4 段为洗脱段（再生段），第 2、第 5 段为漂洗段，第 3、第 6 段为隔离段。各股料液分别为：进料 F；交换尾液 T；洗脱剂 E；洗脱液 P；漂洗水 W；树脂 R。并包括：反应区，驱动区和清洗区。采用两级驱动器串联，以便获得足够的循环水压力。在初级区用处理后的水作驱动液，在次级区以原料水作为驱动液。再生效率较高。

10.4.4 连续式离子交换设备
10.4.4.1 一般连续式离子交换设备

固定床的离子交换操作中，只能在很短的交换带中进行交换，因此树脂利用率低，生产周期长。如图 10-11 和图 10-12 所示，采用连续逆流式操作则可解决这些问题，而且交换速度快，产品质量稳定，连续化生产更易于自动化控制。

连续式离子交换设备又分为重力和压力式。压力流动式设备包括再生洗涤塔和交换塔。交换塔为多室结构，其中的树脂和溶液为顺流流动，而对于全塔来说，树脂和溶液却为逆流。再生和洗涤共用一塔，水及再生液与树脂均为逆流。连续式装置的树脂在装置内不断流动，但是又形成固定的交换层，具有固定床离子交换器的特点；另一方面，树脂在装置中与溶液顺流呈沸腾状态，因此又具有沸腾床离子交换器的特点。其工作流程如图 10-13 所示。这种装置的主要优点是能够连续生产，而且效率高；树脂利用率高，再生液耗量少；操作方便。缺点是树脂磨损较大。重力流动式又称双塔式，工作流程如图 10-14 所示，其主要特点是被处理料液与树脂为逆流流动。

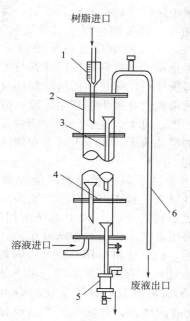

图 10-11　筛板式连续离子交换设备

1—树脂计量及加料口；2—塔身；3—漏斗形树脂加料口；
4—筛板；5—饱和树脂接受器；6—虹吸管

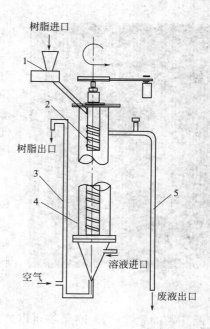

图 10-12　旋涡式连接交换设备

1—树脂加料器；2—具有螺旋带的转子；
3—树脂提升管；4—塔身；5—虹吸管

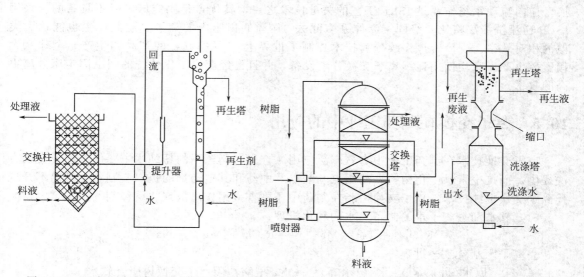

图 10-13　压力流动式离子交换装置流程　　　　图 10-14　重力流动式离子交换装置流程

10.4.4.2　ISEP 系统及工作原理

ISEP 系统是首次开发成功的一种真正连续的离子交换系统，由美国先进分离技术公司（Advanced Separation Technologies Inc.）于 1986 年开发，经过不断完善，目前已成功应用于多种领域中。

如图 10-15 所示，ISEP 系统是由一水平转盘和 30 个小固定床柱子所构成。固定床和转盘以规定速度连续旋转，每个柱中都装有离子交换树脂等吸附剂，每个柱的上部和下部均有接管，与由小电机驱动的分配器旋转端管嘴相接。分配器旋转端与含有 20 个均匀分布槽口

图 10-15　ISEP 实验室模型 L100 示意图

的分配器固定端相匹配。转盘旋转 360°时，每个柱都经历一次吸附循环，即吸附、再生（或洗脱），以及一次或二次淋洗。当某一个柱从一个槽口下部移开时，液流暂时停止流动，直到床柱转移到与另一槽口相通，这样能够保证树脂床柱在任何时候都只能接受来自一个槽口的液流。在吸附循环中，床柱内树脂的任何部位均无闲置，可大大减少所用树脂量。小容积树脂床与液流的逆流流动，减少了再生和清洗树脂床所需要的再生剂。

固定床的主要缺点是：吸附剂不能得到有效利用；再生液消耗量大，而 ISEP 连续系统采用的逆向流动工艺能够克服这些缺点。ISEP 系统可用于分离、精制和回收各种工业用水以及其他溶液中的特定有效物质及有害物质，此系统可使用传统的吸附剂，如离子交换树脂、活性炭及合成吸附剂等。由于是连续运

行，ISEP 不需要备用设备；离子交换树脂再生时也不必中断正常的生产。ISEP 系统可以处理杂质浓度较高的物料，并能保证产品成分和浓度的稳定性。同时，采用多通道逆流再生等方式，可大大减少离子交换树脂的用量及再生剂和洗涤水的消耗量。尤其适用于复杂的分离过程。其操作方式包括：平行流动；带向上流动的平行流动；串联流动；双通道串联流动；带排干液体的串联流动；再循环流动；脉冲料液置换。逆向流动系统作业是 ISEP 工艺的关键技术之一，其优点是固定床等所不具备的。采用 ISEP 逆流洗涤法将比 4 级固定床体系多除去 310% 的树脂内的离子。逆流再生也能达到类似的相对效率。现今，该连续分离技术控制了世界上 70% 的赖氨酸产品的生产。全球六大赖氨酸生产厂家均使用连续离子交换分离设备，并且已经获得了比传统的间歇固定床分离更高的收率。

10.5　离子交换在制药工业中的应用

离子交换技术在制药工业中有着广泛应用。首先，制药用的超纯水主要依靠离子交换方法提供。而抗生素、生化药物、药用氨基酸以及中药和其他药剂的提取、制备也都离不开现代离子交换提纯技术。离子交换树脂在制药中还可直接用作离散剂、缓释剂等。

（1）软水和去离子水的制备　水的软化机理：
$$R\text{-}Na^+ + Ca^{2+}、Mg^{2+} \Longrightarrow R\text{-}Ca^{2+}、Mg^{2+} + Na^+$$
去离子水制备工艺过程：
$$原水（自来水、井水、山水等）\longrightarrow Na 型酸性阳离子交换树脂\rightarrow 软水$$
去离子水的制备原理：
$$R—H^+ + R—OH^- + MeX \Longrightarrow R—Me^+ + R—X^- + H_2O$$
去离子水制备工艺过程：
$$原水\rightarrow 强酸性阳离子交换树脂\rightarrow 强碱性阴离子交换树脂\rightarrow 混合床\rightarrow 去离子水$$
（2）纯水的制备　天然水中常含一些无机盐类，为了除去这些无机盐类以便将水净化，可将水通过氢型强酸性阳离子交换树脂，除去各种阳离子。如以 $CaCl_2$ 代表水中的杂质，则交换反应为：
$$2R\text{-}SO_3H + Ca^{2+} \Longrightarrow (R\text{-}SO_3)_2Ca + 2H^+$$

再通过氢氧型强碱性阴离子交换树脂，除去各种阴离子：

$$RN(CH_3)_3OH + Cl^- \rightleftharpoons RN(CH_3)_3Cl + OH^-$$

交换下来的 H^+ 和 OH^- 结合成 H_2O，这样就可以得到相当纯净的所谓"去离子水"，可以代替蒸馏水使用。

（3）从猪血水解液中提取组氨酸　组氨酸是婴儿营养食品的添加剂。医疗上还可作为治疗消化道溃疡、抗胃痛的药物并用作输液配料。将相当于 140kg 猪血粉的猪血煮熟，离心脱水后置于 1000L 搪瓷反应锅内，加 500kg 工业盐酸水解，经石墨冷凝器回流 22h。水解液减压浓缩回收盐酸，用活性炭脱色，在陶瓷过滤器内减压过滤，静置后滤去酪氨酸。滤液加水配成相对密度 1.02 的溶液，以强酸性氢型阳离子树脂进行固定床吸附，流出液中检验出组氨酸时，停止吸附，用水正洗柱，之后用 0.1mol/L $NH_3 \cdot H_2O$ 洗脱。收集 pH 值为 7～10 的洗脱液，树脂用水反冲后，经 1.5～2mol/L 盐酸再生，树脂水洗至流出液 pH 值为 4，待用。洗脱液浓缩 10 倍后调 pH 值至 3.0～3.5，经活性炭脱色、过滤，再浓缩，加 95％乙醇静置过夜后过滤，得盐酸组氨酸粗品，经多次重结晶、过滤、洗涤最后烘干即得成品。

（4）抗生素分离提纯　弱酸性阳离子树脂可以有效提取精制链霉素。因链霉素分子中有两个强碱性胍基与一个弱碱性葡氨基，故 Amberlite IRC-50 与丙烯酸系弱酸性树脂 110 均为合适的树脂。流程如图 10-16 所示。

弱酸性树脂转为 Na^+ 型使用。两柱串联操作，链霉素发酵液先反向流入第一柱，贯穿后、串入第二柱。当第一柱贯穿达 30％时，切换并进行洗脱、再生，第二柱继续通液。贯穿时再串入经洗脱、再生后的第一柱。第二柱贯穿达 30％时又切换，洗脱、再生，如此循环。洗脱剂为 1mol/L HCl，再

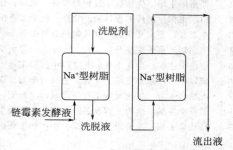

图 10-16　链霉素提取精制的工艺流程示意图

生剂为 1mol/L NaOH。和所有处理发酵液的过程类似，反上柱吸附可防止发酵液中菌体、有机物堵塞树脂床层，增大阻力，降低吸附效率。洗脱前需用空气搅拌逆洗，去掉杂质，以提高洗脱效率和产品纯度。所得洗脱液经浓缩、脱色、精制、结晶、干燥得到链霉素结晶粉末。按类似流程与方法可用强酸性阳离子树脂提取、纯化新霉素、卡那霉素、春雷霉素。用强碱性阴离子交换树脂可分离卡那霉素 A 和 B。可以说，目前已知的抗生素，如先锋霉素 C、争光霉素、四环素、红霉素、双环菌素、抗生素 K-73、林肯霉素（Ⅰ、Ⅱ）等几乎均可用高分子吸附剂进行分离、提纯。此外，离子交换技术在一些抗生素的盐型转化，如青霉素钠盐变钾盐、链霉素盐酸盐变硫酸盐、磷酸盐、醋酸盐等，维生素 B 除盐，以及分离维生素 B_{12}、回收生物碱等的应用中均已达到工业规模或成熟水平。

（5）离子交换树脂在中药中的应用

① 生物碱。生物碱是自然界中广泛存在的一类碱性物质，是许多中草药的有效成分，它们在中性和酸性条件下以阳离子形式存在，因此可用阳离子交换树脂将它们从提取液中富集分离出来。另外，生物碱在醇溶液中能较好地被吸附树脂所吸附。离子交换吸附总生物碱后，可根据各生物碱组分碱性的差异，采用分步洗脱的方法，将生物碱组分一一分离。

② 黄酮。黄酮类化合物是指母核为 2-苯基色原酮的化合物，一般具有酚羟基，有的还具有羧基，故呈弱酸性，不能很好地与阴离子交换树脂发生交换，却能被吸附树脂较强地吸附。

③ 糖类。糖类分子中含有许多醇羟基，具有弱酸性，在中性水溶液中可与强碱性阴离

子交换树脂（OH⁻型）进行离子交换，并易被 10％的 NaCl 水溶液所解吸，但是许多糖类在强碱性条件下会发生异构化和分解反应，因而限制了强碱性阴离子树脂在糖类分离纯化中的应用。非极性吸附树脂，如 DMD 型不易吸附水中的单糖，但能很好地吸附菊糖等分子量稍大的多糖，故可用于中草药水溶性成分中糖的纯化。

④ 在中药复方中的应用。同一型号大孔树脂对不同有效成分的吸附能力不同，以 LD605 型大孔吸附树脂为例，吸附能力为：生物碱＞黄酮＞酚类＞无机物。因此，在使用同一型号大孔吸附树脂纯化含不同有效成分的中草药复方时，应选择适宜的树脂型号和合适的纯化条件。

离子交换与吸附树脂对吸附质的作用主要通过静电引力和范德华力达到分离纯化化合物的目的。因为有活性的中药有效成分，其结构与性质千差万别，所以，对树脂的要求也不同。因此，在筛选树脂时，必须对树脂的骨架、功能基、孔径、比表面积和孔容等进行全面综合的考虑。

参 考 文 献

［1］ 郑裕国主编. 生物加工过程与设备. 北京：化学工业出版社，2006.
［2］ 白鹏主编. 制药工程导论. 北京：化学工业出版社，2003.
［3］ 李淑芬、姜忠义主编. 高等制药分离工程. 北京：化学工业出版社，2003.
［4］ 姜志新. 离子交换分离工程. 天津：天津大学出版社，1992.
［5］ 伦世仪主编. 生化工程. 北京：中国轻工业出版社，1993.
［6］ 戚以政、汪叔雄主编. 生化反应动力学与反应器. 北京：化学工业出版社，1996.
［7］ 山根恒夫著. 生化反应工程. 周斌译. 西安：西北大学出版社，1992.
［8］ 梁世中主编. 生物工程设备. 北京：中国轻工业出版社，2002.
［9］ 高孔荣主编. 发酵设备. 北京：中国轻工业出版社，1993.

第 11 章　色谱分离过程

11.1　概述

色谱（chromatograghy，又称为色层或层析）技术的发明是在 1903 年，俄国植物学家 Tswett 研究植物色素的组成时，将植物色素的石油醚抽出液倾入碳酸钙吸附柱上，当以石油醚进行洗脱时，吸附柱上出现植物色素不同颜色的谱带，于是他首先提出了"色谱法"这一概念。现在它的含义主要是指多种成分的混合物，由于在流动相和固定相中有不同的分配，在流动过程中，经多次分配后而获得分离。

色谱分离首先在分析化学中获得很大的成功，早在 20 世纪 50 年代后期，分析型高效液相色谱技术（HPLC）就已经开始兴起，它可以用于非挥发性物质、热敏性物质以及具有生物活性物质的分析和分离，从根本上解决了气相色谱技术的不足之处，从而不断得到广泛应用。随着生物工程、精细化工及医药工业的发展，相关领域对物质的分离提纯提出了更高的要求，而经典的分离方法（精馏，吸收，萃取，结晶等）都难以实现分离要求，人们逐步发展了制备色谱。

同其他传统分离纯化方法相比，色谱分离过程具有如下特点。

（1）应用范围广　从极性到非极性、离子型到非离子型、小分子到大分子、无机到有机及生物活性物质、热稳定到热不稳定的化合物都可用色谱方法分离。尤其在生物大分子分离和制备方面，是其他方法无法替代的。

（2）分离效率高　若用理论塔板数来表示色谱柱的效率，每米柱长可达几千至几十万的塔板数，特别适合于极复杂混合物的分离，且通常收率、产率和纯度都较高。

（3）操作模式多样　在色谱分离中，可通过选择不同的操作模式，以适应各种不同样品的分离要求。如可选择吸附色谱、分配色谱和亲和色谱等不同的色谱分离方法；可选择不同的固定相和流动相状态及种类；可选择间歇式和连续式色谱等。

（4）高灵敏度在线检测　在分离与纯化过程中，可根据产品的性质，应用不同的物理与化学原理，采用不同的高灵敏度检测器进行连续的在线检测，从而保证了在达到要求的产品纯度下，获得最高的产率。

本章首先介绍色谱分离过程的一些基本概念，色谱的模型理论，气相色谱和高效液相色谱的一些基本原理及装置的主要结构和分析分离特点，然后着重介绍一些制备型色谱的应用现状。

11.2　色谱分离过程的基本原理

11.2.1　分离原理

色谱分离过程的实质是溶质在不互溶的固定相和流动相之间进行的一种连续多次的交换过程，它借溶质在两相间分配行为的差异而使不同的溶质分离。不同组分在色谱过程中分离情况首先取决于各组分在两相间的分配系数、吸附能力、亲和力等是否有差异。图 11-1 是对色谱分离过程原理的简单图示。

含 A、B、C 组分的混合物随流动相一起进入色谱柱，在流动过程中，各溶质组分在固

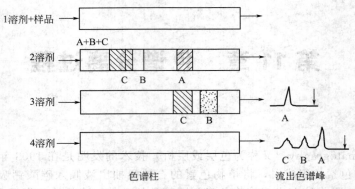

图 11-1　色谱分离过程原理

定相（色谱柱中填料）和流动相之间分配，分配系数小的组分 A 不易被固定相滞留，较早流出色谱柱；分配系数大的组分 C 在固定相上滞留时间长，较晚流出色谱柱。即混合物中各组分按其在两相间分配系数不同先后流出色谱柱而得到分离。分配系数的定义是：

$$K = c_s / c_m \qquad (11\text{-}1)$$

式中，c 为溶质的浓度，mol/L；下标 s 为静止相或固定相，下标 m 为移动相。

11.2.2　固定相（色谱柱填料）

色谱柱填料分为球形颗粒填料和不规则形状颗粒填料，前者具有较大的优势。其具有较高的机械强度，不易破碎，柱的填装重现性好，并可增加样品在柱中的渗透性。

色谱分离过程中常用的柱填料有以下几种。

(1) 硅胶及其衍生的固定相　大孔硅胶是最重要的色谱固定相，也被用于制备键合型固定相。根据制备方法的不同，可得到不同孔径、表面积及颗粒形状的吸附剂。对于制备型液相色谱，固定相颗粒及大小已由经典的无定形大颗粒（40～60μm 或更大）发展到目前的球形高效细颗粒（10～20μm 或更小），已经与分析用的固定相十分接近。

硅胶经一定化学方法处理，可使分离效果得到改善。Schwarzenbach 曾报道用一种缓冲液冲洗固定相，然后将固定相彻底干燥，分离时所用流动相不能溶解硅胶上的缓冲物质，用该固定相分离高极性物质，可减少脱尾现象。虽然这种经过处理的硅胶用于制备型分离工作报道较少，但它对制备分离酸、碱、高极性化合物以及异构体具有很大的潜力。

(2) 活性炭　活性炭属于非极性吸附剂，以物理吸附为主，不同原料烧制成的活性炭性能上有一些差异，主要可以吸附非极性和弱极性的有机气体和蒸汽，其吸附容量大、吸附力强，但对水的吸附较少，因此，活性炭适于采集有机气体和蒸汽混合物，特别适合于在浓度低、湿度高的地点长时间采样。活性炭对于沸点高于 0℃ 的各种蒸汽，在常温下均能有效吸附；对于沸点低于 −150℃ 的气体，如氢气、氮气、氧气和一氧化碳气体等，活性炭在常温下几乎无吸附能力。为了定量采集沸点 −100～0℃ 之间的物质，如氨、乙烯、甲醛、氯化氢和硫化氢等，适宜的办法是在冷冻下吸附，也可以用浸渍化学试剂的活性炭，通过化学吸附增强其吸附能力。由于活性炭吸附能力强，解吸比较困难，一般常采用热解吸法和有机溶剂解吸法。热解吸法是将活性炭加热到一定温度，然后通入氮气等惰性气体，将被吸附的物质吹脱。有机溶剂解吸法是用有机溶剂浸泡活性炭，大量的有机溶剂分子将吸附在活性炭上的物质洗脱出来，这种方法具有理想的解吸效果。

(3) 离子交换树脂　离子交换树脂可分为强酸性阳离子交换树脂、弱酸性阳离子交换树脂、强碱性阴离子交换树脂和弱碱性阴离子交换树脂。离子交换树脂在湿法冶金中广泛采用，也用于葡萄糖和果糖的分离及蛋白质的分离与提纯。质子化的强离子交换树脂能用于分离高度氧化及脱水的二萜类化合物。

（4）大孔吸附树脂　大孔吸附树脂是单体在聚合物过程中，同时加入适当的发泡剂聚合而成的球形颗粒。按其极性分为极性、非极性及中间极性三种类型。它具有化学稳定性和机械稳定性能较好，吸附容量大和再生容易的优点，其应用十分普遍。多孔聚合物、大孔吸附树脂 Diaion HP-20 对于分离极性化合物十分有效。

（5）凝胶　根据凝胶的材料不同，可分为有机凝胶和无机凝胶。有机凝胶一般是交联的高聚物，根据其交联度的大小可以溶胀，柱的效率高，但易老化，热稳定性和机械强度都较差。无机凝胶的柱分离效率较差，但性能稳定易于掌握。亲水性凝胶用于生化产品的分离，亲油性和两性凝胶适用于合成高分子材料的分离。

（6）手性固定相　常用手性固定相主要是以下两类：一类是纯的手性有机聚合物或以其覆盖的多孔担体，包括寡糖和多糖、聚丙烯酸酯和由蛋白质衍生的固定相；另一类是通过对担体（如硅胶）表面进行手性化学修饰所获得的物质，修饰剂包括氨基酸衍生物、冠醚、金鸡纳生物碱、碳水化合物、酒石酸衍生物、环糊精和双萘类化合物。下面介绍几种具有代表性的手性固定相。

① 纤维素衍生物。以纯聚合物的形式或以覆盖在惰性非手性担体的形式进行应用。三乙酰基纤维素以价廉、适用面广、载样量大的特点成为最广泛应用的纤维素衍生物固定相，但它的不足之处是效率低、重现性差、需采用低的洗脱液流速。

② 环糊精相。环糊精是形成稳定包和配合物的环状配合物的环状多糖，为包和配合物高度疏水的孔穴中具有各种各样的分子。根据孔穴的大小可区分为 α-、β- 与 γ-环糊精。同时疏水孔穴的大小及环糊精上的取代基决定其与某一分子结合的能力。将环糊精固定于硅胶上或用双乙二醇与环糊精交联都可应用于制备型分离。

③ 聚（甲基）丙烯酰胺。通过将丙烯酸单体载硅胶表面聚合，得到机械性能大为改善的嫁接聚合体。这种聚合物尤其适用于拆分具有轴向、平面或螺旋手性的化合物。

④ π-酸和 π-碱固定相。最常用的 π-酸担体是由苯基甘氨酸和亮氨酸通过共价或离子键合到 3-氨基丙基硅胶上得到的。由 (R)-N-3,5-二硝基苯甲酰基苯基甘氨酸离子键合到 $40\mu m$ 氨基丙基硅胶构成的手性固定相可用于分离克数量级的消旋体，包括醇类、丙酯类、亚砜类、内酯胺类及己内酰脲类成分。π-碱担体可用于分离萘基丙氨酸和萘乙胺衍生物。

11.2.3　色谱柱及柱技术

色谱柱是色谱技术的核心，因为无论应用何种色谱方法，样品都是在色谱柱中实现分离的。制备型色谱柱尺寸大，且负载样品量大，因而制备色谱柱成为制备色谱法的技术关键。

色谱柱的性能依赖于三个因素：色谱柱填充技术、柱设计和生产。

（1）色谱柱装填方法　色谱柱装填方法一般有五种：高压匀浆填充，干法填充，径向压缩法，轴向压缩法和环形压缩技术。而对于中型或大型制备色谱柱的装填主要采用后三种方法，如图 11-2 所示。轴向压缩法又分为动态轴向压缩法（DAC）和普通轴向压缩法，二者的区别在于在 DAC 法中，色谱柱在使用过程中仍保持一定的压力，从而处于压缩状态。

动态轴向压缩法的基本原理是利用一个可移动的活塞将装入色谱柱的填料匀浆压实，在洗脱过程中，色谱柱柱床始终保持一个固定的压力，从而保证柱床维持稳定、均匀且没有空隙形成。DAC 技术解决了色谱法放大过程中

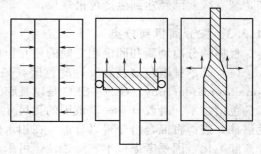

图 11-2　中型或大型制备色谱柱的装填方法

大直径色谱柱的装填问题，且能保证稳定的柱效能，最大的动态 DAC 色谱柱内径达 1600mm。正是 DAC 技术的出现，使高品质柱可以大规模使用，且 DAC 技术为使用者提供了用任意一种填料自己装填柱子，并可方便快速地调整柱长度的可能性。DAC 技术是目前填充大直径制备色谱柱最好的方法。

（2）色谱柱设计　柱设计是影响色谱柱性能的关键因素。因为柱设计直接影响到能否在色谱柱中形成液体的平推流式分布。目前在工业规模的连续多柱制备色谱系统中，色谱柱多采用大直径、短柱长的"饼式"柱，柱头结构与分析柱完全不同，它的设计显得尤为重要。例如，在柱端口，当溶剂进入色谱柱后，溶剂流速通常要降到原来的 1/200，因此要保证柱端的优化设计，首先利用流体力学模型进行模拟计算，达到最优柱端设计，然后再进行放大，以使被分离物质以"面进样"而不是"点进样"的方式分布在柱头截面上，形成平整的活塞流，减少谱带扩张。

柱结构的设计上，传统的轴向流动柱是目前最常见的。目前出现的新型柱结构设计是由 Separagen 公司发明的 Superflo 柱，称为"径向流动色谱柱"。柱形状是一个同心圆筒，填料装在圆筒的夹层中，样品从圆筒的外周边引入，沿筒的径向流入中间细管中，然后进入检测器。它的特点是进样面大、柱子短（圆筒夹层厚度）使制备量提高且节省空间；被分离物在柱内滞留时间短；填料可使用软质材料，甚至卷式膜材料；流动相流速大；技术更加复杂。

11.3　色谱的分类

色谱分离技术的应用范围已越来越广泛，各种新的色谱分离技术也不断出现，因而分类方法有很多种，一般可按两相的状态、分离机制、操作形式及应用领域进行分类，下面简要介绍四种分类方法。

11.3.1　按流动相状态分类

以流动相状态分类，用气体作为移动相的色谱称为气相色谱（GC）；用液体作为移动相的色谱称为液相色谱（LC）；以超临界流体作为移动相的色谱称为超临界流体色谱（SFC）。再根据固定相状态的不同，可以继续将气相色谱分为气-固色谱（GSC）和气-液色谱（GLC）。同理，液相色谱也可继续划分为液-固色谱（LSC）和液-液色谱（LLC）等。

11.3.2　按处理量分类

根据分离样品量的不同，以分离纯化为目的的色谱可分为：半制备（semi-preparative，μg-g）、大规模（large scale，g-kg）和生产型（industrial scale or process，g-kg）几种类型色谱。但由于目的物质不同，样品量并不是绝对的分级指标。若对于某些基因工程药物而言，毫克级就已经达到生产色谱规模。

11.3.3　按分离机制分类

根据待分离物质和固定相之间的相互作用机理不同，可分为以下几种类型色谱。

（1）分子排阻色谱或凝胶过滤色谱（size exclusion chromatography，SEC 或 gel filtration chromatography，GC）　SEC 是以凝胶为固定相，一种根据各物质分子大小不同进行分离的色谱技术。凝胶具有一定范围的孔尺寸，大分子进不去而先流出色谱柱，小分子后流出色谱柱，进而将混合组分得以分离。在用水作为流动相时又称为凝胶过滤色谱。大规模制备分离和纯化，因要考虑成本和渗透性，可采用较粗的凝胶粒度。这种色谱技术一般用作原料液的初分离，获取几个分子量级的馏分，供进一步分离纯化使用。

（2）离子交换色谱（ion exchange chromatography，IEC） 以阳离子和阴离子交换树脂为固定相，根据各种离子对离子交换树脂的相对亲和力不同，而在色谱柱上分离成不连续的谱带，一次洗脱流出色谱柱。适合离子和在溶剂中可发生电离的物质的分离。大多数生物大分子都是极性的，可使其电离，所以 IEC 广泛用于生物大分子的制备分离，特别是在蛋白质、多肽、核酸等的分离纯化中占主导地位。

（3）疏水作用色谱（hydrophobic interaction chromatography，HIC） 以表面偶联弱疏水性基团（疏水性配基）的疏水性吸附剂为固定相，根据蛋白质与疏水性吸附剂之间的弱疏水性相互作用的差别进行分离的色谱技术。一般进料需在高浓度中进行，洗脱则主要采用降低流动相离子强度的线性梯度洗脱法或逐次洗脱法。主要用于蛋白质生物大分子的分离纯化。

（4）亲和色谱（affinity chromatography，AC） 以亲和吸附剂为固定相，利用蛋白质分子和适当的配位体能相互作用的生物化学特性进行分离。亲和吸附剂是用一种能和蛋白质有特殊黏合作用的配基，接在疏水的载体上制成的配基固定相。在适宜的缓冲液条件下进料，利用冲洗液的组成和 pH 值变化，蛋白质和酶一类的生物物质吸附而滞留，其他不能络合的杂质流出柱外，再用缓冲液洗脱。载体必须是亲水的均一、多孔网状结构，易于大分子渗透，有一定化学稳定性，没有吸附能力的固体。AC 在生物大分子化合物的分离纯化中占有特别重要的地位。

11.3.4 按使用目的

根据色谱使用目的的不同，可分为以下几类。

（1）分析用色谱 这类色谱主要用于各种样品的分析，根据其使用场合的不同又进一步分为实验室使用色谱仪器和现场便携式色谱仪，其特点是：色谱柱较细，分析的样品量少。

（2）制备用色谱 用于完成一般分离方法难以完成的纯物质制备任务，如高纯化学试剂的制备、蛋白质的纯化、手性药物的拆分和提纯等。

（3）流程用色谱 主要使用于工业生产流程中，为在线连续使用的色谱仪。目前主要用于化肥、制药、石油炼制及冶金工业过程的工业气相色谱仪。

11.4 色谱分离过程基础理论

11.4.1 保留值、分离度和柱效率

（1）保留值 通常以保留时间 t_r 及容量因子 k' 来表示。

保留值是色谱过程的基本热力学参数之一。在相同的操作条件下，不同的物质有各自固有的保留值，因此它也是色谱定性的基本依据。

从进样开始到柱后出现样品的浓度极大值所需的时间为保留时间。用 t_r 表示，它与固定相和流动相的性质、柱温、流速、柱体积等有关。

容量因子 k'（又称分配比或分配容量）是使用最为广泛的保留值表示法。它与柱尺寸及流速无关，而与溶质在两相间的分配性质、柱温及固定相和流动相之体积比有关，它是指在一定温度和压力下，组分在固定相和流动相之间达到平衡时的质量之比，即：

$$k' = \frac{溶质在固定相的量(q_s)}{溶质在流动相的量(q_m)} \tag{11-2}$$

在实际应用中计算 k' 的公式：

$$k' = \frac{t_r - t_m}{t_m} \tag{11-3}$$

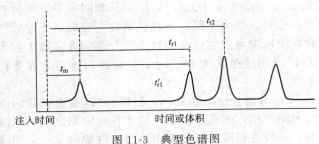

图 11-3 典型色谱图

图 11-3 中 t_m、t_r 分别称为死时间和保留时间，s；t_r' 称为调整保留时间，s，其中：

$$t_{r1}' = t_{r1} - t_m \qquad (11\text{-}4)$$

死体积（t_m）：不被固定相吸附或溶解的组分进入色谱柱时，从进样到出现峰极大值所需的时间。死时间不只是经过色谱柱的时间，还包括经过进样口和检测器所需的时间，这部分对分离不起直接作用的死时间又称柱外死时间，一般应尽量减小柱外死时间。

（2）分离度　图 11-4 是标准的 Gaussian 峰形，其中，峰宽（$w = 4\sigma$）是色谱峰拐点处的两条切线与基线的两个交点之间的距离；半峰宽（$w_{1/2}$）是峰高一半处对应的峰宽，为 2.35σ；而色谱峰宽一半处对应的高度为 $0.607h$。

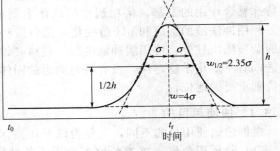

图 11-4　Gaussian 峰型图

分离度定义为相邻色谱峰峰顶之间的距离除以此二色谱峰的平均宽度。峰的宽度是以基线宽度定义，用 w_b 表示。分离度用 R 表示：

$$R = \frac{t_{r2} - t_{r1}}{1/2(w_{b1} + w_{b2})} = \frac{2\Delta t_r}{w_{b1} + w_{b2}} \qquad (11\text{-}5)$$

当 $R = 1$ 时，两色谱峰的分离程度可达 94%；当 $R = 1.5$ 时，两个色谱峰已完全分离，如图 11-5 所示。一般将 $R \geqslant 1$ 作为色谱能较好分离的判据。

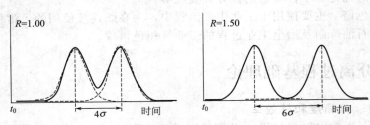

图 11-5　分离度 $R = 1$、$R = 1.5$ 的峰型

（3）柱效应　Martin 在 1941 年提出了色谱的塔板理论，把色谱柱比作蒸馏塔。虽然这一理论没有揭示出色谱过程的本质，却形象地描绘了色谱过程的主要特征，并给出了衡量色谱柱效率的指标——塔板高度和塔板数。

实际工作中，以下列公式计算塔板数（N）：

$$N = 5.54 \left(\frac{t_R}{w_{1/2}} \right)^2 \qquad (11\text{-}6)$$

式中，$w_{1/2}$ 是峰高一半处的峰宽。

也有另一种方法，公式为：

$$N = 16 \left(\frac{t_R}{w} \right)^2 \qquad (11\text{-}7)$$

式中，w 是峰宽，由于在实际分析过程中存在峰拖尾现象，因此 w 不如 $w_{1/2}$ 容易测量，用式(11-6)计算柱效更为实用。

理论板高度 H 为：
$$H=\frac{L}{N} \tag{11-8}$$
式中，L 为色谱柱的柱长。

考虑到样品穿过柱内空隙体积时，并不与固定相发生质量交换，因此又定义有效塔板数 $N_{有效}$ 和有效塔板高度 $H_{有效}$：

$$N_{有效}=N\left(\frac{k'}{1+k'}\right)^2 \tag{11-9}$$

$$H_{有效}=H\left(\frac{k'}{1+k'}\right)^2 \tag{11-10}$$

11.4.2　色谱理论模型

随着色谱技术的发展，为解释色谱分离现象，指导色谱技术的发展，许多研究者对色谱基础理论进行了不懈地研究，提出了多种色谱过程的理论。主要有速度方程理论、平衡色谱理论、塔板理论、轴向扩散理论。下面进行简要介绍。

（1）速度方程理论　对于一般填充柱，1956 年荷兰学者范德姆特（van Deemter）提出了色谱过程动力学速度理论，该理论考虑了组分在两相间的扩散和传递过程，在动力学基础上较好地解释了各种影响因素。van Deemter 方程为：

$$H=A+B/u+Cu \tag{11-11}$$
式中，u 为移动相载气的线速度，m/s；A、B、C 为常数，分别代表涡流扩散项系数、分子扩散项系数和传质阻力项系数。

在填充色谱柱中，当组分随载气向柱出口迁移时，载气由于受到填充物颗粒的阻碍，不断改变流动方向，使组分分子在流动中形成紊乱的涡流，如图 11-6 所示。对于固定的填充柱，A 的大小是一定的，它只与填充物颗粒大小及填充不规则因子有关，而与载气的性质、线速度及组分性质无关。为了减少涡流扩散对柱效的影响，应使用细而均匀的颗粒，并且填充均匀。

分子扩散项（B/u）是由组分浓度梯度造成的，当组分从柱入口进入后，其在柱内浓度分布呈"活塞"状，随着流动方向向前推进，由于存在浓度梯度，"活塞"必然自发地向前和向后扩散，浓度趋于相同，造成谱带展宽，如图 11-7 所示。分子

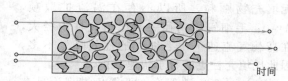

图 11-6　填充柱中的涡流扩散示意图

扩散项与组分在载气中的扩散系数成正比，而扩散系数与载气及组分性质有关；相对分子质量大的组分扩散系数小，扩散系数与载气相对分子质量的平方根成反比，所以采用相对分子质量较大的载气，可以使 B 项降低；扩散系数随柱温增高而增加，但反比于柱压。同时，B 项与组分在色谱柱内停留时间有关，载气流速小，组分停留时间长，纵向扩散就大。因此，为了降低纵向扩散的影响，要增加载气的流速。

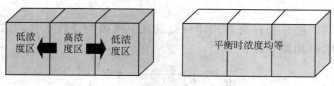

图 11-7　填充柱中的分子扩散示意图

传质阻力系数 C 项包括气相传质阻力系数（C_g）和液相传质阻力系数（C_l）两项，即：

$$C=C_g+C_l \tag{11-12}$$

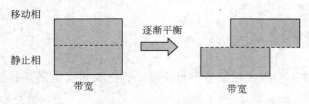

移动相
静止相
逐渐平衡
带宽
带宽

图 11-8　填充柱中传质阻力项示意图

气相传质过程是指试样组分从气相传递到固定相表面的过程，该过程中组分将在两相间进行质量交换，即进行浓度分配。在传质过程中有的组分分子还未到达两相界面就被载气带走，而有的组分分子在两相界面中还未返回气相，因此，由于组分在两相界面上不能瞬间达到分配平衡，将引起滞后现象，使色谱峰变宽。液相传质过程是指试样组分从固定相的气/液界面移动到液相内部，并发生质量交换，达到分配平衡，然后返回气/液界面的传质过程。这个过程也许要一定的时间，此时，气相中组分的其他分子随载气不断向柱口运动，于是造成峰扩张变宽，如图 11-8 所示：

对于一般填充柱，van Deemter 方程有一个最佳载气移动速度 v_{opt}，在该速度时，涡流扩散项、分子扩散项和传质阻力项之和最小，柱效最高，如图 11-9 所示。

对于毛细管柱的速度理论方程，1958 年戈雷（Golay）在 van Deemter 方程的基础上推导得到 Golay 方程：

$$H = B/u + C_g u + C_l u = \frac{2D_g}{u} +$$

$$\left[\frac{1+6k+11k^2}{24(1+k)^2} \cdot \frac{r^2}{D_g} + \frac{2}{3} \cdot \frac{k}{(1+k)^2} \cdot \frac{d_f^2}{D_l} \right] \cdot u \qquad (11\text{-}13)$$

式中，r 为毛细管柱内径，m；C_g、C_l 分别为气相和液相的传质阻力系数；k 为容量因子；d_f 为固定液的液膜厚度，m；u 为移动相载气的线速度，m/s；D_l、D_g 分别为液相和气相的扩散系数，m^2/s。

与一般填充柱相比，毛细管柱由于柱内无填充物颗粒，所以不存在涡流扩散项，$A = 0$；毛细管柱内径一般比填充柱内径大，在高载气流速下，毛细管的柱效降低不多，因此比填充柱更适合于快速分析。

（2）平衡色谱理论　平衡色谱理论是在 1940 年由 Wilson 提出的，随后 De Vault 等应用其解释实验现象，使这一理论得到了进一步的发展。平衡色谱理论假定在整个色谱

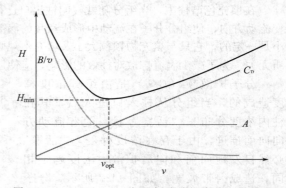

图 11-9　van Deemter 方程与移动相线速度的关系

过程中，色谱柱中不存在传质阻力，溶质在固定相和流动相中的分配平衡能瞬间完成。

即在色谱柱内任何时刻和位置，溶质在固定相和流动相中的浓度 c_s、c_m 均符合等温方程：

$$c_s = f(c_m) \qquad (11\text{-}14)$$

由色谱柱内溶质的微分物料衡算式即可得到在平衡模型条件下柱内浓度的移动速度，因此，色谱柱内溶质的移动速度为：

$$v = \frac{dz}{dt} = \frac{u}{1+hf'(c_m)} \quad h = \frac{1-\varepsilon}{\varepsilon} \qquad (11\text{-}15)$$

式中，u 为流动相的线速度；ε 为床层空隙率；t 为时间；z 为流动方向的距离。

这一理论可以很好地解释谱线的移动速度，以及非线性等温线时流出曲线的形状，但由于忽略了非理想流动及各种传质阻力的存在，因此这个模型是比较粗略的。

（3）塔板理论　塔板理论将色谱过程比拟为蒸馏过程，色谱柱看成是由一系列理论塔板所组成。在一个理论板当量高度 HETP 的柱高内，溶质在两相间达到一次平衡。由塔板理论可计算理论塔板数及塔板高度［见式(11-8)］。

在色谱柱足够长、理论塔板高度充分小，以及线性等温线条件下，塔板理论可以对色谱流出曲线分布、谱带移动规律，以及柱长等对区域扩张的影响给予近似说明。但它是半经验式理论，不能揭示色谱过程的本质。尽管如此，大多数色谱研究者仍接受其提出的柱效概念，至今仍在使用。

（4）轴向扩散理论　色谱的轴向扩散理论是 Amudson 等在大量实验基础上提出的。这种理论认为：在色谱过程中，组分在流动相中的轴向扩散是影响色谱区域谱带扩张的主要因素，而有限的传质速度对区域谱带扩张没有影响。轴向扩散理论的基本方程为：

$$D_{轴}\frac{\partial^2 c_m}{\partial z^2}=u\frac{\partial c_m}{\partial z}+\frac{1-\varepsilon}{\varepsilon}\frac{\partial c_s}{\partial t} \tag{11-16}$$

轴向扩散理论考虑了溶质在流动相和固定相间的传质速度及流动相的流动状态，当传质速度较快而轴向扩散为区域扩张的主要因素时，该理论具有较好的指导意义。

除了上面介绍的色谱理论，还有描述制备色谱柱效的非线性色谱理论和普遍化速度模型理论，对其进一步的了解，可参阅相关文献资料。

11.5　气相色谱及其应用

11.5.1　气相色谱仪

气相色谱仪是以惰性气体（又称载气）作为流动相，以固定液或固体填充剂作为固定相的色谱设备。气相色谱法分析的对象主要是低分子量化合物及易挥发的化合物，在石油化工、环境样品、农药残留和香料工业等领域具有一定的优势。与其他分析分离方法相比，气相色谱法的优点是：分离效率高、分析速度快、分析成本低，可采用多种高灵敏度、高选择性的检测器，易于质谱仪联用，可实现在一次进样中多种组分的定性和定量。气相色谱仪不适于高分子化合物及热敏性化合物的分离和分析，但随着耐高温色谱柱和程序升温进样器的出现，样品分析的范围也逐渐扩大，目前已可分析 C_{100} 以上的样品。目前国内外气相色谱仪的型号和种类很多，但它们均由 5 个系统组成：气路系统、进样系统、分离系统、检测系统和数据处理系统，如图 11-10 所示。

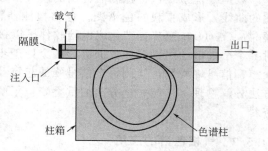

图 11-10　气相色谱仪基本组成示意图

气路系统：包括气源、净化器和气流控制装置。气源就是提供载气和/或辅助气体的高压钢瓶或气体发生器，载气是气相色谱分离的动力，载气推动气化后的样品经色谱柱分离达到检测器。气相色谱对作为载气的氮气、氢气或氦气的纯度要求均很高，至少要达到 99.9％以上。这主要是由于载气中的杂质会使检测器的噪声增大，还可能对色谱柱的性能有影响。因此，常使用净化器来提高载气的纯度。常采用的净化剂有活性炭、分子筛、硅胶和脱氧剂，它们分别用于脱出载气中的烃类物质、水分及氧气等。气流控制装置一般由压力表、针形阀和稳流阀及电子流量（EFC）阀控制和显示器组成。气相色谱仪主要有单柱单气路和双柱双气路两种气路形式。

进样系统：包括注射器、六通阀和自动进样器等样品导入装置和进样器。液体样品一般采用 1μl、10μl 或 50μl 微量注射器，用手动方式插入进样器至针底部，快速注射并快速拔出注射器。对于大量重复气体进样一般采用六通阀手动或自动进样，实现定体积进样，且进样阀一般装在进样器前端。进样器主要由气化室构成，气化室是将液体样品瞬间气化为蒸气的装置。为了让样品瞬间气化而不被分解，要求气化室热容量足够大，温度足够高，而且无催化效应。为了尽量减小柱前色谱峰的展宽，气化室的死体积应尽可能小。

分离系统：包括色谱柱和柱箱，其中色谱柱是色谱分离的核心部分，用于分离各种复杂的混合物。常用的气相色谱柱有填充柱和毛细管柱（又称开管柱）。

一般填充柱为内径 2～4mm 的不锈钢管制成的螺旋形管柱，柱长 2～5m。填充柱的制备方法比较简单，可在实验室中自行填充。一般毛细管柱的内径为 0.1～0.5mm，柱长为 10～100m。目前常用的毛细管柱基本上由柱管和固定相组成，柱管材料常用弹性石英（熔融石英管外涂聚酰亚胺或金属铝）和不锈钢。毛细管柱与填充柱相比具有：载气流动阻力小，可以增加柱长，提高分离度；总柱效高，一根毛细管柱的理论塔板数最高可达 10^6；允许操作温度高，固定液的流失少；可以用高载气流速进行快速分析；柱内径小，固定液膜薄，需采用分流进样，但检测器也要求有更高的灵敏度。

柱箱在气相色谱中是一个精密的恒温箱，控制参数是柱箱的一个重要性能。一般柱箱为前面开门的保温箱，采用强制风循环和内部加热，柱箱的操作温度一般在室温至 450℃，精度为 ±0.1%，可以多阶程序升温或恒温操作，配有快速降温后开门机件。

检测系统：把样品组分转换成电信号的一个换能装置，是测量从色谱柱流出物质的成分或浓度变化的器件。检测器输出信号，常用的是电压和电流。对检测器的性能要求主要是：灵敏度高；稳定性好；噪声低；线性范围宽；死体积小，响应快。常用的检测器包括：热导检测器、氢火焰离子化检测器、电子捕获检测器、火焰光度检测器、热离子氮磷检测器和脉冲放电检测器。

数据处理系统：将检测器输出的模拟信号进行采集、转换、计算，并输出信号随时间变化的曲线，形成直观的色谱图。色谱检测器输出的响应信号是连续的模拟信号，需要经过模/数（A/D）转换装置转化成电脑软件可以接收的离散数字信号。在输出色谱图之间，需要对一个个离散的图谱采样数据进行四个处理步骤：噪声滤除，从采样数据中滤除各种频率的噪声；信号峰检测，检测每个信号峰的起点及其他特征点；基线校正；重叠峰切割，用数学方法分解物理上未能完全分离的重叠峰。了解更详细的气相色谱仪知识需要参阅相关专业的资料。

11.5.2 气相色谱的应用

11.5.2.1 药品中残留溶剂的直接测定

药物中有机溶剂残留过高对于服用者是非常有害的，因为有机溶剂大都对人体的健康具有危害作用，与药物一起摄入后会对病人引起额外的症状。《美国药典》和《欧洲药典》都规定了有关药物中残留溶剂的测定方法，这些方法主要是先将药品溶解在一个合适的溶液或溶剂中，然后直接进样气相色谱测定，或者采用静态顶空技术进样色谱测定。顶空进样是一种平衡技术，在确定的条件下残留溶剂定量地分布在药物溶液中和溶液上部的气相中，其在气相中的浓度受到分配系数、温度、压力等多种因素的影响，因此，确定顶空技术的最佳条件相当困难。而采用热解吸技术处理药品中残留溶剂比药典方法简单，不需要溶剂溶解药品，也不需要顶空进样技术，可直接将药品加热解吸出其中的残留溶剂，在线地将热解吸出来的残留溶剂浓缩在色谱分析柱前的微冷阱中，再通过色谱的烘箱与分析柱一起开始色谱的样品分析程序，将微冷阱中浓缩的残留溶剂热解吸并送入到分析柱和检测器进行测定。对 6 种药品：氨基苯甲酸乙酯、安替比林、非那西丁、甲氰咪胍、Famotidine、疼可宁中残留的有机溶剂采用气相色谱-质谱测定，残留溶剂分别有庚烷、丙酮、甲醇、乙醇和甲苯等。测定条件是：药品样品 1mg；热解吸温度为 100～220℃，保持 3min；液氮冷阱二次浓缩；程序升温 10℃/min，升温至 150℃；再按 30℃/min 升温至 240℃，保持 10min。测定结果表明检出限为 2～25μl/L。

11.5.2.2　食品中风味物质的分析

气相色谱技术可以对食品中的风味物质进行分离和分析，可以采用微捕集技术对样品进行采集。微捕集技术常用于处理小体积样品，采用小流量气体吹扫和小尺寸吸附管捕集，与色谱仪器连接成一体的直接进样方法。例如，可以采用微捕集-气相色谱-质谱技术对鸡肉中风味物质进行分析：称取 6g 鸡肉并粉碎，装入 10ml 玻璃取样瓶中，在高纯氮气以 5ml/min 的速度吹扫条件下，在 100～120℃加热约 30min，蒸发除去鸡肉中的水分，氮气经样品瓶和冷凝器后直接排出体系，其中水蒸气在冷凝器中转化成水。然后，将样品瓶加热至 200℃并保持 30min，氮气经样品瓶和冷凝器二次除去样品中的水分后，进入微捕集器，再排出体系。在此期间，在鸡肉加热过程排放出来的风味物质被微捕集器浓缩，载气氮气直接通过并排出。在室温条件下，用氮气直接吹扫经过浓缩之后的微捕集管约 5min，将微捕集管中残留的水分除去，然后，快速加热微捕集管至 230℃并保持 6min，将管中的浓缩物质解吸出来并由载气吹扫直接进入气相色谱-质谱仪进行分离和测定。6g 鸡肉经上述方法测定后，发现其中含有的风味物质包括：硫醇、硫醚、脂肪醇、有机腈、脂肪胺、甲基酮、脂肪酸、脂肪醛、饱和烃及不饱和烃、芳烃、酯及含硫、氮、氧等原子的多种杂环化合物共 80 余种。

11.5.2.3　家居物品中醛和酮的测定

现代人对家居和办公场所的室内空气越来越关注，目前，国内外已经对多种有毒物质在室内空气中的最高浓度颁布了允许的限制标准，如世界卫生组织指出室内空气中甲醛含量超过 $0.08ml/m^3$ 就会对人类产生严重的健康问题。另外，室内环境空气中的低级酮类物质也是重要的污染源，室内的很多物品含有这些低级酮类物质，例如打印油墨、化妆品及黏合剂等，这些低级酮类物质可能增加有机溶剂的神经毒性。研究报道应用全氟苯甲羟胺（PFBOA）衍生化-GC-MS 联用技术，可以检测居室内的书本杂志、黏合剂及服装等物品中的甲醛、乙醛、丙醛、丁醛和丙酮等污染物。检测的方法是：在 20ml 顶空瓶中依次加入 50～100mg 样品、10ml 纯水、0.6ml PFBOA 溶液（浓度为 1mg/ml）和 3g 氯化钠后封装，在 60℃条件下进行衍生化反应处理低级的醛类和酮类有机物质，采用负化学电离源直接测定这些反应 4h，即可取样分析。

11.6　高效液相色谱及其应用

11.6.1　高效液相色谱仪

高效液相色谱（high performance liquid chromatography，HPLC）是 20 世纪 60 年代末发展的一种以液体为流动相的色谱技术。高效液相色谱柱通常装填的固定相颗粒较小，一般为 5～10μm，所以产生很高的柱压，需使用压力很高的高压泵（一般最高达到 $500kgf/cm^2$）才能使流动相在控制的流速下通过色谱柱。

高效液相色谱的特点如下。

（1）高压　由于以液体为流动相（又称载液），液体流经色谱柱时受到的阻力较大，为了迅速地通过色谱柱，必须对载液施加高压，一般可达 $(150～350)×10^5 Pa$。

（2）高速　流动相在柱内的流速比经典色谱快很多，一般可达 1～10ml/min。

（3）高效　近年来研究出许多新型固定相，使分离效率大大提高。

（4）高灵敏度　已广泛采用高灵敏度的检测器，进一步提高了分析的灵敏度。如荧光检

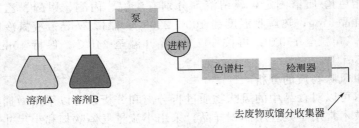

图 11-11　高效液相色谱仪基本组成示意

测器灵敏度可达 10^{-11}g。同时分析时使用样品量小，一般仅几微升。

高效液相色谱仪主要由以下几部分组成：高压输液系统、进样系统、色谱柱分离系统、检测器和数据处理系统，见图 11-11。样品溶液一般用注射器通过进样装置引入色谱柱，进样装置通常为带有定量管的进样阀。用于常规分离的填充柱通常为内径 4～5mm、长度 15～25cm 的不锈钢管。目前还有包括无机三氧化二铝、二氧化硅和有机聚合物在内的多种不同的柱填料，但主要使用的柱填料还是硅胶担体。目前使用以化学基团与硅胶表面羟基共价键结合的化学键合固定相的填料占绝对优势。

高效液相色谱有均一（isocratic）洗脱和梯度（gradient）洗脱两种方式。均一洗脱是用一种洗脱剂作为流动相，适合于组分数较少、性质差别不大的样品。梯度洗脱是采用两种或两种以上的洗脱剂作为流动相，可以连续改变流动相的组成、极性和 pH 等，适用于分离组分数多的样品，具有缩短分离时间、提高分离度、改善峰形和提高灵敏度的优点。缺点是会引起基线漂移，重现性较差。

液相色谱有正相和反相色谱之分，经典的液相色谱是正相色谱，其使用的流动相的极性比固定相的极性小，出峰顺序是极性小的溶质先出峰，极性大的溶质后出峰。反相色谱中移动相的极性比固定相强，极性大的溶剂的保留比极性小的溶质弱。反相液相色谱常用的固定相为非极性或弱极性的物质，使用的流动相通常是含有机改性剂的水溶液，常用的有机改性剂有甲醇、乙腈和四氢呋喃等溶液。

高效液相色谱柱在使用过程应避免压力、温度和流动相组成比例的急剧变化及任何机械震动。使用过后需用相应的强溶剂冲洗色谱柱，清除残留在柱内的杂质。

高效液相色谱检测器有通用型和专用型检测器两种，前者常见的有示差折光检测器和蒸发光散射检测器等；后者主要有紫外检测器、荧光检测器和安培检测器等。紫外检测器是目前高效液相色谱中应用最为广泛和配置最多的检测器，常用的有可变波长紫外吸收检测器和二极管阵列检测器，适用于有共轭结构的化合物的检测，具有灵敏度高、精密度好、线性范围宽和对温度及流动相流速变化不敏感等优点。缺点是不适于无紫外吸收的组分检测；不能使用有紫外吸收的溶剂作流动相，若有吸收，则要求溶剂的截止波长小于检测波长。

11.6.2　高效液相色谱的应用

11.6.2.1　番泻叶中番泻苷 A 和番泻苷 B 含量的测定

番泻叶性大寒，味甘、苦，入大肠经，功能泻热导滞，临床用于胃肠积热、宿食积滞、胸腹胀满、腹水、便秘等。番泻苷 A 和番泻苷 B 为该药材的主要活性成分。高效液相色谱法可对这两种有效成分进行分析。色谱柱为：ZORBAX Eclips XDB-C_8（4.6mm×150mm，5μm）；以 0.1%三氟乙酸水溶液为流动相 A，乙腈为流动相 B，进行梯度洗脱，检测波长为：340nm，流速为 1ml/min，柱温：25℃。理论塔板数按番泻苷 B 峰计算应不低于 4000，此条件下番泻苷 A、B 与其他组分的分离度不低于 1.5。实验结果表明：番泻苷 A 的回收率为 97.95%，RSD 为 1.52%；番泻苷 B 的回收率为 99.70%，RSD 为 2.24%。

11.6.2.2　β-受体阻滞剂药物类及其结构类似物的对映体分离

常用的 β-受体阻滞剂药物大都具有手性中心，这些药物的对映体在生物活性、代谢和药效上通常差异极大。例如普萘洛尔的 $(S)(-)$ 对映体的受体阻断作用要比 $(R)(+)$ 对映体强约 100 倍，阿替洛尔的 $(S)(-)$ 对映体的 β-受体阻断作用强于 $(R)(+)$ 对映体。

采用去甲万古霉素（Norvancomycin）手性固定相的高效液相色谱技术，对普萘洛尔（Propranolol）、特布他林（Terbutaline）、美托洛尔（Metoprolol）、阿替洛尔（Atanolol）、烯丙洛尔（Alprenol）、佐米曲普坦（Zomitriptan）、5-羟基普罗帕酮（5-Hydroxypropafenone）7 种 β-受体阻滞剂药物（分子式结构见图 11-12 所示）及其结构类似的化合物对映体成功进行了拆分。对 7 种手性药物来说，在流动相组成为乙腈-甲醇-乙酸-三乙胺（64：40：0.4：0.2，体积比）的条件下，有最大的分离度。

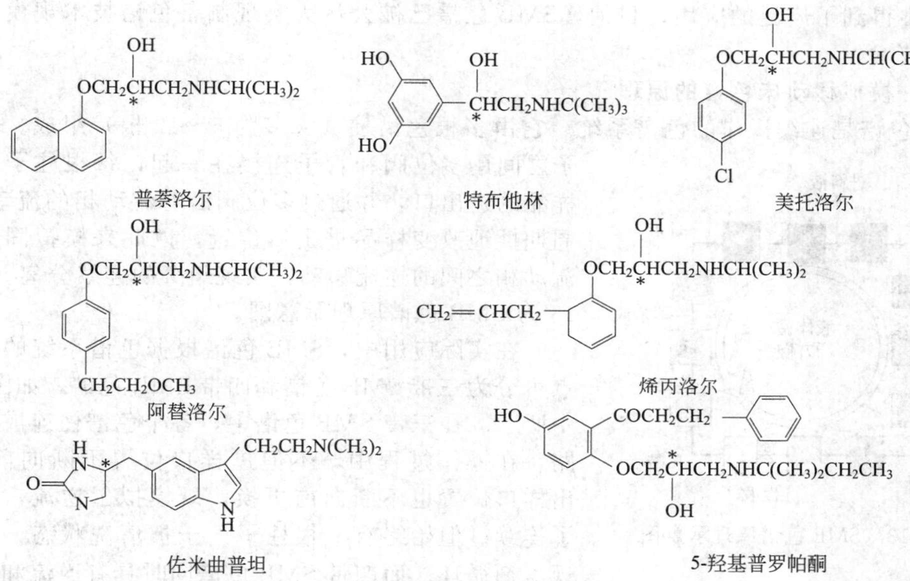

图 11-12　手性药物的分子结构

11.6.2.3　5-氟烟酸与5-氟烟酸乙酯的分离

5-氟烟酸和 5-氟烟酸乙酯都是重要的医药中间体，具有良好的药理作用和生物活性。采用 Chrompack-C_{18} 色谱柱（250mm×4.6mm，5μm），流动相为甲醇＋0.025mol/L 磷酸二氢钾溶液（80：20）；流速为 0.8ml/min；检测波长 271nm；柱温为室温。结果表明，5-氟烟酸的回收率为 99.1%；5-氟烟酸乙酯的回收率为 99.9%。

11.7　典型制备色谱工艺及应用

制备色谱的规模对不同应用者的含义不同，对生物化学家来讲，制备色谱意味着分离几毫克试样；对有机化学家来说制备色谱意味着为了随后的合成工作分离 5～50g 中间产品。由此可见，分离样品量并不是绝对的制备分级指标，从几毫克到几十毫克范围试样的负载，甚至对几百克物质进行一次分离，以满足不同的研究需要和用途。色谱分离大型化，使之成为工业生产的一个过程和单元设备。

生产规模色谱是适应科技和生产需要发展起来的一种新型、高效、节能的分离技术，目前在工业生产中应用的色谱分离技术主要是中、高压液相色谱。由于新的高选择性能固定相的开发，新型色谱柱技术的出现，如 DAC 技术（动态轴向压缩技术），以及色谱机制、色谱柱放大效应理论及相关数学模型研究的不断深入，使色谱分离取得了长足的发展，同时新的概念如 SMBC（模拟移动床色谱）、Pre-SFC（制备型超临界流体色谱）以及 EBAC（扩展床吸附色谱）也被引入，大大扩展了色谱作为一种工业提纯工具的应用领域。

11.7.1 模拟移动床色谱

模拟移动床（simulated moving bed，SMB）色谱是连续色谱的一种主要形式，是现代化工分离技术中的一种新技术。早在 20 世纪 60 年代就由美国工程公司 UDP 把逆流色谱的概念引入 Sorbex 家族的 SMB 工艺并使之商业化，从而作为一种工业制备工艺取得了长足的发展。在 20 世纪 70～80 年代 SMB 色谱主要用于石油及食品的分离，90 年代以来，SMB 色谱技术作为分离提纯手性药物及生物药物、制备高纯度标准品的理想工具，在医药工业、精细化工中得到了广泛的应用。目前，SMB 色谱已被公认为实现制备色谱技术规模化应用最重要的技术。

11.7.1.1 模拟移动床色谱的原理

SMB 色谱是连续操作的色谱系统。它由多根色谱柱（大多为 5～12 根）组成。每根柱子之间用多位阀和管子连接在一起，每根柱子均设有样品的进出口，并通过多位阀沿着流动相的流动方向，周期性地改变样品进出口位置，以此来模拟固定相与流动相之间的逆流移动，实现组分的连续分离。图 11-13 为 SMB 色谱原理示意图。

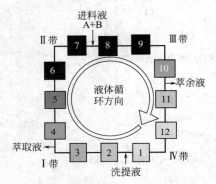

图 11-13　SMB 色谱原理示意图

在实际应用中，SMB 色谱根据色谱系统的结构特点可分为三带 SMB 色谱和四带 SMB 色谱，如图 11-14 中所示。在三带 SMB 色谱中，各个色谱柱连成一个环路，在操作过程中，不但进样口位置不断向前更换，出样口位置也不断向前更换，既模拟了逆流，又实现了连续。但始终有一根柱子处于被清洗状态，不能实现溶剂循环。而四带 SMB 色谱同时具有逆流和回流的机制，实现了溶剂循环和组分回流，分离能力更强，效率也更高。

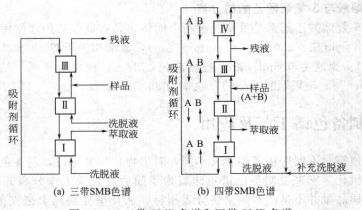

(a) 三带SMB色谱　　　　(b) 四带SMB色谱

图 11-14　三带 SMB 色谱和四带 SMB 色谱

11.7.1.2 SMB 色谱的应用

20 世纪 90 年代以来，SMB 色谱技术开始用于药物尤其是手性药物的分离，到现在 SMB 已发展到吨级工艺。UDP 公司的大型 SMB 色谱装置每年可生产用于制备抗抑郁药氟西丁单一异构体的中间体（R)-3-氯-1-苯丙醇 10000kg。比利时的 UCB-Pharma 公司建立的年产数吨手性药物 SMB 色谱装置，由 6 根内径 450mm 的柱组成，比 Novasep 公司的 Licosep8/200(500g/天～25kg/天) 系统扩大了 5 倍。1999 年 Novasep 公司在美国加州 Sacramento 的 Aerojet 公司建立了柱内径达 800mm 的模拟移动床系统，用于手性药物的分离与纯化生产。2000 年 Novasep 公司又推出有 6 根内径 1000mm 柱的 SMB 色谱装置。

Novasep 公司生产的 SMB 色谱分离过程的流程中包括：Licosep12-100(12 根内径为 100mm、高为 150mm 的不锈钢柱，床层内填料高度可在 50～150mm 范围内调节；生产中使用的柱子数目根据 HELP 软件模拟的操作条件进行调整)，五个膜式泵（分别用于进料、流动相、萃取剂、残液的输送及溶剂循环)，多个双向阀和 UV 检测器，几个溶剂储罐，两个降膜蒸发器（一个用于第一步浓缩，一个用于溶剂循环)，四个 20L 蒸发器及一个洁净的最终产品储放室。另外需指出，该流程中使用 8 根柱子，每根柱子中装填高度 100mm 的 Chiralcel OF 填料（20μm)，使用正己烷与异丙烷（50：50，体积比）溶液为流动相，样品溶解度为 24g/L。产品要求规格为光学纯（目标异构体纯度＞98％)。产品在残液中流出系统。

操作过程中，先按照 HELP 软件计算出的工艺条件进行标准运行，然后根据残液中得到的产品纯度是否达到要求，对工艺参数中残液流速、萃取剂流速、循环流速进行调整，以达到工艺要求。

近几年来，SMB 色谱技术已成功地用于多种手性药物的分离提纯，这项新技术对于制药工艺发展的重要性已被公认。

大多数 SMB 色谱分离采用的手性固定相为纤维素衍生物和淀粉纤维素衍生物，Chiralcel CD 和 Chiralpak AD 是使用较多的手性固定相，其他则为聚丙烯酰胺固定相（Chiraspher)、微晶体三乙酰基纤维素、二硝基苯甲酰苯基甘氨酸（Chiralsep DNBPG) 和配体交换相（Chirosolv 1-Proline)。

在目前报道的应用例子中，SMB 色谱系统的规模差异较大。大多数是关于中试规模的研究，生产能力在千克数量级。此外，最近报道的一些例子表明 SMB 色谱分离的一个趋势：单溶剂的流动相系统（多数为醇类）实现高生产能力的分离。如以 Chiralcel OC 为固定相，纯乙醇为流动相时，生产能力达 1000g/[(kg/(CSP·天)] 以上。

11.7.1.3 SMB 色谱技术的优势

(1) SMB 色谱是一个连续的色谱分离过程 这个特点使得制备色谱分离过程实现自动化操作和稳定的产品质量控制。如前述应用例子中，在 SMB 色谱分离过程中，通过调节工艺参数、合理设计就能得到所希望的产品纯度和异构体剩余量；而且与传统间歇制备色谱相比，SMB 色谱在提高生产能力和降低溶剂消耗量方面都有不同程度的改善：DOLE 的拆分例子中，生产能力提高 20 倍；在异构物 guaifenesin 和 formoterol 的分离中，生产能力分别提高了 110％和 530％；很多研究也表明溶剂消耗量节省 84％～95％。

(2) SMB 色谱技术比其他制备色谱的分离效率高 一方面，生产同样纯度的产品，SMB 色谱的理论板数低得多；另一方面，有研究表明柱效率降低 20％，SMB 色谱生产能力仅降低 10％，而制备色谱生产能力降低 50％。

(3) SMB 色谱技术可以实现旋光异构物分离过程从分析型色谱条件快速、可靠地放大 通过应用分析型色谱，对流动相溶解样品能力、保留时间、选择性进行研究，可很方便地评价出大规模 SMB 色谱分离的可行性。使用现有的设计和模拟工具，利用分析研究的数据，可以较快地实现 SMB 色谱分离工艺，这种开发过程所需的时间比起化学合成路线手性合成所需物质的时间要短得多。

(4) SMB 色谱装置可以适合不同规模的色谱分离过程 因为从实验室研究、中试到生产，不同规模尺寸的 SMB 色谱装置是基于相同的设计和工艺，它们的不同仅仅在于柱子的尺寸及辅助设备规格。

因此，SMB 色谱技术对于大规模地分离旋光异构物过程，大大缩短了工艺开发时间和生产消耗，同时获得高纯度产品及高产率。SMB 色谱有可能成为化学工业及精细化工的一个新的操作单元，随着系统设计方法及固定相的不断开发研究，SMB 色谱技术的应用将日益广泛。

11.7.2 扩展床吸附色谱

扩展床吸附（expanded bed adsorption，EBA）色谱是适应基因工程、单克隆细胞工程等生物工程的下游纯化工作需要而发展起来的一项色谱技术，最近 10 年来，随着基因工程技术的发展和广泛应用，EBA 色谱技术逐渐成熟起来，而且应用越来越广泛。

EBA 色谱的工作原理与一般的吸附色谱相同，即通过装填的凝胶颗粒上结合的功能基因与目标生物分子进行亲和吸附、静电吸附、疏水作用、金属螯合作用等产生吸附力，从而达到分离纯化目标生物分子的目的。

但 EBA 色谱的工作过程与一般的吸附色谱不同。在 EBA 色谱分离过程中，凝胶颗粒随着液相的上向流动而缓慢上升，凝胶颗粒间的间隙逐渐扩大，凝胶柱床逐渐扩展，由于凝胶颗粒间的间隙扩大，使样品中的细胞、细胞碎片、颗粒等有形物质能够直接流穿而不会堆积在凝胶柱床上造成堵塞。可见 EBA 色谱与固定柱吸附色谱相比具有相对的流动性，而与传统意义的流化床又有区别，EBA 色谱分离过程是柱床扩展过程，因此，这种色谱分离过程就称为 EBA 色谱，又称为流动柱吸附（fluidized bed adsorption，FBA）色谱。

图 11-15 为 EBA 色谱的工作过程示意图。如图所示，凝胶颗粒在上向流动液体作用下向上扩展，当上向的液相流速与凝胶颗粒的沉降速度达到平衡时，凝胶颗粒处于平衡悬浮状态，这时形成稳态流动柱床。柱塞的位置处于柱床的顶部。接着将未经离心、澄清过滤等处理的样品液以上向注入柱床，目标蛋白质吸附在凝胶颗粒上，而有形颗粒直接穿过柱床，柱床随着液相上向流动而得到冲洗，未被吸附的物质都流出床层，这时停止上向流动液体，凝胶颗粒沉降下来，柱塞也逐渐下降至沉降床层表面。然后以洗脱液下向流动进行洗脱，得到目标蛋白质的浓缩液，以便进行进一步的纯化工作。洗脱完成后，用适当的缓冲液对柱床进行再生。

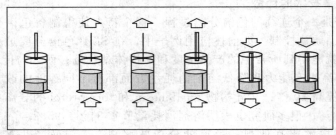

图 11-15　EBA 色谱的工作过程示意图

EBA 色谱具有如下特点。

① EBA 色谱过程中，有形生物体可通过床层。因此应用 EBA 色谱，可将生物工程下游纯化技术中的离心、澄清过滤等多步骤提取过程简化为简单的一步色谱分离过程，大大简化了工艺，缩短了提取时间，节约了生物工程中下游纯化的资金投入。

② EBA 色谱是兼具批量吸附技术和填装吸附色谱优点的实用技术，具有对原材料依赖性低、吸附效率高的特点。因此，EBA 色谱可在短时间内对目标生物分子起到浓缩作用，且分离过程中凝胶无损失，可重复使用，易于控制，易于规模化等。

11.7.3　制备型超临界流体色谱

制备型超临界流体色谱（preparative supercritical fluid chromatography，Pre-SFC）已应用于许多化学工业中的提取过程。最常见的是采用 Pre-SFC 提取香料或咖啡因等。目前，$SF-CO_2$ 在缓释药物合成及生物分子稳定和转移等方面的应用，使 Pre-SFC 引起了制药工业的广泛关注。

11.7.3.1　超临界流体色谱的原理及特点

超临界流体是用二氧化碳等一类气体，使其处于临界状态下成为临界流体，以这种临界流体作流动相的色谱法。它是处于液体色谱和气体色谱之间的色谱方法。CO_2 是 SFC 中最常用的最安全的超临界流体。

图 11-16 是 $SF-CO_2$ 间歇制备色谱工艺的基本原理图（附 CO_2 相图）。由图中可以看到，CO_2 是循环使用的。液体 CO_2 通过泵注入装置①中，受热变为超临界状态 CO_2。在超临界条件下，分离过程在色谱柱中完成。色谱柱中出口压力降低，CO_2 又成为气体状态，在气相中收集各流分（pure products）。气体 CO_2 通过适当的设备得到净化、冷却后成为 CO_2 液体，流入贮罐中，继续循环使用。在许多分离过程中还需要加入改良剂以调节 $SF-CO_2$ 的溶解能力，如加入 2%～3% 的甲醇或乙醇就可大大提高 $SF-CO_2$ 对极性物质的溶解度，但图中未包含这部分装置。

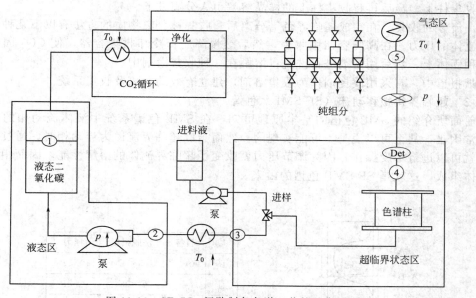

图 11-16　$SF-CO_2$ 间歇制备色谱工艺的基本原理图

超临界流体色谱具有许多获得好的色谱分离的必要特性，更为重要的是它具有以下几点优势。

① 在 Pre-SFC 中，通过改变流动相温度或压力即可改变其密度，色谱分享的特性就会随之改变。这样一种单一的流动相就可以用于多种用途的分离，而无需为柱平衡耗费时间，这在以溶剂为流动相的色谱方法中是难以做到的。

② 收集的馏分中的流动相容易去除。通过简单地降压就足以将 $SF-CO_2$ 气化。

③ 流动相回收简便。收集气相 CO_2，通过一定设备净化后可使其重返超临界状态，循环使用。由于 CO_2 易于回收、成本低廉，使 Pre-SFC 应用于工业极具吸引力，尤其是在生产成本中流动相占最大比例的情况下。

然而 Pre-SFC 的应用也受到其自身特点的局限。

① 技术相当昂贵。例如色谱柱的设计：色谱柱应能承受相当高的压力变化，而且在色谱柱承受增加的压力时要防止对填料的损坏。目前特殊的动态轴向压缩柱也满足此要求，但也不能完全解决费用昂贵的问题。

② 超临界 CO_2 的溶解性能不可能溶解所有物质，通常需加入改良剂改善溶解性能，但同时部分抵消了其一些优势。目前有研究指出，设计工业化超临界萃取装置时，丙烷是一种很有竞争力的溶剂，但应用报道很少。

11.7.3.2　Pre-SFC 操作的特殊点

（1）上样　在 Pre-SFC 应用中，上样量主要受样品在超临界流体中溶解度的影响，而不是色谱柱的负载量。一般地，固体样品要先溶解在一定的溶剂中形成样品溶液进行上样，但由于溶解样品的溶剂可能在色谱柱中扩散，导致色带变宽，故直接进样的体积必须加以限制。若能除去溶解样品的溶剂，则可克服这一缺点。

一种方法是使用前置柱上样。即：先通过进样管将样品加入前置柱，然后通入加热的氮气在线排除溶剂，接着引入 SF-CO₂ 流动相将吸附于前置柱上的样品溶解，最后引入制备色谱柱。为了增加进样量，可连续将样品加到前置柱上，但要保证前置柱不超载。

另一种方法是对以上方法的改进。用一个由 $50mm \times 10mm$ 收集柱构成的大容量进样系统与分离柱连接。将样品溶液进样，先用液态 CO_2 稀释样品溶液，然后除去溶剂，样品被收集在收集柱上。最后再将收集柱上的样品溶解引入分离柱上。

（2）流分的收集　在完成超临界色谱分离后，收集被分离物质的方法有以下几种：解除超临界流体的压力；在高压容器中收集，然后缓慢降压；冷却收集容器，使 CO_2 固化；吸附于一种固体上，然后用溶剂进行洗脱；溶解在一种收集溶剂中。

文献报道中，有采用改良剂作为收集溶剂，建立有效的分离及收集系统。

11.7.3.3　超临界模拟移动床（SF-SMB）色谱

由前面所介绍的 SMB 色谱的基本原理可知，在 SMB 色谱系统中液体流动相的梯度操作是非常困难，甚至可以说是不可能实现的。然而当以超临界流体为流动相时，通过调节操作压力就可以进行梯度操作，因为调节压力就改变了超临界流体的溶解性能，因而相当于改变了流体组成，这就是 SF-SMB 色谱的由来。

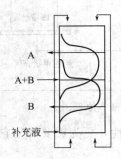

带	目标	洗脱强度	压力
Ⅳ	A ↓	$E_4 < E_3$	$P_4 < P_3$
Ⅲ	B ↓	$E_3 < E_2$	$P_3 < P_2$
Ⅱ	A ↑	$E_2 < E_1$	$P_2 < P_1$
Ⅰ	B ↑	E_1	P_1

图 11-17　SF-CO₂/SMB 色谱的操作原理图

图 11-17 为 SF-CO₂/SMB 色谱的操作原理图。梯度操作的实质是通过控制 SMB 色谱系统中不同带的平均压力。例如，为了提高Ⅰ带的效率，应当增加洗脱剂的洗脱强度以便使吸附作用强的组分易于解吸，这时就要提高 SF-CO₂ 的压力。相反，在Ⅳ带应当降低洗脱强度以使吸附作用弱的组分能够进行吸附，从而使Ⅳ带效率提高。进而，由Ⅰ带到Ⅳ带的平均压力依次降低。应用梯度操作，在生产能力和溶剂消耗量上的收效甚大，如表 11-1 中数据所示，这是由纯化 1,2,3,4-四氢-1-萘酚工艺所得的数据，当压力梯度为 $100 \sim 250bar$ 时，与等强度压力操作相比，生产能力为后者的 3 倍而溶剂消耗量不足后者的 1/5。

表 11-1　SF-CO₂/SMB 色谱工艺中压力操作模式的影响

分　类	等压力操作	压力梯度操作	
压力值/bar	175	160～190	100～250
生产能力(归一化)	1	1.3	3
洗脱剂消耗量(归一化)	1	0.89	0.17

注：1bar＝10⁵Pa。

Novasep 公司也有许多研究表明，SF-CO₂-SMB 色谱应用于植物萃取物的纯化取得了极好的结果，而且已在几个制药企业实现工业化应用，但是由于技术保密，并未见详细报道。

11.7.4　制备型加压液相色谱（pre-PLC）

制备型加压液相色谱，区别于靠重力驱动的柱色谱。它是目前技术手段最成熟、应用最为广泛的一种制备分离技术。它有多种可供选择的分离模式（反相、正相、离子交换、体积排斥、疏水作用、亲和色谱等）。而且近年来由于压缩柱技术的出现，特别是动态轴向压缩技术，使其可以完成大规模的分离工作。因此，制备型加压液相色谱技术在生物化工和制药工业中具有重要的地位。

制备型加压液相色谱一般为间歇式操作，上样是间歇的，即样品进入色谱系统后，必须完全流出色谱柱后才能进行下一次的分离纯化过程。其系统装置组成如图 11-18 所示。

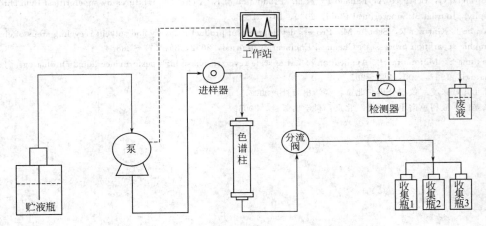

图 11-18　制备型加压液相色谱系统装置组成

样品溶液由柱顶端加入色谱柱中，用泵连续输入流动相，样品溶液中溶质在流动相和固定相之间进行扩散传质，由于溶质各组分在两相间分配情况不同，造成各组分在柱中移动速度不同而得到分离。柱出口流出液经检测器检测，通过色谱工作站将流出液的浓度变化以色谱峰的形式描述，形成制备色谱峰图形，根据依次流出色谱柱的色谱峰对流出液中的各组分进行收集。

11.8　色谱分离技术展望

生产规模色谱作为高效分离技术，近年来取得了飞跃发展。在工业生产中尤其是在制药工业中的应用具有重要意义。各种新的高选择性固定相的开发，以及动态轴向压缩、模拟移动床色谱、扩展床色谱等新型色谱技术的成功放大应用，标志着色谱分离技术作为一种工业分离方法日趋成熟，成为分离效率高、使用方便、用途广泛的生产技术，具有广阔的应用前景。

参 考 文 献

［1］ 师志贤，王俊德. 生物大分子的液相色谱分离和制备. 北京：科学出版社，1994.

［2］ Colin H，Hilaireau P，Tournemire J De. Dynamic Axial Compression column for Preparative High Performance Liquid Chromatography. LC-GC INTL，1990，3（4）：40～48.

［3］ 王志祥，莫芬珠，余国琮. 制备液相色谱分离技术进展. 化工时刊，1997，11（5）：12～17.

［4］ Guiochon G. Preparative Liquid Chromatography. J. chromatogr. A，2002，965：129～161.

［5］ 金贵顺. 模拟移动床色谱. 现代化工，1997，6：41～42.

［6］ Schlte M，Strube J. Preparative enantionseparation of a pharmaceutical intermediate by a simulated moving bed process. J. Chromatogr. A，1999，832：399～416.

［7］ Nagamatsu S，Murzumi K，Makino S. Chiral Separation of a Pharmaceutical intermediate by a simulated moving bed Process. J. Chromatogr. A，1999，832：55～65.

［8］ Juza M，Mazzotti M，Morbidelli M. Simulated moving-bed chromatography and its application to chirotechnology. Tibtech March，2000，18：108～118.

［9］ 彭奇均，徐玲，孙陪冬等. 制备色谱分离技术的现状和发展. 离子交换与吸附，2001，17（1）：88～96.

［10］ 凌云，吴强. 扩展床吸附层析及其应用. 西南民族学院学报 自然科学版，2000，26（2）：217～221.

［11］ Colin H，Ludemann-Hombourger O，Nicoud R M. Recent developments in industrial high-performance preparative chromatography. PHARMACEVTICAL VISIONS，2000. 26～32.

［12］ 霍斯秦特曼 K 等. 制备色谱技术在天然产物分离中的应用. 北京：科学出版社，2000.

［13］ Pettinello G，Bertucco A，Pallado P，et al. Production of EPA enriched mixtures by supercritical fluid chromatography. Journal of Supercritical Fluid，2000，19：51～60.

［14］ Strube J，Gartner R，Schulte M. Process development of product recovery and solvent recycling steps of chromatographic separation processes. Chemical Engineering Journal，2002，85：273～288.

［15］ Sakuma S，Motomura H. Application of Large-scale reversed-phase high-performance liquid chromatogr. J. Chromatogr. 1987，400：293～295.

［16］ 曾元儿，张凌. 仪器分析. 北京：科学出版社，2007.

［17］ 陈立仁. 液相色谱手性分离. 北京：科学出版社，2006.

第12章 结晶过程

12.1 概述

结晶是固体物质以晶体状态从蒸汽、溶液或熔融物中析出的过程。为数众多的化工、医药产品及中间体都是以晶体形态出现的，很多化工和制药过程中都包含结晶这一基本的单元操作。工业结晶技术作为高效的提纯、净化与控制固体特定物理形态的手段，近 30 年来，在医药、化工等领域得到了迅猛发展。特别是在医药工业应用方面，随着生命科学的发展以及人们生活和健康水平的提高，人们对于医药制品的要求越来越高，对于药品的质量，其中包括药效与纯度等的要求更加严格。据统计，医药产品中 85% 以上属固体制品，其最终生产工序都是结晶单元操作，需要使用各种形式的结晶装置。

与其他化工分离单元操作相比，结晶过程具有如下特点。

① 能从杂质含量相当多的溶液或多组分的熔融混合物中形成纯净的晶体。对于许多使用其他方法难以分离的混合物系，例如同分异构体混合物、共沸物系、热敏性物系等，采用结晶分离往往更为有效。

② 结晶过程可赋予固体产品以特定的晶体结构和形态（如晶形、粒度分布、堆密度等）。

③ 能量消耗少，操作温度低，对设备材质要求不高，一般亦很少有"三废"排放，有利于环境保护。

④ 结晶产品包装、运输、贮存或使用都很方便。

结晶过程可分为溶液结晶、熔融结晶、沉淀结晶和升华结晶四大类，其中前三种是制药工业中最常采用的结晶方法。

12.1.1 晶体结构与特性

晶体是内部结构中的质点（原子，离子，分子）做三维有序规则排列的固态物质。如果晶体生长环境良好，则可形成有规则的多面体外形，称为结晶多面体，该多面体的表面称为晶面。晶体具有自发地生长成为结晶多面体的可能性，即晶体经常以平面作为与周围介质的分界面，这种性质称为晶体的自范性。

晶体中每一宏观质点的物理性质和化学组成以及每一宏观质点的内部晶格都相同，这种特性称为晶体的均匀性。晶体的这个特性保证了工业生产中晶体产品的高纯度。另一方面，晶体的几何特性及物理效应一般说来常随方向的不同而表现出数量上的差异，这种性质称为各向异性。

构成晶体的微观质点（分子、原子或离子）在晶体所占有的空间中按三维空间点阵规律排列，各质点间有力的作用，使质点得以维持在固定的平衡位置，彼此之间保持一定距离，晶体的这种空间结构称为晶格。对于同一种物质，有些只能属于某一种晶系，而有些则根据结晶条件的不同可能形成属于不同晶系的晶体，这就是"多晶型"现象，例如甘氨酸在不同结晶条件下可以形成 α、β 和 γ 三种晶型。

通常所说的晶形是指晶体的宏观外部形状，它受结晶条件或所处的物理环境（如温度、压强等）的影响比较大，对于同一种物质，即使基本晶系不变，晶形也可能不同。

12.1.2 晶体的粒度分布

晶体粒度分布（crystal size distribution，CSD）是晶体产品的一个重要质量指标，它是指不同粒度的晶体质量（或粒子数目）与粒度的分布关系。通常通过筛分法（或粒度仪）加以测定，一般将筛分结果标绘为筛下（或筛上）累积质量百分率与筛孔尺寸的关系曲线，并可进一步换算为累积粒子数及粒数密度与粒度的关系曲线，如图 12-1 所示。但更简便的方法是以中间粒度和变异系数来描述粒度分布。"中间粒度"（medium size，MS）定义为筛下累计质量分率为 50% 时对应的筛孔尺寸值，"变异系数"（coefficient of variation，CV）为一统计量，与 Gaussian 分布的标准偏差相关，定义式为：

$$CV = \frac{100(r_{84\%} - r_{16\%})}{2r_{50\%}} \tag{12-1}$$

式中，r_m 为筛下累计质量分数为 m 时的筛孔尺寸。

对于一个晶体样品，MS 越大，表示其平均粒度大；CV 值越小，表明其粒度分布越均匀。

12.1.3 结晶过程及其在制药中的重要性

溶质从溶液（或熔液）中结晶出来，要经历两个步骤：首先要产生被称为晶核的微小晶粒作为结晶的核心，这个过程称为成核；然后晶核长大，成为宏观的晶体，这个过程称为晶体生长。无论是成核过程还是晶体生长过程，都必须以溶液的过饱和度（或熔液的过冷度）作为推动力，其大小直接影响成核和晶体生长过程的快慢，而这两个过程的快慢又影响着晶体产品的粒度分布和纯度，因此，过饱和度（过冷度）是结晶过程中一个极其重要的参数。

在结晶器中结晶出来的晶体和剩余的溶液（或熔液）所构成的混悬物称为晶浆，去除悬浮于其中的晶体后剩下的溶液（或熔液）称为母液。结晶过程中，含有杂质的母液（或熔液）会以表面黏附和晶间包藏的方式夹带在固体产品中，工业上，通常在对晶浆进行固液分离以后，再用适当的溶剂对固体进行洗涤，以尽量除去黏附和包藏母液所带来的杂质。

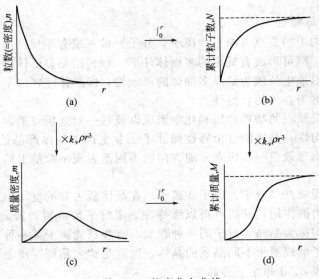

图 12-1 粒度分布曲线

研究表明决定医药产品药效及生理活性的因素，不仅在于药物的分子组成，而且还在于其中的分子排列及其物理状态（对于固体药物来说即是晶形、晶型、晶格参数、晶体粒度分布等）。对于同一种药物，即使分子组成相同，若其微观及宏观形态不同，则其药效或毒性也将有显著的不同。例如氯霉素、利福平、洁霉素等抗生药，都有可能形成多种类型的晶体，但只有其中的一种或两种晶型的药物才有药效。有的药品一旦晶型改变，对于病人甚至可能由良药变为不利于健康的毒物。因此，结晶绝不是一种简单的分离或提纯手段，而是制取具有医药活性及特定固体状态药物的一个不可缺少的关键手段。医药对于晶型和固体形态的严格要求，赋予了医药结晶过程不同于一般工业结晶过程的特点，它对于结晶工艺过程及结晶器的构型提出了异常严格的要求。只有在特定的结晶工艺条件及特定的物理场环境下，才能生产出特定晶型的医药产品；也只有特定构型的结晶器，才能保证特定的流体力学条件，才能保证生产出的医药产品具有所要求的晶体形状与粒度分布。

12.2 结晶过程的相平衡及介稳区

12.2.1 溶解度与溶解度曲线

任何固体物质与其溶液相接触时，如溶液尚未饱和，则固体溶解；如溶液恰好达到饱和，则固体溶解与析出的量相等，净结果是既无溶解也无析出，此时固体与其溶液已达到相平衡。

固体与其溶液达到固-液相平衡时，单位质量的溶剂所能溶解的固体的量，称为固体在溶剂中的溶解度。工业上通常采用 100 份质量的溶剂中溶解多少份质量的无水物溶质来表示溶解度的大小。文献中有时也采用其他单位表示溶解度，如克/升溶液、摩尔/升溶液、摩尔分率等。

溶解度的大小与溶质及溶剂的性质、温度及压强等因素有关。一般情况下，特定溶质在特定溶剂中的溶解度主要随温度变化。因此，溶解度数据通常用溶解度对温度所标绘的曲线来表示，该曲线称为溶解度曲线。图 12-2 中示出了几种不同物质在水中的溶解度曲线。

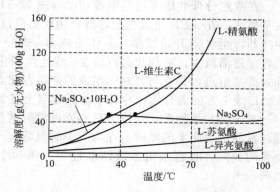

图 12-2 几种物质在水中的溶解度曲线

由图 12-2 可见，根据溶解度随温度的变化特征，可将物质分为不同类型。有些物质的溶解度随温度升高而迅速增大，如 L-维生素 C、L-精氨酸等；有些物质的溶解度随温度升高以中等速度增加，如 L-苏氨酸等；还有一类物质，如 L-异亮氨酸等，随温度的升高其溶解度只有微小的增加。上述物质在溶解过程中需要吸收热量，即具有正溶解度特性。另外，还有一些物质，如 Na_2SO_4 等，其溶解度随温度升高反而下降，它们在溶解过程中放出热量，即具有逆溶解度特性。此外，从图 12-2 中还可看出，还有一些形成水合物的物质，在其溶解度曲线上有折点，对应存在不同水分子数的水合物之间的变态点，例如温度低于 46℃ 时，从 L-精氨酸水溶液中结晶出来的是带 2 个结晶水的精氨酸晶体，而在这个温度以上结晶出来的是不带结晶水的精氨酸晶体。

物质的溶解度特征对于结晶方法的选择起决定性作用。对于溶解度随温度变化较大的物质，适用冷却结晶方法分离；对于溶解度随温度变化较小的物质，适用蒸发结晶法分离等。另外，根据不同温度下的溶解度数据还可计算出结晶过程的理论产量。

【例 12-1】 某水溶液在不同温度下的溶解度和密度如表中所示。现有 500kg 饱和溶液其质量浓度为 20%，采用冷却降温进行结晶，最终将溶液降温至 30℃。计算：①能获得多少结晶产品（假定水无蒸发损失）；②取走结晶产品后，母液的质量浓度（用质量百分比表示）。

温度/℃	30	50	80	100	120	135
溶解度/(g/100g 水)	5	10	15	25	35	42
溶液密度/(kg/m³)	1045	1080	1135	1240	1345	1415

解 ① 质量浓度为 20% 的 500kg 饱和溶液，其中溶质的量为：

$$500 \times 20\% = 100kg$$

因此，水溶剂的量为：$500 - 100 = 400kg$

30℃时，400kg 水可以溶解的溶质为：$400 \times \dfrac{5}{100} = 20kg$

因此，可以获得的结晶产品为：$100 - 20 = 80kg$

② 取走结晶产品后，母液的质量浓度为：$\dfrac{20}{400 + 20} \times 100\% = 4.76\%$

12.2.2 两组分物系的固液相图特征

在压力一定的条件下，可以在温度和浓度坐标系中绘制两组分物系的固液相图。对于两个组分都可分别析出的物系，几种典型的相图如图 12-3～图 12-7 所示。根据相图特征，两组分物系的固液相平衡关系可大致分为以下几类。

12.2.2.1 低共熔型

在双组分低共熔型物系固液相图（图 12-3）中，曲线 AE 和 BE 为不同组成混合物的固液平衡线。在 AEB 曲线之上，混合物仅能以液相，即融熔态存在。将初始状态为 X 的混合物冷却，至 Y 点开始结晶，晶体是纯 B。进一步冷却，更多的 B 结晶出来，剩余液相中 B 的含量逐渐减少，液相状态点沿 YE 线连续变化。当冷却至点 E 温度时物系完全固化，该点称为低共熔点，具有与其对应组成的液相在此点将全部形成同样组成的固体混合物。初始点在 AE 线上方的混合物，冷却结晶过程与上述情况类似，但开始结晶出来的固体是纯 A。

对于低共熔物系，理论上只要通过单级结晶即可得到纯物质。但是在许多情况下，由于母液在晶体表面上的黏附及在晶簇中的包藏，产品往往也达不到所要求的纯度，所以低共熔物系的分离有时也采用多级结晶过程。而 90%～95% 对映体药物具有图 12-3(b) 所示的相图。

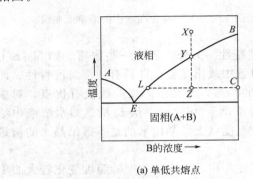

(a) 单低共熔点

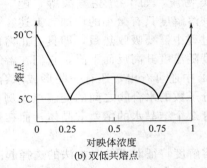

(b) 双低共熔点

图 12-3 双组分低共熔物系固液相图

【例 12-2】 有一种消旋体混合物 700kg，原料中 R-型和 S-型各为 50%。现采用结晶和模拟移动色谱（SMBC）组合分离工艺进行分离，首先进行 SMBC 分离后，分别获得两种富集的产品，一种组成为（R-80%，S-20%），另一种组成为（R-10%，S-90%）。再分别将上述富集后的溶液进行结晶分离，从 50℃ 冷却到 5℃，请问分别可以获得多少 R-型和 S-型纯品 [其相图如图 12-3(b) 所示]？

解 设 700kg 混合物经 SMBC 分离后可以得到（R-80%，S-20%）x(kg)；（R-10%，S-90%）y(kg)，则：$x+y=700$

$$80\%x+10\%y=700\times50\%$$

解得，$x=400$kg；$y=300$kg

将 400kg（R-80%，S-20%）混合物从 50℃ 降温至 5℃，根据相图可知，理论上可以得到 R-型的纯品，根据杠杆原理，可得：

$$R\times20\%=(400-R)\times(0.25-20\%)，则：R=80\text{kg}$$

将 300kg（R-10%，S-90%）混合物从 50℃ 降温至 5℃，根据相图可知，理论上可以得到 S-型纯品，根据杠杆原理，可得：

$$S\times(1-90\%)=(300-S)\times(90\%-0.75)，则：S=180\text{kg}$$

12.2.2.2 固体溶液型

图 12-4 是双组分固体溶液型物系的固液相图，它与气液平衡相图相似。上方曲线表示混合物开始结晶的温度与平衡液相组成之间的关系，称为液相结晶线；下方曲线表示混合物开始熔融的温度与固相组成之间的关系，称为固相熔化线。将初始状态为 X 的混合物冷却，至 Y 点开始结晶，晶体组成为 C_D，它是分子混合的固体溶液。继续冷却，更多的固体结晶出来，剩余液相及新析出固相的状态点分别沿 YA 及 DA 连续变化。

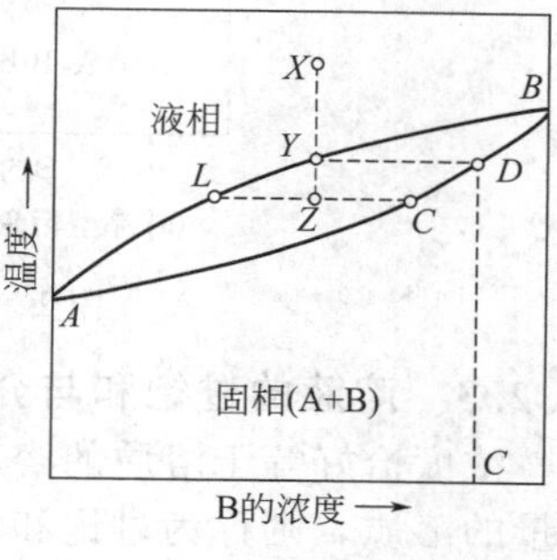

对于固体溶液物系，仅通过单级结晶是不可能得到纯度很高的产品的，必须经过多级固液平衡才能达到所要求的产品纯度。

图 12-4 双组分固体溶液物系固液相图

12.2.2.3 化合物形成型

类似于在水溶液中能形成水合物的物质一样，对于由溶剂和溶质组成的双组分物系，亦可能生成一种或多种溶剂化合物。根据溶剂化合物溶解或熔化时与液相组成的关系，其固-液相图可分为两类：一类是固相溶剂化合物能与同样组成的液相建立平衡关系，或者说溶剂化合物可熔化为同样组成的液相，如 $CaCl_2$-H_2O-$CaCl_2\cdot6H_2O$ 物系，其固液平衡关系如图 12-5 所示；另一类是固相溶剂化合物不能与同样组成的液相直接建立平衡关系，或者说溶剂化合物熔化时液相组成与固相组成不同，如 CH_3COONa-H_2O-$CH_3COONa\cdot2H_2O$ 物系，其固液平衡关系如图 12-6 所示。

12.2.2.4 晶型转变型

当物系中的固体存在多晶型现象，而且各晶型之间能够相互转化时，不同操作条件可得到不同晶型的结晶产品。图 12-7 为双组分低共熔型物系存在多晶型的固液相图，其中晶体 B 存在 α 和 β 两种晶型，图 12-7(a) 为晶型转化温度高于低共熔点温度的情形，当结晶温度高于晶型转变温度时，生成 α 型晶体 B；而当结晶温度低于晶型转变温度时，生成 β 型晶体 B。在图 12-7(b) 中晶型转化温度低于低共熔点温度，属于一种纯粹的固相晶型转化。

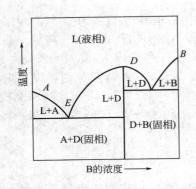

图 12-5 溶剂化合物熔化为同组成液相
的物系固液相图

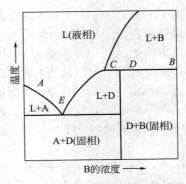

图 12-6 溶剂化合物熔化为异组成液相
的物系固液相图

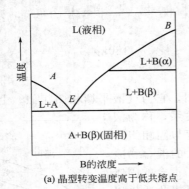

(a) 晶型转变温度高于低共熔点

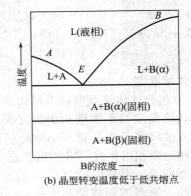

(b) 晶型转变温度低于低共熔点

图 12-7 存在多晶型的双组分低共熔型物系固液相图

12.2.3 溶液的过饱和与介稳区

浓度恰好等于溶质的溶解度，达到固液相平衡时的溶液称为饱和溶液。溶液含有超过饱和量的溶质，则称为过饱和溶液。同一温度下，过饱和溶液与饱和溶液的浓度差称为过饱和度。溶液的过饱和度是结晶过程必不可少的推动力。

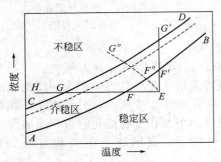

图 12-8 溶液的过饱和与超溶解度曲线

将一个完全纯净的溶液在不受任何扰动（无搅拌，无震荡）及任何刺激（无超声波等作用）的条件下，缓慢降温，就可以得到过饱和溶液。但超过一定限度后，澄清的过饱和溶液就会开始自发析出晶核。

溶液的过饱和度与结晶的关系可用图 12-8 表示。图中 AB 线为具有正溶解度特性的溶解度曲线；CD 线表示溶液过饱和且能自发产生晶核的浓度曲线，称为超溶解度曲线。这两条曲线将浓度-温度图分为三个区域。AB 线以下的区域是稳定区，在此区中溶液尚未达到饱和，因此没有结晶的可能。AB 线以上是过饱和区，此区又分为两部分：AB 线和 CD 线之间的区域称为介稳区，在这个区域内，不会自发地产生晶核，但如果在溶液中加入晶种（在过饱和溶液中人为加入的小颗粒溶质晶体），这些晶种就会长大，还会引发二次成核；CD 线以上的区域是不稳区，在此区域中，溶液能自发地产生晶核。此外，大量研究工作证实，一个特定物系只有一条确定的溶解度曲线，但超溶解度曲线的位置却要受很多因素的影响，如有无搅拌、搅拌强度大小、有无晶种、晶种大小与多寡、冷却速率快慢等，因此应将超溶解度曲线视为一簇曲线。

在图 12-8 中初始状态为 E 的洁净溶液，若分别通过冷却法、蒸发法或真空绝热蒸发法进行结晶，所经途径相应为 $EFGH$、$EF'G'$ 及 $EF''G''$。

工业生产中一般都希望得到平均粒度较大的结晶产品，因此结晶过程应尽量控制在介稳区内进行，以避免产生过多晶核而影响最终产品的粒度。

12.3　结晶过程的动力学

12.3.1　结晶成核动力学

晶核是过饱和溶液中新生成的微小晶体粒子，是晶体生长过程中必不可少的核心。在晶核形成之初，快速运动的溶质质点相互碰撞结合成线体单元，线体单元增大到一定限度后可称为晶胚。晶胚极不稳定，有可能继续长大，也有可能重新分解为小线体或单个质点。当晶胚生长到足够大，能与溶液建立热力学平衡时就可称之为晶核。晶核的大小粗估算为数十纳米至几微米。成核方式可分为初级成核和二次成核两类。

12.3.1.1　初级成核

在没有晶体存在的条件下自发产生晶核的过程称为初级成核。初级成核可分为非均相和均相初级成核。前已述及，洁净的过饱和溶液进入介稳区时，还不能自发地产生晶核，只有进入不稳区后，溶液才能自发地产生晶核。这种在均相过饱和溶液中自发产生晶核的过程称为均相初级成核。均相初级成核速率（B_p）可用类似 Arrhenius 反应速率式来描述：

$$B_p = A\exp\left[\frac{-16\pi\gamma^3 v^2}{3\kappa^2 k^3 T^3 (\ln S)^2}\right] \tag{12-2}$$

式中，A 为指前因子；v 为摩尔体积；k 为 Boltzmann 常数；T 为绝对温度；S 为比饱和度；γ 为表面张力；κ 为每摩尔溶质电离的离子摩尔，对于分子晶体，$\kappa=1$。

初级成核过程中晶核的临界粒径（γ_c）与溶液过饱和度之间的关系为：

$$r_c = \frac{2v\gamma}{\kappa k \ln S} \tag{12-3}$$

在过饱和溶液中，只有大于此临界粒径的晶核才能生存并继续生长，而小于此值的粒子则会溶解消失。

在工业结晶器中发生均相初级成核的机会比较少，实际上溶液中常常难以避免有外来的固体物质颗粒，如大气中的灰尘或其他人为引入的固体粒子，在非均相过饱和溶液中自发产生晶核的过程称为非均相初级成核。这些外来杂质粒子对初级成核过程有诱导作用，在一定程度上降低了成核势垒，所以非均相成核可以在比均相成核更低的过饱和度下发生。

工业上一般采用简单的经验关联式来描述初级成核速率与过饱和度的关系：

$$B_p = K_p \Delta C^a \tag{12-4}$$

式中，K_p 为速率常数；ΔC 为过饱和度；a 为成核指数。

K_p 和 a 的大小与具体结晶物系和流体力学条件有关，一般 $a > 2$。

相对二次成核，初级成核速率大得多，而且对过饱和度变化非常敏感，很难将它控制在一定的水平。因此，除了超细粒子制造外，一般结晶过程都要尽量避免初级成核的发生。

12.3.1.2　二次成核

在已有晶体存在的条件下产生晶核的过程为二次成核。目前人们普遍认为二次成核的机理主要是流体剪应力成核及接触成核。剪应力成核是指当过饱和溶液以较大的流速流过正在生长中的晶体表面时，在流体边界层存在的剪应力能将一些附着于晶体之上的粒子扫落，而成为新的晶核。接触成核是指当晶体与其他固体物接触时所产生的晶体表面的碎粒。研究者在实验中发现，在过饱和溶液中，晶体只要与固体物做能量很低的接触，就会产生大量的微粒，这与晶体在干燥条件下的表现完全不同。人们还发现晶体被撞击后在表面会出现伤痕，但在过饱和溶液中，伤痕在很短的时间内会自动修复而消失。在工业结晶器中，晶体与搅拌桨、器壁或挡板之间的碰撞，以及晶体与晶体之间的碰撞都有可能发生接触成核。一般认为接触成核的概率往往大于剪应力成核。Evans 等人用水与冰晶在连续混合搅拌结晶器中的试验表明，晶体与搅拌桨的接触成核速率在总成核速率中约占 40%，晶体与器壁或挡板的约占 15%，晶体与晶体的约占 20%，剩下的 25% 可归因于流体剪应力等作用。

影响二次成核速率的因素很多，主要有温度、过饱和度、碰撞能量、晶体的粒度与硬度、搅拌桨的材质等。

12.3.2 结晶生长动力学

12.3.2.1 晶体生长机理

在过饱和溶液中已有晶体形成或加入晶种后，以过饱和度为推动力，溶质质点会继续一层层地在晶体表面有序排列，晶体将长大，这个过程称为晶体生长。按照扩散学说，晶体生长过程由下列三个步骤组成：

① 待结晶溶质借扩散作用穿过靠近晶体表面的静止液层，从溶液中转移至晶体表面；

② 到达晶体表面的溶质嵌入晶面，使晶体长大。同时放出结晶热；

③ 放出来的结晶热传导至溶液中。

第一步扩散过程必须有浓度差作为推动力。第二步为表面反应过程，它是溶质质点在晶体空间晶格上排列成有序结构的过程。由于大多数物系的结晶热数值不大，对整个结晶过程的影响可以忽略不计，因此结晶过程的控制步骤一般是扩散过程或表面反应过程，主要取决于结晶过程的物理环境。

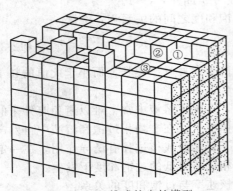

图 12-9　二维成核生长模型

关于晶体生长的机理，即溶质如何嵌入晶格的模式，人们已提出了许多学说，著名的有二维成核学说。按此学说，生长中的晶体可被想象为如图 12-9 所示的模型，即晶体是由许多小立方体堆砌而成的，各小立方体可以认为是微小的粒子，也可以是原子、分子、离子或分子团。每个小立方体有六个近邻，有六个面彼此接触。当一个新粒子堆砌到晶面上时，可能性最大的位置应该是能量上最有利的位置，或者说形成键数最多的位置，如图 12-9 中①处。第二个有利位置是晶体新生长层的前沿，如图 12-9 中②处。最不利的堆砌位置是晶面上孤立的粒子位置，如图 12-9 中③处。在晶面上一个新的粒子层形成之始，粒子只有从最不利的位置开始堆砌。一旦有一个粒子长在了晶面上，其他粒子就会很容易地堆砌上去而形成整个粒子层。最先长到晶面上的粒子可认为是一个二维生长的核。其他关于晶体生长的学说还有连续生长模型、生长传递模型和螺旋错位生长模型，分别如图 12-10 所示。

12.3.2.2 结晶生长速率

大多数溶液结晶中晶体生长过程为溶质扩散控制，由传递理论可推导出晶体生长速率：

$$G = k_g \Delta C \tag{12-5}$$

式中，G 为晶体线生长速率；k_g 为生长速率常数。

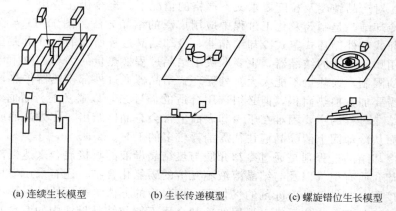

(a) 连续生长模型   (b) 生长传递模型   (c) 螺旋错位生长模型

图 12-10 晶体生长模型

对于表面反应控制的晶体生长过程，按照螺旋错位生长模型推导出表达式为：

$$R = k_m \Delta C^P \tanh(B/\Delta C)$$

(12-6)

式中，R 为单位表面晶体质量生长速率；k_m 为晶体质量生长速率常数；P 和 B 为特征参数。

对于溶质扩散与表面反应共同控制的结晶生长过程，其生长速率是两步速率的叠加。在工业结晶中，常使用经验式：

$$G = K_g \Delta C^g$$

(12-7)

式中，K_g 为晶体总生长速率常数，它与物系性质、温度、搅拌等因素有关；g 为生长指数。

上述晶体质量生长速率 R 与晶体线生长速率 G 之间的换算关系为：

$$R = \frac{1}{A}\frac{\mathrm{d}m}{\mathrm{d}t} = \frac{3k_v \rho G}{k_a}$$

(12-8)

式中，A 为晶体表面积；m 为晶体质量；ρ 为晶体密度；k_v 为晶体体积形状因子；k_a 为晶体表面形状因子。

McCabe 早年发现，对于大多数物系，悬浮于过饱和溶液中的几何相似的同种晶体都以相同的速率生长，即晶体的生长速率与原晶粒的初始粒度无关，人们一般称此为"ΔL 定律"，生长速率以式(12-5)～式(12-8)来描述。

12.4 溶液结晶过程与设备

12.4.1 溶液结晶过程

溶液结晶是指晶体从过饱和溶液中析出的过程。按照结晶过程过饱和度产生的方法，溶液结晶大致可分为冷却结晶法、蒸发结晶法、真空冷却结晶法、盐析（溶析）结晶法、反应结晶法等几种基本类型。本节主要介绍工业上常用的溶液结晶方法与设备，溶液结晶过程的分析与计算，以及溶液结晶装置的操作与控制。

12.4.1.1 冷却结晶

冷却法结晶过程基本上不去除溶剂，而是通过冷却降温使溶液变成过饱和。此法适用于溶解度随温度降低而显著下降的物系。冷却的方法分为自然冷却、间壁换热冷却及直接接触冷却。

自然冷却法是指将热的结晶溶液置于无搅拌的有时甚至是敞口的结晶釜中，靠大气自然冷却而降温结晶。此法所得产品纯度较低，粒度分布不均，容易发生结块现象。设备所占空间大，容积生产能力较低。由于这种结晶过程设备造价低，安装使用条件要求也不高，在某些产品量不大，对产品纯度及粒度要求又不严格的情况下，至今仍在应用。

间壁换热冷却结晶是制药及化工过程中应用广泛的结晶方法。图12-11与图12-12分别是典型的内循环式和外循环式釜式冷却结晶器，冷却结晶过程所需的冷量由夹套或外换热器传递，具体选用哪种形式的结晶器，主要取决于结晶过程换热量的大小。内循环式结晶器由于受换热面积的限制，换热量不能太大。外循环式结晶器通过外部换热器传热，传热系数较大，还可根据需要加大换热面积，但必须选用合适的循环泵，以避免悬浮晶体的磨损破碎。间壁换热冷却结晶过程的主要困难在于冷却表面上常会有晶体结出，称为晶疤或晶垢，使冷却效果下降，而从冷却面上清除晶疤往往需消耗较多的工时。

直接接触冷却结晶过程则是通过冷却介质与热结晶母液的直接混合来达到冷却结晶的目的。常用的冷却介质有空气以及与结晶溶液不互溶的碳氢化合物，还有采用专用的液态冷冻剂与结晶液直接混合，借助于冷冻剂的气化而直接致冷的方法。采用这种操作必须注意的是冷却介质可能对结晶产品产生污染，选用的冷却介质不能与结晶母液中的溶剂互溶或者虽互溶但应易于分离。目前在润滑油脱蜡、水脱盐及某些无机盐生产中还使用这种结晶方式。

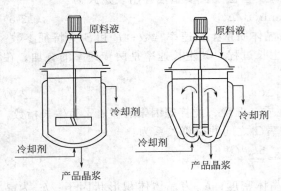

图 12-11　内循环式间壁冷却结晶器

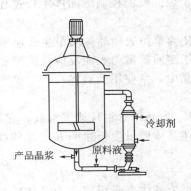

图 12-12　外循环式间壁冷却结晶器

12.4.1.2　蒸发结晶

蒸发结晶是除去一部分溶剂的结晶过程，主要是使溶液在常压或减压下蒸发浓缩而达到过饱和。此法适用于溶解度随温度降低而变化不大或具有逆溶解度特性的物系。利用太阳能晒盐就是最古老而简单的蒸发结晶过程。蒸发结晶器与一般的溶液浓缩蒸发器在原理、设备结构及操作上并无本质的差别。但需要指出的是，一般蒸发器用于蒸发结晶操作时，对晶体的粒度不能有效加以控制。遇到必须严格控制晶体粒度的场合，则需将溶液先在一般的蒸发器中浓缩至略低于饱和浓度，然后移送至带有粒度分级装置的结晶器中完成结晶过程。蒸发结晶器也常在减压下操作（见图12-13），其操作真空度不很高。采用减压的目的在于降低操作温度，以利于热敏性医药产品的稳定，并减少热能损耗。

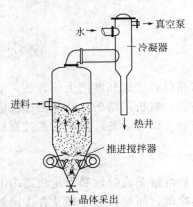

图 12-13　减压蒸发结晶

12.4.1.3　真空绝热冷却结晶

真空绝热冷却结晶是使溶剂在真空下闪急蒸发而使溶液绝热冷却的结晶法。此法适用于具有正溶解度特性且溶解度随温度的变化率中等的物系。真空冷却结晶器的操作原理是：把热浓溶液送入绝热保温的密闭结晶器中，器内维持较高的真空度，由于对应的溶液沸点低于原料液温度，溶液势必闪急蒸发而绝热冷却到与器内压强相对应的平衡温度。实质上溶液通过蒸发浓缩及冷却两种效应来产生过饱和度。真空冷却结晶过程的特点是主体设备结构相对简单，无换热面，操作比较稳定，不存在晶垢妨碍传热而需经常清理的问题。

12.4.1.4　盐析（溶析）结晶

另一种产生过饱和度的方法是向溶液中加入某些物质，以降低溶质在原溶剂中的溶解度。所加入的物质可以是固体，也可以是液体或气体，这种物质往往被称为盐析剂或沉淀剂。对所加物质的要求是：能溶解于原溶液中的溶剂，但不溶解或很少溶解被结晶的溶质，而且在有必要时溶剂与盐析剂的混合物易于分离（例如用蒸馏法）。溶析结晶的机理是在溶液中原来与溶质分子作用的溶剂分子部分或全部被新加入的其他溶剂分子所取代，使溶液体系的自由能大为提高，导致溶液过饱和而使溶质析出。

12.4.1.5　反应结晶

气体与液体或液体与液体之间发生化学反应以产生固体沉淀，固体的析出是由于反应产物在液相中的浓度超过了饱和浓度或构成产物的各离子的浓度超过了溶度积的结果。

反应结晶过程可分为反应和结晶两个基本步骤，随着反应的进行，反应产物的浓度增大并达到过饱和，在溶液中产生晶核并逐渐长大为较大的晶体颗粒。不同于一般的结晶过程，反应结晶过程中往往还伴随着粒子的老化、聚结和破碎等二次过程。流体的混合状况对反应结晶过程具有较大的影响，因为一般化学反应的速率比较快，如果在结晶器中不能提供良好的混合，则容易在加料口处产生较大的过饱和度并产生大量晶核，因此，反应结晶产生的固体粒子一般较小。要想获得符合粒度分布要求的晶体产品，必须小心控制溶液的过饱和度，如将反应试剂适当稀释或适当延长沉淀时间。

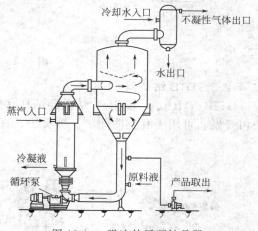

图 12-14　强迫外循环结晶器

12.4.2　典型的溶液结晶器

目前世界化学工业和制药工业中已经应用了许多构造不同的溶液结晶器，典型的有强迫外循环结晶器、流化床结晶器、DTB 结晶器等。

12.4.2.1　强迫外循环结晶器

图 12-14 所示的是一台由美国 Swenson 公司开发的强迫外循环结晶器，由结晶室、循环管及换热器、循环泵和蒸汽冷凝器组成。部分晶浆由结晶室的锥形底排出后，经循环管与原料液一起通过换热器加热，沿切线方向重新返回结晶室。这种结晶器可用于间接冷却法、蒸发法及真空冷却法的结晶过程。它的特点是生产能力很大。但由于外循环管路较长、输送晶浆所需的压头较高、循环泵叶轮转速较快，因而循环晶浆中晶体与叶轮之间的接触成核速率较高。另一方面它的循环量较低，结晶室内的晶浆混合不很均匀，存在局部过浓的现象，因此，所得产品平均粒度较小，粒度分布较宽。

12.4.2.2　流化床结晶器

图 12-15 是 Oslo（奥斯陆）流化床型蒸发结晶器及冷却结晶器的示意图。结晶室的器身常有一定的锥度，即上部较底部有较大的截面积，液体向上的流速逐渐降低，其中悬浮晶体的粒度越往上越小，因此结晶室成为粒度分级的流化床。在结晶室的顶层，基本上已不再含有晶粒，作为澄清的母液进入循环管路，与热浓料液混合后，或在换热器中加热并送入气化室蒸发浓缩（对蒸发结晶器），或在冷却器中冷却（对冷却结晶器）而产生过饱和度。过饱和的溶液通过中央降液管流至结晶室底部，与富集于结晶室底层的粒度较大的晶体接触，使之长得更大。溶液在向上穿过晶体流化床时，逐步解除其过饱和度。

　　流化床结晶器的主要特点是过饱和度产生的区域与晶体成长区分别设置在结晶器的两处，由于采用母液循环式，循环液中基本上不含晶粒，从而避免发生叶轮与晶体间的接触成核现象，再加上结晶室的粒度分级作用，使这种结晶器所生产的晶体大而均匀，特别适合于生产在过饱和溶液中沉降速度大于 0.02m/s 的晶粒。其缺点在于生产能力受到限制，因为必须限制液体的循环速度及悬浮密度，把结晶室中悬浮液的澄清界面限制在循环泵的入口以下，以防止母液中挟带明显数量的晶体。

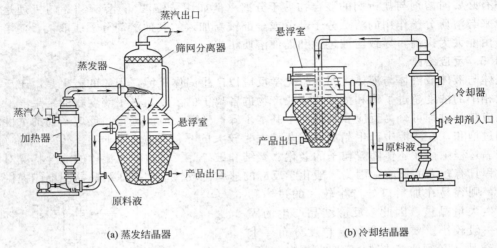

(a) 蒸发结晶器　　　　　　　　　(b) 冷却结晶器

图 12-15　流化床结晶器

12.4.2.3　DTB 结晶器

　　DTB(draft-tube baffle) 结晶器是具有导流筒及挡板的结晶器的简称，由美国 Swenson 公司开发。可用于真空冷却法、蒸发法、直接接触冷冻法以及反应结晶法等多种结晶操作。

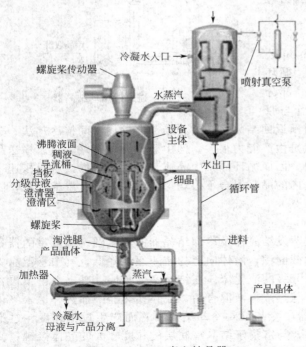

图 12-16　DTB 真空结晶器

DTB 结晶器性能优良，生产强度高，能产生粒度达 600～1200μm 的大粒结晶产品，器内不易结晶疤，已成为连续结晶器的最主要形式之一。

　　图 12-16 是 DTB 真空结晶器的构造简图。结晶器内有一圆筒形挡板，中央有一导流桶，在其下端装置的螺旋桨式搅拌器的推动下，悬浮液在导流桶以及导流桶与挡板之间的环形通道内循环不已，形成良好的混合条件。圆筒形挡板将结晶器分为晶体成长区和澄清区。挡板与器壁间的环隙为澄清区，其中搅拌的作用基本上已经消除，使晶体得以从母液中沉降分离，只有过量的细晶可随母液从澄清区的顶部排出器外加以消除，从而实现对晶核数量的控制。为了使所得产品粒度分布更均匀，有时在结晶器的下部设置淘洗腿。

DTB 结晶器属于典型的晶浆内循环结晶器。由于设置了导流桶，形成了循环通道，循环速度很高，可使晶浆质量密度高达 30%～40%，因而强化了结晶器的生产能力。结晶器内各处的过饱和度较低，并且比较均匀，而且由于循环流动所需的压头很低，螺旋桨只需在低速下运转，使桨叶与晶体间的接触成核速率很低，这也是该结晶器能够生产较大粒度晶体的原因之一。

天津大学结晶中心对 DTB 结晶器进行了大量的应用研究开发工作。"六五"期间在青海盐湖建立了 KCl 的 DTB 结晶生产装置。"八五"期间又对 DBT 结晶器进行了改进，在华北制药厂、哈尔滨制药厂等厂家建立了十几台青霉素 G 钾盐及钠盐的结晶生产装置。该装置将图 12-16 顶部冷凝器改为精馏塔，在一台装置中完成了青霉素蒸发结晶与混合溶剂的分离回收两个单元过程。

12.4.3　溶液结晶过程的操作与控制

结晶器的操作除了要满足产品数量的要求之外，更重要的是要能生产出符合质量、粒度分布及晶形要求的产品。在考虑结晶器的操作方式和控制策略时，应根据生产规模、产品质量要求以及结晶过程的具体特点，进行详细的分析与论证。

12.4.3.1　连续结晶操作与间歇结晶操作的比较

与其他化工单元操作一样，当生产规模大到一定水平，结晶过程应采用连续操作方式。与间歇结晶操作相比，连续结晶操作具有以下优点：

① 连续操作的结晶器单位有效体积的生产能力比间歇结晶器高数倍至十数倍之多，占地面积也较小；

② 连续结晶过程的操作参数是稳定的，不像间歇操作那样需要按一定的操作程序不断地调节其操作参数，因此连续结晶过程的产品质量比较稳定，不像间歇操作那样可能存在批间差异；

③ 冷却法及蒸发法结晶（真空冷却法除外）采用连续操作时操作费用较低；

④ 连续结晶操作所需的劳动量相对较小。

但对于许多较大规模结晶过程至今仍宁愿采用间歇操作方式，这是因为间歇结晶过程具有独特的优点，如设备相对简单、热交换器表面结垢现象不严重等，最主要的是对于某些结晶物系，只有使用间歇操作才能生产出指定纯度、粒度分布及晶形的合格产品。另外，间歇结晶操作产生的结晶悬浮液可以达到热力学平衡态，而连续结晶过程的结晶悬浮液不可能完全达到平衡态，只有放入一个中间储槽中等待它达到平衡态，如果免去这一步，有可能在后序处理设备及管道中继续结晶，出现不希望有的固体沉积现象。

在制药行业一般采用间歇结晶操作，以便于批间对设备进行清理，可防止产品的污染，保证药品的高质量，同样对于高产值低批量的精细化工产品也适宜采用间歇结晶操作。

12.4.3.2　连续结晶过程的控制

连续结晶器的操作有以下几项要求：控制符合要求的产品粒度分布；结晶器具有尽可能高的生产强度；尽量降低结晶垢的速率，以延长结晶器正常运行的周期；及维持结晶器的稳定性。为了使连续结晶器具有良好的操作性能，往往采用"细晶消除"、"粒度分级排料"、"清母液溢流"等技术，使结晶器成为所谓的"复杂构型结晶器"。采用这些技术可使不同粒度范围的晶体在器内具有不同的停留时间，也可使器内的晶体与母液具有不同的停留时间，从而使结晶器增添了控制产品粒度分布和晶浆密度的手段，再与适宜的晶浆循环速率相结合，便能使连续结晶器满足上述操作要求。

（1）细晶消除　在连续操作的结晶器中，每一粒晶体产品是由一粒晶核生长而成的，在一定的晶浆体积中，晶核生成量越少，产品晶体就会长得越大。反之，如果晶核生成量过大，溶液中有限数量的溶质分别沉积于过多的晶核表面上，产品晶体粒度必然较小。在实际工业结晶过程中，成核速率很不容易控制。较普遍的情况是晶核数目太多，或者说晶核的生成速率过高。因此，必须尽早地把过量的晶核除掉。

去除细晶的目的是提高产品中晶体的平均粒度，此外，它还有利于晶体生长速率的提高，因为结晶器配置了细晶消除系统后，可以适当地提高过饱和度，从而提高了晶体的生长速率及设备的生产能力。即使不人为地提高过饱和度，被溶解而消除的细晶也会使溶液的过饱和度有所提高。

通常采用的去除细晶的办法是根据淘洗原理，在结晶器内部或外部建立一个澄清区，在此区域内，晶浆以很低的速度向上流动，使大于某一"细晶切割粒度" r_F 的晶体都能从溶液中沉降出来，回到结晶器的主体部分，重新参与结晶器晶浆循环，并继续生长。而小于此粒度的细晶将随从澄清区溢流而出的溶液进入细晶消除循环系统，以加热或稀释的方法使之溶解，然后经循环泵重新回到结晶器中去。

（2）产品粒度分级　混合悬浮型连续结晶器配置产品粒度分级装置，可实现对产品粒度范围的调节。产品粒度分级是使结晶器中所排出的产品先流过一个分级排料器，然后排出系统。分级排料器可以是淘洗腿、旋液分离器或湿筛，它将小于某一产品分级粒度 r_p 的晶体截留，并使之返回结晶器的主体，继续生长，直到长到至超过 r_p，才有可能作为产品晶体排出器外。如采用淘洗腿，调节腿内向上淘洗液流的速度，即可改变分级粒度。提高淘洗液流速度，可使产品粒度分布范围变窄，但也使产品的平均粒度有所减小。

（3）清母液溢流　清母液溢流是调节结晶器内晶浆密度的主要手段，增加清母液溢流量无疑可有效地提高器内的晶浆密度。清母液溢流的主要作用在于能使液相及固相在结晶器中具有不同的停留时间。在无清母液溢流的结晶器中，固、液两相的停留时间相等，而在清母液溢流的结晶器中固相的停留时间可延长数倍之多。清母液溢流有时与细晶消除相结合，从结晶器中的澄清区溢流而出的母液总会含有小于某一切割粒度的细晶，所以不存在真正的清母液。这股溢流而出的母液如排出结晶系统，则可称之为清母液溢流，由于它含有一定量的细晶，所以也必然起着某些消除细晶的作用。当澄清区的细晶切割粒度较大时，为了避免流失过多的固相产品组分，可使溢流而出的带细晶的母液先经过旋液分离器或湿筛，而后分为两股，使含有较多细晶的流股进入细晶消除循环，而含有少量细晶的流股则排出结晶系统。

12.4.3.3　间歇结晶过程的控制

（1）加晶种的控制结晶　在间歇操作的结晶过程中，为了控制晶体的生长，获得粒度较均匀的晶体产品，必须尽可能防止意外的晶核生成，小心地将溶液的过饱和度控制在介稳区中，不使出现初级成核现象，一般的作法是往溶液中加入适当数量及适当粒度的晶种，让被结晶的溶质只在晶种表面上生长。应当用温和的搅拌，使晶种较均匀地悬浮在整个溶液中，并尽量避免二次成核现象。

早年 Griffith 就研究过加晶种和不加晶种的溶液在冷却时的结晶情况，其结果可用溶解度-超溶解度曲线图表示。图 12-17(a) 表示不加晶种而迅速冷却的情形，此时溶液的状态很快穿过介稳区到达超溶解度曲线上的某一点，出现初级成核现象，溶液中有大量微小的晶核骤然产生出来，属于无控制结晶。图 12-17(b) 表示加有晶种而缓慢冷却的情形，由于溶液中晶种的存在，且降温速率得到控制，在操作过程中溶液始终保持在介稳状态，晶体的生长速率完全由冷却速率加以控制。因为溶液不致进入不稳区，所以不会发生初级成核现象。这种控制结晶方式能够产生指定粒度的均匀晶体产品，许多工业规模的间歇结晶操作即采用这种方式。

（2）间歇蒸发结晶的最佳操作程序　间歇结晶操作在获得良好质量的晶体产品的前提

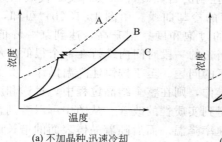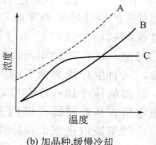

图 12-17　加晶种的冷却结晶
A—超饱和曲线；B—溶解度曲线；C—溶液冷却曲线

下，也要求能尽量缩短每批操作所需的时间，以得到尽可能多的产品。对于不同的结晶物系，应能确定一个适宜的操作程序，使得在整个结晶过程中，能维持一个恒定的最大允许的过饱和度，使晶体能在指定的速度下生长。在整个过程中既不允许超过此值，以致影响产品质量；也不允许低于此值，以致降低设备的生产能力。但要做到这一点是比较困难的，因为在晶体表面积与溶液的能量传递速率（也就是溶剂的蒸发速率或溶液的冷却速率）之间的关系较为复杂。在每次操作之始，物系中只有为数很小的由晶种提供的晶体表面，因此不太高的能量传递速率就足以使溶液中形成较大的过饱和度。随着晶体的长大，晶体表面增大，则可相应地逐步提高能量的传递速率。

对于一个等温蒸发间歇操作的搅拌釜式结晶器，操作之始加入适量的晶种，假设过程中无晶核生成，且生长速率与粒度无关，经过复杂的数学推导，可得出结晶过程中最佳蒸发速率为：

$$-\frac{\mathrm{d}V}{\mathrm{d}t} = \frac{3M_s}{c}\left(\frac{G}{r_s}\right)\left[\left(\frac{Gt}{r_s}\right)^2 + 2\left(\frac{Gt}{r_s}\right) + 1\right] \tag{12-9}$$

式中，V 为结晶器中的溶剂体积；c 为溶液中溶质浓度（以单位体积溶剂为基准）；M_s 为晶种质量；r_s 为晶种粒度；G 为晶体的线性生长速率。

（3）间歇冷却结晶的最佳操作程序　对于一个间歇操作的冷却结晶器，操作之始加入适量的晶种，假设过程中无晶核生成，且生长速率与粒度无关，在操作温度范围内，溶液的饱和浓度 c^* 与温度 T 的函数关系可近似地用线性关系表示：

$$c^* = a + bT \tag{12-10}$$

经过复杂的数学推导，可得出结晶过程中最佳冷却速率为：

$$-\frac{\mathrm{d}T}{\mathrm{d}t} = \frac{3M_s}{bV}\left(\frac{G}{r_s}\right)\left[\left(\frac{Gt}{r_s}\right)^2 + 2\left(\frac{Gt}{r_s}\right) + 1\right] \tag{12-11}$$

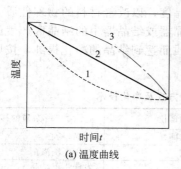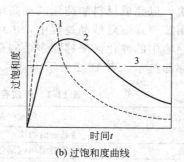

(a) 温度曲线　　　　(b) 过饱和度曲线

图 12-18　间歇冷却结晶的冷却曲线

在图 12-18(a) 中，线 1 代表不加控制的自然冷却曲线，线 2 代表恒速冷却线，线 3 代表按式（12-11）所表达的最佳冷却程序的冷却曲线。由图 12-18（b）可知，如采用自然冷却操作，则在结晶过程的初始阶段溶液的过饱和度急剧升高，达到某一峰值，然后又急剧下降，使结晶过程的过饱和度在随后相当长的一段时间内维持在一个很低的水平，所以既有发生初级成核的危险，又有生产能力低下的问题。至于按恒速降温操作，类似于自然冷却操作的缺点依然存在。若按最佳冷却程序操作，则在整个结晶过程中，过饱和度自始至终得以维持在某一预期的恒定值，从而使操作得到实质性的改善。从图中可以看到，按照这种程序操作时，在初始阶段应使溶液以很低的速率降温，而后随着晶体表面的增长而逐步增大其冷却速率。

12.5 熔融结晶过程与设备

熔融结晶是根据待分离物质之间凝固点的不同而实现物质结晶分离的过程。与溶液结晶过程比较，熔融结晶过程的特点见表 12-1。

表 12-1 熔融与溶液结晶过程的比较

项 目	溶液结晶过程	熔融结晶过程
原理	冷却或除去部分溶剂,使溶质从溶液中结晶出来	利用待分离组分凝固点的不同,使它们得以结晶分离
操作温度	取决于物系的溶解度特性	在结晶组分的熔点附近
推动力	过饱和度	过冷度
过程的主要控制因素	传质及结晶速率	传热、传质及结晶速率
目的	分离,纯化,产品晶粒化	分离,纯化
产品形态	呈一定分布的晶体颗粒	液体或固体
结晶器型式	釜式为主	釜式或塔式

熔融结晶过程主要应用于有机物的分离提纯，冶金材料精制或高分子材料加工的区域熔炼过程也属于熔融结晶。本小节仅简单介绍有机物系的熔融结晶过程。

12.5.1 熔融结晶的基本操作模式

根据熔融结晶的析出方式及结晶装置的类型，熔融结晶过程有以下三种基本操作模式：

① 在冷却表面上从静止的或者熔融体滞流膜中徐徐沉析出结晶层，即逐步冻凝法，或称定向结晶法；

② 在具有搅拌的容器中从熔融体中快速结晶析出晶体粒子，该粒子悬浮在熔融体之中，然后再经纯化，融化而作为产品排出，亦称悬浮床结晶法或填充床结晶法；

③ 区域熔炼法，使待纯化的固体材料，或称锭材，顺序局部加热，使熔融区从一端到另一端通过锭块，以完成材料的纯化或提高结晶度，以改善材料的物理性质。

在第①和第②模式熔融结晶过程中，由结晶器或结晶器中的结晶区产生的粗晶，还需经过净化器或结晶器中的纯化区来移除多余的杂质而达到结晶的净化提纯，按照杂质存在的方式，所使用的移除技术如表 12-2 所示。

表 12-2 杂质存在方式及净化技术

杂质存在方式	杂质存在的部位	杂质的移除技术
母液的黏附	结晶表面物质粒子之间	洗涤,离心
宏观的夹杂	结晶表面和内部包藏	挤压＋洗涤
微观的夹杂	内部的包藏	发汗＋再结晶
固体溶液	晶格点阵	发汗＋再结晶

前两种模式的结晶方法主要用于有机物的分离与提纯，第三种模式专门用于冶金材料精制或高分子材料的加工。据统计，目前已有数十万吨有机化合物用熔融结晶法分离提纯，如纯度高达 99.99％的对二氯苯生产规模达 17000t/a；99.95％的对二甲苯达 70000t/a；双酚 A 达 15000t/a 等。在金属材料的精制上区域熔炼法早已被广泛应用。

12.5.2　熔融结晶设备

12.5.2.1　塔式结晶器

多年来，人们从精馏塔的结构及操作原理受到启发，开发出了多种塔式连续结晶器。这种技术的主要优点是能在单一的设备中达到相当于若干个分离级的分离效果，有较高的生产速率。如图 12-19 所示，一个塔式结晶器从上到下可分为冻凝段、提纯段及熔融段三部分，中央装有螺旋式输送装置。在结晶器中液体为连续相，而固体为分散相。液体原料从结晶器的中部或冻凝段加入。在冻凝段，晶体自液相析出，剩余的母液作为顶部产品或废物排出。晶体析出后，不断向结晶器底部沉降，与液相成逆流通过提纯段。晶体在向下运动时接触到的液体的纯度越来越高，由于相平衡的作用，晶体的纯度也不断提高。晶体达到熔融段后被加热熔融，一部分提供向上的回流，其余作为产品排出。由此可见，塔式结晶器的操作原理与精馏塔相似，区别在于前者是在固液两相之间进行，而后者是在气液两相之间进行。

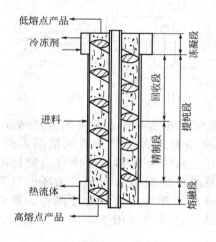

图 12-19　塔式结晶器图

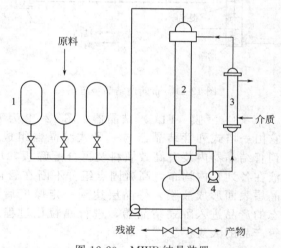

图 12-20　MWB 结晶装置

1—计量槽；2—MWB 结晶器；3—热交换器；4—循环泵

12.5.2.2　通用结晶器

（1）苏尔寿 MWB 结晶器　如图 12-20 所示，MWB 结晶装置的主体设备为立式列管换热器式的结晶器，结晶母液循环于管方，冷却介质运行于壳方。在冷的列管内壁面上晶体不断形成。待晶体层达到一定厚度后，停止结晶母液的循环，并将壳方介质切换为加热介质，使晶层温度升高并趋向其对应的融化温度（可根据晶体纯度由相图中的固相融化线确定）。这样粗晶体在逐步升高的温度下多次达到固液平衡，不纯的母液不断从晶层排出，使晶体纯度不断提高。这种操作称为发汗过程。发汗过程完成后，将介质温度进一步升高，使晶体全部融化，即得最终产品。该结晶器对低共熔及固体溶液物系的分离都适用，得到的产品纯度非常高。

（2）布朗迪提纯器　图 12-21 为布朗迪提纯器的示意图。它由提纯段、精制段及回收段组成，其中精制段及回收段水平放置，内装刮带式输送器。输送器的转速很低，用于推送冷却所产生的晶体和刮除冷却面上结出的晶体，并维持晶体在母液中的悬浮状态。原料与来自精制段的回流液在流经回收段的过程中被徐徐冷却，高凝固点组分不断从液相中结晶出来，残液由回收段冷端排出。回收段中结出的晶体被送到精制段，途中与液相互成逆流，在纯度及温度都越来越高的回流液的作用下，高凝固点组分的含量不断升高，然后进入提纯段。提纯段垂直放置，内装缓慢运转的搅拌器。在提纯段里，缓缓沉降的晶体与纯度较高的回流液互成逆流而得以进一步提纯。到达底部的晶体被加热融化，一部分作为产品取出，一部分则作为回流液。这种结晶装置有较强的适应能力，产品纯度高。

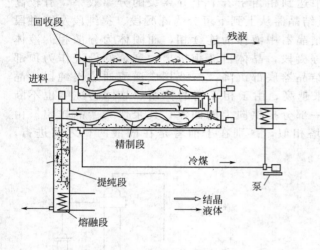

图 12-21　布朗迪结晶装置图

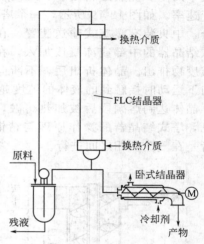

图 12-22　液膜结晶（FLC）装置

（3）液膜（FLC）结晶器　图 12-22 为天津大学工业结晶中心开发的液膜结晶装置。它由一塔式列管结晶器与一卧式结晶器组成。分离精制过程主要在塔式结晶器内完成。列管结晶器内装有高效填料及再分配筛板，塔顶有一精密分配器，使待分离的熔融原料液在各列管内均布，高凝固点组分不断在管内壁及填料表面结晶出来，循环的料液则在晶层表面形成液膜。待晶层达到一定厚度后，停止料液循环，进行发汗操作。最后熔融态的产品进入卧式结晶器，进行晶粒化过程。该装置已成功应用于高纯对二氯苯、精萘等产品的大规模生产。

12.6　其他结晶方法

除了上面讨论的两大类常见的结晶方法外，化工生产中有时还采用其他的特殊结晶方法，如升华结晶、沉淀结晶、喷射结晶、冰析结晶等。

升华是指物质不经过液态而直接从固态变成气态的过程，反升华则是气态物质直接凝结为固态的过程。升华结晶过程常常包括这两步，以实现把一个升华组分从含其他不升华组分的混合物中分离出来。碘、萘、樟脑等常采用这种方法进行分离提纯。

沉淀结晶包括反应结晶和盐析结晶两个过程。反应结晶过程产生过饱和度的方法是通过气体或液体与液体之间的化学反应，生成溶解度很小的产物。盐析结晶过程则是通过往溶液中加入某种物质来降低溶质在溶剂中的溶解度，使溶液达到过饱和。

近年来，还出现了一些新的结晶与其他分离技术相联用或偶合的装置，如静态结晶-降膜结晶联用以及精馏-结晶偶合过程，如图 12-23 所示。

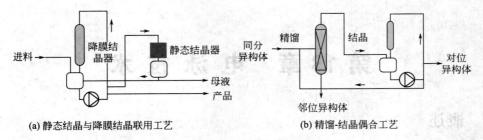

(a) 静态结晶与降膜结晶联用工艺   (b) 精馏-结晶偶合工艺

图 12-23 新的结晶联用工艺

参 考 文 献

[1] Mullin J. W. Crystallization. Oxford：Butterworth-Heinemann，1993.

[2] Randolph A. D.，Larson M. A. Theory of Particulate Process（Second Edition）. New York：Academic Press，1988.

[3] Myerson A. S. Handbook of Industrial Crystallization. New York：Butter-Worth-Heinemann，1992.

[4] 丁绪怀，谈遒. 工业结晶. 北京：化学工业出版社，1985.

[5] 王静康. 化学工程手册：结晶. 第 2 版. 北京：化学工业出版社，1996.

第 13 章　电 泳 技 术

13.1　概述

　　电泳，是指带电荷的供试品（蛋白质、核酸等）在惰性支持介质中（如纸、醋酸纤维素、琼脂糖凝胶、聚丙烯酰胺凝胶等），于电场作用下向其对应的电极方向按各自速度进行泳动，使组分分离成狭窄区带，用适宜的检测方法记录其电泳区带图谱或计算其百分含量的方法。早在 19 世纪初就已发现，带有不同电荷的质点在电场作用下向不同电极方向迁移，但直到 20 世纪 40 年代电泳分离技术才开始用于分析目的。经近半个多世纪的发展，特别是电泳技术原理的不断扩展，电泳仪器和检测手段不断完善，使之成为实验室中强有力的分析、鉴定和分离技术，并从实验室应用逐渐扩大到更大规模的制备应用。近几年各种电泳仪器设备的发展虽然落后于色谱仪器设备，但在实验室内用于分析的各种电泳技术的可靠性、分辨率、使用的难易度和成本均可与 HPLC 相竞争，而在大规模应用上，电泳在分辨率和容量等方面还难于和制备型 HPLC 竞争。从电泳技术发展趋势看，在未来几年内有可能达到制备型 HPLC 的水平。近 20 年来，随着生物技术的发展，电泳技术在生物技术研究和生物技术产品的检测、鉴定、分析、分离上的应用受到高度重视。将电泳原理与其他技术原理相结合，发展了许多新的电泳技术。在生物技术研究和生物技术产物分离上广泛应用的主要是区带电泳，按支持介质的性质又可分为无载体电泳和载体电泳。

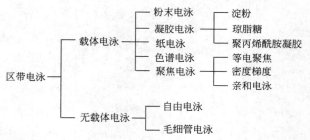

13.2　基本原理

　　生物技术研究的主要对象和生物技术产物主要是核酸和蛋白质。蛋白质分子是含有可带正电荷的氨基、亚氨基、酰氨基等和可带负电荷的羧基、苯酚基、巯基等的两性生物大分子。这些基团所带电荷的性质和数量完全随溶液环境（如 pH 值和离子强度等）而变化。带有正电荷的蛋白质分子在电场作用下向阴极方向移动；而带负电荷的蛋白质分子向阳极方向移动。蛋白质分子在电场内迁移所受到的力（F）与电场强度（E）和蛋白质分子的净电荷数（Z）成正比关系：

$$F = E \cdot Z \qquad (13\text{-}1)$$

　　蛋白质分子在电场中受的力也与溶液黏度（η）、分子半径（r）及稳态下移动速度（v）有以下关系：

$$F = 6\pi\eta r v \qquad (13\text{-}2)$$

如果以迁移速率 $u = v/E$，则：

$$u = \frac{Z}{6\pi\eta r} \tag{13-3}$$

式（13-3）表明各种不同分子量的蛋白质在电场内的迁移速率（u）只与它的净电荷数（Z）成正比，而与其分子（球状分子）半径及溶液黏度（η）成反比。溶液中，特别是在低离子强度溶液中，带不同电荷的蛋白质分子之间有时会发生相互之间的静电作用，形成更大的分子团，影响它们在电场中的迁移速率。增加溶液的离子强度，可减少不同蛋白质分子之间的相互作用，但会提高电泳电流，进而使电泳过程产生更多热量，使电泳温度升高。温度升高又会促进蛋白质分子扩散，使电泳区带变宽，降低电泳分辨率。因此，电泳缓冲液的 pH 值、缓冲剂类型、浓度以及样品中的盐浓度均需仔细选择。原则上，应在减少盐浓度、降低电泳产热和增加盐浓度、降低不同蛋白质分子相互作用之间进行折中选择。在实验室和大多数制备电泳技术中，琼脂糖和聚丙烯酰胺凝胶电泳使用最广泛，特别是以聚丙烯酰胺凝胶作载体的电泳分离技术应用得最成功。因为聚丙烯酰胺凝胶具有三维网状结构，可形成大小不同的孔隙，因而具有很强的分子

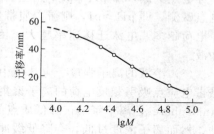

图 13-1　具有相同电荷密度的近球形分子的蛋白质电泳迁移速率与其分子量的关系

筛作用。实验证明，蛋白质的电泳迁移速率（u）与蛋白质分子量的对数成线性关系，如图 13-1 所示，这种关系可用（13-4）式表示：

$$u = u_0(A - \lg M)/A \tag{13-4}$$

式中，A 为将直线外推到在凝胶中不再迁移时的蛋白质分子量的对数值，即最小排阻分子量的对数值；M 为蛋白质分子量；u_0 为不受凝胶影响的小分子物质迁移速率。

$$u_0 = \frac{Z}{6\pi\eta r_m} \tag{13-5}$$

而 r_m 为不受凝胶排阻影响的小分子的最大直径，因此式（13-4）可表示为：

$$u_0 = \frac{Z}{6\pi\eta r_m} \cdot \frac{A - \lg M}{A} \tag{13-6}$$

式（13-6）说明凝胶电泳是按物质的电荷多少和分子大小进行分离的，所以，可依据待分离物质的分子大小，并通过控制凝胶的交联度，设计出最适宜分离操作的孔径。此外，凝胶电泳的另一个优势还在于，它可以减少蛋白质的扩散和液体对流的影响，得到狭窄的分离区带，使具有相同电荷、不同分子量的蛋白质获得理想的分辨率。

13.3　电泳技术分类

自由电泳法的发展并不迅速，因为其电泳仪构造复杂、体积庞大，操作要求严格，价格昂贵等，而区带电泳可用各种类型的物质作支持体，故其应用比较广泛。本节仅对常用的几种区带电泳分别加以叙述。

13.3.1　影响电泳迁移率的因素

（1）电场强度　电场强度是指单位长度（cm）的电位降，也称电势梯度。如以滤纸作支持物，其两端浸入到电极液中，电极液与滤纸交界面的纸长为 20cm，测得的电位降为 200V，那么电场强度为 200V/20cm＝10V/cm。当电压在 500V 以下，电场强度在 2～10V/cm 时为常压电泳。电压在 500V 以上，电场强度在 20～200V/cm 时为高压电泳。电场强度

大，带电质点的迁移速率加快，因此省时，但因产生大量热量，应配备冷却装置以维持恒温。

（2）溶液的 pH 值　溶液 pH 值决定被分离物质的解离程度和质点的带电性质及所带净电荷量。例如蛋白质分子，它是既有酸性基团（—COOH）、又有碱性基团（—NH₂）的两性电解质，在某一溶液中所带正负电荷相等，即分子的净电荷等于零，此时，蛋白质在电场中不再移动，溶液的这一 pH 值为该蛋白质的等电点（isoelectric point，pI）。若溶液 pH 处于等电点酸侧，即 pH<pI，则蛋白质带正电荷，在电场中向负极移动；若溶液 pH 处于等电点碱侧，即 pH>pI，则蛋白质带负电荷，向正极移动。溶液的 pH 离 pI 越远，质点所带净电荷越多，电泳迁移速率越大。因此在电泳时，应根据样品性质，选择合适的 pH 值缓冲液。

（3）溶液的离子强度　电泳液中的离子浓度增加时会引起质点迁移速率的降低。其原因是带电质点吸引相反电荷的离子聚集其周围，形成一个与运动质点电荷相反的离子氛（ionic atmosphere），离子氛不仅降低质点的带电量，同时增加质点前移的阻力，甚至使其不能泳动。然而离子浓度过低，会降低缓冲液的总浓度及缓冲容量，不易维持溶液的 pH 值，影响质点的带电量，改变泳动速度。离子的这种障碍效应与其浓度和带电价数相关。可用离子强度 I 表示。

（4）电渗　在电场作用下液体对于固体支持物的相对移动称为电渗（electro-osmosis）。其产生的原因是固体支持物多孔，且带有可解离的化学基团，因此常吸附溶液中的正离子或负离子，使溶液相对带负电或正电。如以滤纸作支持物时，纸上纤维素吸附 OH⁻ 带负电荷，而与纸接触的水溶液因产生 H₃O⁺ 带正电荷移向负极，若质点原来在电场中移向负极，结果质点的表现速度比其固有速度要快；若质点原来移向正极，则表现速度比其固有速度要慢，因此，应尽可能选择低电渗作用的支持物以减少电渗的影响。

13.3.2　电泳分析常用方法及操作要点
13.3.2.1　醋酸纤维素薄膜电泳
醋酸纤维素是粗纤维素的羟基乙酰化形成的纤维素醋酸酯，由该物质制成的薄膜称为醋酸纤维素薄膜。这种薄膜对蛋白质样品吸附性小，几乎能完全消除纸电泳中出现的"拖尾"现象，又因为膜的亲水性比较小，它所容纳的缓冲液也少，电泳时电流的大部分由样品传导，所以分离速度快，电泳时间短，样品用量少，5μg 的蛋白质可得到满意的分离效果。因此，特别适合于病理情况下微量异常蛋白的检测。

醋酸纤维素膜经过冰醋酸乙醇溶液处理后可使膜透明化，有利于对电泳图谱的光吸收扫描测定和膜的长期保存。

（1）材料与试剂　醋酸纤维素膜一般使用市售商品。

巴比妥缓冲液（pH 8.6）：取巴比妥 2.76g，巴比妥钠 15.45g，加水溶解使成 1000ml。

氨基黑染色液：取 0.5g 氨基黑 10B 溶于甲醇 50ml、冰醋酸 10ml 及水 40ml 的混合液中。

漂洗液：取乙醇 45ml、冰醋酸 5ml 及水 50ml，混匀。

透明液：取冰醋酸 25ml，加无水乙醇 75ml，混匀。

（2）操作要点

① 醋酸纤维素薄膜预处理。取醋酸纤维素薄膜，裁成 2cm×8cm 的膜条，将无光泽面向下，浸入巴比妥缓冲液（pH 8.6）中，待完全浸透，取出夹于滤纸中，轻轻吸去多余的缓冲液后，将膜条无光泽面向上，置电泳槽架上，经滤纸桥浸入巴比妥缓冲液（pH 8.6）中。

② 加样。于膜条上距负极端 2cm 处，条状滴加蛋白含量约 5% 的供试品溶液 2～3μl，对血清蛋白质的常规电泳分析，每厘米加样线不超过 1μl，相当于 60～80μg 的蛋白质。

③ 电泳。可在室温下进行，电压为 25V/cm，电流为 0.4～0.6mA/cm，电泳区带距离以 4～5cm 为宜。

④ 染色。电泳完毕，将膜条取下浸于氨基黑染色液中，2～3min 后，用漂洗液浸洗数次，直至脱去底色为止，一般蛋白质染色常使用氨基黑和丽春红，糖蛋白用甲苯胺蓝或过碘酸-Schiff 试剂，脂蛋白则用苏丹黑或品红亚硫酸染色。

⑤ 脱色与透明。对水溶性染料最普遍应用的脱色剂是 5% 醋酸水溶液，将洗净并完全干后的膜条浸于透明液中 10～15min，取出平铺于洁净的玻板上，干后即成透明薄膜，为了长期保存或进行光吸收扫描测定，可浸入冰醋酸：无水乙醇＝30：70（体积比）的透明液中。

⑥ 含量测定。未经透明处理的醋酸纤维素薄膜电泳图可按各药品项下规定的方法测定，一般采用洗脱法或扫描法，测定各蛋白质组分的相对百分含量。

洗脱法——将洗净的膜条用滤纸吸干，剪下供试品溶液各电泳图谱的电泳区带，分别浸于 1.6% 氢氧化钠溶液中，振摇数次，至洗脱完全，于一定波长下测定吸光度。同时剪取与供试品膜条相应的无蛋白部位，同法操作作为对照。先计算吸收值总和，再计算各蛋白组分所占百分率。

扫描法——将干燥的醋酸纤维素薄膜用色谱扫描仪通过反射（未透明薄膜）或透射（已透明薄膜）方式在记录器上自动绘出各蛋白组分曲线图，横坐标为膜条的长度，纵坐标为吸光度，计算各蛋白组分的百分含量，亦可用微机处理积分计算。

13.3.2.2　凝胶电泳

以淀粉凝胶、琼脂或琼脂糖凝胶、聚丙烯酰胺凝胶等作为支持介质的区带电泳法称为凝胶电泳。其中聚丙烯酰胺凝胶电泳（polyacrylamide gel electrophoresis，PAGE）普遍用于分离蛋白质及较小分子的核酸。琼脂糖凝胶孔径较大，对一般蛋白质不起分子筛作用，但适用于分离同工酶及其亚型，大分子核酸等应用较广，介绍如下。

（1）琼脂糖凝胶电泳　琼脂糖是由琼脂分离制备的链状多糖，其结构单元是 D-半乳糖和 3,6-脱水-L-半乳糖，许多琼脂糖链依氢键及其他力的作用使其互相盘绕形成绳状琼脂糖束，构成大网孔型凝胶。因此，该凝胶适合于免疫复合物、核酸与核蛋白的分离、鉴定及纯化。在临床生化检验中常用于 LDH、CK 等同工酶的检测。

（2）聚丙烯酰胺凝胶电泳　聚丙烯酰胺凝胶是亚甲基双丙烯酰胺交联制备得到的聚合物，具有三维空间网络结构，结合其对不同大小分子的筛分效应，可被用来从已知分子量的标准蛋白的对数和相对迁移速率所作的标准曲线中测得供试品的分子量。

（3）琼脂糖凝胶电泳设备与试剂　琼脂糖凝胶电泳分为垂直及水平型两种。其中水平型可制备低浓度琼脂糖凝胶，而且制胶与加样都比较方便，故应用比较广泛。核酸分离一般用连续缓冲体系，常用的有 TBE（0.08mol/L Tris·HCl，pH 8.5，0.08mol/L 硼酸，0.0024mol/L EDTA）和 THE（0.04mol/L Tris·HCl，pH 7.8，0.2mol/L 醋酸钠，0.0018mol/L EDTA）。

（4）琼脂糖凝胶电泳操作要点

① 凝胶制备。用上述缓冲液配制 0.5%～0.8% 琼脂糖凝胶溶液，沸水浴或微波炉加热使之融化，冷至 55℃ 时加入溴化乙锭（EB）至终浓度为 0.5μg/ml，然后将其注入玻璃板或有机玻璃板组装好的模子中，厚度依样品浓度而定。注胶时，梳齿下端距玻璃板 0.5～1.0mm，待胶凝固后，取出梳子，加入适量电极缓冲液使板胶浸没在缓冲液下 1mm 处。

② 样品制备与加样。溶解于 TBE 或 THE 内的样品应含指示染料（0.025% 溴酚蓝或橘黄橙）、蔗糖（10%～15%）或甘油（5%～10%），也可使用 2.5% FicoⅡ增加密度，使样

品集中，每齿孔可加样 5～10μg。

③ 电泳。在电泳槽内加入醋酸-锂盐缓冲液（pH 3.0），将凝胶板置于电泳槽架上，经滤纸桥浸入缓冲液。于凝胶板负极端分别点样 1μl，立即接通电源，一般电压为 5～15V/cm，大分子的分离可用电压 5V/cm，电泳过程最好在低温条件下进行。

④ 染色与脱色。取下凝胶板，用甲苯胺蓝溶液染色，用水洗去多余的染色液至背景无色为止。

⑤ 样品回收。电泳结束后在紫外灯下观察样品的分离情况，对需要的 DNA 分子或特殊片段可从电泳后的凝胶中以不同的方法进行回收，如电泳洗脱法：在紫外灯下切取含核酸区带的凝胶，将其装入透析袋（内含适量新鲜电泳缓冲液），扎紧透析袋后，平放在水平型电泳槽两电极之间的浅层缓冲液中，100V 电泳 2～3h，然后正负电极交换，反向电泳 2min，使透析袋上的 DNA 释放出来。吸出含 DNA 的溶液，进行酚抽提、乙醇沉淀等步骤即可完成样品的回收。其他还有低融点琼脂糖法、醋酸铵溶液浸出法、冷冻挤压法等，但各种方法都仅仅有利于小分子量 DNA 片段（<1kb）的回收，随着 DNA 分子量的增大，回收量显著下降。

（5）聚丙烯酰胺凝胶电泳设备与试剂

① 仪器装置。通常由稳流电泳仪和圆盘或平板电泳槽组成。其电泳室有上、下两槽，每个槽中都有固定的铂电极，铂电极经隔离电线接于电泳仪稳流挡上。

② 溶液 A。取三羟甲基氨基甲烷 36.6g、四甲基乙二胺 0.23ml，加 0.1mol/L 盐酸溶液 48ml，再加水溶解并稀释至 100ml，置棕色瓶内，在冰箱中保存。

③ 溶液 B。取丙烯酰胺 30.0g、次甲基双丙烯酰胺 0.74g，加水溶解并稀释至 100ml，滤过，置棕色瓶内，在冰箱中保存。

④ 电极缓冲液（pH 8.3）。取三羟甲基氨基甲烷 6g、甘氨酸 28.8g，加水溶解并稀释至 1000ml，置冰箱中保存，用前稀释 10 倍。

⑤ 溴酚蓝指示液。取溴酚蓝 0.1g，加 0.05mol/L 氢氧化钠溶液 3.0ml 与 90% 乙醇 5ml，微热使溶解，加 20% 乙醇制成 250ml。

⑥ 染色液。取 0.25%（w/v）考马斯亮蓝 G<[250]>溶液 2.5ml，加 12.5%（w/v）三氯醋酸溶液至 10ml。

⑦ 稀染色液。取上述染色液 2ml，加 12.5%（w/v）三氯醋酸溶液至 10ml。

⑧ 脱色液。7% 醋酸溶液。

（6）聚丙烯酰胺凝胶电泳操作要点

① 制胶。取溶液 A 2ml、溶液 B 5.4ml，加尿素 2.9g 使溶解，再加水 4ml，混匀，抽气赶去溶液中气泡，加 0.56% 过硫酸铵溶液 2ml，混匀制成胶液，立即用装有长针头的注射器或细滴管将胶液沿管壁加至底端有橡皮塞的小玻璃管（10cm×0.5cm）中，使胶层高度达 6～7cm，然后徐徐滴加水少量，使覆盖胶面，管底气泡必须赶走，静置约 30min，待出现明显界面时即聚合完毕，吸去水层。

② 标准品溶液及供试品溶液的制备。照各药品项下的规定。

③ 电泳。将已制好的凝胶玻璃管装入圆盘电泳槽内，每管加供试品或标准品溶液 50～100μl，为防止扩散可加甘油或 40% 蔗糖溶液 1～2 滴及 0.04% 溴酚蓝指示液 1 滴，也可直接在上槽缓冲液中加 0.04% 溴酚蓝指示液数滴，玻璃管的上部用电极缓冲液充满，上端接负极、下端接正极。调节起始电流使每管为 1mA，数分钟后，加大电流使每管为 2～3mA，当溴酚蓝指示液移至距玻璃管底部 1cm 处，关闭电源。

④ 染色和脱色。电泳完毕，用装有长针头并吸满水的注射器，自胶管底部沿胶管壁将水压入，胶条即从管内滑出，将胶条浸入稀染色液过夜或用染色液浸泡 10～30min，以水漂

洗干净，再用脱色液脱色至无蛋白区带凝胶的底色透明为止。

⑤ 结果判断。将胶条置灯下观察，根据供试品与标准品的色带位置和色泽深浅程度进行判断，也可用相对迁移率进行比较。

13.3.2.3 等电聚焦电泳

等电聚焦（isoelectric focusing，IEF）是 20 世纪 60 年代中期问世的一种利用有 pH 梯度的介质分离等电点不同的蛋白质的电泳技术。由于其分辨率可达 0.01pH 单位，因此特别适合于分离分子量相近而等电点不同的蛋白质组分。

（1）IEF 基本原理　在 IEF 的电泳中，具有 pH 梯度的介质其分布是从阳极到阴极 pH 值逐渐增大。如前所述，蛋白质分子具有两性解离及等电点的特征，这样在碱性区域蛋白质分子带负电荷向阳极移动，直至某一 pH 位点时失去电荷而停止移动，此处介质的 pH 恰好等于聚焦蛋白质分子的等电点（pI）。同理，位于酸性区域的蛋白质分子带正电荷向阴极移动，直到它们的等电点上聚焦为止。可见在该方法中，等电点是蛋白质组分的特性量度，将等电点不同的蛋白质混合物加入有 pH 梯度的凝胶介质中，在电场内经过一定时间后，各组分将分别聚焦在各自等电点相应的 pH 位置上，形成分离的蛋白质区带。

（2）pH 梯度的组成　一种方法是人工 pH 梯度，但由于其不稳定，重复性差，现已不再使用；另一种则是天然 pH 梯度。天然 pH 梯度的建立是在水平板或电泳管正负极间引入等电点彼此接近的一系列两性电解质的混合物，在正极端吸入酸液，如硫酸、磷酸或醋酸等；在负极端引入碱液，如氢氧化钠、氨水等。电泳开始前两性电解质的混合物 pH 为一均值，即各段介质中的 pH 相等，用 pH_0 表示。电泳开始后，混合物中 pH 最低的分子，带负电荷最多，pI_1 为其等电点，向正极移动速度最快，当移动到正极附近的酸液界面时，pH 突然下降，甚至接近或稍低于 pI_1，这一分子不再向前移动而停留在此区域内。由于两性电解质具有一定的缓冲能力，使其周围一定区域内介质的 pH 保持在它的等电点范围。pH 稍高的第二种两性电解质，其等电点为 pI_2，也移向正极，由于 p$I_2 >$ pI_1，因此定位于第一种两性电解质之后，这样，经过一定时间后，具有不同等电点的两性电解质按各自的等电点依次排列，从而形成从正极到负极等电点递增，由低到高的线性 pH 梯度。

（3）两性电解质载体与支持介质　理想的两性电解质载体应在 pI 处有足够的缓冲能力及电导，前者保证 pH 梯度的稳定，后者允许一定的电流通过。不同 pI 的两性电解质应有相似的电导系数从而使整个体系的电导均匀。两性电解质的分子量要小，易于应用分子筛或透析方法将其与被分离的高分子物质分开，而且不应与被分离物质发生反应或使之变性。

常用的 pH 梯度支持介质有聚丙烯酰胺凝胶、琼脂糖凝胶、葡聚糖凝胶等，其中聚丙烯酰胺凝胶最常应用。

电泳后，不可用染色剂直接染色，因为常用的蛋白质染色剂也能和两性电解质结合，因此应先将凝胶浸泡在 5％ 的三氯醋酸中去除两性电解质，然后再以适当的方法染色。

13.3.2.4 其他电泳技术

（1）IEF/SDS-PAGE 双向电泳法　1975 年 O'Farrell 等人根据不同组分之间的等电点差异和分子量差异建立了 IEF/SDS-PAGE 双向电泳。其中 IEF 电泳（管柱状）为第一向，SDS-PAGE 为第二向（平板）。在进行第一向 IEF 电泳时，电泳体系中应加入高浓度尿素、适量非离子型去污剂 NP-40。蛋白质样品中除含有这两种物质外还应有二硫苏糖醇以促使蛋白质变性和肽链舒展。

IEF 电泳结束后，将圆柱形凝胶在 SDS-PAGE 所应用的样品处理液（内含 SDS、β-巯基乙醇）中振荡平衡，然后包埋在 SDS-PAGE 的凝胶板上端，即可进行第二向电泳。

IEF/SDS-PAGE 双向电泳对蛋白质（包括核糖体蛋白、组蛋白等）的分离是极为精细的，因此特别适合于分离细菌或细胞中复杂的蛋白质组分。

（2）毛细管电泳（capillary electrophoresis） Neuhoff 等人于 1973 年建立了用毛细管均一浓度和梯度浓度凝胶分析微量蛋白质的方法，即微柱胶电泳。均一浓度的凝胶是将毛细管浸入凝胶混合液中，使凝胶充满总体积的 2/3 左右，然后将其揿入约厚 2mm 的代用黏土垫上，封闭管底，用一支直径比盛凝胶的毛细管更细的硬质玻璃毛细管吸水铺在凝胶上。聚合后，除去水层并用毛细管加蛋白质溶液（$0.1\sim1.0\mu l$，浓度为 $1\sim3mg/ml$）于凝胶上，毛细管的空隙用电极缓冲液注满，切除插入黏土部分，即可电泳。

目前毛细管电泳分析仪的诞生，特别是美国生物系统公司的高效电泳色谱仪为 DNA 片段、蛋白质及多肽等生物大分子的分离、回收提供了快速、有效的途径。高效电泳色谱法是将凝胶电泳解析度和快速液相色谱技术融为一体，在从凝胶中洗脱样品时，连续的洗脱液流载着分离好的成分，通过一个连机检测器，将结果显示并打印记录。高效电泳色谱法既具有凝胶电泳固有的高分辨率、生物相容性等优点，又可方便地连续洗脱样品。

13.4 电泳的技术问题和对策

电泳技术的目的是将混合物中各个组分进行分离，有效措施是增大各组分电泳迁移速率的差异。从式(13-6)可以看出影响迁移速率的主要因素是：①各组分的分子净电荷数；②分子量；③电泳系统介质的有效黏滞度。而这 3 个因素又受控于电泳时的条件。

① 由于蛋白质分子所带的净电荷主要取决电泳缓冲液的 pH 值，因此应仔细调整和控制电泳缓冲液的 pH 值，尽可能使各组分分子的净电荷数差异加大，但因蛋白质在酸性或碱性条件下易变性失活，因此一般控制在 pH 4.5～9.5 的范围内。

② 选择适当的缓冲系统，包括缓冲剂种类、浓度和其他电解质浓度。因为不同种类的缓冲剂与蛋白质之间的作用差别较大，同一种蛋白质在不同缓冲液中，即使 pH 值相同，蛋白质所带电荷也可能不同，将影响不同蛋白质分子间的相互作用。缓冲剂和其他电解质的浓度对蛋白质分子的净电荷及分子间相互作用的影响也十分显著。

③ 表面活性剂（如 SDS）会强烈地破坏蛋白质分子间的非共价键作用，使蛋白质分子为表面活性剂分子所包围，阻止了蛋白质分子间的相互作用，同时也消除了不同蛋白质分子的原有电荷差异。

④ 控制电泳系统介质的有效黏滞度，这包括选择适当的凝胶孔径和添加适当浓度的能增加介质黏度的物质（一般用蔗糖），这在无载体电泳中就更加重要。

电泳过程中产热使温度升高会造成以下后果：a. 蛋白质变性，使分离失去意义，这在分析型电泳上似乎不十分重要，但在制备型电泳上是至关重要的；b. 温度升高会引起对流，蛋白质区带扩散，降低分辨率。随着电泳规模的扩大，产热越多，热量的去除越困难。电泳产热是电泳技术扩大规模的主要障碍。电泳过程中因有电流（I）和电压（E）的存在就会产生热量（W）：

$$W=IE \tag{13-7}$$

按 Ohm 定律产生的热量与电流（I）和系统的电导率（K）有以下关系：

$$W=I^2/K \tag{13-8}$$

即产生的热量与电流的平方成正比，与系统的电导率成反比。因此，从式(13-7)和式(13-8)可以得出结论，在电泳过程中降低电流和降低电压均可以达到降低产热的目的。但式(13-1)表明电泳迁移速率只与电压有关。因此在电泳中均采用降低电流、提高电压的方法，从式(13-8)看降低电流对降低产热更有效。为保证电泳的低电流，使用的缓冲液必须是低离子浓度，但低离子浓度的缓冲系统的电导率（K）也低，使产热增加，而且低离子浓度会增加蛋白质分子间的相互作用，因此缓冲溶液的离子浓度选择要兼顾三方面的影响。

在一个绝热、不流动系统中，温度的升高（ΔT）与时间（t）、电流（I）、电压（E）、介质的比热容（C_p）、密度（ρ）和体积（V）有以下关系：

$$\Delta T = \frac{IE}{C_p \rho V} t \tag{13-9}$$

式（13-9）说明，在无冷却条件下的电泳系统中除控制电流和电压外，增加缓冲流体积、比热容或密度均可以控制温度升高。但实际上这是一种被动的方法，因为这些因素的控制是有限的，往往因其他因素的影响而不能采用，最常采用且又有效的方法是对电泳系统进冷却，将电泳产生的热量从电泳系统中移出，保持电泳温度恒定。影响冷却效果的有以下三大因素。

① 冷却面积。即传热面积。在允许的范围内尽可能增加冷却面积，如采用毛细管或薄层或圆桶状电泳，但增大单位体积的表面时会增加在界面上的电渗，降低分辨率。

② 热传递系数。在设计和制造电泳系统和冷却系统时要认真考虑材质的热传递性能，高性能传热材料对冷却是有利的，但作为电泳系统的材料还要考虑它对电泳的影响。

③ 热传递的推动力——温差。两个系统的温差越大，热传递的速率越大。采用低温冷却是有效的。冷却系统的冷却液流动速度是控制冷却效果的重要因素，通过冷却液的流动速度控制即可达到控制电泳温度的目的。

在有冷却系统的电泳设备中，影响电泳效果的两个重要的无量纲数为 Rayleigh 数（Ra）和 Grashof 数（Gr）：

$$\text{Ra} = \frac{g\beta\Delta T d_c^3 \rho C_p}{k_t \eta} \tag{13-10}$$

$$\text{Gr} = \frac{g\beta\Delta T d_c^3 \rho}{\eta} \tag{13-11}$$

式中，g 为重力加速度；β 为热扩散系数；ρ 为流体的平均密度；d_c 为扩散层厚度；η 为黏度；k_t 为热导率。

在电泳过程中，Ra 和 Gr 值越小，说明电泳效果和分辨率越好。从式（13-10）和式（13-11）看，可以采取以下措施：

① 增加缓冲系统黏度或增加电泳介质的黏滞度均可以减少扩散和对流；

② 减小热扩散层厚度 d_c，包括增加冷却系统的冷却液流速和减小冷却系统与电泳系统中间的隔离物厚度；

③ 在微重力条件下进行电泳，即减小重力加速度 g 的影响，这需在航天器上进行，但成本太高，也可采用旋转系统。

而一旦电泳和冷却系统设计完成、使用的材质已确定时，热扩散系数 β 和热导率 k_t 及流体平均密度 ρ 均已成定值，只有在设计电泳仪时必须对这些因素加以充分考虑。

为了增加冷却效果而提高电泳系统表面积的方法也是有一定限度的。增加电泳凝胶表面积会引起电泳过程中的电渗传递。电渗是沿着固定界面产生的流动和压力梯度，其方向往往与电泳方向相反，在截面上产生混合，电渗使电泳区带边沿不齐整，使分辨率降低。电泳中的电渗现象较容易解决。使用适当的涂层剂在电泳设备的固定界面上进行处理，使之不再吸附固定界面上容易吸附的离子，即可消除电渗。

以上各种因素对电泳本身的分辨率有影响。对用于不同目的的电泳分辨率的影响还有其他因素，比如用于分析目的的电泳，电泳之后的显色技术也是十分重要的。显色方法不灵敏，蛋白质含量极微的区带不能显色，使电泳的分辨率降低。对于目的是回收所需产物的制备型电泳，虽然电泳时产物区带与杂质区带分离得很好，但彼此之间靠的很近，那么回收技术的精确度就十分重要了，对于连续电泳，分流的精度和部分收集时的体积式时间间隔的选择也十分重要。必须通过设备设计和实验精确制定。

13.5　在生物技术研究上应用的电泳技术

在生物技术研究（如遗传工程、蛋白质工程、细胞融合、细胞培养、酶工程的研究）过程中，经常要分析、分离、鉴定、检测两大类物质——核酸和蛋白质，它们都是具有生物活性的大分子，需要使用电泳技术。由于电泳具有灵敏度高、重复性好、测定范围宽、适用性好、操作容易、结果直观、设备简单，且兼备分析、鉴定、分离等特点，电泳已成为生物技术研究的重要手段之一。

目前在生物技术研究中使用最广泛有效的是平板电泳，另外还有聚丙烯酰胺凝胶浓度梯度电泳、聚丙烯酰胺凝胶平板电泳、SDS-聚丙烯酰胺凝胶平板电泳，另外还有聚丙烯酰胺凝胶浓度梯度电泳、聚丙烯酰胺凝胶 pH 梯度电泳以及各种亲和电泳。这些电泳虽具有以上优点，但主要适合定性分析，进行定量分析时比较复杂。近几年毛细管电泳技术的发展很快，在生物技术研究中的前景十分乐观，它不仅可以进行定性分析，也可进行定量分析。近年来分析型电泳技术的发展主要有以下方面。

（1）新的电泳载体　最早使用的淀粉胶、纸、纤维素及纤维素衍生物等电泳载体已为最近发展的琼脂糖凝胶和聚丙烯酰胺凝胶所替代，并广泛应用于各种电泳技术中。特别是聚丙烯酰胺凝胶由于制备简便、稳定性好、机械强度高、流体力学和电动力学性质优越、吸附性低、干扰小，适合与其他方法和材料匹配而广泛应用于各类电泳技术中，并大大改进了各种电泳的技术性能。

（2）显色技术　电泳显色技术最早是直接观察有色物质或因吸收紫外光而呈现暗色斑点的特点进行电泳结果观察。到 20 世纪 60 年代发展了用有机显色剂的方法，从较早的氨基黑到考玛斯亮蓝，直到近年的银色技术，使显色的灵敏度提高了 100 倍以上，达到纳克（10^{-9}g）水平。另外还发展了荧光标记和放射标记技术，为极微量生物技术产生的检测和微量电泳的发展奠定了基础。

（3）电泳仪及相关设备和材料　近十几年各种分析型电泳仪及辅助设备和材料、电泳载体的发展十分迅速，形成了一个花样不断翻新、产品不断更新的商业化市场，可供使用者选购。设备性能和材料的齐备几乎尽善尽美。因此电泳技术的应用十分方便，且可获得满意的结果，保证了生物技术研究的顺利进行。分析型电泳技术在一般的生化技术专著中均有详细介绍，此处不再赘述。

13.6　生物技术产品分离纯化上应用的电泳技术

利用电泳技术在实验室内进行小规模的分离纯化及鉴定检测已相当普遍，随着生物技术的发展，特别是生物技术实用化、商品化的发展，对生物技术产品的分离纯化技术提出了更高的要求。由于电泳技术的特点，将其应用于生物技术产品的大规模分离纯化是人们追求的目标。但有希望应用于大规模生物技术产品分离纯化的电泳技术的发展却是近些年的事。到目前为止，大规模电泳技术仍处于发展阶段，真正在工业上应用恐怕还需要一定时间。这里只对发展较快又有应用前景的几种电泳分离技术做简单介绍。

13.6.1　平板电泳

目前实验室内用于分析检测的平板电泳也可以用于小量样品制备。其种类很多，依据使用的载体性质和特点，大致可分为两类：一类为一般平板电泳，如淀粉凝胶电泳、琼脂糖凝胶电泳、聚丙烯酰胺凝胶电泳，使用的载体均为惰性材料，只起支持作用，而无分离作用。这类平板电泳既可用于鉴定和检测，也可用于小量样品制备。另一类为特殊平板电泳，如等电聚焦平板电泳、pH 梯度平板电泳、凝胶密度梯度平板电泳及各种亲和电泳，其使用的载体不仅仅为支持物，更重要的是起分离作用，它们主要用于鉴定和检测，有时也可用于小量样品制备。这两类平板电泳只适于批式操作，难于连续操作。即使扩大平板面积，其处理量也有限，一般为微克级，可扩大到毫克级。平板电泳操作时有水平平板电泳和垂直平板电泳两种方式。

（1）水平平板电泳 根据使用的载体特点制备电泳平板。使用凝胶型载体时，比如琼脂或琼脂糖，按所需凝胶浓度用电泳缓冲液与载体混合加热溶解后在玻璃载片上铺成薄层，凝固后即可使用。若用聚丙烯酰胺凝胶作载体，按所需凝胶浓度和交联度将聚丙烯酰胺和亚甲基双丙烯酰胺等混合，于玻璃载板上进行聚合形成凝胶平板。将制备好的凝胶平板置于冷却槽或冷却系统上。在凝胶板两端加上用电极液湿润的滤纸条或泡沫塑料条，其位置要正对准电泳仪上盖上的电极位置。将用于加样的滤纸条放在凝胶平板的适当位置上，然后将欲分离的样品均匀地加在上样滤纸条上，盖好电泳仪盖，接通电源，调整电压，进行电泳。其操作均与分析型电泳相同。电泳结束，切下一小条凝胶，显色后，按区带位置，将所需的组分区带从整体凝胶板上切下，然后用适当缓冲液提取，获得所需产物。也可用两个电极槽放在平板两端，中间用湿的纱布、滤纸或其他材料将电极槽与平板相连结，其他操作与上述过程相同。

如果使用粉末或微球载体（比如淀粉粉末、纤维素粉和 Sephadex 等），首先用适量的电泳缓冲液与载体混合制成糊状物，将其倾在平板电泳槽内制成平板，排出过量的缓冲液。将制成的平板与冷却系统相连接，将平板与两端电极槽用湿润的纱布或其他材料连结。用小刮刀在平板堆中间开出一个小槽，将使用的载体与预先用缓冲液平衡好的欲分离样品混合成糊状物，小心地填入开出的小槽内，接通电源，进行电泳。电泳结束后，将所需的区带刮出，用少量缓冲液洗脱所需的产物。由于区带分割时盲目性较大，完全依靠经验，分离的效果并不理想，改进的办法是采用等电点电泳法。

等电点电泳法与等电聚焦电泳不同，在已知所需蛋白质等电点的情况下，使用 pH 值与所需蛋白质等电点相同的电泳缓冲液，与分离样品和电泳载体混合，填入样品槽。电泳时，所需的蛋白质保留在加样处，其他组分根据带电荷性质分别向两个电极方向移动，可以达到很好的分离效果，而且产品回收容易、准确，并且可以多次加样达到较高浓度。另外平板可反复使用。此法也有缺点，对于在等电点条件下容易发生沉淀和凝聚的蛋白质不适用。

此外，在采用等电点电泳分离之前，需要测定所需蛋白质不移动的缓冲液 pH 值。这个 pH 值与用等电聚焦法测定的蛋白质等电点有所不同，因为等电点与使用的缓冲剂类型有关。缓冲液的离子会与蛋白质分子结合，比如磷酸盐或柠檬酸盐均会与蛋白质结合而使蛋白质的等电点改变。用等电聚焦测定的等电点相当于缓冲液浓度为零时的值，即无离子结合情况下的等电点值。在使用固体的平板电泳中，影响迁移速率和分辨率的因素之一是电渗。电泳槽表面和使用的固体载体表面往往带有固定的带电荷基团，而与之配伍的带相反电荷的离子在水溶液中，它们与水分子相结合。在电场作用下，固定的电荷不会移动，但溶液中的离子迁移也携带着结合水迁移，形成溶液流动。当载体为琼脂或淀粉时电渗作用较大，因它们带有负电荷，会形成向阴极方向流动的电渗流。使用纯化的载体（如琼脂糖）可减少固定电荷、减小电渗，但不能消除电渗。如果加入少量的与之带有相反电荷的材料（如 DEAE-Sephadex）可以中和这种电渗作用。

（2）垂直平板电泳 垂直平板电泳在操作时，为避免电泳载体表面与电极缓冲液直接接触造成分离组分扩散损失，往往采取夹芯平板方式，即在两个玻璃平板之间填入电泳载体，两边封闭，上下端开放，载体上下表面与电极缓冲液接触。样品加在载体上表面之后，在上样槽内加满电极缓冲液，将平板垂直放入下电极槽内的缓冲液中，平板上端安装好上电极槽，小心加入电极缓冲液，即可通电进行电泳。为判断电泳进行程度，可在样品中加入电泳示踪颜料，最常使用的是大分子的蓝色葡聚糖。若使用聚丙烯酰胺凝胶作电泳载体，在分离胶上面可再加一层交联度低、孔隙大的间隔胶或样品胶，其作用是将加入的样品聚集浓缩，使区带更齐整。当指标用的蓝色葡聚糖达到平板下端时，电泳结束。打开平板盒，切取一条载体用显色法或紫外光检测法，找出目的蛋白区带。与原平板对照，切出目的区带，用少量缓冲液浸提，或用单一缓冲液电泳法提取，即可得到纯化的目的蛋白。这样的制备电泳为毫克级。

为扩大平板电泳的制备量，可用增大平板的宽度来扩大平板面积以达到目的。增加平板长度效果不大，因为长度只与分离效果有关。而增加平板厚度也是有限的，因为厚度增加会降低冷却效果，使电泳时载体温度增高，降低分离效果。一般来说，在冷却系统很有效的情况下，凝胶厚度不超过 18mm。

制备型平板电泳的上样量与起始材料即样品中的杂蛋白和目的蛋白的含量、分离目标（产物纯度）、杂蛋白与目的蛋白区带分布情况、电泳分离类型、载体（如凝胶）截面积等因素有关。通常分析电泳上样是按样品中的总蛋白量计算的，而制备电泳上样量可以目的蛋白量为主要考虑。如果目的蛋白在样品中含量比例很低度，且目的蛋白区带与杂蛋白区带相邻近，分离目的区带十分困难，最好进行预分离，除去大部分杂质蛋白，才可提高制备量和获得高纯度产物，否则上样量需按总蛋白量考虑。制备电泳中，聚丙烯酰胺凝胶电泳（PAGE）的上样量为 0.1mg 蛋白质/cm，等电聚焦电泳（IEF）为 1.0mg 蛋白质/cm，多样缓冲电泳（MBE）为 10mg 蛋白质/cm，由此也可以看出上样量与凝胶表面积成正比。

制备型平板电泳的技术操作可参考分析电泳。

13.6.2 连续凝胶电泳

连续凝胶电泳实质上是垂直的聚丙烯酰胺凝胶平板电泳的发展，实现了在批次内连续将各个电泳区带分离回收，并可进行多批次分离操作。在设备上有以下几个方面的改进。

① 聚丙烯酰胺凝胶平板改为薄的圆桶状，使设备体积变小。

② 在电场作用下，电泳形成的区带依次连续走出凝胶并进行洗脱、收集，达到将各级组分分离回收的目的。

③ 特殊结构的洗脱腔保证洗脱的区带不相混合，分离的分辨率高。

由 Bio-Rad 开发的连续洗脱电泳仪有以下特点。

① 可进行聚丙烯酰胺凝胶电泳（PAGE），也可进行 SDS-聚丙烯酰胺凝胶电泳（SDS-APGE）。

② 上样量为 100ng～50mg 总蛋白质。

③ 可连续收集分离的蛋白质。

④ 上样简单且仅需几分钟。

⑤ 电泳分离时间 4～8h。

⑥ 少到占总蛋白质 2% 的不同分子量的蛋白质均可纯化为单一区带。

⑦ 可与紫外检测和部分收集器连接。

连续洗脱电泳分离蛋白质时，最好进行预纯化，达到一定纯度后再进行电泳分离的效果更令人满意。如藻青蛋白（phycocyanin）的粗提取物经等电聚焦纯化后进行 SDS-PAGE 连续洗脱电泳分离，可将杂蛋白与分子质量分别为 18.5～21kDa 和 23kDa 的亚基分离，结果如图 13-2 所示。

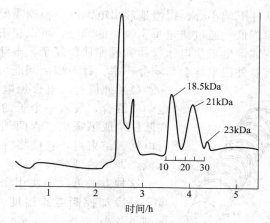

图 13-2 含有 3 个不同亚基的藻青蛋白的 SDS-PAGE 连续洗脱电泳分离结果

13. 6. 3 等电聚焦电泳

含多氨基多羧基的一系列聚合物混合形成的两性电解质在电场作用下能形成一个从阳极到阴极 pH 值逐渐增加的 pH 梯度。当不同的蛋白质处于这种环境中时，处于比其等电点低的 pH 环境中的蛋白质会带正电荷，向阴极方向移动；处于高于其等电点的 pH 环境的蛋白质会带负电荷，向阳极方向移动。在移动过程中随环境 pH 改变，到达与其等电点相同的 pH 环境中，其所带电荷数为零，在电场中不再移动而集聚成区带，从而达到使不同蛋白质分离的目的。根据这一原理发展了管式等电聚焦电泳和平板等电聚焦电泳，两者主要用于实验室内进行分析检测，也可用于小量样品制备。前者制备量较大，其仪器结构如图 13-3 所示。

在柱式等电聚焦电泳时，为了保持形成的 pH 梯度，防止对流和分离及区带混合，在电泳柱内要制备密度梯度，通常使用蔗糖、甘油、聚乙二醇、甘露醇、右旋糖酐和聚蔗糖等作为材料。由两性电解质、样品和蔗糖等制备的重液与不含蔗糖的两性电解质和样品组成的轻液，通过梯度混合器加入电泳柱内，形成下重上轻的密度梯度。pH 梯度范围可根据需要，选择两性电解质。电泳时需冷却。电泳过程中电流逐渐下降，到稳定时，

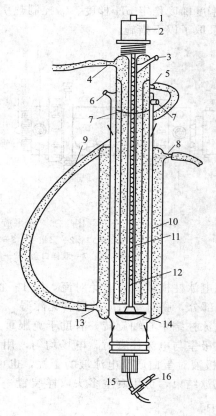

图 13-3 管式等电聚焦电泳柱结构示意图

1—中心管电极；2—中心管电极外套；3—中心管溶液入口；4—内层冷却水入口；5—内层冷却水出口；6—加样口；7—上部电极；8—外层冷却水出口；9—内层冷却水连通口；10—样品层；11—中心管电极管；12—中心管电极；13—外层冷却水入口；14—中心管电极活塞；15—样品排出口；16—样品排出口螺旋夹

电泳结束。关掉电源，从柱下端小心、缓慢地放出电泳液，根据需要收集流出液，每管收集量应适当，过大时分辨率降低。通过测定每个收集的部分，可以将不同组分分离。也可在放出过程中用紫外检测。柱式等电聚焦电泳仪器和操作比较复杂，电泳排液时的流速、收集部分的体积、检测方法及其意外因素均会影响分辨率。针对以上问题可以做以下改进。

(1) 螺旋管等电聚焦电泳　将分离样品与两性电解质混合，装入一个长的挠性管内，并将它缠绕在圆柱上成纵螺旋。管两端放入电极槽中，通电进行电泳。结束后，直接将管分割成段，倾出管内电泳液，即可达到分离目的。其过程如图13-4所示。

这种方法可以不使用密度梯度办法稳定 pH 梯度，易冷却控制电泳温度，操作简便，分辨率高，但制备量小。

(2) 水平旋转等电聚焦电泳　该电泳仪（图13-5）是由 Bio-Rad 制造出售的商品，它针对垂直柱式等电聚焦电泳存在的主要问题，诸如结构复杂、需加密度梯度稳定 pH 梯度、需控制热引起的扩散和对流以及放样时的各种干扰因素，在设计上采取了以下措施。

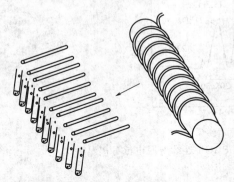

图 13-4　螺旋管等聚焦电泳示意图

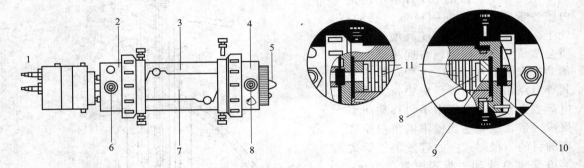

图 13-5　水平旋转等电聚焦电泳仪

1—冷却液出入口；2—阳极室；3—聚焦室；4—阴极室；5,9—冷却凸齿；
6—出口密封塞；7—取样口盖；8—膜芯；10—离子交换膜；11—聚酯隔膜

① 将电泳柱横放。为避免对流，用 19 个平行多孔（孔径为 10μm）的聚酯膜将柱分为 20 个间隔部分，膜对蛋白质的迁移无障碍。

② 电泳柱绕中心轴旋转，有助于克服重力对聚焦区带的影响。

③ 电极室与电泳柱直对，电场均匀，用离子交换膜将电极室与电泳室隔开，并可防止酸、碱电极液对蛋白质及电泳液的干扰，也可以防止电极电解产气对电泳的影响。

④ 电泳结束，可用真空多头取样装置一次快速将每个隔离室内聚焦好的样品取出，防止区带混合。

⑤ 柱内有冷却系统。

该等电聚焦电泳仪操作简便，聚焦室容量为 55ml，可上样品溶液 30～50ml，总上样蛋白质量可达 3g，聚焦时间约 4h。一次分离后，若分辨率低，可将其再次进行电泳，甚至反复进行，可达到较高的纯化倍数。由于电泳室分隔较少，一次电泳的分辨率受其影响不会高，需重复多次电泳，但作为一种分离技术还是比较有效的。

等电聚焦电泳也有其自身的缺点：

① 在等电点时有些蛋白质不稳定或发生沉淀变性；

② 两性电解质对某些测定方法有干扰，为得纯净的目的产物需除去两性电解质，增加了纯化步骤；

③ 两性电解质比较贵，因此等电聚焦电泳分离技术成本高，妨碍了它的应用。

13.6.4 连续流动电泳

最早使用的连续流动电泳是在纸电泳的基础上发展起来的。以滤纸为载体，可以减少分离组分在流动的缓冲液中的自由扩散。将滤纸的上端插入电泳液槽中，依靠毛细管虹吸作用和重力作用，电泳缓冲液沿着滤纸面向下均匀流动，在垂直于电泳缓冲液流动方向上施加电场，即在滤纸的两个侧边上与电极接触，将欲分离的样品以定点方式流加在滤纸上，加样点的位置需根据各组分的电泳行为确定。在电场作用下带有不同电荷的组分随着电泳缓冲液向前流动的同时向不同电极方向迁移，在滤纸表面上形成不同的抛物线状的迁移轨迹。在滤纸的末端剪成锯齿状，分别接收流出的各个组分，达到将不同组分分离的目的，其设备和原理如图 13-6 所示。

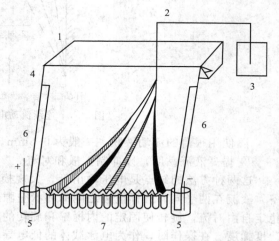

图 13-6 连续流动电泳设备示意图
1—电泳缓冲液槽；2—加样管；3—样品槽；4—滤纸载体；5—电极槽；6—电极条；7—收集管

这种电泳的分离效果主要与各组分的迁移速率差异、电泳缓冲液的流动速率、液流分割的级数、电场强度、滤纸载体长度等诸多因素有关。在电泳过程中必须严格控制缓冲液流速和加样的速度，两者必须协调才能保证电泳连续正常工作。从理论上讲，液流分割级数越多分辨率越高，但因下端长度有限，因而为了接收各个部分，分割级数不可能提高。因分割级数不可能很高，对于组分复杂的混合物的分离效果又会降低。若采用定位接收是理想的，但实际操作上有困难。另外，严格控制电压、缓冲液流速流量、加样量及冷却系统等各因素也有一定困难。

近些年，在连续流动纸电泳的基础上，在电泳载体、设备结构和控制手段上有了较大的发展，采用微球状的 Sephadex、Sepharose、Sephacel、Sephacry 和纤维素粉等载体制备夹芯平板状的电泳床，使用精密的电子控制系统，保证了各种因素的最佳实施，使这种类型电泳有了较大发展。

13.6.5 无载体连续流动电泳

自 20 世纪 60 年代以来，人们开始研究无载体连续流动电泳，又称为连续自由流动电泳。为了克服电泳产热、扩散和稳定流体问题，研制的设备均比较复杂。由英国 Harwall 的 UKAEA 实验室生化组研制的连续无载体电泳已由 Portomouth 的 CJB 发展有限公司生产，电泳仪的生产能力可达到 1g 蛋白质/min 的水平。

其原理是，含有蛋白质的溶液沿平板表面流动，形成薄的液膜，在液膜两侧放有电极，在流动液膜上形成电场。带有不同电荷的蛋白质分子在电场作用下，随着液膜向前流动的同时，又向电极方向迁移，因而形成抛物线轨迹（图 13-7）。由于蛋白质分子带有的净电荷数的差异，迁移速率不同，因而使它们在电场上端彼此分离，将它们分别收集就可达到分离的目的。但实际上并非如此简单：导电的液体在电场内有电流通过而产生热量，使温度升高，进而改变了液流的密度；在电场内不同地方流体密度的差异引起自然扩散或对流，使已经分离的不同组再次混合。为解决这个问题以往主要采取以下方法。

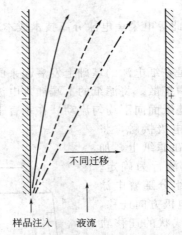

图 13-7　连续流动电泳分离原理示意图

① 使用很薄的流动液膜，一般为 0.5mm。液膜的支持平板具有冷却功能。

② 提高液流黏度，以抑制扩散和对流。

这两种方法的缺点是电压输出低，大规模使用困难。为此采用了图 13-8 所示的新型设备。液流在两个同心圆桶电极之间的环状空隙通过，利用外圆桶电极的旋转（约 150r/min）稳定自由对流，旋转使固定的内桶壁和旋转的外桶内壁之间环状电泳空隙建立一个稳定的角速度梯度。在操作时，作为电泳载体的低电导率的缓冲液通过泵连续流动镇定环状空隙，在柱顶端由环状狭缝分流器分流成 29 份，并分别收集而达到分离目的。在无电位梯度存在的条件下，样品会沿着内壁以膜状向上移动，从柱上端出口收集到的组分主要分布于开始的几个部分中，而在施加电位梯度时，混合物中的每个组分按它们所带电荷在环状空隙的截面上迁移，形成抛物线轨迹，而由柱上端俯视，分开的各组分如同一系列同心圆。

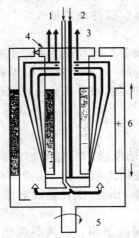

图 13-8　无载体连续流动电泳示意图
1—电泳缓冲液入口；2—分离样品入口；3—分
离物出口；4—定子；5—转子；6—电泳区

图 13-9　迷宫式平板结构图（第 10 个）

在环状空隙上部，流动的电泳缓冲液转向 90°，由迷宫式平板堆狭缝分流收集器将其分割为 29 个部分。迷宫式平板堆狭缝分割收集器由 29 个圆形平板组成，每对平板狭窄的圆形槽，液体通过槽沿着像迷宫一样的通道一直到达接近中心点的出口。迷宫式平板堆确保从圆盘的周边所有点到出口处压降相同。单个迷宫式平板如图 13-9 所示，将每个平板内槽的方位交错排列，一个一个堆积，并将内孔从上到下逐个对正，形成 29 个管道。紧靠近内桶壁液膜流由分割收集器的最下面通道流出，而靠近它的液膜流由下一个通道流出，以此类推，环状空隙内的液流被分割成 29 个部分。这个迷宫式平板堆分割收集器使 3mm 厚的环状液流转向 90°再分割，消除了各个部分的混合。在设计时还必须考虑电泳时电极上因电解作用产生氢气和氧气的问题。为避免产生的气体在电泳缓冲液中形成气泡，环状空隙的内外壁均为半透膜，使转子和定子电极的电极液不与载体缓冲液混合，而一次性连续流过电极的电极液可将电解产物（包括气体）从电极室内除去。

电泳缓冲液和电极电解质通常选用具有相同电荷的组分。电泳缓冲液从环状空隙的内定子阴极壁向外侧的转子阳极壁迁移。电泳缓冲液进入电泳仪之前预冷到 2℃左右，由于电泳产热，从出口流出时温度升到 20～25℃，这取决于使用的电流和电压。电泳样品的蛋白质浓度在 50mg/ml 以上，给样速度一般为 30ml/min，实际的生产能力为 100g/h，分辨率可以满足一般分离要求，并能保持产物的高生物活性。样品在环状空隙内的存留时间大约只有 1min。

电泳仪上的多个阀门系统均可单独调节 29 个出口中的每一个，使单一或多个分割的液流分配到两个收集系统的任何一个中。

连续无载体电泳仪可分离的物质范围很宽，从很小的分子（如染料）到特殊的生物材料（如真核细胞）均可分离。如用冷沉淀法制备的人抗嗜血因子Ⅷ制剂中仍含有大量的纤维蛋白原，它们的存在影响抗嗜血因子Ⅷ制剂的溶解度和比活。用连续无载体电泳可以进行连续分离，其结果如图 13-10 所示，制备的抗嗜因子Ⅷ的生物活性几乎达 100%，收率在 80%以上。

连续无载体电泳也可用于粗提取物的分离纯化。图 13-11 为猪心肌肉粗提取物的电泳结果。LDH 和 MDH 两个酶峰可以清楚地分离开，同时还可将 MDH 的同工酶分离，经两次电泳，酶活力回收也很高，达 90%～100%。

连续无载体电泳的出现是电泳分离技术的重要标志，它的商品化和使用将为生物技术产物的分离纯化提供一有效的技术手段。由于其操作、分离条件温和和极好的分离效果，并能保持产物的生物活性和高的收率，因此具有很高的工业应用价值。

电泳分离技术虽然还处于发展阶段，但从目前发展状况看，作为一种高效分离技术在生物技术产品的工业化过程中将发挥重要作用。

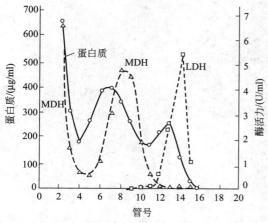

图 13-10　抗嗜血因子Ⅷ的电泳分离结果

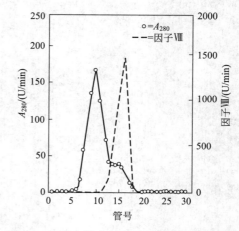

图 13-11　猪心肌肉粗提取物的电泳分离结果

参 考 文 献

［1］ A. Chrambach, et al. Advances in Electrophoresis, Vol. 1. & Vol. 2, VCH. 1987.

［2］ Robert K. Scopes. Protein Purification. 2nded Edition. London：Springer-Verlag, 1987.

［3］ C. A. Lamber. Bioactive Microbial Products. J. D. Stowell, et al (Ed). London：Academic Press, 1986.

［4］ Michael R. Ladisch, et al. Protein Purification. Washington, DC.：American Chemical Society, 1990.

［5］ Richard A. Mosher, et al. Protein Purification：Micro to Macro. Richard, Rurgers (Ed), New York：Alan R. Liss, Inc., 1987.

［6］ 刘国诠等. 生物工程下游技术. 北京：化学工业出版社, 1993.

［7］ 孙彦等. 生物分离工程. 北京：化学工业出版社, 1998.

第 14 章　手 性 分 离

14.1　概况

空间结构不同的化合物称为立体异构体，其中不能重叠、互为镜像的立体异构体称为对映体，这一对分子就像人的左右手一样，因此具有手性。当药物分子中碳原子上连接 4 个不同基团时，该碳原子称为手性中心，相应的药物被称为手性药物。对映体之间，除了使偏振光偏转（旋光性）的程度相同而方向相反外，其他理化性质相同。因此，对映体又称为旋光异构体。

蛋白质、多糖、核酸和酶等生命活动重要基础的生物大分子，几乎全是手性的，它们在体内具有重要的生理功能。手性药物在药物中占有很大的比例，天然或半合成的药物几乎都具有手性，目前临床上所用药物约一半是手性药物，除天然产物之外，合成的手性药物有些是以外消旋体形式出现在市场上，有些则是以纯手性对映体形式用于临床。当手性化合物进入生命体后，它的两个对映异构体通常会表现出不同的生物活性。手性药物对映体在人体内的药理活性、代谢过程和毒性存在着显著差异。

（1）对映体药代动力学差异　手性药物对映体药代动力学差异主要表现在药物的吸收、分布、代谢、转化等在体内的整个过程，会直接影响药物的临床药效和毒副作用。

① 药物对映体的吸收。药物通过被动或主动运输被吸收进入体内，前者为热力学过程，药物由高浓度向低浓度处扩散，没有立体选择性；主动运输过程则由于需要酶、载体的协助而表现出一定的立体选择性。机体通常都是通过主动运输来吸收氨基酸、肽等药物。

② 药物对映体的分布。药物的分布取决于药物的脂溶性及其与血浆蛋白等的结合能力，可能存在立体选择性，表现在对映体与蛋白质最大结合量和亲和力的差异，即药物对映体的蛋白结合率。通常，酸性药物与体内的血浆蛋白结合。

③ 药物对映体的代谢。药物代谢的立体选择性对手性药物的临床药效有较大影响，绝大多数药物的代谢是在肝中进行的，通常用肝清除率表示其代谢能力，在相同条件下药物对映体被同一生物系统代谢时，会出现量与质的差异。如华法林 (S)-$(-)$ 对映体的清除率高于 (R)-$(+)$-对映体等。

（2）对映体的药效学差异　手性药物对映体间药效差异主要包括以下情况。

① 只有一种对映体具有所要求的药理活性，而另一种对映体没有药理作用。如临床上广泛使用的降压药物氨氯地平（络活喜），仅左旋具有降压活性而右旋体无效。

② 对映体中的两个化合物都具有等同或近似等同的药理活性。当药物的手性中心不涉及与受体结合时，两异构体可具有相似的活性，如抗癌药物环磷酰胺等。

③ 两种对映体具有不同的药理活性。当药物对映体作用于不同受体时，可以产生不同药理作用或毒副反应，有些药物虽然作用于同一受体，但是对受体也呈现不同的效应，而产生不同的药理作用。对这类药物需要严格控制其光学纯度，如镇静剂沙利度胺（Thalido-mide，反应停），其有效成分是 R 型，具有良好的镇静作用，而它的 S 型具有胚胎毒性和致畸作用。

④ 对映体药理活性相同但作用程度并不相等。如具有促尿酸排泄作用的利尿药物茚达利酮，近年研究显示，两个对映体具有相同的促尿酸排泄作用，但是其 $R(-)$ 型的利尿排

泄作用比 S（＋）型强约 20 倍，以一定比例联合给药可以在保证药效的情况下降低毒副作用。

因此开发疗效高、毒副作用小、用药量少的药物是当前药物研究的发展趋势。手性药物满足了这个要求，因而成为未来新药研发的方向。药物对映体的分离技术不仅对药物对映体间的药理学、毒理学研究具有重要意义，而且关系到药物的质量。特别是在新药研发领域，药物对映体的拆分对分子药理学方面有特殊的贡献：手性药物的研制可以导致药效作用的成倍增加，或者毒副作用的成倍减少甚至根除，或导致一个具有全新药理作用的药物产生，在新药研发领域具有极其重大的意义。

14.2　手性药物的制备方法

获得单一手性物质的方法如下。

（1）手性源合成法　是以手性物质为原料合成其他手性化合物。这是有机化学家最常采用的方法。但是合成多种目的产物会遇到很大的困难，而且步骤繁多的合成路线也使得最终产物成本较高。

（2）不对称合成法　在催化剂或酶的作用下合成得到过量的单一对映体化合物的方法。化学不对称合成及生物不对称合成近年来取得了长足进步，并且已开始进入工业化生产阶段。但是化学不对称合成高旋光收率的反应有限，而且所得产物旋光纯度仍不能满足实际需求。生物不对称合成具有很高的对映选择性，反应介质通常为稀缓冲水溶液，反应条件温和，但对底物的要求高，反应慢，产物分离困难，因而在应用上也受到一定的限制。

（3）混旋体拆分法　是在手性助剂的作用下，将混旋体拆分为纯的对映体。这种方法目前已被广泛使用。据统计，大约有 65％的非天然手性药物是由混旋体或中间产物的拆分得到的。因此拆分是目前获取单一手性物质的主要途径。拆分手性化合物的方法主要有结晶法、化学拆分法、酶法、萃取法、色谱法、膜分离等。其中结晶法是利用消旋异构体在一定温度时比混旋体的溶解度小，易结晶析出的性质，在混旋体的溶液中加入某种旋光异构体作为晶种，诱使与晶种相同的异构体先行析出，以达到分离的目的。优先结晶过程理论产率可达 100％，目前在工业生产中应用很多。例如，D-对羟基苯甘氨酸的生产。这种方法比较经济，但是单程收率较低，只适用于拆分那些由两种对映体晶体的机械混合物组成的聚集体。对于大多数混旋体来说，不能用该法进行拆分。此外，由于该方法的操作条件不易控制，在拆分过程中，往往因对映体浓度的增加而导致夹带析出现象，因而不能很好地保证产品的光学纯度。

化学拆分法一直是制备手性化合物最重要和最普遍的方法之一。这种方法理论收率可达到 50％。化学拆分法一般是包含有混旋体与光学纯的酸或碱（拆分试剂）形成非对映体盐再进行分离。例如用光学纯的樟脑磺酸作为拆分剂拆分 DL-苯甘氨酸和对羟基苯甘氨酸。该方法的关键是化学拆分剂的筛选、回收以及新型手性拆分剂的设计和合成。

作为天然的手性催化剂，酶用于光学活性药物的合成颇具潜力。酶法拆分是利用酶对特定光学异构体的转移性催化反应，使之生成完全不同的化合物，再与其对映体分离，通常以脂肪酶、酯酶、蛋白酶等进行水解。酶法具有拆分效率高和立体选择性高、反应条件温和、专一性强、操作简单和有利于环保等优点，具有很好的应用前景。但由于酶在酸碱性较强的条件下，稳定性较差，重复利用性差，与底物和反应物分离困难等缺点，阻碍了酶法在实际生产中的应用。

萃取拆分法是利用萃取剂与两对映体亲和力的差异或化学作用的差异来进行拆分的一种新型方法。目前有三种萃取拆分分离体系，即亲和萃取拆分体系、配位萃取拆分体系、形成非对映立体异构体萃取拆分体系。萃取拆分法除具有传统液-液萃取技术的特点外，还可以实现萃取拆分过程与外消旋化反应的一体化，使没有应用价值的对映体能够连续地转化成所需对映体，使外消旋化产生的所需对映体进入萃取相，萃余相中富集的无应用价值的对映体进行外消旋化反应，从而克服了单纯外消旋过程的严重缺陷。它与传统萃取过程最大的区别在于拆分过程中所选择的萃取剂是具有手性的。因而，拆分过程的关键是萃取剂的选择。本章主要介绍手性药物的色谱分离方法、毛细管电泳分离、膜技术拆分法等。

14.2.1 手性药物的色谱分离法

现代色谱分离技术在对映体分离方面显示出巨大的优越性。常用的手性药物技术有：高效液相色谱（HPLC），超临界流体色谱（SFC）、高速逆流色谱（high speed counter-current chromatography，HSCCC）等。这些手性色谱技术集分离与测定于一体，可以实现对映体的快速定性、定量分析和少量制备，并可以实现复杂基质中对映体纯度的测定。其中GC手性分离研究较早，已在手性药物的合成和表征等方面得到应用，但是GC分析要求样品具有一定的挥发性及热稳定性，因而应用受到了限制。HPLC手性分离技术为极性大、挥发性低和热稳定差的手性药物的分离分析提供了更为有效的途经。

手性HPLC技术是20世纪70年代后期发展起来的，特别适用于极性强、热稳定性差的手性药物的分析、分离。HPLC拆分对映体包括间接法和直接法两种，间接法即手性衍生化试剂法（CDR），直接法包括手性固定相法（CSP）和手性流动相添加剂法（CMPA）。

14.2.1.1 手性衍生化试剂法

采用手性衍生化试剂与被分离物进行反应，使对映体转变为非对映体，然后用常规的色谱方法进行分离。经化学转化，再生得到对映体。其中柱前手性衍生化法是指：用手性试剂将对映体混合物进行柱前衍生化，形成非对映体，然后以常规（偶见手性）固定相分离。通常要求手性衍生化试剂具有较高的光学纯度。常用的手性衍生化试剂包括羧酸衍生物类、胺类、异硫氰酸酯类、异氰酸酯类、萘衍生物类、光学活性氨基酸类等试剂。手性衍生化的特点包括：需要高光学纯度的手性衍生化试剂；反应繁琐费时；衍生化反应速率重现性较差；只需使用价格便宜、柱效较高的非手性柱；衍生化过程可同时纯化样品。例如图14-1所示，柱前衍生化-反相高效液相色谱法拆分酮洛芬对映异构体。

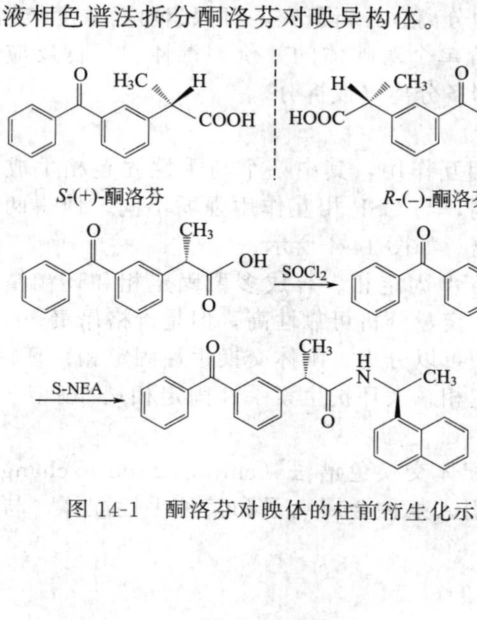

图 14-1 酮洛芬对映体的柱前衍生化示意图

酮洛芬对映体的柱前衍生化方法如图 14-2 所示。

酮洛芬对照品溶液（1mg/mL）0.1ml $\xrightarrow[75℃\ 1h]{加入正己烷\ 0.6ml,\ 二氯亚砜溶液\ 0.2ml}$ 冷却至室温 →

吹干后加入 S-NEA 溶液 0.2ml $\xrightarrow[5min]{振摇}$ 加入 2.0mol/L 的 H_2SO_4 0.5ml

混匀 $\xrightarrow[2:1]{二氯甲烷：乙醚}$ 吹干后溶解进样

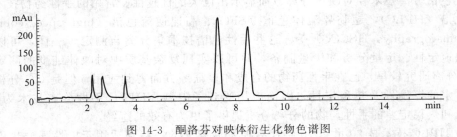

图 14-2 酮洛芬对映体的柱前衍生化方法

色谱条件 色谱柱：Hypersil C18，5μm，150mm×5.0mm ID，流动相：乙腈-水-乙酸-三乙胺(55：45：0.1：0.02，体积比)，流速：1ml/min，检测波长：254nm。酮洛芬对映体衍生化物色谱图如图 14-3 所示。

图 14-3 酮洛芬对映体衍生化物色谱图

酮洛芬对映体衍生化物的保留时间为 t_{R1} =7.3min，t_{R2} =8.5min，分离度为 1.9。

14.2.1.2 CMPA 法

将手性试剂添加到流动相中，利用手性试剂与药物消旋物中各对映体结合的稳定常数的不同，以及药物与结合物在固定相上分配的差异，实现对映体的分离。手性添加剂法特点如下。优点：不需要柱前衍生化，不需要特殊的手性固定相，非对映异构化络合的可逆性利于光学纯物质的制备。缺点：可拆分的化合物有限，某些添加剂欠稳定且干扰检测。手性添加剂包括：手性包合复合物，如环糊精和手性冠醚；手性配合试剂，如氨基酸及其衍生物；手性离子对，手性氢键试剂，蛋白质复合物等。应用实例包括手性添加剂法拆分苯基琥珀酸等。

总之，HPLC 在手性药物制备中应用最广，包括：对某些手性药物进行对映体的纯度检查；生物体液中药物对映体的分离、分析研究，可探索血药浓度与临床疗效的关系；在研制手性药物过程中，可分别评价单个对映体的效价、毒性、不良反应、药动学性质；必要时，可进行手性药物对映体的制备分离（或拆分）。

14.2.1.3 **手性固定相法**（CSP）

利用手性固定相与对映体相互作用，其中一个与手性固定相生成不稳定的对映体复合物，由于对映体的空间结构不同，与 CSP 相互作用强弱不同，使得两种异构体在色谱柱上的保留时间不同，从而得到分离。如图 14-4 所示。

常用手性固定相包括 Pirkle 型固定相、合成多聚固定相和环糊精键合固定相。其特点是适用范围广，制备分离方便，定量分析可靠性高，但是价格昂贵。

手性固定相根据其化学类型可以分为：配体交换手性固定相；环糊精类手性固定相；手性聚合物固定相；冠醚手性固定相；大环抗生素手性固定相；“刷型”手性固定相；蛋白质手性固定相。

(1) 配体交换色谱 手性配体交换色谱法（chiral ligand exchange liquid chromatography，CLEC）即在色谱系统中引入某种金属离子和某种手性配体，与待测对映体配位形成

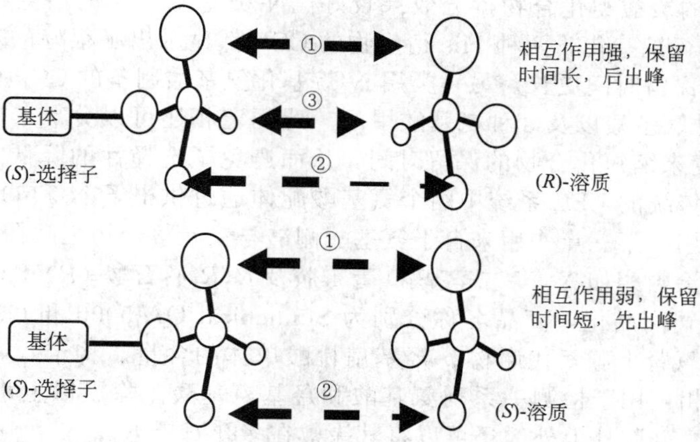

图 14-4 分离机理——三点作用模型

两个互为非对映体的三元络合物，经色谱过程实现光学异构体的立体选择性分离。对于氨基酸及其衍生物具有独特的分离效果。CLEC 分离模式包括：手性键合固定相（chiral stationary phases，CSP），是将某种金属离子结合到手性配体固定相上；手性涂敷固定相（chiral coated stationary phases，CCSP），是用某种金属离子结合的手性配体将固定相表面预饱和；手性流动相（chiral mobile phases，CMP），是向色谱洗脱剂中加入某种手性金属离子配位体，在非手性固定相上进行对映体的拆分。

① 手性键合固定相配体交换色谱。近年来 CSP 开发了许多类型的商品化手性柱，广泛用于氨基酸及其衍生物的生产检测，主要包括：日本 TOSO 公司出品的手性柱，可在不同温度下，以 Cu^{2+}、Zn^{2+}、Ni^{2+} 作为中心离子使用，但每种离子使用范围不同。Ni^{2+} 仅能分离芳香族氨基酸，Zn^{2+} 对含有羟基的氨基酸分离效果较好，Cu^{2+} 离子最为通用，已被用于由 DL-Asp 制备 D-Asp 和 L-Ala 生产过程中氨基酸的检测。

德国 Serva 公司生产的 Chiralpro Cu 手性柱，对于多肽合成中用到的许多 N 保护的氨基酸衍生物如甲酰基、氯乙酰基、叔丁氧羰基等氨基酸具有快速拆分性能，对于 α-羟甲基氨基酸及 α-甲基氨基酸也具有很好的拆分能力。该公司生产的 Chiral-Si 100L-Hypro-Cu 柱子可用于 α-羟基酸的拆分，已被成功用于 2-羟基-4-苯基丁酸不对称合成中 ee 值的检测分析。

美国生产的 Astec CLC-L 和 CLC-D 商品化柱适用于游离氨基酸、乳酸、酒石酸、苹果酸等的分离分析。

尽管有以上多种商品化柱出售，人们对于新填料的开发依然成为 CLEC 领域的研究热点，主要包括：以 L-Pro、L-Lys 为选择子，在其 α-或 ω-氨基上键合三氯杂苯取代物，再与氨丙基硅胶键合。在 L-Leu 的氨基上键合羧甲基，从而可以与 Cu^{2+} 形成一个类似于 Gly 的五元环，Leu 的羟基在铜离子的轴向上与其形成配合物，Leu 的 N 原子通过一个长的十一碳链与硅胶基质相连，这种 N-羧甲基-L-Leu 的新型键合相可以检测 Asp 以外的 23 种未经修饰的氨基酸，分离因子高，但保留时间相对较长，此种 CSP 还可以分离 10 种 β-氨基酸。也有人在尝试一些新的聚合物 LEC 手性柱，将苯乙烯与 2% 的二乙烯苯共聚物通过癸烷基链与溴相连，溴取代 L-Pro 形成的树脂具有更高的交换容量，可达 1.43mmol/g，对于疏水氨基酸 D 型保留较强，而对于亲水型氨基酸则 L 型保留时间更长。

② 手性涂敷固定相配体交换色谱。可将反相商品柱转化为高效手性配体交换柱，向反相柱 C18 表面动态涂敷疏水氨基酸烷基化衍生物 N-烷基-L-Hypo，可得到稳定的配体交换型固定相。此类 CCP 已被美国的 Regis Technologies 公司商品化。另一类商品化 CCP 是日本 Daicel 公司的 Chiralpak MA（+），此类柱将 N,N-二辛基-L-Ala 涂敷在 3μm 的 C18RP

柱上，对含有羟基的羧酸类化合物拆分效果较好。N-癸基-L-His 的衍生物在 His 咪唑基或氨基的 N 原子上进行烷基化，两种 His 衍生物的 CCP 都显示出了很好的对映体选择性，并且对 D 型氨基酸的保留时间更长。另一类用 N-烷基化氨基酸制备的 CCP-C_{12}-L-Phe-NH_2 可以成功地拆分 11 种氨基酸以及 3 种氨基酸甲酯。此固定相还可以分离二肽。可通过提高流动相中 Cu^{2+} 的浓度来缩短化合物的保留时间，从而避免了选择性的降低。根据手性识别的三点作用模式，在传统的 LEC 系统中两个氨基酸配体通过供电子 N 和 O 与 Cu^{2+} 发生螯合作用，形成两点作用，第三点作用来自于氨基酸侧链与三元螯合物之间在空间上的疏水或极性相互作用。手性涂敷相如 N,N-二辛基-D-青霉胺及 R,R-酒石酸-(R)-1-(α-萘基乙基胺) 已由日本的 Osaka 公司商品化，商品名称分别为 Sumichiral OA-5000 和 OA-6000，后者可用于定量检测尿中脱氧肾上腺素代谢物 p-羟基扁桃酸单体的含量。将十八烷酰基-L-肉碱涂敷在 RP 上制成固定相可用于检测一系列氨基酸和羟基氨基酸。除了以上将 N-烷基化的氨基酸衍生物涂敷在 RP 硅胶柱上外，还可以将其涂敷在多孔石墨上。

③ 手性流动相配体交换色谱。1979 年，Lindner 和 Karger 等通过向流动相中加入手性金属螯合试剂，在固定相表面形成了有效的动态吸附，其可用传统反相柱，通过涂敷作用来实现手性分离。同年，Hare&Gil-Av 等在流动相中添加了 L-脯氨酸-Cu^{2+} 复合物，建立了类似于非手性固定相的阳离子交换模式，使得 CLEC 与反相系统联系起来，从而变得更加简便和稳定。Davankov 等人认为与固定相间的相互作用是决定对映体洗脱顺序的关键。非手性吸附表面会大幅增加或诱导选择性识别现象。通常 Pro、Trp 及其 N-甲基衍生物都可以作为 Dns-氨基酸和游离氨基酸有效的手性选择子。在实验数据的基础上再考虑手性选择子在两相间的分配，来考察对映体的洗脱顺序就更有意义了。L-Phe-NH_2 添加剂对于分离游离氨基酸、脂肪族和芳香族 α-羟基酸及二羟基酸如苹果酸、酒石酸等都十分有效。Davankov 等人认为在固定相上选用能与一种构型的待测对映体结合强的手性选择剂，而在流动相中选用能与另一构型的待测对映体结合强的手性选择剂，即 CSP 与 CMP 的结合使用，可以提高对映体的选择性，即多种作用模式的协同作用是配体交换色谱发展的趋势之一。

(2) 环糊精手性固定相色谱　环糊精 (dyclodextrin，CD) 是环形寡聚糖，通常由 6～12 个互为椅式构象手性 D-(+) 葡萄糖单元通过 α-(1,4)-糖苷键连接而成。商品化的环糊精有 α-环糊精、β-环糊精及 γ-环糊精，

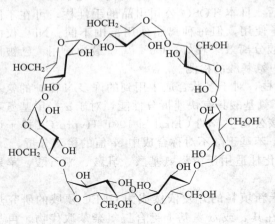

图 14-5　环糊精化学结构示意

分别含有 6 个、7 个和 8 个 D-(+) 葡萄糖单元。环糊精分子具有截锥式的圆筒形空腔构型——笼状结构，内径大小与分子中所含葡萄糖单元个数有关（见图 14-5，表 14-1）。

环糊精分子中的葡萄糖单元在 2 位、3 位有仲羟基，排列在圆筒形空腔大口端；6 位有伯羟基，位于空腔小口端。因此，空腔内有疏水性，而空腔外具有亲水性。疏水基团可以与对映体分子的疏水部分发生包合作用，而对映异构体分子的极性基团则可以与环糊精分子空腔边缘的羟基发生氢键等极性相互作用，从而构成三点相互作用，实现手性分离。由于动态包合过程相对较慢，环糊精类手性固定相的色谱图一般峰形较差；并且这类手性固定相表面环糊精覆盖率通常不高，柱容量有限，限制了其应用。Armstrong 等人在环糊精键合相基础上开发了系列环糊精衍生物固定相，包括乙酰化环糊精、(S)-或(R,S)-羟丙基环糊精、3,5-

二甲苯基氨基甲酰环糊精和对甲苯酰环糊精等。比天然环糊精应用范围更广，稳定性更好，柱容量也更大。

表 14-1 环糊精特征参数

类　　型	α	β	γ
葡萄糖单元数目/个	6	7	8
手性中心数/个	30	35	40
相对分子质量	972.9	1135.0	1297.2
熔点/K	551	572	540
比旋度$[\alpha]_D^{25}$	150.5±0.5	162.5±0.5	177.4±0.5
空腔内径(ID)/nm	0.47～0.52	0.60～0.64	0.75～0.83
空腔外径(ED)/nm	1.46±0.04	1.54±0.04	1.75±0.04
空腔高(H)/nm	0.79～0.80	0.79～0.80	0.79～0.80
空腔体积/nm³	0.176	0.346	0.510
空腔能容纳的水分子数/(个/nm³)	6	11	17
羟基pK_a	12.1～12.6	12.1～12.6	12.1～12.6
25℃时水中溶解度/(g/100ml)	14.5	1.85	23.2
包容分子类型	5～6 元芳香类	二苯基或萘基类	取代芘或甾体类

（3）手性聚合物固定相色谱　此类固定相包括天然的多糖衍生物，例如纤维素和直链淀粉。另一类是合成高分子化合物。纤维素和直链淀粉可以直接或经衍生后用作 HPLC 的手性固定相。它们是 D-葡萄糖以 β-1,4-糖苷键或 α-1,4-糖苷键相连而形成的线型聚合物，由于葡萄糖单元的手性，每个聚合物链均具有沿着纤维素主链存在的一个螺旋形的沟槽。对映体进入沟中后，主要是通过吸引和包合作用来实现对映异构体的拆分。纤维素三苯基氨基甲酸酯（CTPC）等是近年来 HPLC 研究较多的一类纤维素衍生物。优越之处在于：稳定性好，制备简单，适用于多种手性药物的拆分，尤其是含芳环药物的拆分；对酸、酯、含磷或硫的药物或手性中间体均有良好的手性识别能力。

（4）手性冠醚固定相色谱　冠醚类化合物是本身具有手性的低聚糖，具有亲水性内腔和亲脂性的外壳结构，能够和一些金属离子形成包容性络合物，常用的冠醚是"18-冠-6"，结构见图 14-6。冠醚类手性固定相主要用于分离一些含有可质子化伯胺官能团的手性化合物，尤其是氨基酸及其衍生物对映体的拆分。氨基必须处于质子化状态才能够与冠醚发生配合作用，因此，利用冠醚类手性固定相进行拆分时，一般都使用酸性流动相。

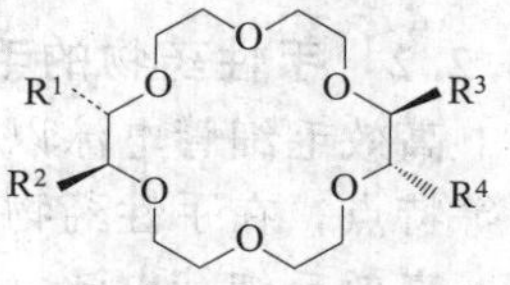

图 14-6　典型手性冠醚结构

（5）大环抗生素手性固定相色谱　将包含多个手性中心的大环抗生素固定到硅胶上可形成一类用于对映体拆分的新型手性固定相。Armstrong 在这方面进行了开拓性的研究，用于手性固定相制备的大环抗生素有：利托菌素 A（RistocetinA）、万古霉素（Vancomycin）、替考拉宁（Teicoplanin）、利福霉素（Rifamycin）等。

（6）"刷型"手性固定相色谱　"刷型"手性固定相是 20 世纪 60 年代由 Pirkle 等人发明的 HPLC 中非常重要的一类手性固定相。这类手性固定相将单分子层的手性分子通过末端的羧基或异氰酸酯基与氨基键合硅胶进行缩合，因而被称为"刷型"手性固定相。其结构特点是在手性中心至少含有下列一种官能团：π-吸电子或 π-给电子的芳香基团；能够形成氢键的原子或基团；能发生偶极-偶极相互作用的极性键或基团；能够提供立体排斥、范德华相互作用和构型控制的较大非极性基团。将 2,2,2-三氟乙醇键合到硅胶上可形成第一代 Pirkle 固定相；以 3,5-二硝基苯甲酰为母体，在其上接上苯甘氨酸、亮氨酸等醇、胺衍生物制成手性配体，再与硅胶键合形成第二代 Pirkle 固定相；第三代 Pirkle 固定相有富电子的萘基和较长的键合烷基链，提高了立体识别能力和使用范围。Pirkle 固定相的优点是柱效和柱容量高，但在拆分有强酸或强碱官能团药物对映体时需要事先进行衍生化。

（7）蛋白质手性固定相色谱　蛋白质是手性大分子化合物，具有独特的一级、二级和三级结构特征，是对映异构体的天然识别体。在手性识别过程中，三级结构的疏水性口袋、沟槽或通道以及极性基团间的相互作用，使手性化合物形成了非对映异构体而实现拆分。目前，用于制备 HPLC 手性固定相的蛋白质按照其来源可以分为：白蛋白类（albumin），如人血清白蛋白（HSA）、牛血清白蛋白（BSA）；糖蛋白类（glycoprotein），如 α-酸性糖蛋白（α-AGP）、卵黏蛋白（OVM）、抗生物素蛋白（Avidin）、核黄素结合蛋白（RfBP）；酶类，如纤维素二糖水解酶（CBH）、胰蛋白酶（Trypsin）、胃蛋白酶（Pepsin）及淀粉葡萄糖酶（Amyloglucosidase）等。

20 世纪 70 年代，Swewarth 和 Doherty 首先将 BSA 键合到琼脂糖上，制成 HPLC 手性固定相，成功拆分了 DL-色氨酸。蛋白质本身固有的性质导致其对操作条件的苛刻要求，例如柱温高、有机溶剂、盐浓度、pH 过低或过高都会破坏蛋白质手性固定相。虽然有许多不足，但是该法拆分化合物范围广、效果好，因此也得到了广泛的应用，通常很少用于制备拆分。

高速逆流色谱技术是一种无固态支撑体或载体的连续液-液分配色谱技术。利用螺旋柱在高速行星运动时产生的巨大离心力，使螺旋柱中互不相溶的两相不断混合，同时保留其中一相作为固定相，将另一相作为流动相，用恒流泵连续输入，随流动相进入螺旋柱的溶质在两相间反复分配，根据在流动相中分配系数的大小而依次得到分离。高速逆流色谱与传统液-固色谱相比具有许多优点。首先，它不用固态支撑体，不存在样品组分的吸附、变性、失活、拖尾等现象，节省了材料和溶剂消耗；其次，它的分离效率高，并且分离时间短；此外，有广泛的液-液分配体系可供选择，体系更换方便、快捷；进样量大，特别是对于大豆异黄酮等溶解度较低样品的纯化与制备，优势明显。近年来，已广泛用于生化工程、医药、天然产物、环境分析、食品等领域。

14.2.2　手性药物的毛细管电泳分离研究进展

高效毛细管电泳以其高效、快速、溶剂消耗少、样品用量少、成本低、样品处理相对简单等特点，在手性药物分离领域博得了人们的青睐，并且迅速地发展起来。

高效毛细管电泳（high performance capillary electrophoresis，HPCE）是以高压电场为驱动力，以毛细管为分离通道，依据样品中各组分之间的电泳淌度或分配行为的差异而实现的液相分离技术。手性药物对映体具有相同的分子量和电荷数，电泳迁移速率也相同，采用一般的电泳液无法实现分离，因此有必要在电泳液中添加具有光学活性的分子识别试剂，如光学活性金属配位化合物、环糊精（CD）、可溶性冠醚、大环化合物等能与手性对映体形成不同稳定性的对映体，从而达到手性分离的目的。按照毛细管电泳操作模式的不同，可以分为：毛细管区带电泳（capillary zone electrophoresis，CZE），胶束电动毛细管色谱（micellar electro kinetic capillary chromatography，MECC），毛细管凝胶电泳（capillary gel electrophoresis，CGE），毛细管电色谱（capillary electro-chromatography，CEC）等。对于带电荷的化合物，往往采用 CZE 法，而对于不带电荷的中性化合物，一般采用 MECC 法。CZE 和 MECC 是手性药物拆分的两种常用操作模式，以 CZE 应用最为广泛。近年来，CEC 在手性药物分离上也越来越受到重视。

14.2.2.1　毛细管区带电泳（CZE）

（1）基于配体交换的 CZE　利用 CE 分离分析手性化合物的第一例就是根据金属配合物配位体交换得以实现的。在电泳液中加入铜（Ⅱ）-L-组氨酸配合物，有效地分离了多种氨基酸手性化合物。在 pH7～8 条件下，带有正电荷的氨基酸-铜（Ⅱ）-L-组氨酸三元配合物同时受电渗流和电泳两种动力的作用，向阴极移动，其移动速度快于游离的氨基酸分子，所以，与铜（Ⅱ）-L-组氨酸配合物结合得越牢固的氨基酸，其移动速度就越快。左右旋体氨基酸与铜（Ⅱ）-L-组氨酸形成两种稳定性略有差异的三元配合物［L-氨基酸-铜（Ⅱ）-L-组氨酸和 D-氨基酸-铜（Ⅱ）-L-组氨酸］，其迁移速率也略有不同，从而达到 D-体和 L-体分离的目的。Gozel 等人在上述研究的基础上，利用铜（Ⅱ）-天冬酰胺配合物作为手性识别剂，成功地分离了 9 对单酰化氨基酸。

图 14-7　β-CD 分子内外径
$a = 15.4\text{Å}$；$b = 6.2\text{Å}$；
$1\text{Å} = 0.1\text{nm}$

（2）环糊精-CZE 体系　环糊精（cyelodextrin，简称 CD）中，β-CD 最易得，也最常用，其分子内外径如图 14-7 所示。

由 CPK 模型可知 β-CD 分子颇似一个内空去顶的锥形圆筒。由 X 射线数据可知，β-CD 分子空腔内径为 $7.08 \times 10^{-10}\text{m}$。不过，能够自由旋转的伯羟基通常会影响 CD 分子内腔的有效尺寸。构成 CD 分子的各葡萄糖单元均取 C_1 椅式构象的形式存在，CD 分子上所有的 6-伯羟基均位于"锥筒"空腔开口较小一端的外侧，所有的 2-位及 3-位仲羟基均位于"锥筒"空腔开口较大一端的外侧，但 2-OH 趋向于 CD 分子空心中轴方向，而 3-OH 则取远离 Z 轴的方向。另外，由于 CD 分子的空腔表面仅仅存在覆盖着带未成键孤电子对糖苷氧原子的氢原子，这不仅使得 CD 分子内空腔具有较强的电子密度和 Lewis 碱特点，还使得整个 CD 分子具有两亲性能，即腔内疏水，腔外亲水。通常情况下，CD 分子中一个葡萄糖单元上的 2-OH 易与相邻葡萄糖单元上的 3-OH 形成氢键。CD 分子的独特结构使其广泛应用于分子识别，并且具有良好的手性异构体识别分离能力。手性药物与 CD 形成的配合物间稳定性的微小差异，导致它们不同的迁移速率，从而达到分离。一般 α-CD 适于氨基酸、无机离子等小分子的手性分离；β-CD 适于比苯环大、比苯并芘小的分子的手性分离；γ-CD 适于大分子的手性分离。此外还包括冠醚-CZE 体系、糖类糊精-CZE 体系、大分子抗生素-CZE、蛋白质-CZE、非水体系-CZE 体系等。

14.2.2.2　毛细管胶束电动色谱

毛细管胶束电动色谱（MECC）是 Terabe 等在 20 世纪 80 年代中期开创的一种毛细管电泳分离模式。在缓冲体系中加入十二烷基硫酸钠（SDS）等表面活性剂，当高于其临界浓度时，会形成胶束。中性溶质的分离机制是利用在水相和胶束分配的差异进行分离，而对于带电离子则同时有电迁移、静电作用、两相分配等多种分离机理。在广义上，这是一种色谱分离过程。尽管毛细管胶束电动色谱和毛细管区带电泳（CZE）采用同样的操作装置，但是两者的分离机理完全不同。MECC 不仅具有 HPCE 的一般优点，而且在分离对象上弥补了 CZE 不能分离电中性物质的缺憾。根据所使用拆分剂的不同，可将 MECC 体系分为以下几类：

$$
\text{MECC}
\begin{cases}
\text{单一体系：拆分剂为某一种手性胶束} \\[2pt]
\text{混合体系}
\begin{cases}
\text{胶束 + 手性添加剂}
\begin{cases}
\text{非手性胶束 + 手性添加剂} \\
\text{手性胶束 + 手性添加剂}
\end{cases} \\[2pt]
\text{非手性添加剂 + 手性胶束}
\end{cases}
\end{cases}
$$

单一胶束体系

（1）胆酸盐类　胆酸盐是天然的生物阴离子表面活性剂，分子间易形成聚集数少于 10 的螺旋形的"内翻胶束"。Aumatell 等认为胆酸盐胶束手性分离主要取决于溶质分子结构与胶束螺旋形空穴的相互适应性以及手性溶质与胶束极性内层的特殊的相互作用。常用胆酸盐有胆酸钠（SC）、牛磺胆酸钠（STC）和牛磺脱氧胆酸钠（STDC）。用胆酸盐可分离地尔硫䓬（Diltiazem）、喘速宁类药物等。

（2）氨基酸端型　氨基酸端型包括十二烷基-L-丙氨酸（SDALa）、十二烷基-L-撷氨酸（SDVal）和十二烷基-L-苏氨酸（SDThr）等，均为十二烷基-L-氨基酸钠，可用于中性和碱性条件下氨基酸衍生物对映体、安息香（Benzoin）对映体的拆分。

（3）糖端型　Tickle 等合成了十二烷基-β-D-吡喃葡糖苷磷酸酯（dodecyl-β-D-glucopyranoside mono-phosphate）等，实现了对 DNS-AAs、二萘基化合物、3-甲基苯乙妥因等的手性拆分。

14.2.2.3　毛细管电色谱

（1）填充柱毛细管电色谱　填充柱毛细管电色谱是把直径为 $3\sim10\mu m$ 的硅胶微球填充到毛细管柱内，作为电泳分离的固定相，通过化学反应将手性选择剂键合到硅胶微球上或将手性选择剂溶解于缓冲液中，对手性药物进行拆分。CEC 具有毛细管电泳和液相色谱的共同特点，即不仅能分离带电化合物，而且也能分离电中性化合物。朱军等采用填充毛细管电色谱，在 $75\mu m$ 的毛细管内用 β-CD 作为固定相，拆分了安息香和美芬妥因。在 ODS 填充电色谱柱内，DM-β-CD 作流动相手性选择剂，基线拆分了心得安。

（2）开管柱毛细管电色谱　即将环糊精等手性选择剂通过共价键直接键合到毛细管壁上。相对于填充柱，开管柱容易制备，易再生。May 等首次将开管柱毛细管电色谱用于手性拆分，他们将环糊精固定于石英毛细管内壁，以电色谱方式分离了几种手性药物。获得了较高的分离效率（约 300000 理论板数）。Armstrong 用这种柱成功地分离了甲基苯巴比妥外消旋体。

展望

随着人们对手性药物的日益重视，今后手性药物的 HPCE 分析分离将会得到进一步发展。除了继续扩大现有各类环糊精的应用范围之外，也可以对环糊精进行各种化学修饰，充分借鉴 HPLC 手性分离的知识、经验和成果以及与手性作用有关的其他学科成果，开拓各种类型适于毛细管电泳分析、分离所需要的手性选择剂以满足多种药物手性分离的需要。目前需要解决的主要问题是 HPCE 的灵敏度较低。而目前主要是凭经验、用实验的办法完成手性选择剂的选用。现在已有将分子设计的方法应用于 GC、LC 手性分离研究工作的报道。将来有可能将这一方法作为筛选和设计手性选择剂的辅助工具，应用于毛细管电泳的手性分离中，以减少实验的盲目性，提高成功率。可以预料，由于 CE 的高效、快速、简单等特点，它将在手性物质的分离方面发挥越来越大的作用。

14.2.3　膜技术拆分

通常，埋在生物膜中的载体蛋白进行氨基酸的生物转移，具有很高的对映体选择性。通过膜分离进行旋光异构体的拆分，正是模拟了这种生物过程。传统拆分方法批处理能力小、工业放大成本高，不适合大规模生产；相反，膜分离技术具有能耗低、易于连续操作等优点，被普遍认为是进行大规模手性拆分的非常有潜力的方法之一，具有良好的应用前景。膜技术拆分是利用膜内或者膜外所含有的特定分离功能位点来拆分混合物。根据膜的形态的不同包括液膜拆分和固膜拆分两种。如图 14-8 所示。

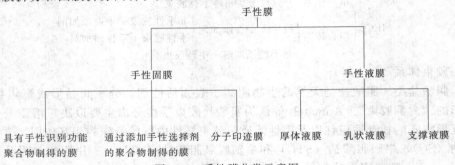

图 14-8　手性膜分类示意图

14.2.3.1 液膜拆分技术

其手性拆分机理是：将具有手性识别功能的物质溶解在一定的溶剂中，制成液膜，具有手性选择性，再利用膜两侧的浓差推动力，使得混合物有选择地从高浓区迁移至低浓区，膜选择性的不同造成两种对映异构体迁移速率的不同，即迁移较快的对映异构体优先在低浓相中得到富集。具体又分为厚体液膜、乳状液膜和支撑液膜。

（1）厚体液膜　在厚体液膜（bulk liquid membrane）中，相对较厚的不混溶的有机相流体将料液相与接收相分开，膜相不需要支撑。如图 14-9 所示。

厚体液膜的传质面积小，相对于支撑液膜和乳化液膜，速率相对较低，且溶剂用量大。

（2）乳状液膜　乳状液膜（emulsion liquid membrane）又称为液体表面活性剂膜，膜相通常含有表面活性剂、萃取剂（载体）、溶剂与其他添加剂，以控制液膜的稳定性。如图 14-10 所示。

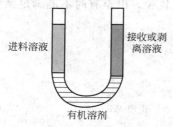

图 14-9　厚体液膜示意图

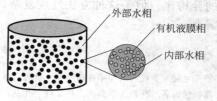

图 14-10　乳状液膜示意图

乳状液膜的传质速率相对较大，极性溶剂容量大，并且由于表面活性剂的稳定效应，传质过程比较稳定。缺点是体系较复杂，适用范围窄。

（3）支撑液膜　支撑液膜（supported liquid membrane）是将膜液通过毛细管力吸附在多孔固体支撑膜的孔道中，具有手性选择能力的载体溶解于一定的液体溶剂之中，通过与某个对映异构体的特异性结合，将其从一相运输到另一相，从而实现对映体的分离。如图 14-11 所示。

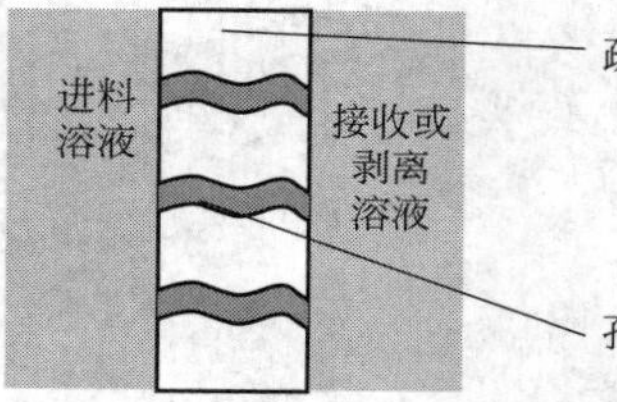

图 14-11　支撑液膜示意图

14.2.3.2 固膜拆分技术

固膜拆分是利用膜内、外手性位点对异构体亲和力的差别，在不同推动力下造成不同异构体在膜中的选择性通过，从而达到分离。其推动力可以是压力差、浓度差和电势差。其中，压差推动的固体膜拆分一般包括超滤及微滤，浓差推动的固体膜拆分为渗析，电势差推动的固体膜拆分过程为电渗析。

（1）由具有手性识别功能聚合物制得的膜　该聚合物自身具有一定的手性识别功能，不带有特殊的手性选择剂。这类膜多属于选择性扩散膜，由于对映体在膜中的扩散速度不同从而使得产品侧对映体的富集程度不同。一般情况下根据聚合物结构可以分为：带有手性侧链基团的聚合物膜、具有手性主链的聚合物膜以及具有修饰皮层的复合膜等。但是，当通量较大时，拆分效果较差，反之亦然。

（2）含有手性选择剂的聚合物制得的膜　是利用镶嵌在聚合物母体中的手性选择剂对某种旋光异构体优先吸附来分离消旋体混合物。常用的手性选择剂包括环糊精、冠醚等。被手性位点吸附的异构体会与手性选择剂形成络合物，然后在浓差或者其他推动力的作用下解吸，从而实现分离。

14.2.3.3 分子印迹膜

分子印迹聚合物是一种新型分离材料，具有预定选择性、专一识别性、高度稳定性和使用寿命长等优点，在手性分离、仿生传感器、模拟酶催化等领域具有潜在的应用价值，引起了广泛关注。通常的分子印迹技术是将要分离的模板分子在聚合物单体溶液中通过交联剂进行聚合，然后通过物理或化学手段得到分子印迹聚合物。如图 14-12 所示。

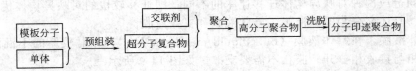

图 14-12　分子印记聚合物制备示意图

分子印迹聚合物中"印迹"的空间结构会与模板分子专一结合，优先吸附，具有专一性识别作用。因此，当用某一旋光异构体作模板分子得到的聚合物进行拆分时，会优先得到该构型的异构体。但是这种方法过程复杂，功能单体种类较少，以至有时不能满足某些分子识别的需要。

参　考　文　献

[1] 曾苏主编. 手性药物与手性药理学. 杭州：浙江大学出版社，2002.
[2] 郭宗儒编著. 药物化学总论. 第 2 版. 北京：中国医药科技出版社，2003.
[3] Camille Georges Wermuth. The Practice of Medicinal Chemistry. 2th ed. Elsevier，2003.
[4] 王军. 手性拆分膜的制备及性能研究. 清华大学博士学位论文. 2006.
[5] 陈磊. 手性液相色谱在药理活性化合物分离中的应用. 天津大学博士学位论文. 2005.
[6] 林秀丽. 手性药物的毛细管电泳分离. 中国科学院大连化学物理研究所博士学位论文. 2001.
[7] 迟玉明主译. 创新药物化学. 广东：广东世界图书出版公司，2005.

第 15 章　干燥和造粒

15.1　概述

干燥造粒在药剂生产中应用十分广泛。将粉状药物经湿法制粒，干燥直接制得颗粒剂，如冲剂。或进一步加工成片剂、胶囊剂及丸剂等。干燥的另一方面的应用是在药物的加工方面，如乳糖或蔗糖与中药浓缩液的喷雾干燥、生物制品的冷冻干燥等。干燥还可以降低物料的重量和体积，降低运输和储存费用，便于包装、饮用等。干燥产品往往较湿产品稳定。总之，药物的干燥造粒目的在于提高产品的稳定性，使药物具有一定的规格，以便于进一步加工。

在干燥制粒过程中应考虑，温度过高会不会引起药品的降解、氧化使药品变质。还要考虑在药品加工过程中保证异物不得引入，如干燥时热空气需要处理，设备中积存物料和其他杂物易清理，因此对药品干燥制粒设备应达到原位清洗（clean in place，CIP）、原位灭菌（sterilizing in place，SIP）的要求。

在制药工业中从干燥制粒的技术角度考虑，被加工的物料类型可分为以下几类。

① 颗粒物料，物料呈颗粒状。

② 膏状物，固液混合物，呈可自由流动的膏状物。

③ 悬浮液，微小的固体颗粒悬浮于液相中。根据悬浮颗粒的大小可分为，细悬浮液、超细悬浮液和胶体悬浮液。

④ 药物溶液。

15.2　干燥过程的基本原理

15.2.1　湿空气的基本性质

在热力干燥过程中，一般是加热空气，热空气与被干燥物料接触，加热被干燥的物料，并带走物料释放出的水蒸气，使物料被干燥。因而了解湿空气性质对干燥操作十分重要。

（1）湿空气的状态参数　湿空气是由干空气和过热水蒸气组成的混合物。描述湿空气的状态参数主要有空气的含湿量、湿空气的焓、比容、比热容等。

① 干球温度 t_g。用普通温度计测得的温度为干球温度。通常用摄氏温标℃表示。

② 绝对湿度 y。每 1kg 干空气中含有水蒸气的量，又称空气湿度或湿含量。可表示为：

$$y = m_A/m_g \text{(kg 水蒸气/kg 干空气)} \tag{15-1}$$

式中，m_A 为湿空气中水汽的质量；m_B 为湿空气中绝干气的质量。

③ 相对湿度 φ。在一定温度和压力下，湿空气的实际蒸气压（p_A）与相同温度下的饱和蒸气压（p_s）之比。即：

$$\varphi = p_A/p_s \tag{15-2}$$

④ 湿空气比容 v_H。在一定温度、压力下，1kg 干空气及其携带的水蒸气所占的体积：

$$v_H = \frac{\text{干空气}(m^3) + \text{水蒸气}(m^3)}{\text{干空气}(kg)} \tag{15-3}$$

⑤ 湿空气的密度 ρ_H。单位体积湿空气对应的质量。但必须注意，$\rho_H \neq v_H^{-1}$，而是：

$$\rho_H = (1-y)v_H^{-1} \tag{15-4}$$

⑥ 湿空气的比热容 C_H。1kg 干空气比热容及其携带的水蒸气组成的混合气体的比热容。故有：

$$C_H = C_g + yC_A \tag{15-5}$$

式中，C_H、C_g、C_A 分别为湿空气、绝干空气、水汽的比热容，kJ/(kg 绝干气·℃)。

⑦ 湿焓 I_H。1kg 干空气及其携带的水蒸气焓值总和。即：

$$I_H = I_g + yI_A \tag{15-6}$$

式中，I_H、I_g 分别为湿空气、绝干空气的焓，kJ/kg 绝干气；I_A 为水汽的焓，kJ/kg 水汽。

为方便使用，在热力学计算时，取 0℃的水为计算基准，故在 t_g(℃) 时，湿空气的焓值为：

$$I_H = C_g t_g + (C_A t_g + r_0)y = C_H t_g + r_0 y \tag{15-7}$$

式中，r_0 为水在 0℃时的气化潜热。

⑧ 露点 t_s。使不饱和的湿空气在总压和绝对湿度不变的情况下，冷却达到饱和状态的温度为该时空气的露点温度。达到露点温度后继续冷却就会有水露出现。此时湿空气的相对湿度为 $\varphi = 100\%$。

⑨ 湿球温度 t_w。对于水蒸气-空气系统，湿球温度等于绝热饱和温度。

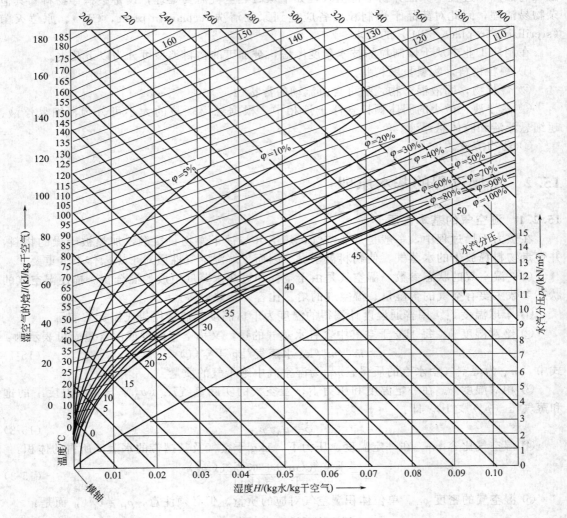

图 15-1　湿空气的焓-湿图

⑩ 绝热饱和温度 t_{as}。在一个绝热系统中，湿空气与液体接触足够长的时间，气液达到平衡，湿空气便达到饱和。此时，气相和液相为同一温度。在达到平衡过程中，气相显热的减少等于部分液体气化所需的潜热，因而在该过程维持焓不变。此时的平衡温度为绝热饱和温度。

（2）湿空气的焓-湿图　湿空气的焓-湿图（图 15-1）是根据湿空气的性质的基本关系式绘制而成。对于计算热力干燥过程极为方便。该图包括如下图线。①等焓线：是一组与水平线倾斜 135° 的斜线。在同一等焓线上不同的点代表的空气的状态不同，但都具有相同的焓值。②等湿线：是一组与纵轴成平行的直线。在同一条直线上不同的点具有相同的湿度值。③干球温度线，是一组向上方倾斜的直线，相互不平行，温度越高，其斜率越大。④相对湿度线（等 φ 线）。等 φ 线是一组从原点散发出来的向右上方延伸的曲线，在 $\varphi=100\%$ 线的上方为不饱和区。⑤水蒸气分压：此线是从坐标原点向右上方延伸、接近于直线的一条曲线。

（3）其他体系的湿度图　在制药工业干燥操作中，除空气-水体系外，还有非水-空气体系。对于重要的体系，已绘制了同类图。可参考有关的资料。

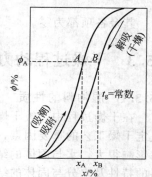

15.2.2　干燥平衡

干燥过程是一个物料对湿分的吸附或解析过程。湿物料的含湿量和湿空气之间存在一定的平衡关系。这种平衡关系，可在恒定的温度下通过湿物料与湿空气长期接触的试验来测定。在一定温度下，等温吸附平衡关系可由湿分被湿物料吸附或解吸两种方法获得，得到吸附等温线或解吸等温线，如图 15-2 所示。吸附等温与解析等温线并不重合，有滞后现象。滞后现象与物质的结构、干燥收缩等因素有关，影响因素很复杂。对于滞后现象至今尚无满意的解释。

图 15-2　吸附等温线和解吸等温线

在干燥过程中如物料处于相对湿度 φ_A 的空气中，含湿量低于 x_A 的物料不能被干燥，相反物料会吸湿。所以干燥应在大于平衡湿含量时才能进行。

15.2.3　干燥过程热量质量的衡算

（1）质量衡算　物料的湿含量：物料的湿含量有两种定义方法。

干基湿含量 $$x=m_w/m_d \tag{15-8}$$
湿基湿含量 $$w=m_w/(m_d+m_w) \tag{15-9}$$

式中，m_w、m_d 分别为湿物料中湿分物质的含量和干骨架物质的含量。

以一个连续干燥过程为例（如图 15-3 所示）进行物料衡算，在干燥过程中，干空气的量（W_B）、绝干物料的量（W_S）是不变的，由于进出干燥器的湿分相等，所以：

$$W_S(C_1-C_2)=W_B(y_2-y_1) \tag{15-10}$$

式中，C 为物料的干基湿含量；y 为空气的绝对湿度。

图 15-3　物料衡算示意图

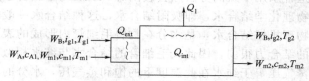

图 15-4　热量衡算图

Q_{ext}，外加热器供给的热量；Q_{int}，内加热器供给的热量；$Q_B=W_B(i_{g2}-i_{g1})$，干燥过程中空气增加的热量；$Q_m=W_{m2}(c_{m2}T_{m2}-c_{m1}T_{m1})$，加热物料消耗的热量；$Q_w=W_A T_{m1}c_{A1}$，湿物料中湿分带入干燥器的热量；$Q_1$，热损失，正比于干燥器的表面积及干燥器表面与环境的温差；i_g 为空气的焓，kJ/kg；W_m 为湿物料流量，kg/h；T_m 为物料温度；T_g 空气温度；c_m 为湿分液体的比热容

式(15-10)左、右边为干燥器中蒸发的水量（W_A），故干空气的质量可由下式计算，

$$W_B = W_A/(y_2 - y_1) \tag{15-11}$$

干燥器中蒸发 1kg 水分时消耗的干空气量为：

$$\frac{W_B}{W_A} = \frac{1}{y_2 - y_1} \tag{15-12}$$

（2）热量衡算　热量衡算图如图 15-4 所示。

由此可以列出热量衡算方程：

$$Q_{ext} = Q_B + Q_m + Q_1 - Q_{int} - Q_w \tag{15-13}$$

对于理论干燥器则有：

$$Q_{ext} = Q_B \tag{15-14}$$

其余各项都为零。

15.3　干燥过程动力学

15.3.1　湿物料的性质

在干燥过程中，被干燥物料的性质如结构、形状、大小、热稳定性及化学稳定性等都是决定干燥工艺的重要因素，尤其是水与不同种类物料的结合，所产生的新的特性，对干燥速率影响很大。水与固体的结合方式不同，则除去物料中水分的难易程度也不同。所以了解物料的特性及水分与固体的结合方式对研究物料的脱水干燥是有益的。

自然界中一切湿物料按其结构与水的结合方式可分为以下三类。

第一类是毛细管多孔体，这类物体当其水分变化时，体积尺寸很少变化，有些则随着水分的减少而变得松脆，有的可变为粉末。这类物体的毛细管力大大超过结合水的重力，因此毛细管力决定水在物体内的分布。这种物体叫毛细管多孔体。

第二类是胶体，这类物体当其含有的水分变化时，体积也随之变化，这类胶体有两种：一种是吸水时无限膨胀，以至失去其几何形状，最后自动溶解，成为无限膨胀体，如阿拉伯树胶；另一种是吸取一定水量发生一定量的膨胀，几何形状保持不变，成为有限膨胀体，如明胶。这类物体具有很小的微毛细管，毛细管的大小可与物料的分子大小相提并论，此时脱水很困难。

第三类是毛细管多孔胶体，具有以上两类物体的特性，具有毛细多孔构造，其毛细管壁又具有胶体特性，具有吸水膨胀和脱水收缩的特性，如木材、食品、皮肤等。这类物体中大毛细管中的水容易脱出，但微毛细管及细胞壁中的水分脱出比较困难。

水分与物料结合的形式，可以分为化学结合、物理化学结合和机械结合三种形式。

化学结合水，水以化学力与固体结合，水分存在于物料的分子中，如含有结晶水的物料。这种水用干燥的方法除去较困难，一般均不列为干燥对象。

物理化学结合水，即吸附结合水，这种结合水一般是水由氢键和范德华力与固体结合。

物理机械结合水，是水分在物料毛细管内形成的表面张力与固体相结合。由于大毛细管与水的结合力很弱，因此大毛细管的结合水与纯水相似。其特性为，在任何温度下，物料水分的蒸气压等于纯水在此温度下的饱和蒸气压，水分的蒸发比较容易。

一切湿物料，无论是毛细管多孔体、胶体还是毛细管多孔胶体，它们共同的特点是都具有毛细管，湿物料脱除水分的难易程度与毛细管的直径有关。根据液体对毛细管的润湿性和非润湿性的作用力可导出毛细管半径与其饱和蒸气压的关系方程，凯尔文公式：

$$\ln\frac{p}{p_0} = -\frac{2\sigma V\cos\theta}{rR_gT} \tag{15-15}$$

式中，θ 为润湿角；σ 为分界面的表面张力；r 为毛细管半径；p_0 为大气压；p 为湿组分平衡水蒸气压；V 为水的比容；R_g 为气体常数；T 为温度。

由式(15-15)可见，随着毛细管半径的减小，毛细管液体表面产生的蒸气压越低于同一温度下的饱和蒸气压，使得物料内部水分的扩散以及毛细管液面的蒸发都受到更大的阻力，因此要使水分脱除就要消耗更大的能量。

15.3.2　干燥曲线及干燥速率

物料所含水分的性质不同，其干燥过程也不同。为观察不同的干燥过程，分析其干燥机理，干燥实验在恒定的干燥条件下进行，即干燥用的空气的湿度、温度、进气速度及与物料接触情况均维持恒定，故称之为恒定干燥实验。图 15-5 为某一物料的干燥曲线，即物料湿含量与干燥时间的关系曲线（C-τ）。图中同时也绘制了物料温度与干燥时间的关系曲线（θ-τ）。

为进一步分析干燥机理，常将图 15-5 的曲线转换为干燥速率 U 对物料湿含量 C 的曲线，称为干燥速率曲线，见图 15-6。

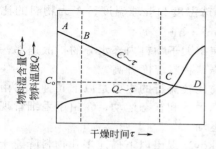

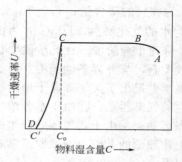

图 15-5　恒定条件下物料的干燥曲线　　　　图 15-6　恒定干燥条件下某物料的干燥速率曲线

干燥速率可定义为 $U = \dfrac{W_s}{A}\dfrac{dC}{dt}$（其中 W_s 为被干燥物料的质量，A 为被干燥物料的表面积）。有时被干燥物料的表面积 A 很难测定，可利用干燥强度 N 来表示干燥进行的速度：$N = dC/dt$。

由图 15-5、图 15-6 可以看出开始干燥时气固两相进行传质传热过程。在 AB 段（预热段）热空气传给物料的热量一部分用于加热物料使物料升温，而另一部分热量用于蒸发物料中的水分，故在物料预热阶段，物料的湿含量降低速度较慢。在其后的 BC 段物料温度维持不变，即热空气传给物料的热量全部用于水分的蒸发，说明物料内部水分的扩散速率大于或等于物料表面水分的蒸发速率，此时干燥曲线的斜率较大，并基本上呈线性关系。到 CD 段时物料温度不再维持恒定开始上升，说明热空气传给物料的热量一部分用于物料的升温，另一部分用于水分的蒸发，于是 CD 段的干燥曲线变得较为平缓，说明物料湿含量的下降速率变缓。

从干燥速率曲线可知，在干燥过程中存在一个恒速干燥阶段和一个降速干燥阶段。在恒速干燥阶段，干燥速率主要受外部传热传质控制；在降速干燥阶段，主要受物料内部湿分的内扩散和传热控制，因而，降速阶段的曲线形状与物料的性质有很大关系。

在恒速干燥阶段，传热传质过程的主要阻力在气相侧，属外部传热传质控制，通常应用 Biot 准数（Bi）作为判据。当 Bi 数小于 0.1 时，内部传热传质阻力很小，可认为是外部传热传质控制。对于多孔的直径小于 1mm 的颗粒在很多情况下，可以满足此条件。

干燥过程中的 Biot 准数的定义为：

传热 Biot 准数

$$\mathrm{Bi_H} = \frac{\alpha(d/2)}{\lambda} \tag{15-16}$$

传质 Biot 准数 $$\mathrm{Bi_D} = \frac{k_y(d/2)}{\rho_s D_{AS} A^*} \qquad (15\text{-}17)$$

式中，α 为传热系数，$\mathrm{W/(m^2 \cdot K)}$；k_y 为传质系数，$\mathrm{kg/(m^2 \cdot s)}$；$d$ 为定性尺寸，对于球形颗粒物料即为颗粒的直径；λ 为导热系数，$\mathrm{W/(m \cdot K)}$；ρ_s 为干燥物料的密度；D_{AS} 为湿分在物料中的扩散系数；A^* 为平衡等温线 $y_{eq} = f(x)$ 的局部斜率。

15.3.3 单颗粒干燥动力学模型

（1）恒速干燥阶段 一些含水率高的物料，在干燥开始有一个恒速干燥阶段，此阶段的特征是，在一定干燥条件下，物料的干燥速率与物料的类型无关，与同一条件下自由水分的蒸发速率相同。此阶段的干燥速率取决于：热空气温度与物料表面温度的差值；热空气速率；热空气的湿度。在恒速干燥阶段物料的表面温度与湿球温度相同。恒速干燥阶段结束时，物料的含水率叫做临界含水率。恒速干燥阶段的干燥速率可用下式表示：

$$\frac{\mathrm{d}C}{\mathrm{d}t} = \frac{hA}{h_{fg}}(T_a - T_{wb}) \qquad (15\text{-}18)$$

式中，C 为物料的湿含量；T_a、T_{wb} 分别为空气的干球温度和湿球温度；A 为物料的比表面积；h_{fg} 为水的气化潜热，$\mathrm{J/kg}$；h 为传热系数，$\mathrm{J/(m^2 \cdot h \cdot ℃)}$。

（2）降速干燥阶段 在此阶段物料表面的蒸发速率大于物料内部水分的扩散速率，干燥为内扩散控制，与外界条件无关。因此干燥速率下降，物料温度升高。

许多学者提出了关于降速干燥阶段的理论，目前比较流行的主要是以下几种：①由于温度差产生的气态运动；②由于水分浓度差产生的液态运动和气态运动；③由于毛细管现象产生的液态运动；④由于蒸气压差产生的液态和气态运动。

在上述理论的基础上，俄罗斯学者雷可夫（Luikov）提出以下描述多孔物料降速干燥过程的方程组：

$$\frac{\partial C}{\partial t} = \nabla^2 K_{11} C + \nabla^2 K_{12} T + \nabla^2 K_{13} p$$

$$\frac{\partial T}{\partial t} = \nabla^2 K_{21} C + \nabla^2 K_{22} T + \nabla^2 K_{23} p \qquad (15\text{-}19)$$

$$\frac{\partial p}{\partial t} = \nabla^2 K_{31} C + \nabla^2 K_{32} T + \nabla^2 K_{33} p$$

式中，K 为系数，与压力（p）、湿含量（C）、温度（I）有关；∇^2 为拉普拉斯算子。

$$\nabla^2 = \frac{\partial^2}{\partial x^2} + \frac{\partial^2}{\partial y^2} + \frac{\partial^2}{\partial z^2} \qquad (15\text{-}20)$$

由压力梯度产生的水分流动，只有在物料温度很高时才显著，该温度大大超过一般药物干燥的温度。压力项可以忽略不计。再者如不考虑温度与水分的偶合效应和颗粒内的温度梯度，于是雷可夫方程可以化简为：

$$\frac{\partial C}{\partial t} = \nabla^2 K_{11} C = K_{11} \left(\frac{\partial^2 C}{\partial x^2} + \frac{\partial^2 C}{\partial y^2} + \frac{\partial^2 C}{\partial z^2} \right) \qquad (15\text{-}21)$$

如果物料内部水分的转移主要依靠液态扩散或气态扩散，系数 K_{11} 可用扩散系数 D 来代替，如 D 为常数，方程可写成：

$$\frac{\partial C}{\partial t} = D \left[\frac{\partial^2 C}{\partial r^2} + \frac{\eta \partial C}{r \partial r} \right] \qquad (15\text{-}22)$$

式中，r 为颗粒的特性尺寸；η 为形状系数，球形颗粒 $\eta = 2$，圆柱形颗粒 $\eta = 1$，平板形颗粒 $\eta = 0$。

式（15-22）的解为：

对于球形物料
$$MR = \frac{6}{\pi^2} \sum_{n=1}^{\infty} \frac{1}{n^2} \exp\left[-\frac{n^2\pi^2}{9}X^2\right] \qquad (15\text{-}23)$$

对于圆柱形物料
$$MR = \sum_{n=1}^{\infty} \frac{4}{\lambda_n^2} \exp\left[-\frac{\lambda_n^2}{4}X\right] \qquad (15\text{-}24)$$

对于无限平板
$$MR = \frac{8}{\pi^2} \sum_{n=1}^{\infty} \frac{1}{(2n+1)^2} \exp\left[-\frac{(2n+1)^2\pi^2}{4}X^2\right] \qquad (15\text{-}25)$$

$$MR = (C-C_e)/(C_i-C_e) \text{（水分比）}$$

$$X = \frac{A}{V}(Dt)^{0.5}$$

式中，λ_n 为贝塞尔函数的根；A 为颗粒表面积；V 为颗粒的体积；t 为时间；C_i 为初始湿含量；C_e 为平衡湿含量。

上述方程均为无穷级数，计算时可以取前两项或前三项。如以球形颗粒为例，只取第一项则可得：

$$MR = \frac{6}{\pi^2} \exp\left[-\frac{\pi^2}{9}\left(\frac{A}{V}\right)^2 Dt\right] = \frac{6}{\pi^2} \exp\left[-\frac{D\pi^2}{r^2}t\right] \qquad (15\text{-}26)$$

由式(15-26)可知，如知道物料的初水分、平衡水分、干燥时间、颗粒粒径和扩散系数，则可求出干燥 t 时间后物料的最终水分。

15.3.4 干燥过程的模拟计算

根据热质传递原理，可用一系列的微分方程表示物料的干燥过程，这个模型主要应用于较高温度的干燥过程。模型假设干燥主要发生在降速段，颗粒内部存在水分梯度，所有的热质平衡都用微分方程表达。这个模型具有普遍性，可应用于各种干燥机械的模拟。

由于干燥过程中传热传质十分复杂，为简化计算，做如下假设：

① 干燥过程中物料颗粒的收缩一般较小可忽略不计；

② 单个物料颗粒内温度梯度忽略不计，颗粒的温升所需热量主要来自气体给热，所以颗粒和颗粒间的热传导忽略不计；

③ 气体和物料流动均为活塞流；

④ 干燥机械为绝热体，热容忽略不计。

可以列出以下方程。

(1) 质量平衡方程　dt 时间内 dx 厚物料层中失去的水分：$S dx \rho_p \frac{\partial C}{\partial t} dt$

dt 时间内 dx 厚物料层中通过空气的量：$G_a S dt$

dx 厚物料层中通过空气湿度的变化：$G_a S dt \frac{\partial y}{\partial x} dx$

根据质量平衡得：

$$\frac{\partial y}{\partial x} = -\frac{\rho_p}{G_a}\frac{\partial C}{\partial t} \qquad (15\text{-}27)$$

式中，y 为空气的湿度，kg/kg；C 为物料平均水分含量（干基）；S 为料层面积，m^2；G_a 为空气流量，$kg/(m^2 \cdot h)$；ρ_p 为物料密度，kg/m^3。

(2) 热平衡方程　设 dt 时间内 dx 厚物料层中失去的水分：$W = G_a S dt \frac{\partial y}{\partial x} dx$

水分气化热：$Q_1 = W h_{fg}$

使蒸发的水分升温所需的热：$Q_2 = W c_v (T-\theta)$

物料升温所需的热：$Q_3 = S dx (\rho_p c_p + \rho_p \overline{C} c_w)\frac{\partial \theta}{\partial t} dt$

对流传热：$Q_4 = ha(T-\theta)\mathrm{d}tS\mathrm{d}x$

于是　$Q_4 = Q_1 + Q_2 + Q_3$

化简后得
$$\frac{\partial \theta}{\partial t} = \frac{ha(T-\theta)}{\rho_p c_p + \rho_p c_w \overline{C}} - \frac{h_{fg} + (T-\theta)c_v}{\rho_p c_p + \rho_p \overline{C} c_w} G_a \frac{\partial y}{\partial x} \tag{15-28}$$

式中，h_{fg} 为物料中水的气化热，J/kg；c_v、c_p、c_w、c_a 分别为水蒸气、物料、水、空气的比热容，J/(kg·℃)；T 为空气温度，℃；θ 为物料温度，℃；h 为对流传热系数，J/(m²·h·℃)；a 为物料的比表面积，m²。

（3）热传递方程

通过床层空气的焓变：$G_a S \mathrm{d}t (c_a + y c_v) \dfrac{\partial T}{\partial x} \mathrm{d}x$

$\mathrm{d}x$ 时间内物料空隙间空气的显热变化：$S \mathrm{d}x \varepsilon \rho_a (c_a + y c_v) \dfrac{\partial T}{\partial x} \mathrm{d}t$

对流传递热量：$ha(T-\theta)\mathrm{d}tS\mathrm{d}x$

根据传热原理有 $(\rho_a c_a + \rho_a y c_v)\left(V_a \dfrac{\partial T}{\partial x} + \varepsilon \dfrac{\partial T}{\partial t}\right)S\mathrm{d}t\mathrm{d}x = -ha(T-\theta)\mathrm{d}t\mathrm{d}x$

由于 $\varepsilon \dfrac{\partial T}{\partial t}$ 的值很小，可以忽略不计，则
$$\frac{\partial T}{\partial x} = \frac{-ha}{G_a c_a + G_a y c_v}(T-\theta) \tag{15-29}$$

式中，ε 为空隙率。

（4）干燥速率方程
$$\frac{\partial C}{\partial t} = -K(C - C_e)$$

解上式得
$$\frac{C - C_e}{C_0 - C_e} = e^{-Kt} \tag{15-30}$$

式中，K 为常数。

应用以上 4 个方程，用有限差分法可求得物料温度、物料水分量、热空气温度、热空气湿度 4 个未知数。

15.4　干燥造粒技术

任何将细粉粒聚成较大实体或将溶液、熔融液分散呈液滴经蒸发、冷却形成固体颗粒的过程都可称为造粒过程。造粒的目的主要有以下几点：

① 在片剂压制及丸剂制造过程中可减少粉尘损失；

② 提高物料的填装密度和改善物料的流动性，便于配料、混合、定量包装、服用等；

③ 便于控制产品性质、溶解速度、孔隙率、比表面积等；

④ 改善产品的外观形状。

医药制剂一般为粉剂、颗粒剂、丸剂、片剂。这些制剂一般是应用挤压、滴制、转盘、流化床、喷雾等方法制得的。在这些造粒过程中颗粒生成机理有以下几种情况。①粉粒间的固桥连结，固体粉粒受挤压时，由于颗粒间的相互摩擦产生热升温，在颗粒接触点上的固桥由于相接触颗粒间分子的扩散而得到发展。这种热也可由外部引入。②液桥，在液桥中界面力和毛细管力可以产生强的键合作用，使几个颗粒黏结在一起，形成一个较大的颗粒。如果液体蒸发且无其他结合方式参与，则此种结合方式就会消失。③固体颗粒间的吸引力，如果

固体粉粒相距足够近,则静电力、磁力、范德华力等短程力可以导致固体粉粒间的黏结。④机械连锁力结合,纤维状、小细片状或松散料在受到挤压时,粉粒间产生相互镶嵌作用,生成较大颗粒。⑤黏结剂,高黏度的黏合剂如糊精和其他高分子有机液体能形成与固桥相似的结合力,使细粉粒形成较大的颗粒。⑥熔融液冷却固化,将熔融液经分散装置分散成液滴,冷却固化形成固体颗粒。

在医药工业中需干燥造粒的物料主要有粉粒物料、膏状物料、悬浮液、溶液及熔融液等。在医药工业中应用的干燥造粒方法很多,见表 15-1 所示。这里介绍几种常用的干燥造粒技术。

表 15-1　常用的干燥造粒方法

干燥造粒方法分类	主要设备形式	方 法 原 理
滚动造粒法	转盘、旋转圆筒	粉体、黏合剂在设备中做滚动运动,凝聚造粒,形成球形颗粒,有时可以与干燥同步进行。在医药工业上主要应用于丸剂的生产和包衣
流化床干燥、造粒法	流化床、喷动床、喷动流化床、振动流化床、搅拌流化床、离心流化床	将熔融体、或溶液、或黏合剂喷涂于颗粒的表面、在流化气的作用下,使其冷却或干燥,实现涂敷或团聚造粒。可用于颗粒剂的生产和包衣
搅拌造粒法	高速搅拌混合造粒机	粉体与黏合剂在混合器中高速搅拌混合,生成细粒凝聚体
压缩造粒法	压片机	将一定容积的粉体置于臼中,将其压缩成型。用于制作片剂
挤压造粒法	螺旋挤压机、摇摆造粒机	低湿粉体在螺旋或旋转桨叶的挤压下,从模孔中排出成团粒。一般用于制造颗粒剂
熔融冷却造粒法	振动喷流造粒装置、喷雾造粒装置、循环带式造粒机、流化床	射流在平滑流阶段在一定振动强度的扰动下,可断裂为均匀的液滴,液滴经冷却固化为球形颗粒 熔融体经喷雾形成细小液滴,经冷却形成球形颗粒 熔融体经喷孔滴落在冷却钢带上,冷却固化 熔融液经喷嘴雾化涂敷于颗粒表面,在流化气的作用下冷却固化,形成球形颗粒
喷雾造粒法	喷雾造粒装置	将熔融体或溶液经雾化喷嘴雾化为液滴,经喷雾塔内向上的冷空气冷却或热空气加热蒸发,形成细小的颗粒

15.4.1　喷雾干燥造粒

喷雾干燥、造粒一般以溶液、浆状物料为原料。在一定条件下也可以悬浮液和膏状物料为起始物料,因此在医药生产中得到广泛应用,如链霉素、庆大霉素及中药提取浓缩液的干燥造粒。喷雾干燥造粒装置由造粒塔、液体雾化器、热风系统和气固分离系统组成。进入造粒塔的液体被雾化器分散成微小的液滴,在造粒塔中微小的液滴被加热介质加热进行蒸发干燥、冷却,即得到所需的颗粒。喷雾干燥制粒的流程如图 15-7 所示。

喷雾干燥造粒包括四个基本单元过程:①液体的雾化;②液体和气体的混合;③液滴的蒸发干燥;④被干燥的产品与气流分离,气体经除尘后放空,产品经冷却后进行包装。

液体的雾化是由雾化器完成,雾化器在喷雾干燥造粒操作中起十分重要的作用,它可以使液体雾化成极细的液滴,获得极大的表面积以利于快速干燥。对于雾化器的要求是,雾化的液滴要均匀、本身结构要简单、产量要大,操作容易,能量消耗要少,及在喷雾干燥过程中是否有影响药物质量的异物、润滑油等进入系统。

通常应用的雾化器有以下三种。①离心转盘雾化器。液体物料送入一个高速旋转的圆盘中央，圆盘里设有放射型叶片，液体在离心力的作用下加速，被高速离心转盘雾化器拉成薄膜，液体薄膜从高速旋转的转盘边沿被甩出而使液体雾化。转盘的直径一般为50～350mm，转速为3000～50000r/min。雾化程度主要取决于转盘外沿的线速度。此种雾化器最突出的优点是能雾化易堵塞喷嘴喷孔的悬浮液和糊状物，但要求造粒塔的直径要大。②压力喷嘴雾化器。用泵将液体在高压下送入喷嘴，液体在喷嘴旋转室内高速旋转，然后从喷嘴的小孔喷出，使液体雾化成细小的液滴。其雾化特性取决于操作压力和喷嘴的孔径，一般来说压力越高喷孔越小，雾化的液滴越细，粒度分布越均匀；反之压力越低喷孔越大，雾化的液滴越大，颗粒的分布越不均匀。③气流式喷嘴。有时也叫做二流体或三流体喷嘴。是用压缩空气将从喷嘴喷出的液体雾化成雾滴。气流式喷嘴在处理量大时操作并不特别有效。因此常在生产规模小的干燥造粒器中应用。其显著的优点是操作压力低，往往用于一般雾化器不能处理的高黏度的糊状物料。离心转盘式雾化器虽有处理量大、雾化比较均匀等优点，但由于转盘的高速旋转，很难防止润滑油或油雾漏入干燥室中污染产品。压力式雾化器使用高压液泵，液泵柱塞与液缸间的摩擦会有金属未磨下，止回装置不易清洗和灭菌。因此在医药工业中较多地应用气流式雾化器。

喷雾干燥具有较好的传热传质特性。因而可以脱去用机械方法难于脱去的水分。还适用于热敏性而不能长时间暴露于空气中的物料，因为，物料在干燥造粒器内停留时间较短，而且干燥基本是在湿球温度下进行的，雾滴上的水膜保护了固体不与高温空气直接接触。喷雾干燥、造粒的优点是：①由于液体经喷嘴雾化后，形成极小的液滴，使干燥的表面积极大（当雾滴直径为 $10\mu m$ 左右时，其干燥总面积为 $400～600m^2$），因而大大加快了干燥速度；一般干燥后的粉末极细，不需在进行粉碎加工从而缩短了加工工序，总效率很高；②在整个干燥过程中由于液滴中的水分快速蒸发吸收了大量的热量，液滴周围的空气温度迅速下降，因此此方法还使用于热敏性物料的干燥；③容易调节和控制产品的质量指标，如产品的颗粒直径、粒度分布和最终湿含量等。主要缺点是：①由于原料的湿含量高所以消耗的干燥介质多，热量消耗大，热效率低（30%左右）；②由于要将溶液雾化成液滴，需要较高的压力及大量空气的输送，所以动力消耗大；③一般喷雾干燥得到的物料颗粒较小，流动性较差，因而在压制片剂或制作丸剂时，应用搅拌造粒机或其他制粒方法将其制成流动性好的较大颗粒。然后制成片剂、丸剂等制剂。

15.4.2 流化床干燥造粒

流化床干燥造粒是近期发展起来的一种干燥造粒装置。它的特点是在同一设备内可同时完成蒸发、结晶/固化、干燥、冷却、造粒、包衣等过程。可实现生产过程连续自动化。干燥造粒过程的基本原理为，将料液雾化喷涂在流化床内颗粒的表面，在流化气的作用下料液经蒸发、结晶/固化、冷却，在颗粒表面生成一层新的涂层，如此颗粒不断地接受料液使颗粒不断的长大。流化床干燥造粒设备适应性广，适用于各种物料的干燥造粒，料液可以是各种浓度的溶液、熔融液、悬浮液或乳浊液等。可制造各种粒度的颗粒，小到1mm以下，大到可以生产几个毫米的颗粒甚至可制造8mm以上的颗粒。在中药工业生产中，将浸出液进行简单的浓缩，添加必要的辅料作为料液，将其喷涂于流化床内的颗粒表面蒸发干燥、冷却、造粒。由于浸出液的最后蒸发是在颗粒的表面进行的，所以可防止浸出液在最后蒸发浓缩时的严重结垢问题。流化床具有良好的传热传质特性，料液在颗粒表面是以液膜的形式存在的，因而具有大的蒸发表面和速度，所以在相对较低的温度下可完成蒸发操作，不产生过热现象，可保护药物的药性。在医药、生物制品的干燥造粒中得到广泛应用。

流态化是一种固体颗粒与流体相互接触而转变为一种类似流体状态的操作。流态化的基本状态有以下几种：①固定床；②临界流化状态；③散式流态；④聚式流态化；⑤节涌；⑥气体输送。

当气体以较低的速度通过床层时，物料颗粒不产生运动，床层压力降随着气速的增大而增大，当气速增加达到某一值时，床层开始松动，此状态为固定床。当气速再增加，全部颗粒刚刚悬浮在向上的气流中，此时颗粒与流体之间的摩擦力与颗粒的重力相平衡，相邻颗粒间压力的垂直分量等于零，整个床层呈现类似流体的状态，床层任意截面上的压力降等于该截面上的颗粒重量和气体的重量，此时称为初始流化床，此时的气速称为起始流化速度 u_{mf}，通常又称为床层处于起始流化状态。当气速再增加，气速超过起始流化速度，在床层中出现气泡，气速越大，气泡越多，造成床层扰动激烈。当气速再增加，超过颗粒的带出速度时，气体将颗粒带出床层形成气体输送。

一般流化床由以下几部分组成，流化床主体设备、提供流化气的系统、料液供应系统和尾气粉尘回收系统。流化床主体设备主要由分散料液的雾化喷嘴、气室、气体分配器（气体分布板，气体分布板一般是多孔板，开孔率一般为 $4\% \sim 13\%$，孔径为 $\phi 1.5 \sim 2.0 \mathrm{mm}$）、流化床床体及颗粒的进出料系统组成。

（1）流化床造粒机理 流化床干燥造粒不同于其他方法，是将溶液或熔融液经喷嘴雾化后涂敷于颗粒表面，在流化气的作用下经蒸发、冷却、固化使颗粒逐步长大。颗粒的生长机理一般可分为以下几种。

① 涂层式生长。是液体以液膜的形式涂敷于颗粒表面，经蒸发、冷却、固化在颗粒表面形成一层新的涂层，如此在颗粒表面层层涂敷使颗粒长大，形成洋葱式结构的颗粒。如图 15-7 所示。

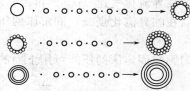

图 15-7 颗粒以层式生长的示意图

② 涂敷式生长。液体特别是悬浮液喷入到床内后，雾化成的小液滴黏附于颗粒表面，经蒸发、冷却、固化，在颗粒表面形成不连续的涂层。涂层是由很多细小的颗粒堆积而成。如图 15-8 所示。这两种方式生长得到的颗粒结构均匀、强度大、球形度好。

③ 团聚式生长。在流化床中喷入某种黏合剂或溶液后，这些黏合剂或溶液涂敷于颗粒表面，颗粒之间相互接触，由于液桥的作用可以使颗粒黏结在一起，液桥中溶剂被蒸发后液桥就形成固桥使颗粒较牢固地黏合在一起，由几个较小的颗粒形成一个较大的颗粒，颗粒的生长速度较快。形成过程机理如图 15-9 所示。以团聚方式生长的颗粒外表面不太光滑、球形度差。

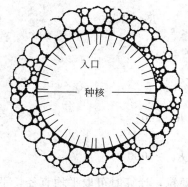

图 15-8 颗粒喷涂式生长示意图

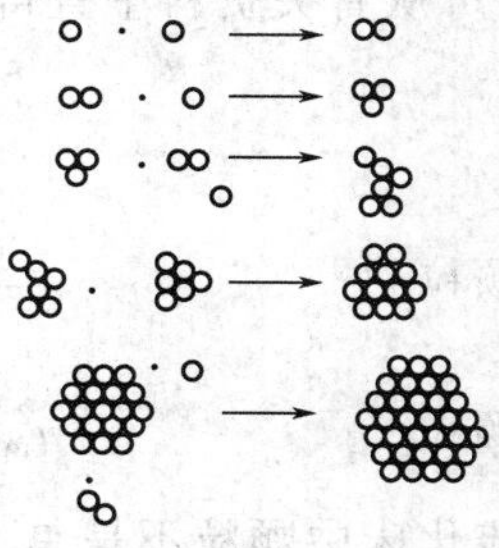

图 15-9 颗粒团聚式生长示意图

在流化床中颗粒的生长方式与操作的工艺条件有直接关系，实验发现，流化气速较小时易产生颗粒的团聚生长，主要是由于流化气速小，颗粒间的分散力不足，不足以克服颗粒间液桥的结合力；当流化气速较大时，由于颗粒间的分散力较大，可以克服颗粒间液桥的结合力，所以在较大流化气速下，颗粒一般按层式涂敷生长。喷涂的黏合剂或溶液的量及浓度较大时，使颗粒间液桥的结合力更强，颗粒更易团聚。流化床内晶种颗粒的大小对颗粒的生长机理也产生重要的影响，如初始颗粒较大时颗粒本身的质量较大，所以其动量也较大，碰撞时就具有较大分散力不易形成团聚，层式生长占主导地位。

根据上述干燥造粒机理，流化床干燥造粒是在单个粒子上或在粒子串上做多层沉积固体，所以流化床可以生产比喷雾造粒法更大的颗粒，产品的灰尘较少。由于颗粒在流化床内的停留时间较长，所以，它具有较大的干燥能力，从而可以处理较稀浓度的料液。由于颗粒在流化床内与流化气充分接触，所以具有较好的传热传质性能，可以在较低温度下进行干燥造粒，所以流化床也适合于热敏性物料的干燥造粒。

（2）流化床干燥造粒器的操作特性

① 流化床的操作范围。流化床在正常操作时，流化气速必须高于临界流化气速，最大气速不得高于颗粒的带出速度，以免颗粒被气流带走。临界流化气速可以应用试验测定，也可以进行计算。

临界流化气速（u_{mf}）和带出速度的计算。

在临界流化点处，固定床的压降等于流化床的压降，即：

$$\Delta p_{固} = \Delta p_{流} \tag{15-31}$$

均匀颗粒固定床的压降可用下面的方程表示：

$$\frac{\Delta p}{L} = \frac{150(1-\varepsilon_m)^2}{\varepsilon_m^3} \frac{\mu u_0}{\phi_s^2 d_p^2} + 1.75 \frac{1-\varepsilon_m}{\varepsilon_m^3} \frac{\rho u_0^2}{\phi_s d_p}$$

流化床的压降可用下式计算：

$$\Delta p = \frac{W}{A} = L_{mf}(1-\varepsilon_{mf})(\rho_s - \rho)g$$

由于 $\varepsilon_{mf} = \varepsilon_m$，由以上两式得：

$$\frac{1.75}{\phi_s \varepsilon_{mf}^3}\left(\frac{d_p u_{mf} \rho}{\mu}\right)^2 + \frac{150(1-\varepsilon_{mf})}{\phi_s^2 \varepsilon_{mf}^3}\left(\frac{d_p u_{mf} \rho}{\mu}\right) = \frac{d_p^3 \rho(\rho_s - \rho)g}{\mu^2}$$

对于小粒子左边的第一项可以略去，对于大粒子左边的第二项可以略去，于是得：

对于小颗粒 $\qquad u_{mf} = \frac{(\phi_s d_p)^2}{150} \frac{\rho_s - \rho}{\mu} \frac{\varepsilon_{mf}^3}{1-\varepsilon_{mf}} g \qquad Re < 20 \tag{15-32}$

对于大颗粒 $\qquad u_{mf}^2 = \frac{(\phi_s d_p)}{1.75} \frac{\rho_s - \rho}{\rho} \varepsilon_{mf}^3 g \qquad Re > 1000 \tag{15-33}$

ε_{mf} 与 ϕ_s 的值可从有关资料中查得，也可从下式求得：

$$\frac{1.}{\phi_s \varepsilon_{mf}^3} \approx 14 \text{ 和} \frac{(1-\varepsilon_{mf})}{\phi_s^2 \varepsilon_{mf}^3} \approx 11$$

对于小颗粒 $\qquad u_{mf} = \frac{d_p^2}{1650} \frac{\rho_s - \rho}{\mu} g \qquad Re < 20 \tag{15-34}$

对于大颗粒 $\qquad u_{mf}^2 = \frac{d_p}{24.5} \frac{\rho_s - \rho}{\rho} g \qquad Re > 1000 \tag{15-35}$

在实际流化床中颗粒不是单一尺寸的，而是混合颗粒，计算时可取平均直径，平均直径建议用下式求取。

$$d_p = \left[\sum \frac{x_i}{d_{pi}} \right]^{-1} \tag{15-36}$$

带出速度的计算，流体的流速略大于颗粒的沉降速度时，颗粒可能被流体带出床层，这个速度叫做带出速度，颗粒的带出速度即为颗粒的沉降速度。颗粒在床层中沉降时，受到三个作用力：一是颗粒的重力，二是颗粒受到的浮力，三是颗粒和流体做相对运动时产生的阻力。当颗粒为球形且做等速运动时，三个力成平衡状态，故：

$$\frac{\pi}{6} d_p^3 \rho_s = C_D \times \frac{\pi}{4} d_p^2 \times \frac{u_t^2 \rho}{2g} + \frac{\pi}{6} d_p^3 \rho$$

化简得：

$$u_t = \sqrt{\frac{4gd(\rho_s - \rho)}{3\rho C_D}}$$

式中，阻力系数 C_D 是雷诺数的函数，即 $Re < 0.4$，$C_D = 24/Re$；$0.4 < Re < 500$（过渡流），$C_D = 10/Re^{0.5}$；$500 < Re < 2 \times 10^5$（湍流），$C_D = 0.24$。

于是，在不同雷诺数时得到如下的带出速度公式：

$$Re < 0.4 \qquad u_t = \frac{gd_p^2(\rho_s - \rho)}{18\mu} \tag{15-37}$$

$$0.4 < Re < 500 \ (\text{过渡流}) \qquad u_t = \left[\frac{4}{225} \frac{g^2(\rho_s - \rho)^2}{\rho} \right]^{1/3} d_p \tag{15-38}$$

$$500 < Re < 2 \times 10^5 \ (\text{湍流}) \qquad u_t = \left[\frac{3.1(\rho_s - \rho)d_p g}{\rho} \right]^{1/2} \tag{15-39}$$

流化床正常的操作气速大于临界流化气速小于颗粒的带出速度，流化气速的大小用流化数表示：

$$u = K_f u_{mf} \tag{15-40}$$

式中，K_f 为流化数。

一般情况下，对于细颗粒物料 $K_f = 91.7$，对于大颗粒物料 $K_f = 8.26$。

② 流化床内传热和传质。流化床内颗粒和流体间的传热、传质非常复杂，由于研究的体系性质不同、试验方法不同得到的关联式也不同，因而计算时得到的结果有很大差别。下面介绍常用的关联式。

a. 颗粒与流体间的传热。根据对流化床内温度分布的测量结果得知，颗粒温度在整个流化床内是相同的，而流体在分布板上方很短的距离内（这个高度一般在几毫米到几十毫米的范围内）存在温度梯度，流体和颗粒之间的传热只在分布板上方很短的距离范围内进行。超过此区域。流体与颗粒达到热平衡，即彼此温度相同。

流化床内的对流传热系数可以应用试验的方法测得，也可应用关联式进行计算。

对流传热系数的测定方法，在测定过程中假设，气体在床层中是活塞流，固体在床层中是理想混合。可以通过气体通入床层后温度随床层高度的变化求取传热系数。

在忽略热损失的情况下，在分布板以上高度为 dL 的微分段中对气体和固体颗粒进行热量衡算：

$$-C_p G dT = \alpha a (T - T_s) dL \tag{15-41}$$

式中，C_p 为气体的比热容；G 为气体的质量流量；T 为气体温度；T_s 为固体颗粒的温度；a 为单位体积床层内颗粒的表面积；L 为分布板上方的高度；α 为热系数。

对式(15-41)积分得：

$$\ln \frac{T - T_s}{T_i - T_0} = -\frac{a\alpha}{GC_p} L \tag{15-42}$$

式中，T_i 为气体进口温度。

$\ln\dfrac{T-T_s}{T_i-T_0}$ 对 $-\dfrac{a\alpha}{GC_p}$ 作图可得一条直线，其斜率为传热系数。如此测定的传热系数为有效对流传热系数。

对流传热系数也可用以下关联式进行计算。

$$Nu=0.03Re^{1.8} \quad 或 \quad \alpha=0.03(\lambda/d_p)(d_pu\rho/\mu)^{1.3} \tag{15-43}$$

式中，λ 为气体热导率；Nu 为努塞尔准数。

b. 颗粒与流体间的传质。颗粒与流体间的传质与颗粒与流体间的传热相似，流体与颗粒间的传质过程，也是在分布板以上很短的距离内完成的，这一段称为传质作用区。如假定在此区域内流体呈活塞流流动，传质作用区的高度可近似用一个传质单元内流体所经过的球形颗粒数表示。球形颗粒数（N）可用下式表示：

$$N=(1-\varepsilon)\text{HTU}/d_p=(0.4\sim0.8)ESc^{2/3} \tag{15-44}$$

式中，$\text{HTU}=\dfrac{u}{ak}=\dfrac{ud_p}{6(1-\varepsilon)k}$，为传质单元高度，m；$a$ 为单位床层的表面积；$Sc=\mu/(\rho D)$，为施密特数；D 为分子扩散系数；k 为传质系数；E 为床层膨胀比。

流化床中的传质系数可用关联式计算，理查森等关联实验数据得到用于气体流化床的关联式如下：

$$Sh=0.374\text{Re}^{1.18} \qquad 0.1<Re<15 \tag{15-45}$$
$$Sh=2.01\text{Re}^{0.8} \qquad 15<Re<250 \tag{15-46}$$

式中，Sh 为舍伍德数。

③ 流化床基本结构尺寸。流化床基本结构尺寸主要包括床层面积、床层高度、分离段高度和扩大段高度。

床层面积 A 在确定了流化速度后可用下式进行计算：

$$A=\dfrac{V}{3600u} \tag{15-47}$$

床层高度也称密相区高度，床层高度一般由床层的膨胀比确定，床层膨胀比用下式表示：

$$E=\dfrac{V}{V_0}=\dfrac{h}{h_0}=\dfrac{1-\varepsilon_0}{1-\varepsilon} \tag{15-48}$$

式中，V_0、h_0 分别为固定床的体积和高度。

床层高度是由床内进行的传热、传质过程，两相流体的力学因素及床体的结构尺寸确定，由于过程复杂至今尚无确切的计算公式，一般由经验确定。

分离段（稀相区） 当气体以气泡的形式通过床层时，在床层界面处破裂，并将夹带的颗粒抛入空中，使稀相区内存在固体颗粒，其中大部分颗粒的沉降速度大于气流速度，所以上升到一定高度就会降落下来，可以设想，离开床层的高度越大，固体颗粒越少。对于一定的操作速度而言，在一定的高度以上，固体颗粒的含量不再减少，这个高度为流化床的分离段高度。分离段高度至今尚无计算公式，一些文献提出分离段高度可近似等于床层高度。

扩大段 为了进一步减少流化床颗粒的排出量，在分离段上面增加一扩大段。在扩大段中进一步降低气速，使固体颗粒得到进一步的沉降。扩大段的直径可根据实际情况来确定，一般为床层直径的两倍，而扩大段高度大致等于扩大段的直径。

（3）流化床的改进型 普通流化床在干燥造粒时，可能会出现以下问题：当颗粒较小时会形成沟流或死区；当颗粒分布范围较大时，夹带相当严重；由于流化床内返混较严重，物料在床内停留时间不同，干燥后的颗粒湿含量不均匀；当物料湿含量较大时，会产生团聚和结块现象，使床层不能正常流化。为克服以上问题，出现了多种改进型的流化床，如振动流化床、搅拌流化床、离心流化床、喷动流化床等。

振动流化床是对床层施加振动，改善床层的流化质量，这种振动可以是机械振动，也可以是电磁振动、声波或超声波振动及热振动等。振动的引入可促进难流化粉体、黏性物料的流化，甚至在没有气体通过床层时，振动强度达到一定值时，也可使浅床层物料处于假流化状态。与普通流化床相比可以大大降低流化气速，而且还有较高的传热传质速率。由于气速较小，可减少固体的扬析、磨损。如在床内造成一定真空度，就形成减压振动流化床，它可以没有流化气通过床层，只靠振动使床层内的粒子达到假流化状态，并具有流化床的特点，因此更适用于干燥热敏性物料、低熔点物料及活性物质的低温干燥。

搅拌流化床，即在流化床层内加设搅拌装置，弥补普通流化床处理特殊物料时呈现的不足。由于对床层实施搅拌，不流化的物料也可进行翻动，提高了床层的透气性，因而适应于高含水的粉状物料，或有团聚倾向、粒度不均匀的物料。可在较小的气速下操作，最低气速为普通流化床的 25%～30%，因而粉尘夹带少，对流化床尾气处理设备要求低。

离心流化床，离心流化床区别于普通流化床，主要是物料不在重力场中，而是在离心场中流化。所以可处理密度小、颗粒小以及湿含量大或表面有黏性的物料。离心流化床如图15-10 所示，物料随着具有一定开孔率的转鼓以一定的速度旋转，由于离心力的作用，物料均匀地分布于转鼓的内表面，形成环状的固定床。当热空气沿垂直转鼓方向吹入转鼓时，床层受到与离心力方向相反的力，当气速达到一定值时，两力平衡物料开始流化。由于离心力可以大于重力几倍到几十倍，于是流化气速可比普通流化床高出几倍到几十倍，相应的热空气的温度可降低许多，更适应于热敏性物料的干燥。干燥速度快，对某些物料干燥仅用10～30s，单位面积生产能力比普通流化床高 30～40 倍。

喷动流化床，喷动流化床为在普通流化床内加一喷动气，床层产生喷泉。图 15-11 为带有导流筒的喷动流化床流动情况示意图。床内可划分为以下几个区域：喷射区、喷泉区、环形区和夹带区。

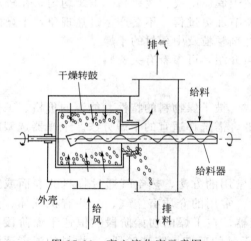

图 15-10 离心流化床示意图

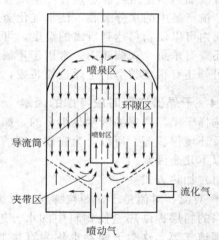

图 15-11 喷动流化床示意图

在喷射区内颗粒在喷动气的作用下以气体输送的方式向上运动，出导流筒后形成喷泉区，粒子达到最高点后回落到环形区，在环形区颗粒处于流化状态，然后颗粒在喷射区和环形区压差的作用下，通过夹带区由环形区底部进入喷射区实现颗粒有规律的循环运动。克服了流化床返混严重、颗粒停留时间不均匀的缺点，特别适用于颗粒物料的干燥，药片的包衣及涂敷造粒等。

15.4.3 其他干燥造粒方法

（1）厢式干燥器 厢式干燥器目前在制药工业上是常用的一种干燥方法，是将物料放在干燥盘内，置于干燥室内的固定支架或小车支架上，热风进入干燥器以水平方向通过物料的表面将物料进行干燥。该种干燥气的优点是构造简单，适应性大，适合干燥颗粒状、片状物料及较贵重物料。特别适用于干燥程度要求高，不允许破碎的脆性物料干燥。缺点是干燥不均匀，干燥时间长，装卸物料劳动强度大，操作条件差。

(2) 冷冻干燥　冷冻干燥是指被干燥的物料冷冻成固体，在低温减压条件下，利用冰的升华特性，使冰直接升华变成气被除去，达到干燥的目的。制品的冷冻干燥过程，包括预冷冻、升华、再干燥三个阶段。制品的预冷冻应将温度降到该溶液的最低共熔点以下，并保持一段时间，以克服溶液的过冷现象，使制品完全冻结。为使冷冻干燥制品粒子细腻，具有较大的比表面积，溶液的冷冻应采取速冻法。制品的升华系在高真空下进行，为保证升华的不断进行，需供给升华所需要的热。在升华阶段制品的温度不宜超过最低共熔点，以防产品中产生僵块或产品上的缺陷。制品的再干燥阶段是除去结合水，此时固体表面的蒸气压有不同程度的降低，干燥速度明显下降，在保证制品安全的情况下，可适当提高温度。

(3) 远红外干燥　远红外干燥系指利用远红外辐射元件发射远红外线使被加热的物质吸收，使其分子、原子产生振动，物体温度迅速升高，水分蒸发达到干燥的目的。据研究，有些物质如氢、氧等双原子组成的分子不吸收红外线。有些物质如氯化氢、二氧化碳、水以多原子组成的分子则能有效地吸收红外线，特别是水、有机物、高分子物质，在远红外区有很宽的吸收带，具有强烈的吸收远红外线的能力，产生激烈的分子共振现象。因此远红外干燥在制药工业中得到广泛的应用。

(4) 微波干燥　微波干燥是指由微波能转变为热能使物料干燥的方法。微波干燥是高频电流干燥的一种方法，目前用于微波加热干燥的频率主要为 519MHz 与 2450MHz 两个频率。微波加热器是由微波加热管产生微波后，通过波导输送到微波加热器中，微波能转变为热能，被产品中的水分吸收，使水气化蒸发。微波干燥速度快、效率高、干燥均匀，在较短的时间内可以使物料达到所需的温度，可以自动调节加热过程，不会产生过热现象，干燥的同时还兼有杀虫、灭菌作用。常用于片剂颗粒、丸剂颗粒及中药材的干燥。

另外还有很多类型的干燥造粒装置，这里不再介绍，可参看有关资料。

15.4.4　干燥器选型时应考虑的因素

选择干燥器考虑的因素是很多的，如加热方式、被干燥物料的特性、能源的价格、工作环境及环境保护等。所以，为完成一定的干燥任务，需选择适宜的干燥方法。干燥器选型应考虑以下几个因素。

(1) 加热方式

① 对流。对流是干燥颗粒物料、膏状物料最常用的方法，热空气通过物料的表面或穿过物料的料层提供热量使物料中的水分进行蒸发。常用的介质有空气、一些有机气体、蒸汽、烟道气等。这类干燥器也称为直接加热干燥器，在干燥的初始阶段（恒速干燥阶段），物料的表面温度接近于加热介质的湿球温度，在干燥的后期（降速阶段），物料的温度逐渐升高接近于加热介质的干球温度，温度较高。所以在干燥过敏物料时必须考虑这些因素。在对流干燥器中由于热量随气体大量逸出，热损失很大，因此热效率较低。

② 传导。传导或间接加热干燥器，使用于薄层物料和较湿的物料的干燥。热量是由器壁或内部加热构件供给，蒸发出来的水分用少量的空气带走，对热敏性物料建议用真空条件操作。相对于对流干燥器，由于需要的空气量较少所以热损失小，热效率较高。

③ 辐射。辐射主要指电磁辐射、太阳能辐射和微波。太阳能辐射只能照射在物料的表面上，仅吸收部分入射能，吸收的能量取决于入射能的波长。如远红外辐射常用于涂膜、薄型带状物和膜的干燥。微波可使用于容积性的加热物料，因此降低了传热的内部阻力。由于

水分子可以有选择的吸收能量，因此可减少能量的消耗。但由于这种干燥技术投资高、操作费用大，一般用于干燥高产值产品。

（2）工作温度和操作压力　大多数干燥过程是在常压下操作的，如避免外界气体向内部泄漏，可采用微正压；如不允许气体向外泄漏，可采用微负压。真空操作仅仅是物料必须在低温、无氧或在温度较高时产生异味情况下采用。提高干燥温度对干燥最为有效，在给定蒸发量时，所需的气量小，设备小，但干燥温度视被干燥的物料而定。

（3）物料形态及特性　选择干燥器的基础是物料特性。物料对热的敏感性决定了干燥过程中物料的上限温度，这是确定干燥介质温度的主要依据。在干燥时对干燥制品的形状、质量是否有影响，特别是干燥脆性物料时应特别注意。有些物料在干燥过程中有表面硬化、收缩等现象，也有的物料具有毒性，这些因素在选择干燥器时应考虑。

15.5　液相凝聚造粒法

近几年来，随着制药工业的迅猛发展，药物的种类日益增多，仅用原有的造粒技术不能满足临床的要求，因而在制药工业中采用了很多造粒新技术，利用液相凝聚造粒法实现药物的微球、微囊化就是其中之一。微球、微囊是近年来应用于制药工业的新技术、新工艺，目前已有很多种药物制成微球、微囊制剂，应用前景十分广阔。该技术有以下特点：

① 可以使液态药物变为固态，可改善药物的流动性，便于包装、储存和运输；

② 能提高药物的稳定性，对光、湿及空气敏感的药物，微囊化后可抗湿、蔽光和防氧化，提高药物的稳定性。如易氧化的 β-胡萝卜素，对水、气敏感的阿司匹林等；

③ 降低药物的副作用和不良气味及口味，如氯化钾、吲哚美辛等刺激胃易引起胃溃疡及大蒜素、鱼肝油等药物的不良气味或口味包囊后可得以改善；

④ 减少复方药物配伍变化，如阿司匹林与氯苯那敏（扑尔敏）配伍后可加速阿司匹林的水解，包囊后可得以改善；

⑤ 利用微球、微囊技术可制得缓释、控释及靶向制剂。

药物的微球、微囊化一般是在液相中进行的，其基本工艺可归纳为三步：①在高分子溶液中，将药物溶解或分散成悬浮或乳状液；②进行相分离，相分离是依靠调节温度、调节pH值或加入脱水剂、非溶剂等凝聚剂，以降低高分子材料的溶解度，使高分子材料从溶液中析出，形成新的凝聚液球，或凝聚相中的高分子沉积在药物颗粒上，并铺展成膜形成微囊；③固化形成微球或微囊。方法有以下几种。

（1）凝聚法　将药物分散在一种高分子材料的水溶液中（乳化或悬浮），然后加入凝聚剂，如亲水性电解质或乙醇等非亲水性电解质，由于凝聚剂与高分子材料胶粒上的水合膜中的水结合，使高分子的溶解度降低，进而产生相分离形成微球或微囊。凝聚法常用的高分子材料为明胶、海藻酸盐、乙基纤维素等。

（2）溶剂-非溶剂法　在某种聚合物溶液中，加入一种对该聚合物为非溶剂的液体（不溶的溶剂），引起相分离而将药物包成微囊。本法所使用的药物可以是水溶性的、亲水性的固体或液体药物，但必须对聚合物的溶剂与非溶剂均不溶解，也不反应。聚合物、溶剂、非溶剂三项的组合见表 15-2。

表 15-2　聚合物的溶剂非溶剂组合

聚　合　物	溶　　剂	非　溶　剂	聚　合　物	溶　　剂	非　溶　剂
苄基纤维素	三氯乙烯	丙酮	聚乙烯	二甲苯	正己烷
醋酸纤维素丁酯	丁酮	异丙醇	聚乙烯马来酸共聚物	乙醇	醋酸乙酯

（3）液中干燥法　从乳状液中除去分散相挥发性溶剂以制备微球、微囊的方法称液中干燥法。液中干燥法包括两个基本过程：溶剂萃取过程和溶剂蒸发过程。按操作，可分为连续干燥法、间歇干燥法和复乳法，前两种方法所用的乳状液为 O/W 型、W/O 型及 O/O 型，复乳法应用的为 O/W/O 或 W/O/W 型复乳。连续干燥法的基本工艺过程为：将高分子材料溶解在易挥发的溶剂中→将药物溶解或分散在高分子材料溶液中→加连续相及乳化剂制成乳状液→连续蒸发除去高分子材料的溶剂→分离得到微球或微囊。

15.6　干燥造粒技术的发展

干燥造粒技术是最古老的单元操作之一，然而也是最复杂、人们了解最浅的技术，因而大多数干燥器的设计仍然依赖于小规模的试验和实际操作经验。近十几年来，成立了一些干燥造粒技术的专门研究机构，建立了一些干燥造粒设备的专业厂，有许多新型的干燥设备投入市场；另外，一些新的构想正处在实验研究阶段。随着经济技术的发展，人们对能源的有效利用、环境的保护及产品质量的提高有了更进一步的认识，因而干燥技术得到了较快的发展。目前发展了许多新型的干燥技术如：添加非水溶剂或聚合物的冷冻喷雾干燥；接触-吸附干燥；运用渗透压进行非热力脱水，如果类切片与高浓糖浆进行接触脱水；运用膜技术回收干燥器低温尾气中水蒸气的潜热；等离子体喷雾干燥器，使用等离子体喷嘴获得的高温可瞬间使糊状物干燥；超临界干燥，该方法在凝胶状物料的干燥、药品的干燥及医药品原料中菌体的处理中得到应用。

另外还有置换干燥、蒸汽干燥、过热蒸汽干燥、射频干燥等新技术逐步被采用。

随着相关产业的发展，对干燥产品质量要求的提高，能量单耗的降低及操作可靠程度的提高都会对干燥技术和设备提出更高的要求。但干燥过程中降低能耗是一个长远永恒的研究课题。

参 考 文 献

［1］　陆彬主编. 药物新剂型与新技术. 北京：人民出版社，1998.
［2］　化学工程手册编辑委员会. 化学工程手册，北京：化学工业出版社，1991.
［3］　潘永康主编. 现代干燥技术，北京：化学工业出版社，2001.
［4］　［美］M. F. Fayed L. Otten 著. 分体工程手册. 卢寿慈等译. 北京：化学工业出版社，1992.
［5］　吴洪. 流化床造粒影响因素的研究［硕士学位论文］. 天津：天津大学，1997.
［6］　Yum S. I. Development of fluidzed-bed spray coating process axisymmetrical particles. Drug. Development and Industrial Pharmacy，1981，7（1）：27.
［7］　B. Dencs，Z. Ormos. Particle formation from solution in a gas fluidized bed Ⅰ. Powder Technology，1982，31：85.
［8］　B. Dencs，Z. Ormos. Particle formation from solution in a gas fluidized bed Ⅱ. Powder Technology，1982，31：93.
［9］　汤中平. Wurster 流化床造粒器流体力学特性的研究涂敷试验［硕士学位论文］. 天津：天津大学，1998.
［10］肖斌. 带导流管的喷动流化床流体力学特性的研究［硕士学位论文］. 天津：天津大学，2002.
［11］陈松，康仕芳. 新型造粒器的研究，化工进展，2001，（8）：42.
［12］康仕芳，陈松. 减压振动流化床流体力学特性的研究，核科学与工程，2001，21（4）：363.
［13］庄越，曹宝成，萧瑞祥. 实用药物制剂技术. 北京：人民卫生出版社，1998.
［14］姚玉英主编. 化工原理. 天津：天津科学技术出版社，1992.

思考题和练习题

第1章 绪论

1-1 简述制药工业发展史。

1-2 分别给出生物制药、化学制药以及中药制药的含义。

1-3 分离技术在制药过程中的任务和作用是什么？

1-4 与化工分离过程相比，制药分离过程有哪些特点？

1-5 试说明化学合成制药、生物制药和中药制药三种制药过程各自常用的分离技术以及各有什么特点。

1-6 举例说明制药分离过程原理与分类。

1-7 机械分离和传质分离的原理与区别是什么？

1-8 分离过程所基于的被分离物质的分子特性差异以及热力学和传递特性包括哪些？

1-9 对特定目标产物选择最佳分离方案时需要考虑哪些因素？

1-10 试按照过程放大从易到难的顺序，列出常用的8种分离技术。

1-11 结晶、膜分离和吸附三种分离技术中，最容易放大的是哪一种？最不容易放大的又是哪一种？

1-12 吸附、膜分离和离子交换三种分离技术中，技术成熟度最高的是哪一种？最低的又是哪一种？

1-13 工业上常用的传质分离过程包括哪两类？举例说明它们的特点。

第2章 固液萃取（浸取）

2-1 简述植物药材浸取过程的几个阶段？

2-2 试结合固液提取速率公式说明提高固液提取速率的措施包括哪些？

2-3 试根据浸出的总传质系数公式说明各项的物理意义？植物性药材总传质系数都与哪些因素有关？

2-4 选择浸取溶剂的基本原则有哪些？试对常用的水与乙醇溶剂的适用范围进行说明。

2-5 单级浸取和多级逆流浸取计算程序有何不同？如何计算各自的浸出量和浸出率？

2-6 固-液浸取工艺方法都有哪些？各用什么设备？

2-7 影响浸取的主要因素有哪些？

2-8 简述超声协助浸取的作用原理及影响因素。

2-9 简述微波协助浸取的作用原理及影响因素。

2-10 试结合固液提取速率公式说明提高固液提取速率的措施应包括哪些？并说明浸取的总传质系数公式中各项的物理意义。

2-11 试根据索氏提取法工艺流程图写出应用该法进行中药提取的操作步骤。

2-12 含浸出物质25%的药材50kg，第一级溶剂加入量与药材量之比为3∶1，其他各级溶剂的新加入量与药材量之比为4∶1，求浸取第一次和浸取4次后药材中所剩余的可浸出物质的量，设药材中所剩余的溶剂量等于其本身的重量。

2-13 某药材含30%无效成分及10%有效成分，浸出溶剂用量为药材的10倍，药材对溶剂的吸收量为2，求50kg药材单次浸取所得无效成分及有效成分量。

2-14 某药材共100kg，将有效成分浸出95%需要三次，试求浸出溶剂的消耗量。已知药材对溶剂的吸收量为2，设药材中剩余的溶剂量等于本身的重量。

2-15 现有50g药材以250ml浸出5h，药材中所含浸出物质为35%，经过1h浸取所得浸出液中浸出物质量为4.5g，经过5h为6.2g，求洗脱系数？

2-16 求逆流多级浸出中的浸出率？已知一级所用溶剂总量是每一浸出器植物药的4倍量，浸出器共6级，药材吸收溶剂是其本身的2倍。

第3章 液液萃取

3-1 固-液浸取与液-液萃取各有何特点？在操作过程中的影响因素有何相同与不同点？

3-2 在液-液萃取过程，选择萃取剂的理论依据和基本原则有哪些？

3-3 试说明单级液-液萃取图解法三角相图中各点的物理意义。

3-4 试比较液-液萃取和萃取精馏的相同点和不同点，并说明两者的适用场合。

3-5 比较多级逆流萃取和多级错流萃取，说明两种操作方式各自的优缺点。

3-6 如何判断采用某种溶剂进行萃取分离的可能性与难易？

3-7 试给出分配系数与选择性系数 β 的定义。

3-8 在液-液萃取过程，选择萃取剂的理论依据和基本原则有哪些？

3-9 液液萃取过程的影响因素有哪些？

3-10 萃取设备可按分散相与连续相的流动方式不同分为哪两大类？各有何特点？

3-11 给出液泛的定义，如何避免液泛？

3-12 给出液体返混的定义，如何避免返混？

3-13 试将下列三元物质的组成（为质量分数）标于三角相图上。
① $A=0.4$、$B=0.2$；② $B=0.15$、$C=0.3$；③ $A=0.25$、$C=0.4$

3-14 向 100kg 质量分数为 $A=0.22$、$S=0.78$ 的混合物中加入 200kg B，求混合后三元混合物的组成和该点的位置（标于三角相图上）。

3-15 在 0℃、pH＝2.5 时苄青霉素在乙酸乙酯-水中的表观分配系数为 30，用占原料液体积 1/3 的乙酸乙酯进行一次单级萃取，求理论收率。

3-16 在 25℃时，甘氨酸在水/正丁醇间的分配系数为 70.4，如果采用总料液体积 1/5 的水作萃取剂进行三级逆流萃取，计算总理论收率。

3-17 在多级错流接触萃取装置中，萃取剂从含乙醇6%（质量分率，下同）的乙醛-甲苯混合液中提取乙醛。原料液的流量为 120kg/h，要求最终萃余相中乙醛含量不大于 0.5%。每级中水的用量均为 25kg/h。操作条件下，水和甲苯可视作完全不互溶，以乙醛质量比组成表示的平衡关系为：$Y=2.2X$。试求在 $X\text{-}Y$ 坐标系上用作图法和解析法分别求所需的理论级数。

3-18 在 25℃时，丙酮-水-甲基异丁基甲酮的平衡数据如下表所示，试求：
(1) 在直角三角形相图上绘出溶解度曲线；
(2) 在 $x\text{-}y$ 直角坐标上绘出分配曲线（x，y 均以质量百分数%表示）。

丙酮-水-甲基异丁基甲酮平衡数据（均以质量百分数表示）/%

丙酮(A)	水(B)	甲基异丁基甲酮(S)	丙酮(A)	水(B)	甲基异丁基甲酮(S)
0	2.2	97.3	48.5	24.1	27.4
4.6	2.3	93.1	50.7	23.4	25.9
18.9	3.9	77.2	46.6	32.8	20.6
24.4	4.6	71.0	42.6	45.0	12.4
28.9	5.5	65.6	30.9	64.1	5.0
37.6	7.8	54.6	20.9	75.9	3.2
43.2	10.7	46.1	3.7	94.2	2.1
47.0	14.8	38.2	0	98	2.0
48.5	18.8	32.8			

丙酮-水-甲基异丁基甲酮的联结线数据

水层中丙酮	甲基异丁基甲酮中丙酮	水层中丙酮	甲基异丁基甲酮中丙酮
5.58	10.66	29.5	40
11.83	18.0	32.0	42.5
15.35	25.5	36.0	45.5
20.6	30.5	38.0	47.0
23.8	35.3	41.5	48.0

3-19 3-11题的物系在单级萃取器中 600kg 甲基异丁基甲酮从含有丙酮30%的水溶液中萃取丙酮，原料液为 400kg，试求：
(1) 混合液组成点 M 在三角相图上的位置；
(2) 混合液分为两个互为平衡的液层后，萃取相 E 与萃余相 R 的组成与量。

3-20 在操作条件下，丙酮（A）-水（B）-氯苯（S）三元混合溶液的平衡数据列于本题下表中，求：

（1）在直角三角形坐标上绘出溶解度曲线，联结线以及辅助曲线；

（2）在 X-Y 直角坐标图上依质量比组成绘分配曲线（近似地认为前五组数据中 B 与 S 基本不互溶）。

水层（质量）/%			氯苯层（质量）/%		
丙酮（A）	水（B）	氯苯（S）	丙酮（A）	水（B）	氯苯（S）
0	99.89	0.11	0	0.18	99.82
10	89.79	0.21	10.79	0.49	88.71
20	79.69	0.31	22.23	0.79	76.98
30	69.42	0.58	37.48	1.72	60.80
40	58.64	1.36	49.44	3.05	47.51
50	46.28	3.72	59.19	7.24	33.57
60	27.41	12.59	61.07	22.85	15.08
60.58	25.66	13.76	60.58	25.66	13.76

第 4 章　超临界流体萃取

4-1　简述超临界流体的特性，从能量利用观点分析超临界萃取-分离的几种模式。

4-2　溶质在超临界流体中溶解度的计算的理论依据及方法有哪些？

4-3　超临界流体从固体（如中草药）中萃取有效成分的传质过程中一般应经过哪些步骤？

4-4　试比较植物药的浸取过程并说明异同处。

4-5　结合超临界二氧化碳的特性说明超临界二氧化碳萃取技术的优势与局限性。

4-6　分别说明超声波协助浸取、微波协助浸取、反胶束萃取、双水相的基本原理和特点？

4-7　举例说明它们在制药领域中的适用范围？

4-8　试根据超临界流体萃取的工艺流程图写出过程的操作步骤。

4-9　分别说明超声波协助浸取、微波协助浸取、反胶束萃取、双水相的基本原理和特点。举例说明它们在制药领域中的适用范围？

4-10　结合溶质在超临界 CO_2 中溶解度的规律讨论超临界 CO_2 萃取的优势与局限性。

4-11　试对超临界萃取中使用夹带剂的作用机理、优点和问题进行讨论。

4-12　试对超临界萃取应用于天然产物和中草药有效成分的提取的优势与局限性进行评价。

4-13　计算溶质在超临界流体中的溶解度的理论依据及方法有哪些？

4-14　试对增强因子的物理意义进行热力学分析。

4-15　影响超临界萃取传质速率的因素有哪些？

4-16　如何理解超临界萃取天然产物的传质过程？影响超临界萃取传质速率的因素有哪些？

4-17　扩大超临界 CO_2 萃取的使用范围的措施有哪些？

4-18　试以咖啡脱咖啡因的四个典型工艺为例，说明超临界流体萃取需要与哪些其他单元操作结合才能有效实现从咖啡中脱除咖啡因的工艺过程。

第 5 章　反胶团萃取与双水相萃取

5-1　简述胶团与反胶团的定义。

5-2　试说明反胶团萃取的原理和特点。

5-3　影响反胶团萃取蛋白质的主要因素有哪些？

5-4　试说明双水相的基本原理和特点？

5-5　常用的双水相体系有哪些？举例说明。

5-6　举例说明反胶团萃取与双水相萃取在制药领域中的应用及适用范围。

第 6 章　非均相分离

6-1　什么叫非均相系？非均相系分离操作通常有哪几种方式？

6-2　过滤操作的操作原理是什么？影响过滤操作的因素有哪些？

6-3　主要与过滤分离性能相关的物料性质有哪些？

6-4 简述表面过滤与深层过滤的机理与应用范围。

6-5 简述过滤介质的分类。

6-6 简述过滤介质的截留机理。

6-7 过滤介质的过滤性能包括哪些?

6-8 制药生产中药液过滤分离的特性是什么?

6-9 根据过滤的推动力不同,过滤操作可分为哪几种? 它们各自受到哪些条件的限制?

6-10 制药工业中常用的液固非均相过滤设备有哪些? 试简述它们的结构、特点及操作过程。

6-11 什么叫做离心分离因数? 写出它的计算式。

6-12 旋风分离器的工作原理是什么?

6-13 离心机有哪些类型?

6-14 离心沉降与离心过滤有什么不同?

6-15 简述离心沉降的原理与主要设备。

6-16 已知颗粒尺寸为 5×10^{-6} m,密度为 $\rho_s = 2640 kg/m^3$,试求该颗粒在密度为 $1000 kg/m^3$、黏度为 10^{-3} kg/(m·s) 的水中的重力沉降速度 V_g (m/s)? 若处于分离因子 $F_\gamma = 1000$、转鼓直径为 1000mm 的离心场中,试问该颗粒从自由液面半径 $R = 350$mm 沉降到转鼓壁共需多少时间 (s)?

6-17 某离心机转鼓直径为 800mm,转速为 1450r/min,试求其最大分离因素?

6-18 求下列各种形状尺寸的固定颗粒在 30℃、常压下空气中的自由沉降速度。已知固体颗粒为 2670kg/m³:① 直径为 $50 \mu m$ 的球形颗粒;② 直径为 1mm 的球形颗粒。

6-19 一直径为 0.1cm、密度为 2500kg/m³ 的玻璃球,在 20℃水中沉降,试求其沉降速度。

6-20 含有质量分率为 13.9% $CaCO_3$ 粉末水悬浮液,用板框压滤机在 20℃ 下进行过滤,过滤面积为 $0.1m^2$,实验过滤数据列表如下,试求过滤常数 K 与 q_e。(下表中表压即压差)。

表压 p/(N/m²)	滤液量 V/dm³	过滤时间 t/s	表压 p/(N/m²)	滤液量 V/dm³	过滤时间 t/s
3.43×10^4	2.92	146	10.3×10^4	2.45	50
	7.80	888		9.80	660

6-21 用一台板框压滤机过滤 $CaCO_3$ 粉末悬浮液,在表压 10.3×10^4 N/m²、20℃条件下过滤 3h 得 6m³ 滤液,所用过滤介质与题 6-20 相同,试求所需的过滤面积。$K = 1.57 \times 10^{-6}$ m²/s,$q_e = 3.72 \times 10^{-2}$ m³/m²

第 7 章 精馏技术

7-1 精馏技术在制药过程中主要应用于哪些方面?

7-2 为什么制药过程中主要采用间歇精馏方式?

7-3 与连续精馏相比,间歇精馏有哪些优点?

7-4 试分析简单蒸馏和精馏的相同点和不同点,并说明各自的适用场合。

7-5 什么是间歇精馏的一次收率和总收率? 这两个值在什么情况下相等?

7-6 试比较间歇共沸精馏和间歇萃取精馏的优缺点。

7-7 试比较萃取精馏和加盐精馏的优缺点。

7-8 试说明间歇变压精馏的操作方法。

7-9 为什么塔顶存液量的增大会使间歇精馏的操作时间变长?

7-10 试说明间歇精馏操作过程中塔顶温度和塔釜温度的变化规律。

7-11 水蒸气蒸馏的应用条件是什么?

7-12 试比较水蒸气蒸馏和超临界流体萃取用于中药有效成分提取时各自的优缺点。

7-13 已知某理想气体的分子直径为 9×10^{-9} m,试求操作压力为 1Pa、操作温度为 100℃时,该物质在平衡条件下的分子平均自由程?

7-14 求水在 100℃进行分子蒸馏时,理想情况下的蒸发速率。

7-15 由理论塔板数为 20 的间歇精馏塔分离二组元混合物,轻组分 A 含量 48.6%(摩尔百分数),重组分 B 含量 51.4%。采用恒回流比操作,回流比为 9.8。组分 A 和组分 B 的相对挥发度为 1.2。

(1) 若初始投料浓度为 75%,试计算当馏出总量为初始总投料量的 90% 时的产品平均浓度;

(2) 若初始总投料量为 100mol，塔釜蒸发速率为 100mol/h，试计算完成上述操作所需的时间。

7-16 氯苯和水的蒸气压如下表所示：

蒸气压/(kN/m²)	13.3	6.7	4.0	2.7
或(mmHg)	100	50	30	20
温度/K				
氯苯	343.6	326.9	315.9	307.7
水	324.9	311.7	303.1	295.7

进行水蒸气蒸馏的操作压力为 18kN/m²，水蒸气持续输入釜内。如果釜内始终存在液态水，试计算釜内液相的组成和蒸发温度。

7-17 一间歇精馏塔经无数批次重复操作，达到"拟稳定状态"，其每批新鲜投料为 95kmol，原料组成为 A(甲醇) 29.95%（摩尔分数）、B(乙醇) 31.21%、C(丙醇) 38.84%，各组分的产品和相应的过渡馏分的量和组成如下表所示：

产品或过渡馏分	馏分量/kmol	组成（摩尔分数）/%		
		A	B	C
D_A	25	99	1	0
W_{AB}	10	35	65	0
D_B	20	1	98	1
W_{BC}	10	0	30	70
D_C	30	0	1	99

试计算各产品的一次收率和总收率。

第8章 膜分离

8-1 膜分离技术的特点是什么？
8-2 什么是浓差极化？它对膜分离过程有什么影响？
8-3 膜组件主要有几种型式？简要述说各种膜组件的特点。
8-4 简述多孔膜和无孔膜的分离机理。
8-5 简述流体在膜组件中的四种流动状态。
8-6 试比较反渗透、纳滤、超滤和微滤四种膜分离过程的特点。
8-7 结合超滤过程，简要述说膜分离过程的主要费用。
8-8 用反渗透过程处理溶质浓度为 3%（质量分数）的溶液，渗透液含溶质为 0.15ml/L，计算截留率。
8-9 用膜分离空气（氧 20%，氮 80%），渗透物氧浓度为 75%，计算截留率。
8-10 现有 A、B 两种未知膜，为区别这两种膜的种类，在一个测试池中进行纯水通量测量。
　　池面积为 50cm²，操作条件为 0.3MPa 和 20℃。
　　膜 A：在 80min 内收集到水量为 12ml。
　　膜 B：在 30min 内收集到 125ml 水。
　　分别计算水渗透系数。
8-11 在不同压力下测量直径为 7.5cm 的膜的纯水通量，得到以下结果：

| Δp/MPa | 0.5 | 1.0 | 1.5 | 2.0 | 2.5 |
| 通量/(ml/h) | 103 | 202 | 287 | 386 | 501 |

利用作图法求水渗透系数。

8-12 25℃下通过聚酰亚胺 UF 膜的纯乙醇通量为 1.2ml/(m²·h·Pa)，计算甲苯通量。已知乙醇和甲苯的黏度分别为 1.13×10^{-8}Pa·s 和 0.58×10^{-8}Pa·s。
8-13 血浆取出法是将血浆与血细胞分离的方法。对水渗透系数为 3.0ml/(m²·Pa) 的膜计算渗透压和 20kPa 下的水通量。已知血液还有相当于 0.9%（质量分数）的 NaCl。
8-14 用一个 Amico 测试池来浓缩浓度为 2.5% 的蛋白溶液。池直径为 10cm，搅拌速度为 3500r/min。扩

散系数 $D=6\times10^{-11}$ m^2/s。黏度和密度与水相同。计算传质系数以及极限通量条件下压力为 0.5MPa 时的通量（凝胶浓度 $c_g=45\%$）。

8-15 用一级 RO 单元由半咸水生产饮用水。原料含盐（NaCl）3ml/L，要求产品水中 NaCl 含量必须小于 0.2ml/L，处理量为 10m^3/h（截留率和通量是用 3ml/L 的 NaCl 溶液在 2.8MPa 下测定的），有以下四种膜器可供选择：

膜	截留率	每个膜器的通量	膜	截留率	每个膜器的通量
A	90%	480L/h	C	97%	200L/h
B	95%	320L/h	D	98%	80L/h

设计一单程系统使膜面积最小而且回收率达 75%。最大操作压强为 4.2MPa。

第 9 章　吸附

9-1 吸附作用机理是什么？

9-2 吸附法有几种？各自有何特点？

9-3 大孔网状聚合物吸附与活性炭吸附剂相比有何优缺点？

9-4 影响吸附过程的因素有哪些？

9-5 已知 80g 的活性炭最多能吸附 0.78mol 腺苷三磷酸（ATP），这种吸附过程符合兰缪尔等温线。其中 $b=1.9\times10^5$ mol/L，请问在 1.2L 的料液浓度为多少时才能使活性炭吸附能力达 90%？

9-6 气体在固体上的物理吸附一般都是＿＿＿＿＿＿热过程？

9-7 物理吸附与化学吸附的主要区别是什么？

9-8 选择题：

(1) 下列关于吸附过程的描述哪一个不正确（　　）。
   (A) 很早就被人们认识，但没有工业化　　　　　(B) 可以分离气体混合物
   (C) 不能分离液体混合物　　　　　　　　　　　(D) 是传质过程

(2) 下列关于吸附剂的描述哪一个不正确（　　）。
   (A) 分子筛可作为吸附剂　　　　　　　　　　　(B) 多孔性的固体
   (C) 外表面积比内表面积大　　　　　　　　　　(D) 吸附容量有限

(3) 易吸收组分主要在塔的什么位置被吸收（　　）。
   (A) 塔顶板　　　　　(B) 进料板　　　　　(C) 塔底板　　　　　(D) 不确定

(4) 吸附等温线是指不同温度下哪一个参数与吸附质分压或浓度的关系曲线（　　）。
   (A) 平衡吸附量　　　(B) 吸附量　　　　　(C) 满吸附量　　　　(D) 最大吸附量

(5) 液相双分子吸附中，U 形吸附是指在吸附过程中吸附剂（　　）。
   (A) 始终优先吸附一个组分的曲线　　　　　　　(B) 溶质和溶剂吸附量相当的情况
   (C) 溶质先吸附，溶剂后吸附　　　　　　　　　(D) 溶剂先吸附，溶质后吸附

9-9 直径为 15nm、密度为 2290kg/m^3 的球形颗粒被压缩，77K 时氮的吸附数据如下表，求其表面积和几何面积。77K 时液体氮的密度为 808kg/m^3。

p/p^0	0.1	0.2	0.3	0.4	0.5	0.6	0.7	0.8	0.9
m^2 液体 N$_2$/kg 固体	66.7	75.2	83.9	93.4	108.4	130.0	150.2	202.0	348.0

9-10 1m^3 的丙酮与空气的混合物，温度为 303K，压力为 1Pa，丙酮的相对饱和度为 40%，问用多少活性炭吸附到 5%？如果实际应用 1.6kg 的活性炭，那么在温度不变的情况下，饱和度是怎样变化的。303K 时的吸附平衡数据为：

丙酮分压	0	5	10	30	50	90
丙酮 kg/活性炭 kg	0	0.14	0.19	0.27	0.31	0.35

9-11 含有 0.03kmol/m^3 脂肪酸的溶液通过活性炭吸附，在等温操作情况下，保持液体与固体间的平衡，

液体流速为 $1\times10^{-4}\,m^3/s$，1h 后，计算直径为 0.15m 的床的长度。床位自由吸附，空间间隙为 0.4，应用平衡理论、固定床原理获得三个等温方程：

(a) $C_S=10C$　　　(b) $C_S=3.0C^{0.3}$　　　(c) $C_S=10^4C^2$

第 10 章　离子交换

10-1　何谓离子交换法？一般可分为哪几种？

10-2　离子交换树脂的结构、组成？按活性基团不同可分为哪几大类？

10-3　离子交换树脂的命名法则是什么？

10-4　离子交换树脂有哪些理化性能指标？

10-5　大孔径离子交换树脂有哪些特点？

10-6　pH 值是如何影响离子交换分离的？

10-7　各类离子交换树脂的洗涤、再生条件是什么？

10-8　软水、去离子水的制备工艺路线？

10-9　对生物大分子物质，离子交换剂是如何选择的？

第 11 章　色谱分离过程

11-1　色谱分离技术有何特点，适用于哪些产品的生产过程？

11-2　Van Deemter 方程是如何对色谱分离效率进行解释的？如何确定最佳色谱移动相流速？

11-3　按移动相特点，色谱可以划分为哪两类？

11-4　毛细管色谱柱与一般填充柱相比具有哪些优点？

11-5　如何认识色谱分离技术工业应用过程中的关键技术问题。

11-6　最具工业应用价值的色谱技术有哪些？

11-7　如何理解动态轴向压缩色谱技术的重要性？

11-8　模拟移动床色谱技术的特点及其意义是什么？

11-9　说明灌注色谱分离法的优势。

11-10　说明影响色谱分离效率的参数。

11-11　举例说明制备性色谱在工业生产中的应用。

11-12　某二组分混合物在 1m 长的柱子上初试分离，所得分离度为 1，若通过增加柱长使分离度增大到 1.5，问：(1) 柱长应变为多少？(2) α 有无变化？为什么？

11-13　组分 1 和组分 2 在柱上的保留时间分别为 120s 和 150s，谱带宽度分别为 0.5cm 和 1cm，求其分离度 R_s。

11-14　某二组分混合物在 2m 柱上的初试分离，分离度为 1.5，若通过增加柱长使分离度增为 2.0，问：(1) 柱长增加多长？(2) α 有无变化，为什么？

11-15　在气相色谱图谱上，t_m 和 t_r 分别称为死时间和保留时间，K 称为分配系数，请推导下列关系式：
$$t_r=t_m\left(1+K\frac{V_s}{V_m}\right)。$$

11-16　针对下列物质，选择适当的色谱分离技术：(1) α-和 β-萜烯；(2) 己烷同系物；(3) 含有 Ba^{2+} 和 Ca^{2+} 的溶液。

第 12 章　结晶过程

12-1　结晶技术的特点是什么？适合分离哪些混合物？

12-2　什么是溶解度？如何根据溶解度曲线选择结晶工艺？

12-3　简要说明精馏和结晶偶合工艺的优势？

12-4　简要说明分步结晶的特点？图示各操作步骤的温度变化规律。

12-5　饱和氯化钾溶液，从 360K 降温至 290K，如果溶液的密度为 $1200kg/m^3$，且氯化钾溶液的溶解度在 360K 时为 53.55g/100g，290K 时为 34.5g/100g，计算：(1) 所需要的能量；(2) 所得的晶体量，忽视水的蒸发。

12-6　10t 含有 0.3kg Na_2CO_3/kg 的溶液缓慢降温至 293K，结晶出 $Na_2CO_3\cdot10H_2O$，那么如果当 Na_2CO_3 在 293K 时的浓度为 21.5kg/100kg 水，且蒸发的损失量为 3%时的产量为多少？

12-7　1kmol $MgSO_4\cdot7H_2O$ 在 291K 时在大量水中等温溶解，吸收热量为 13.3MJ，问单位质量盐的结晶热。

12-8 1500kg 的氯化钾溶液，从 360K 冷却到 290K，如果 KCl 的溶解度分别为 53.34kg/100kg，且忽略水的蒸发量，问结晶的产率。

12-9 哪些因素对晶体的成长有利？

12-10 如何说明在结晶工程中存在着晶核的生成和晶体的成长两个子过程？

12-11 一般的传递过程都希望有较大的推动力，结晶过程是否也是如此？为什么？

12-12 何为稳定区、介稳区和不稳区？各有何特点？实际的工业结晶过程需控制在哪个区域内进行？结晶过程的推动力是什么？

12-13 简述晶体成长的扩散理论。

12-14 请简要述说如何从饱和溶液获得过饱和溶液？

12-15 萘在苯溶剂中的相图如下所示，不同温度下的饱和溶液组成和密度如表中所示：

温度/℃	15	20	30	40	50	60
萘含量(质量分数)/%	25	30	40	50	60	80
溶液密度/(kg/m³)	945	980	1000	1050	1080	1100

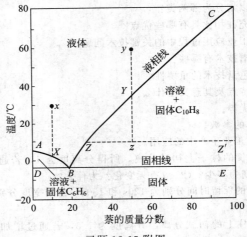

习题 12-15 附图

图中的 y 点对应的温度和萘含量分别为 60℃ 和 50%，现将该点组成的溶液 500kg 降温到 15℃ 的 z 点（z 点对应温度 15℃，萘含量 25%；z 点对应温度 15℃，萘含量 50%），计算：(1) 结晶槽的容积至少需要多大；(2) 能获得什么晶体？结晶产品的量是多少？（假定苯无蒸发损失）；(3) 取走结晶产品后，母液的质量浓度（用质量百分比表示）。

第 13 章 电泳技术

13-1 简述电泳分离的基本原理。

13-2 与 HPLC 相比，电泳分离具有哪些优点和缺点？

13-3 电泳技术有几种主要类型？各种类型的基本原理是什么？

13-4 说明等电聚焦电泳的适用范围并解释原因。

13-5 简述无载体连续流动电泳的基本原理。

13-6 说明电泳技术和 HPLC 在生物产品分离方面的相同点和不同点。

第 14 章 手性分离

14-1 简述 HPLC 手性分离的基本拆分原理。

14-2 高效毛细管电泳手性分离有哪些主要分离模式？

14-3 举例说明为何需要对手性药物进行拆分？

14-4 试述液膜技术进行手性拆分的机理？

14-5 举例说明柱前衍生化-反相高效液相色谱法手性拆分的应用。

14-6 为何要进行药物对映体的拆分？

14-7 简述手性固定相法（CSP）的三点作用模型分离机理。

14-8 简述毛细管电泳对手性药物拆分的基本原理。

14-9 何为手性药物？

第 15 章　干燥和造粒

15-1 物料各种形式的结合水对干燥工程有什么影响？

15-2 湿物料可以干燥的必要条件是什么？湿物料的结构对干燥有什么影响？

15-3 干燥过程通常分为哪两个阶段，在这两个阶段中干燥速率各受什么因素控制？

15-4 流化床干燥造粒方法有哪些特点？

15-5 流化床干燥造粒时颗粒的生长机理一般有几种？如何通过调节工艺条件控制其生长机理？

15-6 药品物料有哪些特点，进行干燥时根据物料的特点如何选择干燥方法和干燥器？

15-7 目前就干燥过程建立的数学模型，在用于干燥器设计时存在什么问题，如何改进这些模型使其较好地应用于药品的干燥器的设计。